基础防渗墙施工放样

导向槽开挖与碾压

施工导向槽模板支护

冲击钻造孔

强夯施工

HS875HD型抓斗施工

接头管下设

接头管起拔

防渗墙混凝土浇筑

施工成型的混凝土防渗墙

深厚覆盖层坝基超深防渗墙关键技术与实践

李江　柳莹　房晨　黄华新　孟凡华　周富强　何建新　杨玉生　著

中国水利水电出版社
www.waterpub.com.cn
·北京·

内 容 提 要

混凝土防渗墙因适应各种地层的变形能力较强，防渗性能好，施工技术成熟，是当前坝基防渗的主要手段。超深防渗墙建设关键技术包括取消心墙廊道等复杂连接形式的防渗墙设计结构，以及造孔成槽成套装备、泥浆固壁技术、成墙关键技术、特殊环境下防渗墙施工技术等，已在新疆多个工程得到成功应用。本书在分析新疆河床深厚覆盖层的特点和需要解决的问题基础上，以大河沿水利枢纽工程坝基186m防渗墙为例，成功解决了深厚覆盖层勘探及试验、坝基渗漏及渗流控制、坝基覆盖层参数选择、坝基防渗墙受力状态、防渗墙成墙工艺措施等技术难题，创造了全封闭防渗墙技术之最。

本书实践表明经精心设计、科学施工、系统观测的超深防渗墙能做到质量优良和性态稳定，其设计、施工和监测技术可为类似工程提供宝贵经验，也可为相关专业师生提供参考。

图书在版编目（CIP）数据

深厚覆盖层坝基超深防渗墙关键技术与实践 / 李江等著. -- 北京 : 中国水利水电出版社, 2021.11
ISBN 978-7-5170-9950-5

Ⅰ. ①深… Ⅱ. ①李… Ⅲ. ①坝基－截水墙－工程施工 Ⅳ. ①TV543

中国版本图书馆CIP数据核字(2021)第190739号

书　　名	**深厚覆盖层坝基超深防渗墙关键技术与实践** SHENHOU FUGAICENG BAJI CHAOSHEN FANGSHENQIANG GUANJIAN JISHU YU SHIJIAN
作　　者	李 江 柳 莹 等著
出版发行	中国水利水电出版社 （北京市海淀区玉渊潭南路1号D座 100038） 网址：www.waterpub.com.cn E-mail：sales@mwr.gov.cn 电话：(010) 68545888（营销中心）
经　　售	北京科水图书销售有限公司 电话：(010) 68545874、63202643 全国各地新华书店和相关出版物销售网点
排　　版	中国水利水电出版社微机排版中心
印　　刷	北京印匠彩色印刷有限公司
规　　格	184mm×260mm 16开本 18.75印张 456千字 2插页
版　　次	2021年11月第1版 2021年11月第1次印刷
印　　数	0001—1000册
定　　价	**128.00**元

前　言

在新疆，尤其是南疆普遍存在“高地震、高严寒、高海拔、高边坡、深厚覆盖层、多泥沙”的筑坝环境，随着建坝需求变化和筑坝技术发展，当前山区控制性水库大坝建设多限于河流中上游，同时还面临着大坝越建越高、库容越来越小、防渗越来越深、难度越来越大、投资越来越多的不利条件，百米级高坝一旦坝基防渗处理不合格导致出现坝基渗水或大坝整体出现较大沉降变形，后期维修将给运行管理带来极大压力。

坝址区河床深厚覆盖层对水利工程的影响主要体现在：深厚覆盖层差异沉降、坝基渗漏、渗透变形、地震液化、抗滑稳定等问题。深厚覆盖层的物理力学特性对坝体和防渗墙应力变形影响较大，理论上覆盖层的刚度与防渗墙混凝土越接近，其变形协调性和防渗墙的应力状态越好。深厚覆盖层条件下建坝的坝基防渗型式与坝体坝基协调变形问题引起各方的高度关注。

新疆自下坂地水库（坝高 78m、覆盖层 150m）建成后，又陆续建设了阿尔塔什（坝高 164.8m、覆盖层 100m）、大河沿（坝高 75m、覆盖层 186m）、石门（坝高 86m、覆盖层 110m）等 6 座覆盖层厚度超过 100m 的大坝。针对坝基处理中渗透稳定和防渗要求，多数都采用槽孔混凝土防渗墙型式。混凝土防渗墙因适应各种地层的变形能力较强，防渗性能好，施工技术成熟，是当前坝基防渗的主要手段。目前 200m 级防渗墙处理技术也日趋成熟，设计施工上取得的若干关键技术有力地促进了坝基防渗技术的进步。

大河沿水利枢纽工程位于新疆吐鲁番市，前期勘探过程中采用物探、钻探相结合的方法基本查明了深达 175m 覆盖层的基本特性，经技术经济比选，坝基防渗处理采用防渗墙“一墙到底”的型式。施工阶段为保证防渗效果连续三段墙体施工深度达到 186m，创造了自西藏旁多水利枢纽工程 158m 防渗墙（试验段 201m）后新的防渗墙纪录。本书总结了这方面的实践探索，展示了多年来新疆在该领域的成就，在分析新疆河床深厚覆盖层的特点和需要解决的问题的基础上，以大河沿水利枢纽工程坝基 186m 防渗墙为例，总结了在设计和施工方面的关键技术和创新。超深防渗墙建设关键技术包括取消心墙廊道等复杂连接形式的防渗墙设计结构，以及造孔成槽成套装备、泥浆固壁技术、成墙关键技术、特殊环境下防渗墙施工技术等，已在新疆多个工程得到成功应用。大河沿水利枢纽工程 186m 超深防渗墙建设成功解决了深厚覆盖层勘探及试验、坝基渗漏及渗流控制、坝基覆盖层参数选择、坝基防渗墙受力状态、防渗墙成墙工艺措施等技术难题，创造了全封闭防渗墙技术之最。建设实践表明经精心设计、科学施工、系统观测的超深防渗墙能做到质量优良和性态稳定，其设计、施工和监测技术可为类似工程提供宝贵经验。

本书共 7 章，前言、第 1 章、第 2 章由李江、柳莹、杨玉生撰写；第 3 章由柳莹、黄华新、李江撰写；第 4 章由黄华新、柳莹撰写；第 5 章由李江、房晨、孟凡华撰写；第 6

章由房晨、何建新撰写；第7章由周富强、柳莹撰写。参加本书各章节撰写的还有新疆水利水电规划设计管理局的徐燕、杨辉琴、王荣、马军、古丽娜、王旭、克里木·艾合买提、刘江、赵妮、彭兆轩、吴涛、陈婉丽，新疆水利水电勘测设计研究院的郑玮、贾洪全、王健、马超，吐鲁番市天森水务投资有限公司的依沙克·胡吉、王帅、赵建军，新疆水利水电科学研究院的吴艳、戴灿伟、毛建刚，湖南省水利水电勘测设计研究总院的郑洪、林飞，塔里木河流域管理局奴尔建管局的王建军、郭大海、班懿根，塔城地区水利水电勘察设计院刘云海等。

本书的编著出版得到了吐鲁番市天森水务投资有限公司、湖南省水利水电勘测设计研究总院、中国水电基础局有限公司等单位的大力支持，感谢他们提供的建设数据、图表资料。编写过程中广泛听取了许多专家、学者的宝贵建议，得到了中国水电基础局有限公司肖恩尚教高、新疆农业大学凤家骥教授的热情指导，还得到了新疆水利水电勘测设计研究院陈晓教高、王兆云教高，兵团勘测设计研究院（集团）有限公司冯涛教高、马敬教高的帮助和大力支持，在此一并表示诚挚的感谢！

在本书的编写过程中，引用了部分文献资料，并已将主要参考文献附在文后，在此谨向有关作者致谢！同时一并向参与工程勘察设计科研等有关研究报告的编写者致以崇高的敬意！

本书是在对新疆深厚覆盖层建坝环境下超深防渗墙设计、施工和运行管理经验总结，并积极吸收国内外最新理论和新技术的基础上撰写而成的，旨在科学、合理地确定深厚覆盖层条件下坝基防渗型式及施工技术，为水库大坝坝基防渗满足设计要求提供技术借鉴和参考。由于资料搜集的阶段不同，或者在建设过程中发生了某些变更，造成引用资料会发生变化，或者与参考资料、相关研究报告出现不一致的地方。加之编者经验、精力和水平有限，书中疏忽和不足之处在所难免，敬请同行和读者批评指正。

作者

2021年9月

目　　录

第1章 深厚覆盖层特点及工程地质问题

1.1 深厚覆盖层分布特征及分类

深厚覆盖层是指堆积于河谷之中，厚度大于30m的第四纪松散堆积物，几乎所有河流的河床中都分布着深厚覆盖层。根据已有统计资料基本可勾勒出我国河床深厚覆盖层的分布特征，即大致以云南—四川—河南一线为界线，该界线以北河床深厚覆盖层较为普遍，以南除零星点及长江中下游和平原地区外，河床内很少出现深厚覆盖层堆积现象。我国主要河流河床覆盖层厚度一般为数十米至百余米，局部地段可达数百米。在西部地区，河谷深切和上覆深厚覆盖层现象较为显著。

一般来说，深厚覆盖层结构松散、岩层不连续，岩性在水平和垂直两个方向上变化较大且成因复杂，物理力学性质呈现较大的不均匀性，是一种地质条件差且复杂的地基。河床覆盖层按成因大体可分为两类：一类为淤积型覆盖层，多分布于河道坡降较缓的中下游河段及沟槽较多的河段，多由泥质粉细砂、泥质砂砾石、淤泥质黏土、淤泥以及中粗沙等淤积形成，其抗冲能力极差。另一类为堆积型覆盖层，多分布于各大河流坡降较陡的上游河段，由全球气候变化、海平面升降、地壳运动等综合因素形成，其颗粒较粗、结构较复杂，多为砂卵砾石层、砂层、粗粒土层、含漂卵砾石层等，且孤石分布较多。

我国河床深厚覆盖层按其形成原因、成分结构、分布地区等因素，大致可分为东部缓丘平原区冲积沉积型深厚覆盖层，中部高原山区冲洪积、崩积混杂型深厚覆盖层，西南高山峡谷区冲洪积、崩积、冰水堆积混杂型深厚覆盖层，青藏高原高寒区冰积、冲洪积混杂型深厚覆盖层四大类型。

1.1.1 东部缓丘平原区冲积沉积型深厚覆盖层

东部缓丘平原区冲积沉积型深厚覆盖层主要是由河流的沉积作用而形成，自上游至下游普遍存在。在流水的搬运途中，由于水流流速、流量的变化以及碎屑物本身的大小、形状、比重等差异，沉积顺序有先后之分，一般颗粒大、比重大的物质先沉积，颗粒小、比重小的物质后沉积。因此，在不同的沉积条件下形成砾石、砂、粉砂、黏土等颗粒大小不同的沉积层。在北方的黄河中下游、华北平原、长江干流及部分支流的中下游、四川盆地岷江下游等地区地形渐趋平缓，携带大量泥沙的河流至此流速降低，泥沙逐渐沉积，这些地区常形成宽广平坦的冲积平原或三角洲。这些地区在长期的冲积、洪积沉积作用下，逐渐形成深厚覆盖层，且覆盖层的主要成分以磨圆度较好的细砂、粉砂及粉质黏土等为主，中间夹中、粗砂。

典型工程实例有小浪底水利枢纽、黄壁庄水库等。小浪底水利枢纽坝基深厚覆盖层由上至下可大概分为4层，即浅表砂层、上部砂砾石层、底砂层、底部砂砾石层，其多期冲积、沉积的特征，也反映了该河道多次缓慢升降的特点。另外，其级配、颗粒粒径、渗透系数等也具有典型的成层性特征。此类覆盖层的孔隙主要为蜂窝状，除部分粒径较粗的沉积层渗透性较大外，覆盖层内少见大型的集中渗流通道。总体上该深厚覆盖层颗粒较细，孔隙化程度高，但因其级配较好，孔隙的直径小，渗透性并不一定大，除表层现代冲积层属极强透水带或强透水带外，其余多属强透水、中等透水甚至弱透水。

1.1.2 中部高原山区冲洪积、崩积混杂型深厚覆盖层

中部高原山区冲洪积、崩积混杂型深厚覆盖层成因较为复杂，主要分布在北方的秦岭山区、西南地区的云贵高原（重庆、豫西、湘西、桂北、川南、云南、贵州）等地区。第四纪以来，该类地区地壳多呈断块式抬升、下降，或呈掀斜式抬升，在水流冲刷和溶蚀等作用下，河床下切，形成高山峡谷及深切河槽。当后期地壳抬升变缓，或局部地壳构造性抬升，深切河道内的冲刷作用减弱或消失，沉积作用加强，且两岸崩塌堆积体也因为河道水流变缓，携带能力降低而得以保留。另外，受气候影响，该类地区的降雨量较为丰沛，是我国山洪和泥石流的易发、频发地带，两岸支沟或支流内雨季形成的洪积物来源丰富，部分河段尚有可能以洪积、沉积为主。从而在河床内形成具有冲积、洪积与崩积物混杂堆积特征的复杂深厚覆盖层。

此类深厚覆盖层中，常以某一成因的沉积物为主，但又夹杂着其他成因的堆积物，冲积物与崩积、洪积物之间的接触关系可以成层分布，也可以呈透镜状包裹，甚至不分彼此，混杂交错。覆盖层的水文地质特征、物理力学特性等也与其结构、成分密切相关。典型实例如甘肃洮河九甸峡水利枢纽，坝址区河水面以下河床盖层厚度一般为40～50m，最厚达54～56m，覆盖层基本可分为3层，分别为崩坡积块石碎石层、冲积块石砂砾卵石层和冲积砂砾卵石层。崩坡积块石碎石层分布于坡角和河床上部，主要由大小混杂的凝灰岩块石、碎石组成，沙土含量较少，局部掺杂有后期冲积的卵砾石和砂，结构松散、局部架空、无胶结，厚度自河水面以下6～17m。冲积块石砂砾卵石层分布于河床中部，组成物上部为块石、碎石，下部卵砾石逐渐增多，局部有中粗砂、砂土透镜体分布，整层结构松散，无胶结，底部局部稍有起伏，厚度为5～13m。冲积砂砾卵石层分布于河床底部，组成物主要是浑圆或次圆的卵石和砾石；砂以中粗砂为主，局部呈透镜状或鸡窝状富集，均一性较差，厚度为12～37m，无胶结。贵州索风营水电站、格里桥水电站等河床覆盖层的成因结构与之类似，只是覆盖层不厚而已。

1.1.3 西南高山峡谷区冲洪积、崩积、冰水堆积混杂型深厚覆盖层

川西、藏东一带，是我国构造活动最为活跃的地区之一，处扬子陆块和印度陆块的碰撞结合地区。第四纪以来，该地区强烈的地壳运动造成地壳多次大幅抬升或掀升，其幅度之大是国内其他地区无可比拟的；在地壳大面积强烈抬升的同时，又存在下降的局部地带异常区。特殊的区域构造背景致使该地区形成地形高陡、岩性岩相复杂、构造发育、地震

频发的复杂地质条件，形成纵贯南北的雄伟山脉，多条近南北向区域性大断裂带的走滑或挤压活动，西至怒江，东至四川盆地边缘的龙门山等地带，即著名的（广义上的）横断山区。由于构造活动的不均匀性（上升或下降），从而在四川盆地以西（包括四川盆地的部分）的大横断山区形成了一道道隆起的“门坎”，相应也发育一系列的“凹陷区”，并形成了巨厚的深厚覆盖层。

该地区特殊的地形地质及气候条件，使得各种内、外动力地质作用种类繁多，活动剧烈；冰川（早期）进退、滑坡、地震、崩塌、泥石流、冲洪积、坡积、堰塞湖等各种物理地质现象极为频繁。如2008年5月12日四川汶川大地震在该地区岷江流域形成的滑坡、崩塌等物理地质现象非常普遍，并形成了唐家山堰塞湖等地震堆积坝体。该地区的深厚覆盖层具有成因复杂（至今未弄清成因的部分覆盖层大有所在）、厚度巨大、组成复杂、结构多变等特征。该类覆盖层也是目前西部水电站工程建设中常遇到的主要工程地质问题之一，如瀑布沟水电站、双江口水电站、冶勒水电站、昌波水电站等。

瀑布沟水电站河床覆盖层最大厚度77.9m，由下至上分别为漂卵石层、卵砾石层、含漂卵石层夹砂层透镜体和漂（块）卵石层，覆盖层颗粒粗、孤石多、局部架空明显、渗透性强，孔隙比一般为0.19～0.37，平均为0.28。双江口水电站坝基河床覆盖层一般厚48～57m，最大厚度达68m，由下至上分别为漂卵砾石层、（砂）卵砾石层、漂卵砾石层。冶勒水电站坝基深厚覆盖层，根据沉积环境、岩性组合及工程地质特征，自下至上可分为五大岩组：①第一岩组主要是弱胶结厚层卵砾石层，偶夹薄层状粉砂层，最小厚度15～35m，最大厚度大于100m，具有弱透水性；②第二岩组主要是块碎石土夹硬质黏性土，结构密实，呈超固结压密状态，厚度31～46m，透水性微弱；③第三岩组主要是卵砾石层与粉质壤土互层，分布于河床谷底上部及右岸谷坡下部，总厚度45～154m；④第四岩组主要是弱胶结卵砾石层，厚度65～85m，夹数层透镜状粉砂层或厚0.2～3.0m的粉质壤土，以空隙式泥钙质弱胶结为主，局部基底式钙质胶结，多呈层状或透镜状分布，存在溶蚀现象，具有弱透水性；⑤第五岩组主要是粉质壤土夹炭化植物碎屑层，厚90～107m，分布于右岸正常蓄水位以上的谷坡地带。

大渡河泸定水电站坝基覆盖层最大厚度148.6m，层次结构复杂。根据物质组成、分布情况、成因及形成时代等，河谷及岸坡覆盖层由下至上分别是：漂（块）卵（碎）砾石层，晚更新世晚期冰缘泥石流、冲积混合堆积层，碎（卵）砾石土层，粉细砂及粉土层，全新世冲、洪积堆积层，全新世现代河流冲积堆积之漂卵砾石层。河床深厚覆盖层结构的成因过程为：早期河流冲积—冰川发育，冰水堆积物广泛分布—冰川退缩，冰缘泥石流及冲洪积层混杂堆积，局部堰塞成湖，形成静水沉积—河流冲积层与两岸崩塌堆积混杂堆积—现代河床冲洪积，夹崩坡积物。河床覆盖层的成因与冰川进退及构造运动、水文网的演化等密切相关，各种不同成因的堆积层相互混杂，结构复杂、渗透性差别大。

另外，四川金沙江昌波、苏洼龙、虎跳峡等水利水电工程坝基深厚覆盖层的成因、组成成分与结构等，总体上与泸定水电站类似。如昌波水电站上坝址河床覆盖层厚约90m，由下至上可分为砂卵砾石层、粉砂层、黏土夹粉土层、碎石土层、砾砂层、粉质黏土层、碎石土层、卵砾石层，共8层。沉积物成因亦包括冰水堆积、崩积、短时堰塞湖静水沉积、冲洪积等，各种成因的组成成分之间既成层分布，又交错混杂，相互包裹。该坝基河床深厚覆盖层由四大层构成，厚约75m，其中左岸为沉积较早的卵砾石层（Q_3^2），现代河床部位由下至上为局部含泥沙的块碎石层（Q_4^{1-1}）、粒径较小的卵砾石层（Q_4^{1-2}）、漂卵砾石（Q_4^2）。坝基深厚覆盖层具有深度大、颗粒粗、结构复杂的特点，架空现象也较为普遍。覆盖层中的孤石分布较多，孤石与架空分布具有相伴而生的特点，但孤石和架空结构在水平方向并未相互连成带状。

该类型深厚覆盖层的物质组成、分布位置（埋深）、密实度、孔隙率大小等严重影响其物理力学特征及水文地质参数。由下至上具有以下一些沉积特征。①下（底）部多为冰水沉积物，结构紧密，局部略有架空，渗透系数一般在1×10^{-4}cm/s左右，属中等透水层或弱透水层。②中部为早期河流冲积沉积的卵砾石，结构稍密～密实，渗透系数一般为$1\times10^{-4}\sim1\times10^{-2}$cm/s；或因局部崩塌堆积形成“堆石坝”，并于“堆石坝”上在一定时期内形成堰塞湖，沉积静水沉积物（粉质黏土等），堆石坝区架空现象严重，属强渗透介质，且可能存在集中渗流通道；静水沉积的粉砂、粉土等孔隙比大，但较密实，渗透性差，渗透系数一般在$1\times10^{-4}\sim1\times10^{-3}$cm/s甚至更小。③上部为现代河床冲洪积的漂卵砾石层，并不时见有崩坡积块碎石堆积体包裹于其中，上部现代冲洪积及崩坡积堆积体结构松散，孔隙率高，渗透系数一般在1×10^{-1}cm/s或以上。

1.1.4　高原高寒区冰积、冲洪积混杂型深厚覆盖层

高原高寒区冰积、冲洪积混杂型深厚覆盖层主要分布在西藏、新疆地区及青海的部分地区。该地区海拔高，但总体上地形高差较西南横断山区平缓，河流由上游的雪山、冰川融水补给后即汇流于广袤的平缓高原面上，山上水流湍急，山下河道平缓弯曲。大部分河流的中游段（高原台地区）较为平缓，或根本就为内陆湖，或最终消失于茫茫沙漠之中。该地区的深厚覆盖层主要分布于中下游河段，河床覆盖层主要由冰川进退形成的冰碛、冰水堆积，以及河床冲积、洪积等原因堆积而成。总体特征是下部为冰碛或冰水堆积层，上部为现代冲洪积层。典型工程实例有新疆下坂地水利枢纽工程和西藏旁多水利枢纽工程等。

新疆下坂地水利枢纽工程具有地理海拔高、地震烈度大、覆盖层深厚等国内外罕见的地质难题。下坂地坝址河床覆盖层厚达150m，其岩性成因复杂多样，工程地质条件复杂。该坝址区深厚覆盖层由上至下可划分为冲洪积砂砾石层，湖积淤泥质土及软黏土层，冰水积砂层，冰碛含漂、块碎石层和冰水含块、卵砾石层，具体如下：①冲洪积砂砾石层分布于现代河床、漫滩及两层软黏土之间，主要由砂、粗砾组成，局部夹粉砂质壤土薄层，松散～中密状，具有中等透水性，层厚1～30m；②湖积淤泥质土及软黏土层按空间结构分上下两层，中间夹一层砂砾石；③冰水积砂层空间展布呈“杏仁状”，最大厚度43.7m，埋深18～35m，上层以中细砂为主，中层以细砂含砾夹薄层砂质壤土为主，下层以细砂夹粉砂薄层为主；④冰碛含漂、块碎石层为河床谷底的主要堆积物，层厚80～140m，主要以漂石、块石、砾石等粗颗粒组成，岩性混杂，中密～密实状，局部有架空现象；⑤冰水含块、卵砾石层分布于河床基底部分，粒径一般为2～8cm，卵砾石主要呈浑圆状，含碎石，结构较为密实，埋深60～148m。

西藏旁多水利枢纽工程坝基河床覆盖层中，上部为强透水的第四系冲洪积物，厚

20～50m，下部为中等透水的冰水堆积物，厚 30～100m。该工程坝址区冰水堆积物是在第四纪冰期和间冰期的交替过程中形成的。冰水堆积物包括冰碛物和冰水堆积物两部分，总体表现为分选差、磨圆差、砾卵石有强风化现象，黏性土透镜体冰漂砾及泥砾（底碛）发育，局部存在粉土质砂透镜及第四系捕虏体，其连续性差，含泥量明显高于现代河床冲积物，并且随深度增加，孔隙变小，密度增大。该类冰水堆积体中包含底碛（泥砾）和受上部较厚第四系冲积物盖重的影响，冰水堆积物较为致密，随深度增加渗透性整体上减小，空间各个方向上具有明显的各向异性，允许水力坡降具有明显的不均一性。

1.2 深厚覆盖层特点

坝基河床覆盖层深厚现象在国内大型河流及一些中型河流的中下游较为常见，河床深厚覆盖层的存在，严重影响和制约水利水电工程坝址的选择，常给坝基防渗设计带来困难。如小浪底水利枢纽、九甸峡水电站、泸定水电站、瀑布沟水电站、冶勒水电站、新疆下坂地水利枢纽等许多水利水电项目，均遇到河床深厚覆盖层问题。深厚覆盖层普遍存在“深、透、软、难”的特点。

（1）“深”——覆盖层厚度浅则数十米，深则数百米，防渗处理代价很大。据不完全统计，国外已建水库大坝至少有 9 座坝基覆盖层厚度超过 100m。典型工程如：加拿大马尼克 3 号坝坝基覆盖层最大厚度为 126m，巴基斯坦塔贝拉土斜墙堆石坝坝基覆盖层最大厚度为 230m，埃及阿斯旺土斜墙堆石坝坝基覆盖层最大厚度更是达到 250m。国内已建和在建坝基覆盖层厚度超过 100m 的水库大坝至少有 16 座，其中仅新疆就有 7 座，较为典型的有新疆下坂地沥青混凝土心墙坝和大河沿沥青混凝土心墙坝，坝址覆盖层厚度分别为 150m、174m。西藏旁多水利枢纽大坝坝基冰水堆积覆盖层厚约 400m，大渡河支流南桠河冶勒水电站坝址区覆盖层厚度更是超过 420m。深厚覆盖层堆积于河床下，给水库大坝工程防渗处理带来了极大的困难和挑战。吐鲁番煤窑沟水库库盘为深厚覆盖层，并且表现为强透水性，受防渗处理代价的限制，工程采用了山区水库全铺盖防渗，开创了全铺盖防渗处理的先河。

（2）“透”——河床覆盖层形成过程较为复杂，受地质背景、水文条件等多种因素影响，其形成原因不同，不同层次覆盖层的孔隙特征及渗透性亦存在较大差异，但普遍都呈现中～强透水性，仅个别层次或局部区域呈现弱透水性。覆盖层上部普遍表现为强透水性，渗透系数为 $1\times10^{-2}\sim1\times10^{-1}$cm/s，下部表现为局部强透水性，个别防渗墙底部呈现强透水特性，大河沿水库工程即是如此。大渡河泸定水电站坝基深厚覆盖层（最大厚度 148.6m）层次结构复杂，自上至下的渗透性依次表现为：上部强透水，渗透系数为 $1.65\times10^{-1}\sim2.21\times10^{-1}$cm/s；中部中等～强透水（局部为中等～弱透水层），渗透系数为 $2.63\times10^{-3}\sim3.31\times10^{-1}$cm/s；下部中等透水，渗透系数为 $8.96\times10^{-4}\sim1.73\times10^{-2}$cm/s。新疆下坂地水利枢纽工程坝基深厚覆盖层（最大厚度 147.95m）成分复杂，覆盖层上部与下部均表现为强透水性，渗透系数为 $1\times10^{-2}\sim1\times10^{-1}$cm/s，仅中部砂层透镜体表现为弱～中等透水性。西藏旁多水利枢纽工程河床覆盖层（最大厚度达到 400m 以上）上层冲积层为强透水层，渗透系数为 2.65×10^{-1}cm/s，下层冰水积层为中等透水层，渗透系数为 8.71×10^{-3} cm/s，呈现典型的“二元结构”。长河坝坝址河床覆盖层（最大厚度 79.3m）结构较为复杂，自上至下3层土层均表现为强透水性，渗透系数为 2×10^{-2}cm/s，采用2道混凝土防渗墙进行坝基防渗。狮子坪水电站坝址区河床覆盖层勘探厚度为90.0～101.5m，覆盖层成因类型、层次结构复杂，上层和下层表现为强透水性，中层表现为中等～强透水性。

（3）“软”——部分覆盖层存在软弱夹层，如透镜体、砂土等，可能的沉降变形会对上部高达百米的坝体安全造成一定影响。新疆下坂地水利枢纽工程坝基深厚覆盖层下部冰碛层结构松散，夹有砂层透镜体；中层全部为砂层透镜体，并以细、粉砂为主。四川冶勒水电站（坝高125.5m）坝基深厚覆盖层厚65～85m，夹数层透镜状粉砂层或厚0.2～3.0m厚粉质壤土，并存在溶蚀现象。西藏旁多水利枢纽工程（坝高72.3m）坝基覆盖层下部冰水堆积物中黏性土透镜体发育，其中局部存在粉土质砂层透镜体。狮子坪水电站（坝高136m）坝基深厚覆盖层（最大厚度110m）中部断续分布6个砂层透镜体，透镜体厚1.16～4.25m，粗、中、细砂均有。

（4）“难”——针对覆盖层的特点，百米以上深厚覆盖层防渗墙的施工技术还存在很多难点，一般施工单位并不掌握，如专用成槽设备、拔管时机、防渗墙入岩深度、孔斜控制等，操作稍有差异，便会造成安全隐患。狮子坪水电站坝基防渗墙工程轴线处覆盖层成因类型和成层结构复杂，厚度变化大，基岩断面呈V形，基岩面陡坡倾角超过80°。如此深度的防渗墙施工技术难度很大，在施工前设置试验段对施工工艺的合理性进行验证；施工过程中，克服了造孔、清孔、接头管起拔、超陡坡嵌岩、钻孔取芯、预埋灌浆管等种种困难，保质保量完成了任务。该工程创造了当时5项国内第一，即最深的造孔和成墙纪录（101.8m）、最深的水工混凝土防渗墙拔管纪录（深93.5m，直径1.0m）、最深的防渗墙钻孔取芯纪录（91.73m）、最陡的防渗墙嵌岩纪录（超过85°）和最深的双排预埋灌浆管纪录（101.8m）。西藏旁多水利枢纽158.47m防渗墙建造过程中，针对覆盖层地质情况复杂、高海拔严寒缺氧、施工条件艰苦等难题，通过对槽孔钻凿机械的改造，并采用先进的固壁泥浆技术、墙段接头拔管技术、水下混凝土浇筑技术等，克服各种不利条件，建成了当时世界上最深的地下防渗墙。下坂地水库大坝防渗墙工程施工中，遭遇含有大量坚硬大块石的地层，致使造孔困难；块石在孔内常呈探头状态，致使钻孔经常出现偏斜，孔斜难以控制；遇到由砂层变漂石层时，在其分界处附近易出现漏浆，并伴随发生坍塌等难题；针对以上施工技术难题采取合理有效的控制措施，创造了防渗墙深度、墙内预埋灌浆管深度、ϕ1000mm接头管起拔深度3项全国第一，其中墙内预埋灌浆管深度、ϕ1000mm接头管起拔深度为世界之最。大河沿水库防渗墙工程最深孔段186m，在系统研究下坂地、狮子坪、旁多等工程建造防渗墙的基础上，工程人员根据施工及地质情况，认真分析各区域的覆盖层类型，深入研究深厚覆盖层造孔平台、孔斜保证率、墙段连接方法及施工工艺、深厚覆盖层防渗墙清孔技术、深厚覆盖层混凝土浇筑、合拢段防渗闭气等问题，创造了200m级防渗墙施工的又一突破。

深厚覆盖层“深、透、软、难”的特点使得对坝基防渗和变形安全的研究一直为业界关注，早期受投资影响及从坝基渗流安全可控的角度出发，坝基防渗普遍采取半悬挂方式处理，如冶勒、旁多、下坂地等。当前考虑工程安全和施工技术进步，坝基防渗逐步发展到“一墙到底”或“一幕到底”，不留隐患，当然彻底截断河流坝址区下游入渗通道对河道的影响还有待进一步研究分析。斯木塔斯水电站因对3条古河槽的勘察研究深度不足，工程建成蓄水后实际渗水量比计算分析高出数十倍。甘肃洮河九甸峡水利枢纽（坝高136.5m、防渗墙深56m）的勘查表明，夹层80%存在于河床下部。由此可见，分析研究深厚覆盖层的基本特征及其成因类型，对工程的防渗方案选择及具体处理措施都有重大的现实意义。

1.3 深厚覆盖层工程地质问题

覆盖层的形成受自然环境的影响，在空间结构上变化较大，同一断面不同的高程可能是不同的成因条件，分别由冲积、洪积、冲洪积、湖积、冰碛、冰水碛、风积或人工等因素产生。查明覆盖层的成因、分布范围、层次颗粒组成和力学指标条件，是选择合理、可行的施工方案的前提，属于最重要的基础性工作。作为挡水建筑物的地基，同基岩相比，覆盖层物质结构松散、层次结构复杂、离散性大、工程力学性质相对较差。在水利水电工程建设中，大坝和地基系统的安全通常围绕抗滑稳定、渗流安全和变形安全等几个方面来评价，相应地覆盖层的地质问题也与这几个方面密切相关。如深厚覆盖层土体往往抗变形能力较差，在上部坝体荷载作用下，附加应力扩散影响范围较大，往往容易造成较大的沉降变形，加上覆盖层厚度空间分布的不均匀性和不同部位土体压缩性能的差异，也可能造成较大的不均匀沉降，从而影响上部结构的安全。由于覆盖层层次结构复杂，土体抗剪强度离散性大，有的还存在黏土、粉土、细砂层等软弱土层，当上部结构荷载作用下剪应力超出覆盖层软弱土层抗剪强度时，会发生剪切破坏，土体将沿软弱土层面剪应力作用方向发生滑动，导致结构失稳，要保证水工建筑物的安全就必须要避免地基发生滑动破坏。成因类型的多样性和层次结构的复杂性使得覆盖层中通常有架空结构，往往渗透系数较大，库水通过坝基覆盖层土体孔隙形成渗流通道，可能会带来坝基渗漏问题，当坝基渗漏量过大时，将会显著降低工程效益，甚至难以达到工程建设的预期目的。此外，覆盖层土体在高水头作用下，有可能产生管涌、流土、接触冲刷和接触流土等渗透破坏，这也是覆盖层上部水工建筑物安全的主要威胁之一。覆盖层中常有低密度砂砾石夹层分布，也常有可能液化的砂层或砂层透镜体分布，这些潜在可能液化的土类，在一定强度地震荷载或振动作用下，可能会产生液化，丧失承载能力，从而威胁大坝安全稳定。总的来看，坝址区河床深厚覆盖层对水利工程的影响主要是：坝基沉降与不均匀沉降问题、抗滑稳定问题、坝基渗漏及渗透变形问题、地震液化问题等。覆盖层的物理力学特性对坝体和防渗墙应力变形影响较大，理论上覆盖层的刚度与防渗墙混凝土越接近，其变形协调性和防渗墙的应力状态越好。

1.3.1 深厚覆盖层不均匀沉降问题

深厚覆盖层成因复杂，不同地层结构差异较大，在上部百米级坝体自重作用下，坝基容易产生不均匀沉降和沉降变形，从而加大土石坝心墙的拱效应，增加防渗墙应力应变复杂程度，恶化大坝防渗体、坝基防渗结构及二者连接结构的受力条件，影响坝体和坝基防渗墙的运行安全和防渗效果。

研究表明，不同层次土体成因类型、岩性特征及内部结构的均一性、密实胶结程度、厚度变化及展布情况、强度承载参数均会影响覆盖层沉降量及沉降差。覆盖层产生不均匀沉降主要有以下原因：①覆盖层结构均一性较差，漂卵砾石层粗细颗粒分布不均、局部细颗粒集中、局部粗颗粒架空，土体岩性、风化程度和强度差异较大；②覆盖层胶结或固结程度差，结构疏松且均一性差，砂砾石层内细颗粒含量高，骨架作用薄弱，变形模量较低，承载力不足；③覆盖层层次结构复杂，在上部结构附加应力影响深度范围内，厚度变化较大且易变形的黏性土、淤泥质土和易液化的砂性土等特殊地层分布不均；④河床谷底基岩面起伏变化较大，分布有古河槽、深槽或深潭，覆盖层厚度、层次变化大。坝基覆盖层较大的沉降与不均匀变形严重影响坝体和水工建筑物的安全稳定，应根据工程情况对坝基下覆盖层的浅层部分进行加固处理，以增加地基土的强度和变形稳定性。

设计人员普遍关心坝基覆盖层对上部高坝的支撑能否满足变形要求，如阿尔塔什坝基覆盖层具有结构紧密、承载力高、抗变形能力强、压缩性低、透水性强等特点，地层结构总体比较均匀，无连续砂层分布，不存在大的不均匀沉降问题。地基的压缩变形可能是局部的、瞬时的，随着施工期的结束，微弱沉降即可基本完成，对建成后的坝体稳定影响不大，实际上大坝填筑于 2019 年 12 月基本完成，坝基沉降量近 500mm。相关研究表明，砂砾石覆盖层坝基的总沉降量在施工期便可完成 60%～70%，采用分段施工方法有助于解决不均匀沉降问题，施工时宜先填厚度大，变形量大的坝段，而后再填筑覆盖层较薄坝段。典型工程地基承载评价与处理应用情况统计见表 1－1。

表 1－1　　典型工程地基承载评价与处理应用情况统计表

工程名称	坝型规模	覆盖层地质特性	地基承载评价	处理应用情况
下坂地	沥青混凝土心墙坝（78.0m）	覆盖层厚 148.0m，由冲洪积砂砾石层（Q_4^{al+pl}）、湖积淤泥质黏土及软黏土层（Q_4^{l}）、冰水积砂层（Q_3^{fgl}）、冰碛含漂块碎石层（Q_3^{gl}）、冰水积含块卵砾石层（Q_3^{fgl}）组成	持力层冰碛含漂块碎石层相对密度 0.75，压缩模量 122.3MPa，属密实低压缩性土，承载力高；坝基覆盖层左侧砂层透镜体埋深 18～26m，最大厚度 43.7m；坝基冲湖积下层软黏土厚 3.1～4.5m，埋深 20～25m，属中等软弱高压缩性土；上层淤泥质黏土埋深 4～9m，厚 3～6m，属极软土；砂层透镜体和冲湖积上下层软黏土分布不均，承载力低，会导致坝基产生较大的不均匀沉降	上层淤泥质黏土进行挖除处理，下层软黏土采用振冲碎石桩加固
长河坝	砾石土心墙堆石坝（240.0m）	覆盖层厚 60～70m，总体上分为：①漂（块）卵（碎）砾石层（Q_3^{fgl}）；②含泥漂（块）卵（碎）砾石层（Q_4^{al}）；③漂（块）卵砾石层（Q_4^{al}）	覆盖层总体上由粗颗粒构成骨架，局部含有砂层透镜体，抗变形能力较强，基本满足基础承载变形要求；②－C砂层厚 0.75～12.50m，顶板埋深 3.3～25.7m，对坝基沉降和不均匀变形不利	挖除砂层，建基于漂（块）卵（碎）砾石上，心墙建基面进行固结灌浆加固

续表

工程名称	坝型规模	覆盖层地质特性	地基承载评价	处理应用情况
猴子岩	面板堆石坝（223.5m）	坝址河谷覆盖层一般厚60～70m，最大厚度85.5m，自下至上分为：①含漂（块）卵（碎）砂砾石层；②黏质粉土层；③含泥漂（块）卵（碎）砂砾石层；④含孤漂（块）卵（碎）砂砾石层。局部存在砂层透镜体	覆盖层第①、③、④层漂（块）卵（碎）砂砾石层的变形模量大于30MPa，具有较高的抗压缩变形能力；河床中部第②层黏质粉土的厚度及分布变化较大，抗变形能力弱，压缩模量小于16MPa，对坝基变形和不均匀变形不利	堆石区挖除第②层黏质粉土及以上土体，下部漂（块）卵（碎）砂砾石予以利用；趾板区建于基岩
冶勒	沥青混凝土心墙堆石坝（125.5m）	坝址河床覆盖层由第四系中～上更新统的卵砾石层、粉质壤土、和块碎石土组成，属冰水河湖相沉积层，厚度大于420m	覆盖层分布呈左岸较薄，坝基较厚、右岸深厚，加之各岩组物理力学性能的差异，坝基变形存在不对称性和不均一性，具有左岸向右岸倾斜的变形趋势；坝基河床浅层分布厚度0.5～17.5m的粉质壤土层，顺河向厚度逐渐增大，也可能产生不均匀变形	坝基持力层土体属超固结密实土体，抗变形能力强，加之堆石坝坝底宽大，变形适应性强，只将心墙基础置于密实原状土体内，并设置混凝土基座改善基础的应力状态
丹巴	砾石土心墙堆石坝（116.0m）	坝址区河床覆盖层厚度变化较大，一般40～100m，最厚127.66m，大致分为6层：①漂（块）卵（碎）石层；②粉土、粉砂层；③漂（块）卵（碎）砾石层；④全新世多成因沉积堆积的混合层；⑤砂卵砾石层；⑥漂（块）卵（碎）砾石夹土层	粉土层、粉砂层中广泛分布着堰塞湖相沉积的砂土层及众多的砂土透镜体，砂土层、砂土透镜体厚度变化大，厚度从十几厘米到十几米不等，且埋藏深度不均一。地基较大，沉降量未超过允许值，但较大的不均匀沉降差将可能导致坝体产生裂缝，造成坝基局部破坏	对埋藏较浅的砂土进行挖除置换处理，对埋藏较深砂土层采用灌浆加固处理
硗碛	砾石土心墙堆石坝（125.5m）	河床覆盖层一般厚度57～65m，最大厚度72.4m。按层次结构自下至上分为4层：①冰水堆积含漂（卵）碎石层，残留厚度8～24m层内局部夹薄层碎砾石土及砂层透镜体；②冲洪积卵砾石土，残留厚度4.0～10.5m，该层分布不稳定，局部缺失；③冲洪积碎石层，厚17～28m；④冲积漂卵砾石层，厚17～21m	覆盖层层次结构及厚度分布空间变化较大，成因类型不同，结构不均一，颗粒大小悬殊，其物理力学性质有一定差异。加上基岩面起伏较大，并有一宽约30m深槽靠左岸展布，因此存在坝基沉降及不均匀变形问题	对心墙底部河床第④层采用固结灌浆处理，提高地基模量和承载力，改善地基不均一性
瀑布沟	心墙堆石坝（186.0m）	河谷覆盖层厚40～70m，最大厚度77.9m，多为架空结构，孔隙比0.19～0.37，平均为0.28。地层分为4层：①漂卵石层；②卵砾石层；③含漂卵石层夹砂层透镜体；④漂（块）卵石层	坝基覆盖层漂卵石、卵砾石变形模量大于50MPa，抗变形能力强；局部分布的砂层透镜体变形模量大都小于25MPa，抗变形能力弱，可能对地基沉降不利	对表层砂层透镜体进行挖除，深层砂层透镜体经变形计算不做处理；运行监测表明，大坝累计沉降量1055.21mm，工作性态正常

1.3.2 深厚覆盖层抗滑稳定问题

土体在外荷载作用下，任一截面都会同时产生法向应力（正应力）和剪应力（切应力），正应力作用下土体被压密，剪应力作用下土体将可能产生剪切破坏。外荷载作用下，土体任一截面产生的剪应力超过土体的抗剪强度时，将会沿剪应力作用方向发生相对滑动，导致土体发生剪切破坏。大坝及其附属建筑物除防止覆盖层沉降过大而影响其安全运行外，还需要重点避免覆盖层发生滑动破坏。

坝基覆盖层结构复杂，其中存在的连续壤土、黏土、淤泥质土及砂层均属承载力较低的软弱土层，将严重影响坝体的抗滑稳定性。大坝沿坝基与覆盖层接触面产生浅层滑动主要是由地质条件未查清、接触面抗剪强度取值不准和坝基处理质量不良等所导致的，深层滑动则是由于覆盖层夹有软弱夹层等不利组合。百米级水压力地震和振动荷载导致的软弱土体失稳是影响坝体抗滑稳定的主要因素，某些情况下覆盖层上百米级坝体自重对大坝抗滑稳定性是有利的。目前水库大坝建设主要以山区的高坝大库为主，坝址区河床普遍存在深厚覆盖层问题，通过多种方法深入论证大坝抗滑稳定性显的至关重要。坝体抗滑稳定不满足规范要求时，必须采取相应工程措施进行处理，从而保证大坝安全稳定运行。典型工程地基抗滑稳定评价与处理应用情况统计见表1-2。

表1-2　典型工程地基抗滑稳定评价与处理应用情况统计表

工程名称	坝型规模	覆盖层地质特性	地基抗滑稳定评价	处理应用情况
下坂地	沥青混凝土心墙坝（78.0m）	覆盖层厚148m，由冲洪积砂砾石层（Q_4^{al+pl}）、湖积淤泥质黏土及软黏土层（Q_4^{l}）、冰水积砂层（Q_3^{fgl}）、冰碛含漂块碎石层（Q_3^{gl}）、冰水积含块卵砾石层（Q_3^{fgl}）组成	覆盖层中部含有软黏土和淤泥质黏土，厚度分别为7.0～31.4m和2～6m，埋深分别为20～25m和4～9m，标准贯入试验平均击数分别为4.5击和2.4击。砂层透镜体、软黏土和淤泥质黏土抗剪强度较低，属软弱或中等软弱土，对坝基抗滑稳定不利	坝基粉细砂层上部为密实的冰碛砂砾石层，振冲碎石桩施工太大。采用上下游增设盖重、坝下游打排水减压井措施增加坝基抗滑稳定性
黄金坪	心墙堆石坝（85.5m）	河谷覆盖层厚56～134m，物质组成以粗颗粒的漂卵砾石为主，分布多个埋藏较浅的砂层透镜体	覆盖层结构由粗颗粒构成基本骨架，总体较密实，抗剪强度较高，内摩擦角30°～32°，但其中存在分布广、埋深浅、厚度大的③-a、②-a等砂层，抗剪强度较低，在强震波影响下，砂土动强度的降低可能引起地基土剪切破坏，不利于坝基抗滑稳定	对浅层的砂层透镜体予以挖除，深层的砂层透镜体进行振冲处理，建基于粗粒土上；运行监测表明，坝基无滑动现象，大坝工作状态正常平稳
长河坝	砾石土心墙堆石坝（240.0m）	覆盖层厚60～70m，总体上分为：①漂（块）卵（碎）砾石层（Q_3^{fgl}）；②含泥漂（块）卵（碎）砾石层（Q_4^{al}）；③漂（块）卵砾石层（Q_4^{al}）	坝基持力层由第②、③层粗颗粒构成骨架，结构密实，抗剪强度高，满足坝基抗滑稳定要求；②-C砂层分布广、埋藏浅、抗剪强度低，不满足抗滑稳定要求	对②-C砂层进行挖除处理，建基于漂（块）卵（碎）砾石上，挖除后经极限平衡法圆弧滑动分析坝坡稳定性，坝基覆盖层满足抗滑稳定要求

续表

工程名称	坝型规模	覆盖层地质特性	地基抗滑稳定评价	处理应用情况
冶勒	沥青混凝土心墙堆石坝（125.5m）	坝址河床覆盖层由第四系中～上更新统的卵砾石层、粉质壤土、和块碎石土组成，属冰水河湖相沉积层，厚度大于420m	坝下游浅层部位存在厚0.5～17.5m的粉质壤土层，粉质壤土层与下伏卵砾石层或块碎石加硬质土层的接触面是坝基潜在的滑移面。坝基下分布长100m，宽20m砂层透镜体，埋深浅，对坝基抗滑稳定不利	在坝下游设置宽200m，厚20～30m的压重区；沿砂层透镜体纵向设置2排减压排水孔，孔深30m，孔距24m。运行监测表明，坝基无滑动现象
猴子岩	面板堆石坝	坝址河谷覆盖层一般厚60～70m，最大厚度85.5m，自下而上分为：①含漂（块）卵（碎）砂砾石层；②黏质粉土层；③含泥漂（块）卵（碎）砂砾石层；④含孤漂（块）卵（碎）砂砾石层。局部存在砂层透镜体	覆盖层各层次力学性能有一定差异。第①、③、④层内摩擦角大于25°，抗剪强度相对较高。第②层黏质粉土厚度大，连续性好，内摩擦角16°～25°，黏聚力10～15kPa，力学强度低；以及①层中下部一定厚度的①-a砂层，分布广，内摩擦角18°～20°，对坝基抗滑稳定不利	堆石区挖除第②层黏质粉土及①-a砂层，下部漂（块）卵（碎）砂砾石予以利用；运行监测表明，坝基无滑动迹象，运行正常
丹巴	砾石土心墙堆石坝（116.0m）	坝址区河床覆盖层厚度变化较大，一般40～100m，最厚127.66m，大致分为6层：①漂（块）卵（碎）石层；②粉土、粉砂层；③漂（块）卵（碎）砾石层；④全新世多成因沉积堆积的混合层；⑤砂卵砾石层；⑥漂（块）卵（碎）砾石夹土层	覆盖层中存在堰塞淤积砂土层及众多松散砂土透镜体，透镜体砂土层多分布于与漂（块）卵（碎）砾石层中，上部相对较多，单层厚度2～5m，可能产生覆盖层内滑动	三维模型计算分析表明，坝基与覆盖层接触面抗滑稳定满足要求，大坝最小稳定系数4.888，在116m坝体重力下，不可能发生覆盖层内滑动
瀑布沟	心墙堆石坝（186.0m）	河谷覆盖层厚60～70m，最大厚度77.9m，多为架空结构，孔隙比0.19～0.37，平均为0.28。地层分为4层：漂卵石层、卵砾石层、含漂卵石层夹砂层透镜体、漂（块）卵石层	坝基覆盖层中漂卵石、卵砾石内摩擦角大于32°，抗剪强度较高；局部分布的透镜状砂层，抗剪强度低，下游侧内摩擦角24°～26°，不利于坝基抗滑稳定	对表层砂层透镜体予以挖除，建基于强度较高的漂卵石、卵砾石上，加宽、加长下游盖重，增加下游坝坡深层抗滑稳定性；运行监测表明，坝基无滑动现象

1.3.3 深厚覆盖层渗漏及渗透稳定问题

因地质地形条件、水文气象条件差异，不同地区结构成因不同的覆盖层决定了其物质成分、结构及层次等千差万别，深厚覆盖层大都为中等～强透水层，仅个别层次或局部地层为弱透水层，进而导致渗漏和渗透稳定等问题出现，严重影响水库大坝工程的兴利效益和大坝的安全稳定运行。大河沿、阿尔塔什、下坂地、旁多等坝基覆盖层厚度超过100m的水利枢纽工程均存在此类问题。

坝基渗漏及覆盖层地基的渗透稳定是砂砾石覆盖层地基存在的主要问题，应根据工程地质条件及实际情况，采用适宜的防渗排水措施（垂直截流、水平铺盖、排水减压和反滤盖重等），降低坝基渗流的水力坡度，确保坝基覆盖层不发生渗透变形和破坏。同时控制渗流量不超过允许值，以防止下游浸没，从而提高工程的兴利效益。典型工程地基渗漏与渗透变形稳定评价及处理应用情况统计见表1-3。

表1-3　典型工程地基渗漏与渗透变形稳定评价及处理应用情况统计表

工程名称	坝型规模	覆盖层地质特性	渗漏与渗透稳定评价	处理应用情况
阿尔塔什	混凝土面板堆石坝（164.8m）	覆盖层厚94m，上层为全新统冲积含漂石砂卵砾石层（Q_4^{al}），下层为中更新统冲积砂卵砾石层（Q_2^{al}）	上层含漂石砂卵砾石层渗透系数为7.69×10^{-2}cm/s；下层冲积砂卵砾石层渗透系数为2.93×10^{-1}cm/s，均为强透水层；渗透变形破坏类型为管涌，临界抗渗比降0.10～0.15；存在严重渗漏和渗透变形问题	采用100m混凝土防渗墙+70m帷幕灌浆相结合的方案进行防渗处理
下坂地	沥青混凝土心墙坝（78.0m）	覆盖层厚148m，由冲洪积砂砾石层（Q_4^{al+pl}）、湖积淤泥质黏土及软黏土层（Q_4^{l}）、冰水积砂层（Q_3^{fgl}）、冰碛含漂块碎石层（Q_3^{gl}）、冰水积含块卵砾石层（Q_3^{fgl}）组成	底部冰碛层厚80m以上，漂卵砾石级配曲线均匀倾斜，分布曲线为单峰状，且存在局部架空现象，渗透系数具有明显不均一性；表部冲洪积砂卵砾石层相对密度0.12，渗透系数为17.6m/d；综合统计分析，覆盖层渗透系数为1×10^{-2}～1×10^{-1}cm/s，呈强透水性；不均匀系数68～444，P_5（粒径大于5mm的粗粒所占的百分比）含量为19.6%，小于25%，室内渗透试验临界水力坡降0.31，渗透变形以管涌为主	采用80m防渗墙+70m灌浆帷幕进行坝基防渗处理
长河坝	砾石土心墙堆石坝（240.0m）	覆盖层厚60～70m，总体上分为：①漂（块）卵（碎）砾石层（Q_3^{fgl}）；②含泥漂（块）卵（碎）砾石层（Q_4^{al}）；③漂（块）卵砾石层（Q_4^{al}）	覆盖层基本由粗颗粒构成骨架，局部还存在架空现象，除砂层外均具有强～极强透水性；且两岸岩体及河床覆盖层下的基岩强卸荷岩体具有较强透水性，坝基及两岸存在渗漏及渗透稳定问题，易产生集中渗流、管涌破坏。砂层透镜体与其余地层接触面可能产生接触冲刷破坏	采用两道全封闭防渗墙和墙下帷幕防渗，防渗墙嵌入基岩深度大于1m，处理后坝基覆盖层各层渗透坡降均小于0.1，渗流量也满足规范要求
冶勒	沥青混凝土心墙堆石坝（125.5m）	坝址河床覆盖层由第四系中～上更新统的卵砾石层、粉质壤土、和块碎石土组成，属冰水河湖相沉积层，厚度大于420m	坝基及两岸坝肩均存在严重的渗漏和渗透变形问题，三向电模拟渗流试验结果显示，未防渗处理情况下通过第3、4岩组的渗流量为0.665～0.669m³/s，占总渗流量70%左右。坝下游第3岩组卵砾石层与粉质壤土接触面渗透破坏比降为4.25时，可能产生细粒被带走及局部管涌现象，不会产生接触冲刷问题	左岸～坝基～右岸基础防渗处理分别采用帷幕灌浆、防渗墙+帷幕灌浆、防渗墙、防渗墙+帷幕灌浆布置形式，减少绕坝渗漏；右岸台地采用悬挂式防渗方式，可有效减少坝肩绕渗量

续表

工程名称	坝型规模	覆盖层地质特性	渗漏与渗透稳定评价	处理应用情况
大石门	沥青混凝土心墙坝（128.8m）	坝址区覆盖层分为：中更新统冲积卵砾石层、上更新统冲积卵砾石层、全新统地层。左岸发育古河槽，上部为第四系上更新统 Q_3 砂卵砾石层，厚40m，下部为巨厚的 Q_2 砂卵砾石层，厚50～295m	左岸古河槽 Q_2 砂卵砾石层厚度变化大，渗透系数为 3.73×10^{-3}cm/s，架空结构占15%，渗透系数为 1×10^{-2}cm/s；通过二维渗透计算和三维建模渗流计算，左岸古河道渗漏量达3078.6万 m^3，存在严重渗漏和绕渗问题	采用帷幕灌浆（2排）处理，孔距3m，排距2m，最大灌浆深度195m，坝下游设置排水孔，降低渗流水力坡降
多布	砂砾石复合坝（27.0m）	河床覆盖层厚20.6～359.3m，分为14层，整体呈左岸厚右岸薄的特征，左岸台地覆盖层厚度180.0～359.3m，平均厚度300.5m，左岸向右岸略有变高趋势，基岩面凹凸不平，左岸台地中部位置出现2个较深凹沟	覆盖层中砂卵砾石层渗透性较强，渗透系数为 $1\times10^{-3}\sim1\times10^{-2}$cm/s。通过数值模拟计算准确分析了河床及左岸覆盖层渗流量和渗漏位置，坝址区河床及左岸覆盖层渗流量为 $1.21m^3/s$，占尼洋河平均流量的2.25%，渗流量较大；覆盖层表面下10～15m处地层极易发生渗流破坏，渗透破坏多数表现为流土，少数为管涌破坏	坝址区覆盖层渗漏严重，整体渗透稳定性较差，采用悬挂式混凝土防渗墙进行防渗处理
瀑布沟	心墙堆石坝（186.0m）	河谷覆盖层厚40～70m，最大厚度77.9m，多为架空结构，孔隙比0.19～0.37，平均为0.28。地层分为4层：漂卵石层、卵砾石层、含漂卵石层夹砂层透镜体、漂（块）卵石层	覆盖层各层渗透性差异不大，渗透系数为 $2.3\times10^{-2}\sim1.0\times10^{-1}$cm/s，架空层渗透系数为 $1.16\times10^{-1}\sim5.80\times10^{-1}$cm/s，均为强透水层。渗透稳定性差，破坏类型为管涌，临界坡降0.10～0.22，最大0.65	采用2道全封闭混凝土防渗墙进行防渗处理，防渗墙嵌入基岩1.5m，遇断层破碎带嵌入基岩5m，并在下游覆盖层和堆石体间设置水平反滤层
旁多	沥青混凝土心墙砂砾石坝（72.3m）	河床覆盖层厚420m，主要分为3层：①坡洪积混合土碎（块）石、碎（块）石混合土；②冲积卵石混合土、冲积漂石、卵石混合土；③冰水积卵石混合土	上层冲积层①、②厚20～55m，透水性强，渗透系数为 5.3×10^{-1}cm/s，下层冰水堆积层③厚60～90m，粉土夹层、细砂夹层发育，空间分布连续性差，局部存在架空现象，渗透系数为 2.1×10^{-2}cm/s，属中等～强透水层，存在严重的渗漏问题；根据细料含量法、有效孔隙直径法和渗透系数判别结果，冰水堆积层卵石混合土渗透破坏主要为流土，局部有产生管涌的可能，渗透稳定性较差	覆盖层厚度大于152m区域，采用150m悬挂式防渗墙处理；其余厚度小于152m区域，采用全封闭混凝土防渗墙处理，嵌岩深度大于1m

续表

工程名称	坝型规模	覆盖层地质特性	渗漏与渗透稳定评价	处理应用情况
硗碛	砾石土心墙堆石坝(125.5m)	河床覆盖层一般厚度57～65m，最大厚度72.4m。按层次结构自下而上分为4层：①冰水堆积含漂（卵）碎石层，残留厚度8～24m，层内局部夹薄层碎砾石土及砂层透镜体；②冲洪积卵砾石土，残留厚度4.0～10.5m，改成分布不稳定，局部缺失；③冲洪积碎石层，厚17～28m；④冲积漂卵砾石层，厚17～21m	坝基覆盖层结构不均一，颗粒大小悬殊，细料充填较少，渗透性强，渗透系数为$6.30\times10^{-3}\sim5.29\times10^{-2}$cm/s，局部架空部位渗透系数为$3.2\times10^{-1}\sim5.9\times10^{-1}$cm/s	采用一道厚1.2m的混凝土防渗墙全封闭方案进行防渗，防渗墙底嵌入弱风化基岩1m。墙顶采用灌浆廊道与心墙相连。防渗墙下部采用2排灌浆帷幕进行防渗

1.3.4 深厚覆盖层坝基砂土振动液化问题

土体液化是一种非常复杂的现象，受土体密度、结构、级配、透水性能、初始应力状态和动荷载特征的影响。坝基深厚覆盖层内普遍存在较多的软弱夹层，若软弱夹层为砂土或粉土，其在地下水位以下基本处于饱和状态，在动荷载（地震、振动）作用下，因其骤升的孔隙水压力来不及消散，将削弱或丧失土体抗剪强度和承载能力。不仅砂土或粉土会产生振动液化现象，个别饱和状态下的中～细粒组的砂层也同样会产生液化现象。在地震烈度较高的地区，覆盖层砂土液化产生的沉降变形会严重威胁上部大坝的安全稳定，砂土液化一直以来都是水利工程建设中关注的重点问题。砂土液化判定分初判和复判两个阶段，初判主要通过初步鉴别排除不液化土层，在此基础上对可能液化土层进一步进行复判，重要工程还应进行专门研究。典型工程土体液化评价与处理应用情况统计见表1-4。

表1-4　典型工程土体液化评价与处理应用情况统计表

工程名称	坝型规模	覆盖层地质特性	地基液化稳定评价	处理应用情况
黄金坪	心墙堆石坝(85.5m)	河谷覆盖层含有分布较广的③-a、②-a砂层，局部的③-b、②-b、②-c、②-d砂层	根据地层年代法、颗粒组成初判为可能液化土体。采用标准贯入试验、相对密度法、相对含水法和液性指数法复判，均为可液化土层	对浅层砂层予以挖除，深层砂层采用振冲碎石桩处理
长河坝	砾石土心墙堆石坝(240.0m)	覆盖层厚60～70m，总体上分为：①漂（块）卵（碎）砾石层（Q_3^{fgl}）；②含泥漂（块）卵（碎）砾石层（Q_4^{al}）；③漂（块）卵砾石层（Q_4^{al}）	覆盖层中②-C砂层分布广泛，厚度0.75～12.50m，深度3.3～25.7m，为饱水的少黏性砂土；通过相对密度、液性指数、标准贯入试验和振动液化试验，经初判、复判和现场复核认定该砂层为液化砂，在设计地震工况下，液化风险较大	对②-C砂层进行全挖除处理

续表

工程名称	坝型规模	覆盖层地质特性	地基液化稳定评价	处理应用情况
冶勒	沥青混凝土心墙堆石坝（125.5m）	坝址河床覆盖层由第四系中～上更新统的卵砾石层、粉质壤土和块碎石土组成，属冰水河湖相沉积层，厚度大于420m	覆盖层粉质壤土夹碳化植物碎石层厚度约90～107m，黏粒含量为8.0%～28.5%，塑性指数为8.4～17.9，结构较密实，标贯击数56击；通过经验判别和剪应力对比法判别得出结论，当地面最大水平地震加速度按50年超越5%和100年超越2%为 $a_{max}=0.30g$、$0.45g$ 时，坝基不同深度饱和状态的粉质壤土均不会发生液化破坏	强地震可能引起粉质壤土局部孔隙水压升高，降低其抗剪强度，不利于坝基变形稳定，因此采用设置减压孔、反滤排水垫层和下游坝脚等工程处理措施
猴子岩	面板堆石坝（223.5m）	覆盖层第①层中下部夹卵砾石中粗砂层（①-a）透镜体，最大厚度20.45m，顶板埋深39.70～64.55m；第②层黏质粉土厚度10～20m，顶板埋深13.15～37.85m，为饱水的黏质粉土	①-a层经地层年代法、颗粒组成法初判为不液化土体。第②层黏质粉土初判为可能液化土体，通过动三轴液化试验、标准贯入试验、跨孔剪切波测试、相对含水法等综合复判为可能液化土	对可能液化土层进行挖除
瀑布沟	心墙堆石坝（186.0m）	河谷覆盖层最大厚度77.9m，多为架空结构，孔隙比0.19～0.37，平均为0.28。地层分为4层：漂卵石层、卵砾石层、含漂卵石层夹砂层透镜体、漂（块）卵石层	覆盖层顺河向近岸部位分布厚2～13m的砂层透镜体，主要分布于坝轴线上下游第③层（Q_4^{1-2}）底部，左岸 Q_3^2 漂卵石层中；通过三维动力计算分析，在不考虑下游坡脚压重的地震工况下，砂层中产生的孔隙水压力和动剪应力较小，基本不会产生液化现象；左岸心墙区下沉积了厚7m，面积达4000m² 的粉细砂层，压缩性大，承载性低，易产生振动液化	左岸心墙区下粉细砂层采用挖除并固结灌浆补强处理；表层砂层透镜体采用挖除处理；坝下游设置坝脚压重区
多布	砂砾石复合坝（27.0m）	物探和钻探结合揭露河床覆盖层厚20.6～359.3m，分为14层，整体呈左岸后右岸薄特征，左岸台地覆盖层厚度180.0～359.3m，平均厚度300.5m，左岸向右岸略有变高趋势，基岩面凹凸不平，左岸台地中部位置出现2个较深凹沟	经标准贯入锤击数法、相对密度法、seed剪应力对比法和室内动三轴试验综合复判，第2、3层岩组中夹粉细砂透镜体可能发生地震液化，但其埋深浅、厚度薄、且呈透镜状不连续分布；第6层含砾中细砂层埋深25m处在地表动峰值加速度为0.206g 时，河床及泄洪闸部位发生砂层液化可能性较大	第2、3层岩组夹粉细砂透镜体采取开挖清除处理，第6层含砾中细砂层采用振冲碎石桩和压重等进行处理

1.4　新疆典型工程深厚覆盖层坝基勘探

1.4.1　新疆深厚覆盖层坝基勘探概述

我国河流河床普遍存在覆盖层，西北地区河流河床覆盖层深厚现象显著，特别是新疆地区河流河床覆盖层现象较为突出。新疆地区河流河床深厚覆盖层主要分布于中下游河段，覆盖层结构主要呈现上部冲洪积层，下部冰碛或冰水堆积层。深厚覆盖层埋深由数十米到数百米不等，地质成因复杂，均一性普遍较差，大大增加了水利水电工程在工程规划、可行性研究、初步设计和建设实施阶段的勘测难度。深厚覆盖层勘测的充分性和准确性直接关乎后期的坝基控制沉降、抗滑、防渗和防砂土液化处理效果及坝体安全稳定运行，因此深厚覆盖层上建坝应重点关注其地质勘测工作。

覆盖层勘探常用手段主要是钻探、坑探、物探和试验，用以查明覆盖层厚度、结构、物质组成和物理力学特性等。物探包括浅层地震勘探法、电磁勘探法、电法勘探及综合测井等，也可采用跨孔法测定土体纵、横弹性波波速。坑探（探井、探坑）可直接揭露表层覆盖层结构组成，可进行现场测试和试验，但对于深厚覆盖层不具适用性，并且风险大、成本高。钻探受覆盖层厚度制约性小，可操作性强，成本相对较低，通过增大钻孔密度可解决“一孔之见”的局限性。物探勘测效率较高，但仪器操作和数据分析技术性较强，测试精度易受地形和土层特性影响，在勘测工作中经常配合钻探使用。钻探既能直观获取覆盖层地层结构和组成，提供室内或室外测试的条件和试样，方便获取覆盖层物理力学性能，还能对物探结果进行验证。对于深厚覆盖层而言，基于钻探技术的迅速发展和不断创新，取样有效性和完整度的提高，覆盖层土体物理力学参数测试手段也在不断进步，土工试验与测试就是必要手段，主要分为室内试验和室外原位试验，在钻孔内可进行旁压试验、十字板剪切试验、动静力触探试验、标准贯入试验等。总体而言，物探技术的进步和室内外试验、钻孔土工试验测试手段和准确性的提升，皆是基于钻探技术的进步创新，因而钻探无可厚非地成了覆盖层勘测中首选、最有效的方法。

随着西部大开发热潮兴起，新疆水利水电工程建设也迅猛发展，高坝大库工程建设越来越多，覆盖层勘测技术也得到了充分的应用和提升。总体来看，新疆水利水电工程覆盖层勘测发展大致经历了3个阶段，伴随覆盖层勘测技术的不断进步和创新，成功突破了因工程覆盖层地质条件不明带来的建设技术难题。

20世纪70年代之前，水利水电工程覆盖层钻探技术由人力冲积钻进，铁砂钻进工艺，发展到钻机钻进，铁砂或钢粒钻进和逐级跟管方法，直至全国产化钻机钻进，金刚石钻进工艺的初步形成。因引进孔内爆破技术，爆破跟管钻进与取芯技术应运而生，成功解决了套管通过大孤石直至基岩的技术难题，常规钻进技术穿透覆盖层厚度可超过100m。

20世纪70年代至21世纪，水利水电工程覆盖层钻探技术处于平稳发展阶段。常规技术取芯质量较差，钻进效率较低，容易产生套管事故的弊端再一次被突破，创新出SM植物胶金刚石钻进与取样技术，突破了金刚石在破碎松散地层使用的禁区，取出清晰完整的砂砾石芯样，攻克了覆盖层结构完整移植的难题，并且大幅降低了劳动强度，砂砾石层钻探技术水平日益成熟。1982年建成的柯克亚混凝土面板便是利用此技术对坝址区覆盖层进行勘测，查明坝基覆盖层厚度（最大厚度37.5m）和结构层次组成。1998年建成的坎儿其沥青心墙混凝土坝，坝高51.3m，前期勘测主要利用金刚石钻进和植物胶取样技术，探明坝基覆盖层最大厚度40m，覆盖层主要是颗粒粒径大于20mm的含漂块卵石的砂卵砾石层，覆盖层下基岩由砂岩、泥质砂岩、粉砂质泥岩和砂砾岩组成，裂隙发育。

21世纪以来，钢粒钻被完全淘汰，爆破跟管钻进技术日益完善，深厚覆盖层复杂地层钻进技术不断突破瓶颈。该阶段研发了架空地层钻进取芯技术和孔内深水爆破技术，打破了覆盖层架空层与缺水地区钻进取芯技术、高原高寒缺氧地区钻机动力不足钻进取芯技术的空白，伴随钻探技术的不断精进，泥浆（植物胶）固壁技术的不断发展，成孔质量、孔斜控制、取芯质量效果优异。成孔质量的大幅提升使旁压试验大有用武之地，旁压试验能够更真实地反映不同深度地层的承载能力和变形模量，测试效率和灵敏度高，基本不受地下水的影响，是一种迅速发展并逐步成熟的原位勘测手段和方法，在覆盖层勘测过程中得到广泛应用。旁压试验结果与动静力触探、荷载试验、十字板剪切试验、室内试验等结果进行对比分析，也极大提高了勘测结果的可靠性和正确性，基于旁压荷载-位移信息，通过反分析确定更为准确的覆盖层土体本构模型参数也已获得成功应用。

2005年开工建设的新疆下坂地水利枢纽坝址区覆盖层厚150m，地层结构复杂，颗粒大小悬殊，均一性极差；采用XY-42型岩芯钻机、金刚石钻头和泥浆固壁钻进工艺，采用植物胶钻孔与取芯技术、架空层钻进与取芯技术、跨孔剪切波及动弹模测试、抽水试验、室内试验、十字板剪切试验、标准贯入试验等对覆盖层进行的勘测，获得了详细完整的地层结构、组成成分、颗粒级配、土体物理力学参数。2012年开工建设的38团石门水库坝址区覆盖层最深超过120m，通过SM胶半合管钻探，室内的渗透试验、含水率试验、相对密度试验，现场天然密度试验、颗粒分析试验、载荷试验、弹模试验、旁压试验、抽水试验、超重型动力触探，物探剪切波试验等对深厚覆盖层进行勘测，查明了覆盖层厚度、地层特性、物质组成和物理力学性能等，为坝基覆盖层地质评价和防渗加固处理提供了基础资料和理论依据。2011年开工建设的阿尔塔什水利枢纽坝基覆盖层最大厚度94m，砂卵砾石地层中含有一定的架空结构，勘探采用了SM植物胶钻探、竖井、物探（剪切波试验、对穿CT成像、综合测井）、坑探、现场试验（荷载、颗分、密度试验、抽水试验）、室内试验（大型压缩、抗剪、渗透试验）及热释光测年等多种手段，查明了坝基覆盖层的结构特征及主要物理力学性质。2012年开工建设的新疆塔日勒嘎水电站（坝高45m）坝址区覆盖层厚达118m，层次结构复杂，颗粒极不均匀，漂砾石含量较高，稳定性差；采用钻孔取芯技术勘测覆盖层地质情况，施工中使用深井膨润土泥浆护壁，代替植物胶护壁，芯样采取率均超过90%，特制泥浆护壁技术节水效果显著；同时，还应用声波测试技术获取了覆盖层参数。2015年开工建设的大河沿水库坝址区河床覆盖层更是厚达174m，地层结构复杂且物理力学性能相差较大，勘测过程中采用植物胶钻进及取芯工艺、物探声波测井（地震波测试）、抽水试验、旁压试验、动静三轴试验、颗分试验等，较为准确地探明了覆盖层结构组成和主要物理力学性质。新疆南疆某水电站在工程规划阶段勘探中因交通困难，综合运用电测深法和浅层地震反射法探明坝址区基岩埋深情况；在河谷深切、覆盖层深厚、横河向覆盖层埋深变化较大的情况下，综合运用电测深法和浅层地震反射法能够显著提高物探成果的可靠性和准确性。

1.4.2　阿尔塔什水利枢纽工程坝基勘探

阿尔塔什水利枢纽位于新疆南疆叶尔羌河干流山区下游河段，是叶尔羌河上的控制性水利枢纽工程。工程规模为Ⅰ等大（1）型，水库总库容22.49亿m^3，正常蓄水位1820m，电站装机容量755MW。枢纽工程由混凝土面板砂砾石（堆石）坝、1号、2号表孔溢洪洞，中孔泄洪洞，1号、2号深孔放空排沙洞，发电引水系统，电站厂房，生态基流引水洞及厂房，过鱼设施等主要建筑物组成。

1. *覆盖层最大厚度、成因、结构、层次及河谷形态*

坝址区河谷呈宽U型，现代河床宽260～450m，据河床钻孔揭露和物探测试成果，坝址区河床基岩面总体由左侧向右侧倾斜，覆盖层厚度由左侧向右侧增加，厚20～78m，河床深槽位于河床右侧，深槽部位覆盖层厚94m，属深厚覆盖层。深槽形态在横剖面上变化较大，呈左缓右陡不对称的深槽型，如图1-1所示。

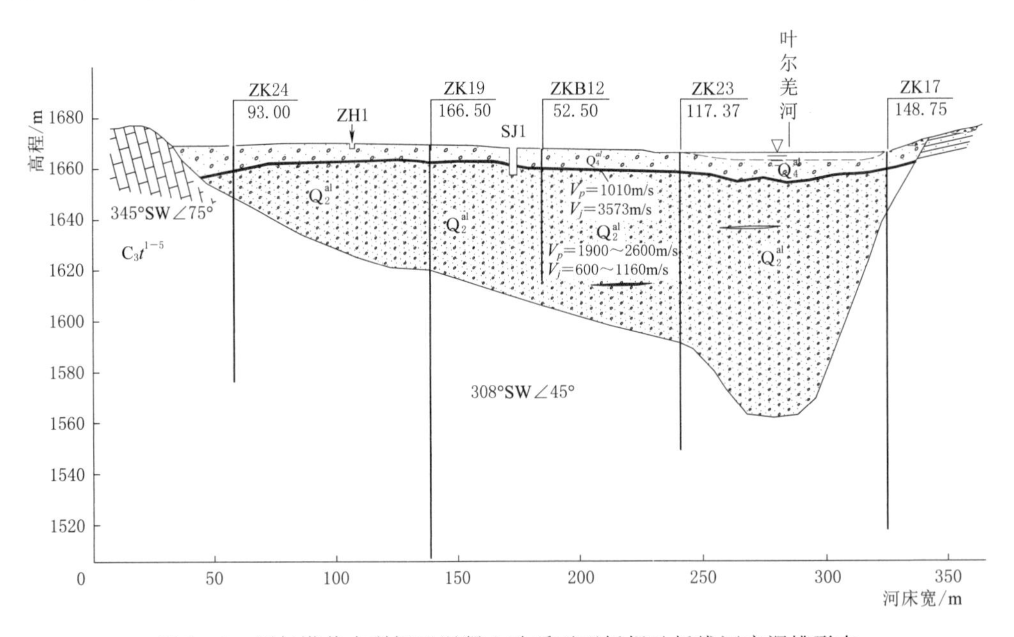

图1-1　阿尔塔什水利枢纽混凝土砂砾石面板坝趾板线河床深槽形态

根据钻孔及竖井揭露，坝址河床覆盖层上部厚4.5～12.0m，颗粒粗大，底部分布一层厚0.4～1.2m似砾岩的砂砾石胶结层，胶结层之下覆盖层颗粒相对较细，大多呈现微～弱胶结现象，并分布有多层缺细粒充填的强渗层（卵砾石层）。根据物探测试成果，胶结层在坝址范围内均有分布，只是胶结程度不同，钻孔和竖井物探测试成果图如图1-2所示。

根据覆盖层颗粒组成、胶结程度、物理力学性质和工程特性的差异，河床覆盖层总体划分为两大层：①上层为全新统冲积含漂石砂卵砾石层（Q_4^{al}），定为Ⅰ岩组；②下层为中、上更新统冲积砂卵砾石层（Q_2^{al}），定为Ⅱ岩组。其分界面以河床普遍分布的一层似砾岩的砂卵砾石胶结层为标志。该层胶结程度差异较大，局部胶结较好，岩芯呈柱状，似砾岩，大部分呈微～弱胶结，岩芯表部有胶结物。

(a) ZK23钻孔揭露的似砾岩胶结砂砾石层

(b) ZK26钻孔揭露的似砾岩胶结砂砾石层

(c) ZK33钻孔揭露的似砾岩胶结砂砾石层

(d) 坝址上游右岸河边出漏的中更新统冲积砂卵砾石层

图 1-2 胶结层在坝址范围钻孔和竖井物探测试成果图

Ⅰ岩组：分布于现代河床覆盖层上部，厚度4.7～17.0m，组成物以漂石、卵砾石为主，局部夹砂层透镜体；漂卵砾石成分以花岗岩、花岗片麻岩、凝灰砂岩、石英岩、灰岩及白云质灰岩等硬质岩为主，磨圆度较好；分析其原因，从物源区搬运沉积下来的卵石、漂石、砾石，大多经历了较长流程的冲刷、磨蚀，软质岩石成分的粗大颗粒绝大部分都难以堆积下来；该层骨架颗粒呈交错排列，大部分相互接触，从开挖断面上取出大颗粒，能保持颗粒凹面形状，坑壁可保持稳定，坍塌现象少见。

Ⅱ岩组：分布于现代河床覆盖层下部，组成物以砂卵砾石为主，夹多层缺细粒充填的卵砾石层（架空层），底部夹杂崩坡积块石和孤石，厚度36.0～93.0m，成分以花岗岩、花岗片麻岩、凝灰砂岩、石英岩、灰岩及白云质灰岩等硬质岩为主，磨圆度较差；该层在堆积过程中经历过较长时间的超固结压密作用，剖面上局部形成薄层钙质胶结层，据钻孔揭露及物探测试成果，该层大多具弱～微胶结，纵波波速为1900～2800m/s，剪切波速为600～1200m/s，其顶板部分胶结较好，似砾岩，在平面上连续分布，胶结似砾岩层的厚度0.4～0.6m，物探测试其纵波波速为2690～3846m/s；另外，该层夹有多层缺细粒充填的卵砾石层（架空层），组成物主要为粒径2～5cm的卵砾石，基本无细粒充填，该层厚度0.15～1.2m不等，钻进中遇该层钻孔出现漏浆或不返浆现象。Ⅱ岩组架空层统计表见表1-5。

2. 坝基覆盖层主要物理力学性质

根据试验资料，Ⅰ岩组漂石含量约占8.8%，直径一般20～40cm，个别达60cm；卵石含量约占29.7%；砾石含量20.1%，平均含砂率17.96%，以中细砂为主，不均匀系数为335.3，有效粒径平均0.20mm，曲率系数为19.7，表明颗粒级配不连续，属不良级配。Ⅰ岩组颗粒级配成果表见表1-6。

表1-5　　阿尔塔什水利枢纽工程坝址河床覆盖层Ⅱ岩组架空层统计表

编号	孔深/m	覆盖层深度/m	地面高程/m	架空层深度范围/m		架空层层数	架空层累积总深度/m	占覆盖层比例/%
ZK18	111.11	56.3	1666.138	25.5～27.3	38.6～41.0	4	5.5	0.10
				43.3～44.9	47.4～48.0			
ZK23	117.37	74.4	1666.370	32.0～32.8	42.1～42.9	4	3.2	0.04
				44.0～44.6	51.7～52.7			
ZK26	115.13	92.7	1666.670	32.5～34.3	46.8～47.4	6	14.4	15.50
				53.8～58.6	71.3～72.0			
				74.2～78.5	80.1～82.3			
ZK27	111.00	25.5	1667.851	13.8～14.6	18.6～21.0	2	3.2	12.50
ZK28	106.00	24.1	1664.435	8.5～10.7	—	1	2.2	0.09
ZK31	39.41	23.3	1664.758	13.4～18.3	24.0～24.8	2	5.7	24.50
ZK32	75.10	53.6	1665.014	37.5～41.6	49.5～50.8	2	5.4	10.10
ZK33	115.75	93.9	1669.122	19.8～21.3	24.4～28.4	7	18.2	19.40
				30.0～32.5	48.6～50.0			
				57.1～60.5	67.0～69.0			
				87.4～88.8	—			
ZK34	47.10	29.64	1664.852	12.2～13.0	—	1	0.8	0.03
ZK35	80.00	56.7	1665.200	15.8～16.8	31.8～32.2	5	2.9	0.05
				42.0～42.4	44.9～45.4			
				53.1～53.7	—			
ZK37	106.35	63.0	1668.009	7.4～9.5	15.6～16.5	3	3.9	0.06
				22.4～24.3	—			

表1-6　　阿尔塔什水利枢纽工程坝址河床覆盖层Ⅰ岩组颗粒级配成果表

试坑编号	取样深度/m	粒径组成/mm									不均匀系数	曲率系数	有效粒径/mm
		>200	200～60	60～20	20～5	5～2	2～0.5	0.5～0.25	0.25～0.075	<0.075			
		含量/%											
SJ1	0～2.0	9.5	36.5	23.0	13.0	2.5	2.5	2.5	10.0	0.5	303.5	22.5	0.23
	2.0～4.0	6.5	44.0	20.0	9.5	2.0	2.0	3.0	12.0	1.0	459.8	31.7	0.174
	5.0～6.0	28.5	33.0	15.5	4.0	0.5	0.5	2.5	15.0	0.5			0.124
TK1	0.1～1.4	4.5	41.0	24.5	9.5	2.5	2.5	2.5	12.5	0.5	438.7	40.5	0.15
TK2	0.1～1.0	2.0	36.0	32.5	5.5	1.0	2.0	5.0	14.5	1.5	403.5	50.2	0.14
TK3	0.2～1.6	5.0	51.0	25.0	7.0	0.5	0.5	2.0	8.5	0.5	230.3	71.3	0.32
TK50	0.4～5.0	5.0	24.0	18.0	16.0	6.0	6.0	7.0	16.0	2.0	242.9	0.36	0.14
TK50-1	0.2～1.9	7.0	33.0	19.0	9.0	2.0	3.0	3.0	22.0	2.0	612.2	0.07	0.098

续表

试坑编号	取样深度/m	粒径组成/mm									不均匀系数	曲率系数	有效粒径/mm
		>200	200～60	60～20	20～5	5～2	2～0.5	0.5～0.25	0.25～0.075	<0.075			
		含量/%											
TK51	0.3～3.5	1.0	24.0	30.0	17.0	6.0	7.0	5.0	9.5	0.5	157.7	3.0	0.260
TK53	0.3～2.3	9.0	20.0	20.0	19.0	4.0	5.0	5.0	17.0	1.0	269.6	3.4	0.115
TK53-1	0.6～3.0	4.0	27.0	27.0	8.0	2.5	5.0	6.5	19.0	1.0	363.0	0.15	0.135
TK54	0.2～2.2	7.0	35.0	22.0	14.0	4.0	3.0	3.0	11.0	1.0	320.0	11.3	0.20
TK55	0.2～2.4	13.0	34.0	18.0	7.0	4.0	3.0	5.0	15.0	1.0	524.1	5.8	0.145
TK56	0.2～2.4	5.0	26.0	27.0	16.0	8.0	5.0	4.0	8.0	1.0	163.0	4.1	0.27
TK60	0.2～2.0	18.0	19.0	27.0	13.0	5.0	2.0	1.0	11.0	4.0	457.6	24.5	0.118
TK61	0.1～1.8	15.0	32.0	27.0	11.0	2.0	1.0	1.0	10.0	1.0	400.0	56.3	0.180
TK62	0.3～3.6	—	32.0	20.0	19.0	7.0	3.0	2.0	12.0	5.0	420.0	7.5	0.100
TK63	0～1.7	30.0	34.0	12.0	11.0	3.0	0.5	1.5	6.0	2.0	150.0	8.2	1.0
TK64	1.2～2.4	20.0	23.0	28.0	14.0	2.0	1.0	1.0	9.5	1.5	347.4	38.6	0.19
TK105	0.1～3.9	—	12.5	37.5	23.0	6.5	6.0	3.5	4.0	7.0	128.6	8.2	0.21
TK106	0～3.6	—	16.0	34.0	22.5	7.5	5.0	1.5	4.0	9.5	353.7	16.7	0.08
TK107	0～3.6	4.0	19.5	27.5	21.0	7.0	3.5	2.0	11.0	4.5	295.4	10.1	0.11
最大值		30.0	51.0	37.5	23.0	8.0	7.0	7.0	22.0	5.0	612.2	56.3	0.26
最小值		0.0	12.5	12.0	4.0	0.5	0.5	1.0	4.0	0.5	128.6	0.15	0.098
平均值		8.8	29.7	24.3	13.1	3.9	3.1	3.2	11.7	2.2	335.3	19.7	0.2

注：TK 表示探坑，SJ 表示竖井。

Ⅰ岩组天然干密度为 2.21～2.26g/cm^3，平均干密度 2.26g/cm^3；相对密度为 0.74～0.89，平均相对密度 0.83；饱和状态下抗剪强度内摩擦角为 40.0°～42.5°，平均 41.1°，咬合力为 16.0～52.0kPa，平均 28.0kPa；渗透系数为 1×10^{-3}～7.8×10^{-3}cm/s，平均 3.7×10^{-3}cm/s。现场大型载荷试验，Ⅰ岩组砂卵砾石层表部在 4MPa 压力下仍没有发生破坏，变形模量为 39.44～65.94MPa，沉降量为 9.28～36.43mm，在 4MPa 压力下压缩系数为 0.00288～0.00521MPa^{-1}，压缩模量为 230.22～308.09MPa，旁压模量为 16.27～122.36MPa，平均值 67.23MPa；计算的变形模量为 81.36～437.36MPa，平均值 263.2MPa。反映出Ⅰ岩组河床冲积砂卵砾石层属低压缩性土，具有较高的承载能力，Ⅰ岩组物理力学性能试验成果表见表 1-7。

Ⅱ岩组卵石含量约占 27.5%；砾石含量 51.03%，平均含砂率 20.47%，以中细砂为主，不均匀系数为 368.0，平均有效粒径 0.13mm，曲率系数 35.7，表明颗粒级配不连续，属不良级配。Ⅱ岩组中缺细粒充填的卵砾石层（架空层）：卵石含量约占 19.6%；砾石含量 75%，平均含砂率 4.7%，不均匀系数 4.5，平均有效粒径 11.7mm，曲率系数 1.8，表明颗粒级配不连续，属不良级配，且缺少细粒充填，渗透性强。据坝址 11 个河床覆盖层植物胶钻孔揭露，架空结构层占Ⅱ岩组孔深的比例一般为 21%～75.2%，平均在 50%左右，层厚一般 0.6～2.5m。Ⅱ岩组颗粒级配成果表见表 1-8，Ⅱ岩组架空砂砾石层颗粒级配成果表见表 1-9。

表1-7 阿尔塔什水利枢纽工程坝址河床覆盖层Ⅰ岩组物理力学性能试验成果表

试样编号	取样深度/m	天然状态干密度/(g/cm³)	最小干密度/(g/cm³)	最大干密度/(g/cm³)	相对密度	比重			力学试验控制干密度/(g/cm³)	大型直剪(饱和状态)		渗透系数/(cm/s)
						>5mm	<5mm	加权平均值		咬合力/kPa	内摩擦角/(°)	
SJ1	0～2.0	2.22	1.97	2.29	0.81	2.71	2.67	2.70	2.22	22.0	42.5	—
	2.0～4.0	2.24	1.99	2.30	0.83	2.70	2.68	2.70	2.24	22.0	41.5	—
	5.0～6.0	2.23	1.97	2.28	0.86	2.72	2.70	2.72	2.23	16.0	41.5	—
	6.0～7.3	2.20	1.88	2.25	0.88	2.70	2.69	2.70	2.20	18.0	40.5	—
TK50	0.4～5.0	2.25	2.07	2.33	0.84	2.70	2.68	2.69	2.22	22.0	40.0	7.8×10^{-3}
TK50-1	0.2～1.9	2.24	2.16	2.34	0.83	2.71	2.70	2.71	2.22	47.0	40.0	6.9×10^{-3}
TK51	0.3～3.5	2.25	2.08	2.37	0.86	2.71	2.70	2.71	2.23	26.0	41.0	1.0×10^{-3}
TK53	0.3～2.3	2.24	2.03	2.34	0.84	2.72	2.70	2.71	2.22	30.0	42.0	2.6×10^{-3}
TK53-1	1.3～2.3	2.25	2.10	2.38	0.84	2.71	2.70	2.71	2.22	30.0	42.5	1.0×10^{-3}
TK53-2	0.2～1.7	2.23	1.92	2.33	0.87	2.70	2.68	2.69	2.23	52.0	40.0	5.6×10^{-3}
TK54	0.2～2.2	2.26	2.03	2.33	0.88	2.72	2.68	2.71	2.24	38.0	41.5	1.0×10^{-3}
TK55	0.2～2.4	2.24	2.10	2.33	0.86	2.72	2.70	2.71	2.23	20.0	41.0	3.1×10^{-3}
TK56	0.2～2.4	2.26	2.03	2.33	0.87	2.70	2.70	2.70	2.22	26.0	41.0	4.4×10^{-3}
TK1	0.1～1.4	2.25	1.98	2.29	0.89	—	—	—	—	—	—	—
TK2	0.1～1.0	2.26	2.01	2.31	0.85	—	—	—	—	—	—	—
TK3	0.2～1.6	2.24	1.99	2.30	0.83	—	—	—	—	—	—	—
TK101	1.4～3.0	2.11	1.79	2.22	0.78	—	—	—	—	—	—	—
TK102	0.3～3.2	2.12	1.80	2.20	0.83	—	—	—	—	—	—	—
TK105	0.1～3.9	2.17	1.91	2.23	0.83	—	—	—	—	—	—	—
TK106	1.2～2.4	2.16	1.87	2.22	0.85	—	—	—	—	—	—	—
TK107	0～3.6	2.19	1.97	2.31	0.68	—	—	—	—	—	—	—
TK108	0～3.6	2.20	1.98	2.29	0.74	—	—	—	—	—	—	—
ZH1	5.0～5.7	2.26	2.02	2.30	0.84	—	—	2.71	2.24	22.0	40.0	—
ZH2	4.6～5.3	2.23	2.02	2.29	0.80	—	—	—	—	—	—	—
最大值		2.26	2.16	2.38	0.89	2.72	2.70	2.72	2.24	52.0	42.5	7.8×10^{-3}
最小值		2.11	1.79	2.20	0.74	2.70	2.67	2.69	2.20	16.0	40.0	1.0×10^{-3}
平均值		2.22	1.99	2.30	0.83	2.71	2.69	2.71	2.23	27.9	41.1	3.7×10^{-3}

Ⅱ岩组对砂砾石和架空层分别取样进行了室内试验，其中砂砾石2组样本取自竖井，架空层样本主要取自钻孔岩芯，砂砾石力学试验控制密度为天然干密度，架空层分别按最松密度和最紧密度控制。Ⅱ岩组砂砾石具弱～微胶结特性，天然干密度2.22～2.26g/cm³，相对密度0.84～0.92；饱和状态下抗剪强度内摩擦角41.5°～42.0°，咬合力14.0kPa；渗透系数2.8×10^{-2}～3.5×10^{-2}cm/s。架空层最小控制干密度下的抗剪强度内摩擦角37.5°～38.0°，咬合力10.0～14.0kPa；渗透系数9.0×10^{-2}～1.0×10^{-1}cm/s，平均1.84×10^{-1}cm/s。

表 1-8　阿尔塔什水利枢纽工程坝址河床覆盖层Ⅱ岩组颗粒级配成果表

试坑编号	取样深度/m	粒径组成/mm								有效粒径/mm	不均匀系数	曲率系数
		＞60	60～20	20～5	5～2	2～0.5	0.5～0.25	0.25～0.075	＜0.075			
		含量/%										
SJ1	6.0～7.3	9.5	42.5	27.5	3.0	2.5	2.0	11.0	2.0	0.15	182	25.9
	7.3～8.5	33.0	39.0	8.0	1.0	1.5	2.5	14.5	0.5	0.13	400	74.9
	8.5～9.5	40.0	24.0	6.5	1.5	2.0	6.5	19.0	0.5	0.115	521.7	6.3
最大值		40.0	42.5	27.5	3.0	2.5	6.5	19.0	2.0	0.15	400	74.9
最小值		9.5	24.0	6.5	1.0	1.5	2.0	11.0	0.5	0.115	182	6.3
平均值		27.5	35.2	14.0	1.8	2.0	3.7	14.8	1.0	0.13	368.0	35.7

表 1-9　阿尔塔什水利枢纽工程坝址河床覆盖层Ⅱ岩组架空砂砾石层颗粒级配成果表

钻孔编号	取样深度/m	粒径组成/mm								有效粒径/mm	不均匀系数	曲率系数
		＞60	60～20	20～5	5～2	2～0.5	0.5～0.25	0.25～0.075	＜0.075			
		含量/%										
ZK23	22.90～24.15	22.0	64.0	6.0	1.5	1.5	1.0	1.5	2.5	12.30	3.5	1.8
ZK23	32.10～33.10	24.0	59.5	14.0	0.5	0.5	0.5	0.5	0.5	14.50	2.8	1.3
ZK23	43.88～45.53	22.5	63.0	11.0	0.5	1.0	0.5	0.5	1.0	15.00	2.7	1.4
ZK23	51.85～52.63	39.5	45.0	11.0	1.0	1.5	0.5	1.0	0.5	14.40	4.2	1.2
ZK26	29.84～30.7	0	53.5	37.0	3.0	2.5	1.0	2.0	1.0	5.60	4.1	1.9
ZK26	31.15～32.10	3.0	79.5	8.5	0.5	1.5	1.5	5.0	0.5	8.20	4.8	3.0
ZK26	55.49～58.44	37.5	52.5	7.5	0.5	0.5	0.5	0.5	0.5	20.00	2.9	1.1
ZK26	63.59～67.46	16.0	69.0	12.0	0.5	0.5	0.5	0.5	1.0	14.30	3.2	1.9
ZK26	82.51～84.01	5.0	68.5	19.0	3.0	1.0	0.5	2.5	0.5	7.50	4.7	2.0
ZK27	13.82～15.91	15.5	47.5	22.0	6.0	3.0	1.0	5.0	0	2.50	14.2	2.5
ZK27	20.44～21.14	27.0	51.0	6.5	3.0	4.5	1.5	6.5	0	—	—	—
ZK31	17.6～19.45	23.5	59.0	13.0	0.5	1.0	0.5	2.0	0.5	14.00	2.3	1.5
最大值		39.5	79.5	37.0	6.0	4.5	1.5	6.5	2.5	20.00	14.2	2.0
最小值		0	45.0	6.0	0.5	0.5	0.5	0.5	0	2.50	2.3	1.1
平均值		19.6	59.3	14.0	1.7	1.6	0.8	2.3	0.7	11.70	4.5	1.8

架空层最大控制干密度下的抗剪强度内摩擦角38.0°～40.5°，咬合力8.0～14.0kPa；渗透系数2.6×10^{-2}～9.9×10^{-2}cm/s，平均值5.88×10^{-2}cm/s。Ⅱ岩组砂卵砾石层在4MPa压力下压缩系数0.0034～0.0040MPa^{-1}，压缩模量307.25～363.85MPa，属低压缩性土。Ⅱ岩组砂砾石层旁压模量50.12～248.81MPa，平均值124.04MPa；计算的变形模量203.68～541.40MPa，平均值339.88MPa。Ⅱ岩组砾石层（架空层）旁压模量9.16～

29.42MPa，平均值17.90MPa；计算的变形模量40.82～142.09MPa，平均值82.85MPa，Ⅱ岩组物理力学性能试验成果表见表1-10，Ⅱ岩组砂砾石架空层物理力学性能试验成果表见表1-11，坝址河床砂卵砾石层室内大型压缩试验成果表见表1-12，各岩组覆盖层承载能力及变形模量计算成果表见表1-13。

表1-10　阿尔塔什水利枢纽工程坝址河床覆盖层Ⅱ岩组物理力学性能试验成果表

试坑编号	取样深度/m	天然状态干密度/(g/cm³)	最小干密度/(g/cm³)	最大干密度/(g/cm³)	相对密度	比重			控制干密度/(g/cm³)	大型直剪（饱和状态）		渗透系数/(cm/s)
						>5mm	<5mm	加权平均值		咬合力/kPa	内摩擦角/(°)	
SJ1	7.3～8.5	2.22	1.99	2.27	0.84	2.70	2.68	2.70	2.22	14.0	42.0	3.5×10^{-2}
	8.5～9.5	2.26	1.95	2.29	0.92	2.69	2.67	2.68	2.26	14.0	41.5	2.8×10^{-2}

表1-11　阿尔塔什水利枢纽工程坝址河床覆盖层Ⅱ岩组砂砾石架空层物理力学性能试验成果表

试样编号	取样深度/m	天然状态下干密度/(g/cm³)	最小干密度/(g/cm³)	最大干密度/(g/cm³)	比重			力学试验控制干密度/(g/cm³)	大型直剪（饱和状态）		渗透系数/(cm/s)
					>5mm	<5mm	加权平均值		咬合力/kPa	内摩擦角/(°)	
ZK23	22.90～24.15	1.57	1.84	2.08	2.70	2.68	2.70	1.84	15.0	37.5	1.0×10^{-1}
								2.08	10.0	38.5	5.5×10^{-2}
ZK23	32.10～33.10	1.26	1.71	1.93	2.69	2.68	2.69	1.71	13.0	37.5	2.5×10^{-1}
								1.93	12.0	38.0	9.9×10^{-2}
ZK23	43.88～45.53	1.44	1.73	1.99	2.71	2.69	2.71	1.73	13.0	37.5	1.3×10^{-1}
								1.99	11.0	39.0	6.5×10^{-2}
ZK23	51.85～52.63	1.86	1.80	2.05	2.70	2.69	2.70	1.80	10.0	38.0	2.2×10^{-1}
								2.05	10.0	39.0	6.3×10^{-2}
ZK26	29.84～30.10	1.73	1.86	2.14	2.69	2.68	2.69	1.86	11.0	38.0	4.3×10^{-2}
								2.14	12.0	40.0	2.9×10^{-2}
ZK26	31.15～32.10	2.00	1.81	2.05	2.70	2.68	2.70	1.81	11.0	37.5	9.6×10^{-2}
								2.05	8.0	39.5	5.9×10^{-2}
ZK26	55.49～58.44	1.32	1.78	2.03	2.71	2.69	2.71	1.78	10.0	37.5	1.0×10^{-1}
								2.03	11.0	38.0	4.0×10^{-2}
ZK26	63.59～67.46	1.32	1.75	2.04	2.69	2.69	2.69	1.75	13.0	38.0	1.6×10^{-1}
								2.04	12.0	38.0	4.9×10^{-2}
ZK26	82.51～84.01	1.26	1.86	2.12	2.70	2.68	2.70	1.86	10.0	37.5	5.3×10^{-1}
								2.12	10.0	39.5	9.6×10^{-2}
ZK27	13.82～15.91	1.42	1.91	2.27	2.71	2.68	2.71	1.91	14.0	37.5	7.1×10^{-2}
								2.27	12.0	40.5	2.6×10^{-2}

续表

试样编号	取样深度/m	天然状态下干密度/(g/cm³)	最小干密度/(g/cm³)	最大干密度/(g/cm³)	比重			力学试验控制干密度/(g/cm³)	大型直剪（饱和状态）		渗透系数/(cm/s)
					>5mm	<5mm	加权平均值		咬合力/kPa	内摩擦角/(°)	
ZK27	20.44～21.14	1.30	1.91	2.16	2.70	2.68	2.70	1.91	12.0	38.0	9.0×10^{-2}
								2.16	14.0	39.0	4.4×10^{-2}
ZK31	17.6～19.45	1.30	1.80	2.06	2.69	2.68	2.69	1.80	13.0	38.0	1.9×10^{-1}
								2.06	10.0	39.0	8.0×10^{-2}

表 1-12　阿尔塔什水利枢纽工程坝址河床砂卵砾石层室内大型压缩试验成果表

岩组	取样编号	取样深度/m	孔隙比	压缩系数/MPa⁻¹	压缩模量/MPa	控制干密度/(g/cm³)	备注
Ⅰ岩组	TK54	0.2～2.2	0.16863	0.00430	277.83	2.26	3.2～4.0MPa压力下
	TK53-1	0.3～3.0	0.1724	0.00288	414.50	2.27	
	TK51	0.3～3.5	0.16722	0.00521	230.22	2.25	
	TK51	0.3～3.5	0.3012	0.00875	152.20	2.05	<5mm 颗粒剔除
	TK54	0.2～2.2	0.29910	0.00870	166.30	2.03	
	1号竖井	0.0～2.0	0.1835	0.0049	249.17	2.22	3.2～5.0MPa压力下
		2.0～4.0	0.1738	0.0044	276.48	2.24	
		5.0～6.0	0.1864	0.0040	308.09	2.23	
Ⅱ岩组	1号竖井	6.0～7.3	0.2039	0.0034	363.85	2.20	3.2～5.0MPa压力下
		7.3～8.5	0.1855	0.0040	307.25	2.22	
		8.5～9.5	0.1566	0.0037	322.12	2.26	
Ⅱ岩组架空层	ZK23	22.9～24.15	0.2955	0.0054	241.16	2.08	0.8～1.2MPa压力下
			0.4617	0.0045	326.80	1.84	
		32.1～33.1	0.3886	0.0029	480.00	1.93	
			0.5604	0.0091	172.60	1.71	
		43.88～45.53	0.5503	0.0137	114.46	1.73	
			0.3493	0.0077	175.93	1.99	
		51.85～53.63	0.3121	0.0030	442.72	2.05	
			0.4778	0.4778	145.13	1.80	
	ZK26	29.84～30.7	0.2466	0.0052	239.50	2.14	
			0.4255	0.0187	77.21	1.86	
		31.15～32.1	0.3055	0.0033	404.26	2.05	
			0.4746	0.0083	180.38	1.81	
		55.49～58.4	0.3309	0.0030	447.76	2.03	
			0.5064	0.0159	96.00	1.78	

续表

岩组	取样编号	取样深度/m	孔隙比	压缩系数/MPa^{-1}	压缩模量/MPa	控制干密度/(g/cm^3)	备注
Ⅱ岩组架空层		63.59～67.46	0.3145	0.0040	333.70	2.04	0.8～1.2MPa压力下
			0.5187	0.0140	110.01	1.75	
		82.51～84.01	0.2659	0.0064	200.18	2.12	
			0.4348	0.0100	145.78	1.86	
	ZK27	13.82～15.91	0.1856	0.0045	262.98	2.27	
			0.3733	0.0270	52.46	1.91	
		20.44～21.14	0.2423	0.0063	199.82	2.16	
			0.3993	0.0098	144.49	1.91	
	ZK31	17.6～19.45	0.2994	0.0039	331.88	2.06	
			0.4601	0.0202	73.93	1.80	

表1-13　各岩组覆盖层承载力及变形模量计算成果表

岩组	岩样编号	取样深度/m	孔隙比	承载力/kPa	变形模量/MPa
Ⅰ	TK54	0.2～2.2	0.1947	979.4	60.5
	TK53-1	0.3～3.0	0.1938	986.6	60.9
	TK51	0.3～3.5	0.2000	938.0	58.1
	1号竖井	2.0～4.0	0.2054	898.7	55.8
		5.0～6.0	0.2162	827.7	51.7
		5.0～6.0	0.2197	806.6	50.4
		6.0～7.3	0.2273	763.7	47.9
平均值			0.2082	885.8	54.5
Ⅱ	1号竖井	7.3～8.5	0.2162	827.7	51.7
		8.5～9.5	0.1858	1055.8	64.9
平均值			0.2010	941.8	58.3

为进一步了解覆盖层力学特性，在覆盖层表部进行了四组现场原位载荷试验，试验点深度位于地表以下2～5m。试验结果表明，Ⅰ岩组砂卵砾石层表部在4MPa压力下仍没有发生破坏，变形模量38.44～65.94MPa，沉降量8.28～36.43mm，说明Ⅰ岩组河床冲积砂卵砾石层具有较高的承载能力，1号原位试验荷载曲线图如图1-3所示。

现场抽水试验结果表明，Ⅰ岩组渗透系数7.69×10^{-2}cm/s；Ⅱ岩组渗透系数2.93×10^{-1}cm/s，均属强透水层。室内渗透试验表明，Ⅰ岩组渗透系数5.6×10^{-3}～2.1×10^{-2}cm/s，平均渗透系数1.77×10^{-3}cm/s，为中等透水层；Ⅱ岩组渗透系数2.8×10^{-2}～3.5×10^{-2}cm/s，平均渗透系数3.15×10^{-2}cm/s，为中等透水层；Ⅱ岩组架空层渗透系数5.9×10^{-2}～1.0×10^{-1}cm/s，平均渗透系数1.01×10^{-2}cm/s，为中等透水层。考虑到室内渗透试验得出的渗透系数偏小，以及钻孔在深入Ⅱ岩组中普遍存在严重漏浆现象，综合分析得到各岩组渗透系数见表1-14。根据《水利水电工程地质勘察规范》判定标准，河床卵砾石层的渗透变形破坏形式主要为管涌，判别结果见表1-15。

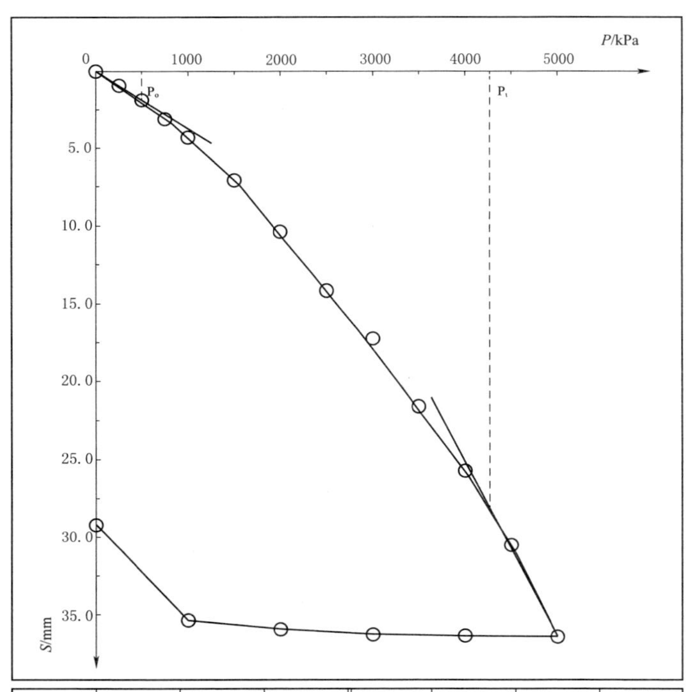

工程名称	阿尔塔什	试验点编号	ZH1	试验深度	1.5m	土层分类	砂砾石
承压板面积	0.2m²	临塑荷载值	500kPa	极限载荷值	4250kPa	泊松比	0.25
加荷顺序	荷载/kPa	沉降量/mm	变形模量/MPa	加荷顺序	荷载/kPa	沉降量/mm	变形模量/MPa
1	250	0.92	101.63	7	2500	14.18	65.94
2	500	1.88	99.47	8	3000	17.25	65.05
3	750	3.04	92.27	9	3500	21.61	60.58
4	1000	4.31	86.78	10	4000	25.72	58.17
5	1500	7.10	79.02	11	4500	30.52	55.15
6	2000	10.38	72.06	12	5000	36.43	51.33

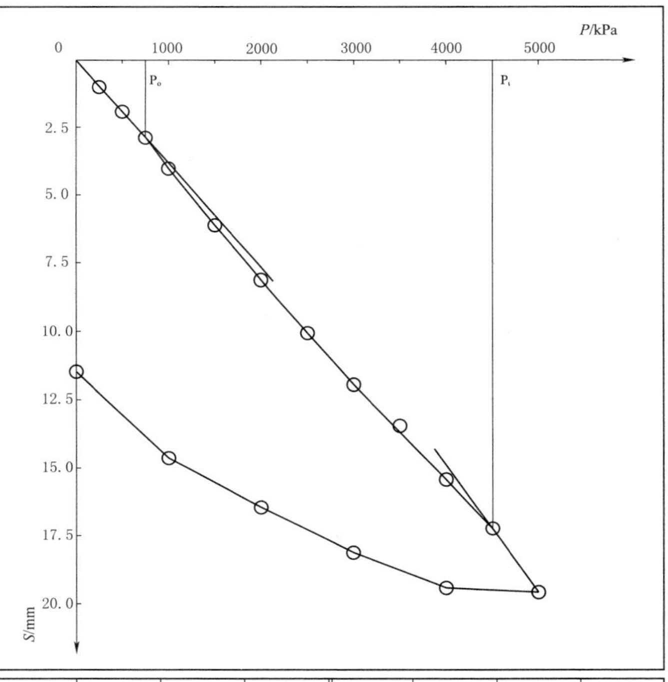

工程名称	阿尔塔什	试验点编号	ZH1	试验深度	5.0m	土层分类	砂砾石
地下水深度	5.6m	承压板面积	0.2m²	临塑荷载值	750kPa	极限载荷值	4500kPa
加荷顺序	荷载/kPa	沉降量/mm	变形模量/MPa	加荷顺序	荷载/kPa	沉降量/mm	变形模量/MPa
1	250	0.99	55.47	7	2500	10.07	54.54
2	500	1.93	56.91	8	3000	11.96	55.10
3	750	2.89	57.01	9	3500	13.46	57.12
4	1000	4.04	54.38	10	4000	15.42	56.98
5	1500	6.11	53.93	11	4500	17.23	57.37
6	2000	8.12	54.11	12	5000	19.58	56.10

图 1-3 阿尔塔什水利枢纽工程坝址河床覆盖层 1 号原位试验荷载曲线图

表1-14　　阿尔塔什水利枢纽工程坝基覆盖层渗透系数试验成果表

试坑编号	试验深度/m	试验方法	岩组	渗透系数/(cm/s)	备　注
ZK5	25.8～45.6	抽水试验	Ⅱ	2.93×10^{-1}	钻孔抽水试验
ZK11	4.95～13.0	抽水试验	Ⅰ	7.69×10^{-2}	
TK51	0.3～3.5	室内渗透试验	Ⅰ	3.5×10^{-2}	探坑取样 室内按天然干密度制样 直径100cm大型渗透仪
TK53-1	1.3～2.3		Ⅰ	4.0×10^{-3}	
TK54	0.2～2.2		Ⅰ	2.1×10^{-2}	
TK53-2	0.2～1.7		Ⅰ	5.6×10^{-3}	探坑取样 室内按天然干密度制样
TK54	0.2～2.2		Ⅰ	1.0×10^{-3}	
TK55	0.2～2.4		Ⅰ	3.1×10^{-3}	
TK56	0.2～2.4		Ⅰ	4.4×10^{-3}	
ZH1	2.2～2.5		Ⅰ	7.6×10^{-2}	
SJ1	0.0～2.0		Ⅰ	1.0×10^{-1}	竖井取样 室内按天然干密度制样
	2.0～4.0		Ⅰ	6.4×10^{-2}	
	5.0～6.0		Ⅰ	6.1×10^{-2}	
	6.0～7.3		Ⅰ	5.4×10^{-2}	
	7.3～8.5		Ⅱ	3.5×10^{-2}	
	8.5～9.5		Ⅱ	2.8×10^{-2}	
ZK23	22.90～24.15		Ⅱ岩组架空层	1.0×10^{-1}	钻孔取样 室内按控制密度制样
	32.10～33.10			2.5×10^{-1}	
	43.88～45.53			1.3×10^{-1}	
	51.85～52.63			2.2×10^{-1}	
ZK26	29.84～30.10			2.9×10^{-2}	
	31.15～32.10			5.9×10^{-2}	
	55.49～58.44			1.0×10^{-1}	
	63.59～67.46			1.6×10^{-1}	
	82.51～84.01			5.3×10^{-1}	
ZK27	13.82～15.91			2.6×10^{-2}	
	20.44～21.14			4.4×10^{-2}	
ZK31	17.6～19.45			1.9×10^{-1}	

表1-15　　阿尔塔什水利枢纽工程坝基河床砂砾石层渗透破坏形式判别表

试样编号	TK50	TK50-1	TK51	TK53	TK53-1	TK53-2	TK54	TK55	TK56
P_c/%	2.0	32.0	0.5	1.0	34.0	1.0	18.0	24.0	1.0
判别标准	<25	$25\leqslant P_c<35$	25	25	$25\leqslant P_c<35$	25	25	25	25
渗透变形形式	管涌	过渡型	管涌	管涌	过渡型	管涌	管涌	管涌	管涌

1.4.3 下坂地水利枢纽工程坝基勘探

下坂地水利枢纽工程位于新疆塔里木河流域叶尔羌河主要支流的塔什库尔干河上，距喀什市315km。工程规模为Ⅱ等大（2）型工程，总库容8.67亿m^3，枢纽建筑物由水库大坝（坝高78m）、导流泄洪洞、引水发电洞和电站地下厂房等主要建筑物组成。

1. 河谷形态、水文地质

工程坝址位于塔什库尔干河中下游哈木勒堤沟口上游约300m处，河谷呈U形，两岸山峰高程3400～4300m，相对高差540～1400m，两岸基岩边坡陡峻，边坡坡度45°～80°，河谷宽200～310m，河床高程2900m（坝址）。坝址区内河流阶地不发育，高低漫滩（高出河水面0.1～2.0m）、洪积扇、崩坡积裙普遍发育，左岸可见残留有冰碛台地。坝址两岸冲沟不发育，仅在坝址左岸下游发育有哈木勒堤沟，长约10km，沟内冰川地貌特征清楚，沟口有洪积扇分布。坝址区河谷形态如图1-4所示。

图1-4　下坂地水库坝址区河谷形态

坝址区地下水类型主要有基岩裂隙水、第四系孔隙潜水和第四系承压水，具体如下：①基岩裂隙水，主要分布于左右岸的基岩山体内，根据左右岸平硐中钻孔勘探资料，地下水位分布高程，左岸为2889.9～2890.0m，右岸为2889.6～2893.4m，基岩裂隙水主要由高山的冰雪融水及大气降水补给；②第四系孔隙潜水，在第四系地层中广泛分布，根据钻孔勘探资料，孔隙潜水普遍低于现河水位9.81（ZK88）～10.47m（ZK73），孔隙潜水主要受河水补给，另外，两岸基岩裂隙潜水也对其补给；③第四系承压水，分布于河床以下第四系地层中软黏土或淤泥质黏土分布较连续的区域（围堰上游库区至围堰下游500m），受两层软土层结构的控制，形成局部承压水，在两层软土缺失或不连续的地段（主要在围堰下游500m以下）其承压性质消失并与第四系潜水汇合成为统一的第四系潜水。

坝址区潜水、承压水、河水中各类离子含量和水化学类型及评价见表1-16，由表1-16可知，坝区潜水、承压水、河水均为淡水，环境水对混凝土无腐蚀性，且环境水适宜于灌溉。

2. 覆盖层厚度、结构、层次及物理力学性质

坝址区地质勘探资料表明，坝轴线处河床宽约280m，坝址区地层岩性由元古界变质岩及第四系松散堆积物组成，坝区岩体质量由上游至下游其完整性逐渐变好，坚固性逐渐变硬，风化程度逐渐变弱变薄，具体见表1-17。坝基河床第四系地层厚约150m（坝址ZK73孔揭示河床覆盖层最大厚度147.95m）。覆盖层层次结构复杂，据钻孔、竖井勘探资料显示其岩性成分杂乱，粒径大小悬殊，均一性差，最大粒径达10m（GZK8孔）以上。依据其粒径、颗粒组成、磨圆度、成因等，坝基覆盖层可分为5层如图1-5所示。

表 1-16　下坂地水利枢纽坝址区水化学特征表

项目		类型				
		潜水		承压水		河水
阳离子含量/(mg/L)	$Na^+ + K^+$	218.98	122.66	48.84	107.95	0.37
	Ca^{2+}	109.05	53.44	49.08	30.06	28.05
	Mg^{2+}	24.30	13.68	3.03	19.76	3.64
阴离子含量/(mg/L)	Cl^-	219.05	36.65	50.52	42.55	7.21
	SO_4^{2-}	388.32	226.87	87.75	201.00	2.51
	HCO_3^-	118.18	179.40	85.52	125.58	84.35
	CO_3^{2-}	0	0	0	0	2.30
矿化度/(g/L)		0.85		0.42		0.12
总碱度/(德国度)		5.43	8.24	3.93	5.77	4.09
总硬度/(德国度)		20.86	10.63	7.57	8.76	4.76
气体含量/(mg/L)	H_2S	0	0	0	0	0
	游离 CO_2	2.21	6.29	1.65	7.70	0
	侵蚀性 CO_2	2.30	0	0	0	0
pH 值		8.16	8.48	8.10	7.43	8.70
水化学类型		SO_4^{2} - Cl^- - $Na^+ + K^+$ - Ca^{2+}	SO_4^{2} - HCO_3 - $Na^+ + K^+$ - Ca^{2+}	SO_4^{2} - HCO_3 - Ca^{2+} - $Na^+ + K^+$	SO_4^{2-} - HCO_3^- - $Na^+ + K^+$ - Ca^{2+}	HCO^{3-} - Ca^{2+}
水类别		淡水		淡水		淡水
环境水化学评价		1. 环境水对混凝土无腐蚀性；2. 环境水宜于灌溉				

表 1-17　下坂地水利枢纽地层岩性表

时代			成因（或组段）	成因符号	厚度/m	岩性特征	分布位置
新生界	第四系	全新统	滑坡堆积	Q_4^{del}	—	主要由基岩破碎岩体组成	围堰上游左岸
			崩积、崩坡积	Q_4^{3col} $Q_4^{3col+dl}$	10～70	由含砂的碎石、块石组成。粒径大小悬殊，一般主要由 5.0～40.0cm 块石、碎石、角砾组成，地面可见粒径达 18.6m	河谷左右斜坡
			洪积	Q_4^{3pl}	17	由含砂的碎石、漂石、砾石组成。成分为片岩、片麻岩。呈次棱角状及亚圆状，粒径一般 0.5～5.0cm，大者达 1.0～2.0m。洪积堆积前缘有 0.5～2.0m 厚的砂壤土，在哈木勒提沟出口主要以大的块石、漂石组成	河谷左右岸
			冲积	Q_4^{3al}	4～29	由砂、卵、砾石组成。粒径一般 0.5～3.0cm，大者 10.0cm，磨圆度较好，含少量碎、块石	河床及漫滩
			湖积	Q_4^{21}	1.25～9.7	岩性为淤泥质软黏土，呈软塑状或流塑状	坝址以上河床底部
			湖积	Q_4^{11}	7～31.34	岩性为深灰色软黏土	

续表

时代			成因 （或组段）	成因 符号	厚度 /m	岩性特征	分布位置
新生界	第四系	上更新统	冰水积	Q_3^{fgl}	上层 18～40 下层 44～68	由砂组成，厚度相变较大，具水平层理，根据颗粒组成可分为上、中、下三个亚层	河床底部
			冰碛	Q_3^{gl}	40～350	主要由含砂土的碎石、块石、漂石、砾石组成。成分多为片麻岩、片岩及花岗岩，粒径一般4～8cm，大者1.0～10.0m（GZK8）。在冰碛中夹有粉细砂、砾石和壤土透镜体，分布厚度由上游向下游逐渐变厚，导流洞出口左岸冰碛台地厚度可达350m左右	河床底部及坝址两岸
元古界			a组第七岩性段	P_{ta}^{7}	550	浅灰、暗灰、灰绿色，角闪斜长片麻岩夹角闪片岩及薄层状白云母石英片岩，层理发育，质软易风化。岩层产状：222°∠50°	围堰上游
			a组第六岩性段	P_{ta}^{6}	50～60	浅灰白色，白云母石英岩，成分以石英、长石为主，含少量白云母，片理发育。岩层产状：210°∠60°	
			a组第五岩性段	P_{ta}^{5}	250	暗灰、灰绿、灰黑色角闪片麻岩夹角闪片岩及云母片岩，片麻岩致密坚硬；片岩及云母片岩呈薄层状，片理发育，易风化。岩层产状：217°∠82°	
			a组第四岩性段	P_{ta}^{4}	80	暗灰、灰绿色角闪片岩夹角闪片麻岩及云母片岩，薄层状，片理发育，易风化。岩层产状：218°∠70°	
			a组第三岩性段	P_{ta}^{3}	80	浅灰、灰白、灰绿及灰黑色砾状角闪片麻岩夹角闪片岩（厚0.3～0.5m）及透镜状黑云二长片麻岩（厚30m），砾状片麻岩岩性致密坚硬。岩层产状：215°∠67°	
			a组第二岩性段	P_{ta}^{2}	130	暗灰色、灰绿色角闪片岩夹角闪片麻岩，矿物成分以长石、角闪石为主，石英、黑云母次之。岩层产状：210°∠66°	围堰上下游
			a组第一岩性段	P_{ta}^{1}	>1000	灰白、浅灰色角闪黑云二长片麻岩，矿物成分以长石、石英为主，其次为黑云母和角闪石，呈定向排列，具片麻状构造，岩石坚硬，岩体完整。其中夹有厚5～25cm易风化的云母片岩及角闪片岩。岩层产状：216°∠78°	坝址及坝址以下

（1）崩坡积块石、碎石层（$Q_4^{3col+dl}$）。崩坡积层分布在左右两岸边坡及坡脚处，主要为第四系全新世的产物，受左右岸边坡岩体结构及风化的影响，左右岸崩坡积层性状差异性较大。左岸颗粒以块石、碎石为主，粒径小于0.1mm含量小于10%，块石最大粒径可达10m，方量约为40万m^3（坝基下伏方量约22万m^3），颗粒大多呈强～弱风化，松散无胶结，呈散体状，表层块石含量较高。崩坡积底部分布高程2898～2900m，顶部分布高程2950～3050m，长度约300m，厚度10～50m，天然密度2.01～2.03g/cm^3，纵波速度250m/s。右岸颗粒以碎石、角砾为主，粒径小于0.1mm含量小于10%，碎块石最大粒径可达1m，大多呈弱风化，松散无胶结，呈散体状，表层含砂量较大，底部分布高程2898～

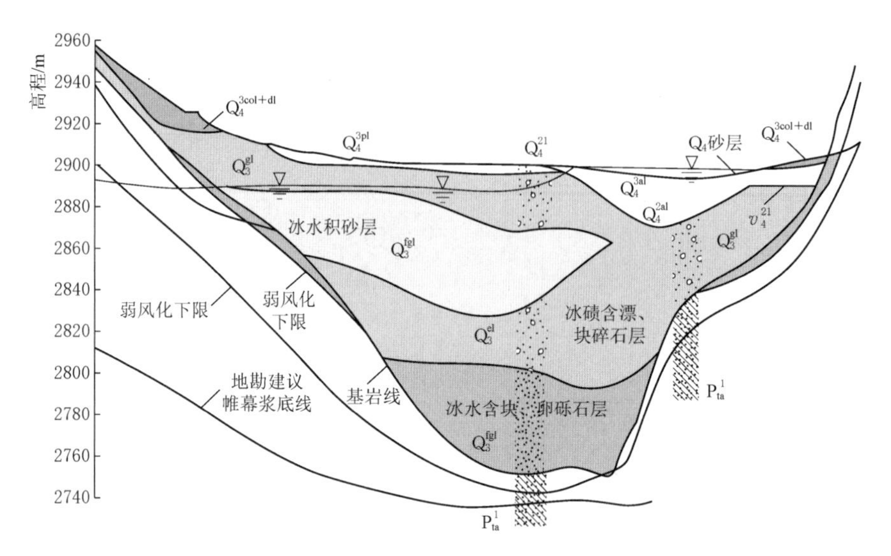

图 1-5　下坂地水利枢纽坝基地质剖面及防渗示意图

2900m，顶部分布高程 2990～3070m，长度约 650m，厚度 10～70m，天然密度 1.98～2.14g/cm³。下游局部地段碎块石层极松散，架空现象显著，纵波速度 350m/s，渗透系数极不均匀，属强透水层。根据物探及钻孔测试成果，采用断面法计算该崩坡积物体积为 152 万 m³（坝基压覆方量约 60 万 m³）。

根据《工程地质手册》中的判定标准，左右岸崩坡积层相对密度为 0.62～0.79，属中密～密实状态。崩坡积层室内相对密度试验成果表见表 1-18。

表 1-18　　下坂地水利枢纽坝址覆盖层崩坡积层室内相对密度试验成果表

位置及深度	最大干密度 /(g/cm³)	最小干密度 /(g/cm³)	天然干密度 /(g/cm³)	相对密度
左岸 SJ9-1（0～11.5m）	2.22	1.70	2.09	0.79
左岸 SJ9-2（11.5～18.6m）	2.25	1.75	2.04	0.62
右岸	2.16	1.65	1.98	0.70

崩坡积层压缩系数为 0.037～0.09MPa⁻¹，属低压缩性土，试验成果见表 1-19。崩坡积层直剪强度较高，饱和固结快剪平均值内摩擦角为 42.4°，凝聚力 60kPa，力学试验成果见表 1-20。崩坡积层渗透系数为 1×10^{-1}～1cm/s，为强～极强透水层，室内渗透试验成果见表 1-21。

（2）冲洪积砂卵砾石层（Q_4^{3al}、Q_4^{2al}）。冲洪积层分布在河床、漫滩，层位相变较大，其中冲积层（Q_4^{3al}）厚 3.0～18.0m、洪积层（Q_4^{2al}）厚 0～11.0m，颗粒由砂、粗砾组成，局部夹粉砂质壤土薄层，含零星块石，层厚 0.3～29.3m（ZK131 钻孔）。

冲积层，卵石含量 3.4%，砾石含量 35.6%，砂含量 59.0%，不均匀系数 17.9，属不良级配砂；干密度为 1.37～1.59g/cm³，平均为 1.45g/cm³，相对密度为 0.12，属松散状。洪积层，卵石含量 1.7%，砾石含量 29.3%，砂含量 58%，不均匀系数 14.7，属不良级配砂；干密度为 1.50～2.05g/cm³，平均为 1.90g/cm³。在控制干密度 2.02g/cm³，

表 1-19　　下坂地水利枢纽坝址覆盖层崩坡积层室内压缩试验（饱和状态）成果表

样品编号	起始孔隙比	压　力/kPa											
野外		50		0～50		100		50～100		200		100～200	
		孔隙比	单位沉降量/(mm/m)	压缩模量/MPa	压缩系数/MPa^{-1}	孔隙比	单位沉降量/(mm/m)	压缩模量/MPa	压缩系数/MPa^{-1}	孔隙比	单位沉降量/(mm/m)	压缩模量/MPa	压缩系数/MPa^{-1}
左 SJ9-1	0.317	0.314	1.81	27.43	0.048	0.311	4.04	19.36	0.068	0.305	8.54	24.38	0.05
左 SJ9-2	0.292	0.289	1.92	25.83	0.050	0.285	4.95	16.56	0.078	0.276	11.79	14.68	0.09
右岸	0.301	0.298	2.06	24.08	0.054	0.295	3.92	27.09	0.048	0.292	6.57	35.15	0.037

样品编号	起始孔隙比	压　力/kPa											
野外		400		200～400		800		400～800		1600		800～1600	
		孔隙比	单位沉降量/(mm/m)	压缩模量/MPa	压缩系数/MPa^{-1}	孔隙比	单位沉降量/(mm/m)	压缩模量/MPa	压缩系数/MPa^{-1}	孔隙比	单位沉降量/(mm/m)	压缩模量/MPa	压缩系数/MPa^{-1}
SJ9-1	0.317	0.295	16.44	25.32	0.050	0.283	25.86	42.74	0.030	0.268	37.20	70.20	0.020
SJ9-2	0.292	0.256	27.42	12.79	0.100	0.234	44.75	23.06	0.060	0.207	65.34	38.80	0.030
右岸	0.301	0.285	11.89	38.82	0.034	0.275	19.26	54.19	0.024	0.258	32.65	59.79	0.022

表 1-20　　下坂地水利枢纽坝址覆盖层崩坡积层直剪试验成果表

土号	试前状态		风干快剪		风干固结快剪		饱和固结快剪	
野外	相对密度	干密度/(g/cm^3)	内摩擦角/(°)	凝聚力/kPa	内摩擦角/(°)	凝聚力/kPa	内摩擦角/(°)	凝聚力/kPa
SJ9-1	0.79	2.09	43.9	55	45.1	98	43.6	50
SJ9-2	0.62	2.03	42.0	103	42.1	111	41.1	70
右岸	0.70	2.03	44.0	149	—	—	42.0	130

表 1-21　　下坂地水利枢纽坝址覆盖层崩坡积层室内渗透破坏试验成果表

土　号	试　前　状　态		渗　透　变　形　试　验	
野外	相对密度	干密度/(g/cm^3)	垂直/(cm/s)	临界比降
左 SJ9-1	0.79	2.09	1.37×10^{0}	0.062
左 SJ9-2	0.62	2.03	4.98×10^{-1}	0.040
右岸	0.70	2.03	1.87×10^{-1}	0.020

相对密度 0.75 情况下，风干抗剪强度内摩擦角 39.1°，凝聚力 37kPa，压缩系数 0.09MPa^{-1}，压缩模量 14.6MPa，饱和抗剪强度内摩擦角 37.7°，凝聚力 32kPa。根据钻孔抽水试验结果，冲洪积层渗透系数 17.6m/d，冲积层相对密度试验成果见表 1-22。

表 1-22　　下坂地水利枢纽坝址覆盖层冲积层室内相对密度试验成果表

位置	编号	相　对　密　度			
		最大干密度/(g/cm^3)	最小干密度/(g/cm^3)	控制干密度/(g/cm^3)	相对密度
坝基河床	SJ11	2.00	1.58	1.62	0.12

(3) 湖积淤泥质黏土及软土层（Q_4^1）。软黏土是全新世早期与中期（Q_4）“堰塞湖”的产物，它由上下两层软土及其间夹一层冲积砾石层组成，总厚度40～50m。

下层软黏土（Q_4^{11}）：暗灰色、软塑、干态坚硬，库区分布较广泛，纵向由坝轴线以上120m至库区河床下分布较连续，厚度0～31.34m；横向上一般在河谷较狭窄地段及无较大的崩坡积地段均与两岸基岩直接接触。在河谷两岸崩坡积物发育的地段，局部未与基岩接触而成为“天窗”。横向上厚度变化较大，一般中部最厚达25～31.34m，两岸较薄，为5.1～10m。两岸边软黏土层翘起，一般高出中部2.6～7.0m，呈典型的“盆”型特征。坝区围堰处软黏土顶面高程2883.50～2890.00m，底面最低高程2851.60m，纵向上起伏变化不大，厚度较稳定。围堰以下由23.5m逐渐尖灭。该层土在坝址区主要沿河谷中心分布，与两岸岩体无接触；坝基下伏面积约6060m^2。其顶板高程2884.09～2878.95m，底板高程2875.00～2864.60m，厚度3.13～19.50m。

上层淤泥质黏土（Q_4^{21}），蓝灰色、均一性差、夹粗砂及砂壤土、流塑，分布范围较软黏土层小，两岸多缺失（坝址区）。除基岩直接出露地段和崩坡积堆积规模小地段与基岩直接接触外（围堰的右岸），剩余均与其他堆积物接触而尖灭。该层在坝基下伏面积约26700m^2。其顶板高程2898.14～2891.86m，底板高程2895.93～2886.39m，厚度1.25～9.70m。坝基淤泥质黏土、软黏土分布高程及厚度统计情况见表1-23。

表1-23　下坂地水利枢纽坝基淤泥质黏土、软黏土分布高程及厚度统计表

钻孔编号	孔口高程/m	淤泥质软黏土			软黏土		
		顶板高程/m	底板高程/m	厚度/m	顶板高程/m	底板高程/m	厚度/m
ZK31	2900.12	2892.57	2886.52	6.05	2880.32	2875.84	4.48
ZK32	2898.90	2893.90	2889.20	4.70	—	—	—
ZK33	2899.06	2891.86	2890.61	1.25	—	—	—
ZK34	2900.35	2892.20	2889.65	2.55	2878.95	2875.82	3.13
ZK53	2902.14	2898.14	2895.14	3.00	—	—	—
ZK56	2900.99	2896.44	2893.74	2.70	—	—	—
ZK88	2904.05	2899.55	2895.93	3.60	—	—	—
ZK89	2900.41	2896.24	2894.84	1.40	—	—	—
ZK95	2899.99	2896.09	2886.39	9.70	2884.09	2864.59	17.2
ZK143	2908.26	2895.76	2894.21	1.55	—	—	—
ZK146	2900.52	2895.52	2893.72	1.80	—	—	—
ZK149	2903.80	2895.60	2894.10	1.50	—	—	—

Q_4^{2al}冲积堆积分布于软黏土与淤泥质黏土之间，岩性以砾石、砂为主。坝址区上游以砾石、卵石、砂为主。该地层厚度较稳定，并有向下游变厚的特征，横向变化不大，一般厚3.0～10.0m，顶面高程2888.70～2892.90m。Q_4^{2al}冲积层力学性质基本同Q_4^{3al}。

下层软黏土砂粒含量2%，粉粒含量48%，黏粒含量50%；含水率34.8%，干密度1.33g/cm^3，湿密度1.79g/cm^3，液限35.0%，塑限23.4%，塑性指数16.9；饱和抗剪强度内摩擦角2.2°，凝聚力12kPa，饱和固结抗剪强度内摩擦角17°，凝聚力14.8kPa；十字板剪切试验灵敏度平均为 3.65，属中等灵敏土；压缩系数 0.51MPa^{-1}，压缩模量 4.03MPa，为高压缩性土。标准贯入试验平均击数 4.5 击，属中等软弱土。上层淤泥质黏土，砂粒含量 3%，粉粒含量 48%，黏粒含量 49%；含水率 44.1%，干密度 1.26g/cm^3，湿密度 1.81g/cm^3，液限 43.4%，塑限 25.2%，塑性指数 18.4；灵敏度平均为 4.29，属高灵敏土；标准贯入试验平均击数 2.4 击，属极软土。室内物理力学试验成果见表 1-24。淤泥质黏土及软黏土十字板剪切试验成果见表 1-25。软黏土压缩试验成果见表 1-26。软黏土标准贯入试验成果见表 1-27。

表 1-24　下坂地水利枢纽坝址湖积淤泥质黏土及软土层室内物理力学试验成果表

成因时代	地层名称	统计项目	土的天然状态							按 1984 年规程测定				按 1962 年规程测定		土粒组成							
			比重	含水量/%	湿密度/(g/cm^3)	干密度/(g/cm^3)	孔隙比	孔隙率/%	饱和度/%	液限/%	塑限/%	塑性指数	液性指数	液限/%	塑性指数	砂粒 粒径大小/mm >0.05 %	粉粒 粒径大小/mm 0.05~0.005 %	黏粒 粒径大小/mm <0.005 %	有效粒径/mm	限制粒径/mm	不均匀系数	曲线系数	有机质含量/%
Q_4^{21}	淤泥质黏土	平均值	2.74	44.1	1.81	1.26	1.182	54	99.5	43.4	25.2	18.4	1.05	38.2	12.0	3	48	49	0.0133	0.0884	6.13	1.23	0.96
Q_4^{31}	软黏土	平均值	2.74	34.8	1.79	1.33	1.052	51	90.4	35.0	23.4	16.9	0.98	35.0	11.4	2	48	50	0.0010	0.0079	7.58	1.13	0.71

表 1-25　下坂地水利枢纽坝址湖积淤泥质黏土及软黏土十字板剪切试验成果表

孔号	地面高程/m	试验深度/m	淤泥质黏土			软黏土		
			剪切强度/kPa		灵敏度	剪切强度/kPa		灵敏度
			原状土	重塑土		原状土	重塑土	
ZK34	2900.35	8.25	8.40	2.10	4.00	—	—	—
		23.20	—	—	—	2.76	1.44	1.91
ZK37	2900.29	7.95	14.78	3.15	4.69	—	—	—
		22.62	—	—	—	21.26	8.14	2.61
ZK38	2900.10	9.66	—	7.34	5.07	—	—	—
ZK40	2900.56	6.20	37.27	0.66	4.38	—	—	—
		7.30	2.89	7.22	3.38	—	—	—
		19.10	24.41	—	—	35.03	3.80	9.22
		26.55	—	—	—	78.34	17.85	4.39
		20.20	—	—	—	80.47	28.51	2.82
平均值			17.55	4.09	4.29	43.57	11.95	3.65
范围值			2.89~7.34	0.66~7.34	3.38~5.07	2.76~80.47	1.44~28.51	1.91~9.22

表1-26　　下坂地水利枢纽坝址软黏土的压缩试验成果表

取值范围	压力/kPa												
	起始孔隙比	50		0～50		100		50～100		200		100～200	
		孔隙比	固结系数 $/(cm^2/s)$	压缩模量 /MPa	压缩系数 $/MPa^{-1}$	孔隙比	固结系数 $/(cm^2/s)$	压缩模量 /MPa	压缩系数 $/MPa^{-1}$	孔隙比	固结系数 $/(cm^2/s)$	压缩模量 /MPa	压缩系数 $/MPa^{-1}$
18组平均值	1.014	0.902	5.50	0.97	2.170	0.870	5.75	3.37	0.660	0.819	5.990	4.03	0.510

取值范围	压力/kPa												
	起始孔隙比	400		200～400		800		400～800		1600		800～1600	
		孔隙比	固结系数 $/(cm^2/s)$	压缩模量 /MPa	压缩系数 $/MPa^{-1}$	孔隙比	固结系数 $/(cm^2/s)$	压缩模量 /MPa	压缩系数 $/MPa^{-1}$	孔隙比	固结系数 $/(cm^2/s)$	压缩模量 /MPa	压缩系数 $/MPa^{-1}$
18组平均值	1.014	0.766	6.63	7.57	0.263	0.708	6.59	13.61	0.146	0.636	7.48	24.06	0.080

注　固结系数实际值为表中数值 $\times 10^{-3}$。

表1-27　　下坂地水利枢纽坝址软黏土标准贯入试验成果表

位置	岩性	顶板高程/m 底板高程/m	厚度范围值/m 平均值/m	标贯 $N_{63.5}$
库区	淤泥质黏土	2892.91～2896.73 2889.43～2890.27	3.40～5.83 5.20	2.5
	软黏土	2883.56～2887.00 2856.49～2879.40	7.60～27.36 21.30	5.0
围堰下游	淤泥质黏土	2893.17～2897.02 2888.72～2893.42	2.60～4.50 3.70	3
	软黏土	2882.94～2885.22 2851.60～2876.67	8.70～31.30 17.50	5
坝址	淤泥质黏土	2891.86～2898.14 2886.52～2895.14	1.30～6.80 4.00	2
	软黏土	2878.95～2885.75 2862.22～2875.84	3.00～23.50 8.90	7

（4）冰水积砂层（Q_3^{fgl}）。砂层透镜体分布于坝基左侧偏上游的冰碛层中，顺河向长约460m，宽170～280m，埋深18.0～35.4m，厚度一般为18～30m，最大厚度43.7m，其上下均为 Q_3^{gl} 冰碛碎石、块石层。砂层厚度及埋深情况见表1-28。

表1-28　　下坂地水利枢纽坝址区砂层厚度及埋深统计表

孔号	埋深/m	层顶高程/m	层底高程/m	厚度/m
ZK18	20.20	2882.52	2841.50	41.02
ZK19	21.50	2879.81	2860.95	18.86
ZK25	25.00	2884.56	2854.70	29.86

续表

孔号	埋深/m	层顶高程/m	层底高程/m	厚度/m
ZK27	20.77	2887.97	2869.19	18.87
ZK30	21.20	2878.81	2870.01	8.80
ZK47	17.80	2885.04	2841.34	43.70
ZK35	23.81	2878.01	2860.62	17.39
ZK36	25.57	2877.22	2842.95	34.27
ZK80	19.35	2883.41	2842.86	40.55
ZK84	31.47	2868.88	2827.80	41.08
ZK73	30.50	2871.37	2831.15	40.22
ZK82	18.50	2884.63	2845.13	39.50
ZK91	13.55	2890.95	2862.60	28.35
ZK92	19.90	2882.90	2840.85	42.15
ZK94	16.80	2887.76	2851.81	35.95
ZK95	35.40	2864.59	2845.59	19.00
ZK98	23.80	2879.26	2876.16	3.10
ZK100	16.30	2888.82	2878.12	10.70
ZK101	32.30	2869.71	2838.41	31.30
ZK103	20.30	2898.17	2892.87	5.30
ZK104	30.05	2873.54	2842.59	30.95
ZK105	27.70	2874.61	2872.21	2.40
ZK106	21.45	2890.25	2870.50	19.75
ZK107	24.50	2900.90	2896.20	4.70
ZK108	35.30	2871.38	2844.28	27.10
ZK130	29.5	2871.85	2848.05	23.8
ZK134	28.80	2874.56	2840.46	34.10
ZK142	29.70	2872.08	2838.93	33.15
ZK143	36.40	2871.86	2866.66	9.20
ZK144	18.00	2884.55	2637.05	47.50
ZK169	27.05	2875.45	2842.55	32.40
ZK170	22.45	2880.65	2845.20	35.45
ZK171	16.30	2886.53	2875.73	10.80
ZK172	24.70	2879.80	2859.80	20.00

该砂层在空间展布呈“杏仁状”，根据颗粒组成及结构，该砂层可分为上、中、下三个亚层。上层以中、细砂层为主，纯净、松散，埋深20.0～31.0m。中层为细砂含砾夹薄层粉砂质壤土、泥质半胶结，干态坚硬，具水平层理，埋深31.0～53.0m。下层为细砂夹粉砂，干后成块，较密实，埋深53.0m以下。砂层中地下水主要为第四系孔隙潜水，第

四系孔隙潜水位高程在砂层顶板以上，砂层处于饱和状态。砂层平均标贯击数 21 击，属中密砂。跨孔波速测试结果表明，砂层动弹模量及动剪切模量均随深度增加而增大，砂层波速测试结果见表 1-29。野外钻孔抽水试验、竖井提水试验、钻孔自振法抽水试验及室内渗透试验结果综合分析表明，砂层属中等透水层，渗透系数 $1\times10^{-3}\sim1\times10^{-2}$cm/s。砂层冰水沉积砂层不均匀系数 11.7、曲率系数 1.9，属级配良好的不均匀砂。砂层干密度 1.50～1.60g/cm^3，测试结果见表 1-30。砂层上层砂压缩系数 0.091～0.130MPa^{-1}，属低～中压缩性土；中层砂压缩系数 0.099～0.130MPa^{-1}，属中压缩性土；下层砂压缩系数 0.129～0.145MPa^{-1}，属中压缩性土。砂层上层相对密度一般大于 0.5，中层砂相对密度一般大于 0.6，下层砂相对密度一般均大于 0.64，综合评价该砂层属中密性砂层。砂层饱和抗剪强度内摩擦角 0°，凝聚力 28kPa，直剪试验成果见表 1-31。

表 1-29　　下坂地水利枢纽坝址砂层波速测试成果表

分层	测试点	岩性	深度/m	厚度/m	纵波/(m/s)	横波/(m/s)	密度/(g/cm^3)	泊松比	E_d/MPa	G_d/MPa	平均标贯击数
上层	11	细砂	19～28	9	1200～1280	270～290 280	1.6	0.47～0.48	375	125	16
上层		角砾	28	—	1560	341	2.1	0.47	850	224	
中层	23	细砂	28～43	15	1050～1320	300～316 308	1.6	0.45～0.47	440	152	24
中层	—	角砾夹块石	43～45	—	1420～1450	471	1.6	0.45	1150	373	—
下层	8	细砂	45～50	16	1130～1380	310～320 316	1.6	0.46～0.47	472	161	—

表 1-30　　下坂地水利枢纽坝址砂层干密度测试成果表

方法	层位	统计组数	天然密度/(g/cm^3)	天然含水量/%	干密度/(g/cm^3)	变异系数
竖井环刀法	上层	—	1.89～2.02	24.4～28.9	1.52～1.57	—
钻孔（超前靴）取样砂样容纳管法	上层	43	1.90	24.0	1.53	0.05
钻孔（超前靴）取样砂样容纳管法	中层	34	1.95	28.0	1.52	0.04
钻孔（超前靴）取样砂样容纳管法	下层	35	1.97	25.6	1.57	0.04
钻孔密度测井法	上层	—	1.89	—	1.52	—
钻孔密度测井法	中层	—	1.99	—	1.55	—
钻孔环刀取样法	上层	38	1.94	20.8	1.60	0.08
钻孔环刀取样法	中层	52	1.99	22.1	1.63	0.08
钻孔环刀取样法	下层	47	1.98	20.8	1.64	0.07

(5) 冰碛含漂块碎石层及冰水积含块卵砾石层（Q_3^{fgl}）。该层为河床谷底的主要组成物，厚度 80～140m，岩性混杂，结构极不均匀。局部有架空现象，主要以漂石、块石、砾石等粗粒径为主。

表 1-31　　下坂地水利枢纽坝址冰水积砂层直剪试验成果表

层位	样品数量	试验方法	不同垂直压力下的剪应力/kPa				干密度/(g/cm³)	饱和度/%	内摩擦角/(°)			凝聚力/kPa		
			50	100	150	200			最小二乘法	图解法	建议值	最小二乘法	图解法	建议值
上层	13	原状快剪	40.42	71.56	102.52	134.85	1.57	83.3	32.1	31.0	28.0	8.84	10	0
	9	原状饱和固结快剪	43.64	77.43	105.22	132.72	1.58	100	30.5	31.0	28.0	16.0	12	0
中层	21	原状快剪	44.50	76.42	108.63	138.67	1.64	89.4	32.2	32.0	29.0	13.4	13	0
	5	原状饱和固结快剪	45.16	78.04	104.72	141.28	1.59	100	32.3	32.0	29.0	13.3	13	0
下层	15	原状快剪	47.06	75.00	105.91	134.87	1.65	87.5	30.5	31.0	28.0	17.1	15	0
	11	原状饱和固结快剪	43.27	75.26	103.78	136.12	1.62	100	31.6	31.0	28.0	12.8	15	0

冰碛含漂、块石层，上部主要为漂石层，亚圆状或次棱角状，大小混杂，无分选。粒径10～50cm，约占60%以上，最大达1.0m（ZK73钻孔），砂碎石充填，局部坍孔、漏浆，埋深3.0～29.5m，单层厚度16～38m。下部主要为漂、块石层，棱角状或次棱角状，局部孔段呈亚圆形，大小混杂，分选性差，粒径一般20～50cm，最大达7.45m（ZK130钻孔），碎石、角砾、砂充填，易坍孔掉块，局部段漏浆。

冰水含块卵砾石层，分布于河床基底，砾石粒径一般为2～6cm，约占50%～60%，卵石粒径6～10cm，约占10%～30%。局部孔段夹块石层及薄层砂层透镜体，孔内钻进较平稳，大部分孔段回水正常，局部有漏浆现象，该层埋深80～103m，层厚44～68m。

冰碛层自然颗粒大小相差悬殊，不均匀系数90.48，属不良级配和不均匀的砾块石，粒径为数十厘米的含量较多，粒径最大达10m（GZK8钻孔）。相对密度0.65～0.75，属中密～密实地层，相对密度试验成果见表1-32。压缩系数0.04～0.07MPa^{-1}，属低压缩性土，压缩试验结果见表1-33。饱和固结快剪试验抗剪强度内摩擦角41.1°，凝聚力50kPa，直剪试验成果见表1-34。动力触探试验锤击数17～31击，平均26击，呈中密～密实状态，动力触探试验成果见表1-35。

表 1-32　　下坂地水利枢纽坝址冰碛层相对密度试验成果表

位置	编号	比重	最大干密度/(g/cm³)	最小干密度/(g/cm³)	试验选用干密度/(g/cm³)	相对密度	备注
坝下游	SJ1	2.67	2.31	1.86	2.23	0.84	20m以上 $D_r=0.65$ 20m以下 $D_r=0.75$ 平均值未统计SJ1
坝基左岸	SJ10-1	2.63	2.27	1.80	2.05	0.60	
	SJ10-2	2.63	2.21	1.63	1.94	0.61	
	SJ10-3	2.62	2.08	1.63	1.95	0.75	
平均值		2.62	2.19	1.69	1.98	0.65～0.75	

表 1-33　　下坂地水利枢纽坝址冰碛层（饱和状态）压缩试验成果表

野外编号	起始孔隙比	压力/kPa											
		50		0～50		100		50～100		200		100～200	
		孔隙比	单位沉降量/(mm/m)	压缩模量/MPa	压缩系数/MPa^{-1}	孔隙比	单位沉降量/(mm/m)	压缩模量/MPa	压缩系数/MPa^{-1}	孔隙比	单位沉降量/(mm/m)	压缩模量MPa	压缩系数/MPa^{-1}
SJ1	0.225	0.224	0.840	61.20	0.020	0.223	1.40	61.20	0.020	0.222	2.180	122.30	0.010
SJ10-1	0.280	0.274	4.356	11.43	0.112	0.269	8.24	12.80	0.100	0.263	13.66	18.55	0.070
SJ10-2	0.454	0.451	1.556	33.04	0.044	0.448	3.97	20.77	0.070	0.444	6.76	35.45	0.040
SJ10-3	0.356	0.354	1.316	37.66	0.036	0.351	3.22	27.11	0.050	0.348	6.02	35.68	0.040
平均值	0.363	0.360	2.410	27.38	0.064	0.356	5.14	20.23	0.073	0.352	8.813	28.89	0.050

野外编号	起始孔隙比	压力/kPa											
		400		200～400		800		400～800		1600		800～1600	
		孔隙比	单位沉降量/(mm/m)	压缩模量/MPa	压缩系数/MPa^{-1}	孔隙比	单位沉降量/(mm/m)	压缩模量/MPa	压缩系数/MPa^{-1}	孔隙比	单位沉降量/(mm/m)	压缩模量MPa	压缩系数/MPa^{-1}
SJ1	0.225	0.220	3.29	244.40	0.010	0.217	6.50	122.10	0.010	0.210	12.13	138.30	0.010
SJ10-1	0.280	0.248	24.86	17.90	0.070	0.233	36.73	33.68	0.040	0.216	49.66	61.70	0.020
SJ10-2	0.454	0.435	12.85	32.67	0.040	0.424	20.62	51.91	0.030	0.399	37.35	47.70	0.030
SJ10-3	0.356	0.340	11.61	35.68	0.040	0.330	18.91	54.78	0.020	0.316	29.32	76.90	0.020
平均值	0.363	0.341	16.44	28.75	0.050	0.329	25.42	46.79	0.030	0.310	38.77	62.10	0.020

表 1-34　　下坂地水利枢纽坝址冰碛层直剪试验成果表

位置	土号	试前状态		风干快剪		风干固结快剪		饱和快剪		饱和固结快剪	
	野外	相对密度	干密度/(g/cm³)	内摩擦角/(°)	凝聚力/kPa	内摩擦角/(°)	凝聚力/kPa	内摩擦角/(°)	凝聚力/kPa	内摩擦角/(°)	凝聚力/kPa
坝址下游	SJ1	0.75	2.18	46.5	42	48.5	42	46	20	46.5	30
坝基	SJ6	0.75	1.95	—	—	45.2	17	—	—	42.8	15
	SJ10-1	0.60	2.05	44.0	22	45.0	35	—	—	42.9	18
	SJ10-2	0.61	1.94	39.9	115	40.5	120	—	—	39.6	98
	SJ10-3	0.75	1.95	39.8	110	40.1	120	—	—	39.1	100
平均值		0.68	1.97	41.0	82	42.0	73	46	20	41.1	58

表 1-35　　下坂地水利枢纽坝址冰碛块石、砾石动力触探试验成果表

钻孔编号	岩性	重（Ⅱ）型动力触探深度/m	试验次数/次	平均击数
ZK47	块石	11.1～17.5	3	>50
ZK53	块石、砾石	11.2～56.0	12	17.5
ZK56	块石	10.6～42.8	13	26

续表

钻孔编号	岩性	重（Ⅱ）型动力触探深度/m	试验次数/次	平均击数
ZK72	漂块石	16.3～29.8	5	17.6
ZK73	漂块石	5.0～45.8	14	31.2
ZK82	漂块石	4.0～18.0	7	25.8

根据跨孔波速测试结果，20m以上纵波波速为1100～1580m/s，横波波速为402～438m/s，动弹模量平均为1096.1MPa，剪切模量平均为370.2MPa，跨孔波速法测试成果见表1-36。室内渗透变形试验表明，渗透破坏主要为管涌破坏，临界坡降为0.26～1.42，破坏坡降0.47～1.77，渗透系数变化较大，具有明显不均匀性，平均值为12.3m/d，属较强透水层。

表1-36　　下坂地水利枢纽坝址冰碛块石、砾石跨孔波速测试成果表

测点深度/m	岩性	纵波波速/(m/s)	横波波速/(m/s)	密度/(g/cm³)	泊松比	动弹模量/万kPa	动剪切模量/万kPa
4.0	碎石、砾石	1100	438	2.10	0.41	109.31	40.29
6.3	漂块石	1100	428	2.10	0.41	109.31	38.47
8.0	漂块石	1160	426	2.10	0.42	110.69	38.11
10.0	漂块石	1140	423	2.10	0.42	106.91	37.58
12.0	漂块石	1200	421	2.10	0.43	106.21	37.22
15.2	漂块石	1560	415	2.10	0.46	110.54	36.17
17.0	漂块石	1580	405	2.10	0.46	113.39	34.45
19.0	漂块石	1510	402	2.10	0.46	110.54	33.94
平均值		1293.70	419.70	2.10	0.43	109.61	37.02

3. *坝基深厚覆盖层防渗处理技术*

已建的下坂地水利枢纽坝基河床覆盖层主要由冲积砂砾石层、湖积淤泥质黏土及软黏土层、冰水积砂层、冰碛含漂块碎石层及冰水积含块卵砾石层组成，渗透系数为1×10^{-1} cm/s。工程采用"上墙下幕"垂直防渗型式，大坝基础防渗处理示意图如图1-6所示。防渗墙深85m、厚1m，灌浆帷幕深10m，布置4排灌浆孔。坝基渗流控制标准为：渗流量小于多年平均流量的1%，即小于0.346m³/s，砂砾石层容许水力坡降小于0.1，渗透系数小于1×10^{-4} cm/s。现场检测表明，成墙质量和帷幕灌浆满足对坝基渗流控制设计的预期目标。"钻抓法"成槽工艺墙体深度（102m）、预埋灌浆管深度（100m）和接头管起拔深度（72.7m），均创造了当时国内新纪录。

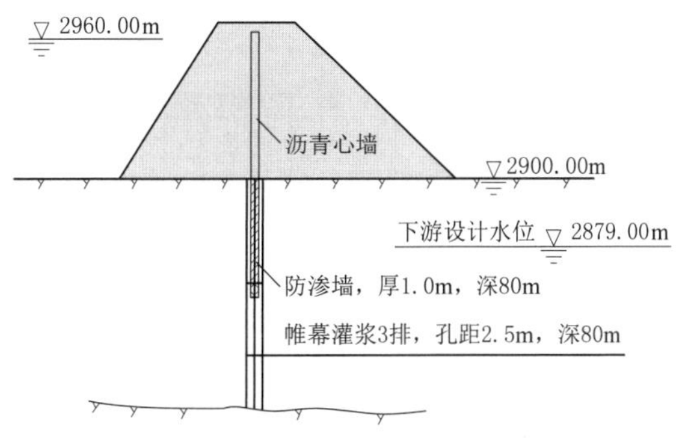

图1-6　下坂地水利枢纽大坝基础防渗处理示意图

坝基砂砾石帷幕灌浆段位于桩号0+148.00～0+300.00之间。在防渗墙内预埋1排灌浆管，预埋管采用ϕ150mm钢管，预埋管间距2.0m，左岸最大埋管深度为 85.0m，右岸最大埋管深度为 76.0m。防渗墙下部帷幕深度为 10.0m，按 4 排帷幕布置。防渗墙上游 1 排，墙下 1 排，防渗墙下游布置 2 排。墙体以外的 3 排灌浆孔，上部 70.0m 空钻段下设护壁套管，护壁套管采用 ϕ150mm 钢管。帷幕第 1、2 排及第 3、4 排之间排距为 2.5m；第 2、3 排结合灌浆廊道的布置取排距为 3.2m。第 1、3、4 排孔距 2.5m；第 2 排（防渗墙下帷幕）与基岩灌浆主帷幕对应，孔距 2.0m。

根据地质钻孔和帷幕灌浆试验资料，坝基下覆盖层和基岩结合部位存在强透水带，为加强该部位灌浆效果，帷幕灌浆孔第 1、2、3 排伸入基岩，其中第 2 排孔伸入基岩 10.0m，第 1、3 排孔伸入基岩 5.0m。墙幕搭接长度 10.0m。灌浆孔最大深度 156.0m。

1.4.4　38 团石门水库坝基勘探

石门水库工程位于莫勒切河山区河段中下游，是一座以灌溉为主兼顾发电的枢纽性水利工程。石门水库坝型为碾压沥青混凝土心墙坝，最大坝高 79.8m，坝顶高程 2396.8m，坝顶长度 530.6m，水库正常蓄水位高程 2394.00m，对应总库容 6671 万 m^3。石门水库工程等别为Ⅲ等，工程规模为中型，主要建筑物有拦河大坝、上游围堰、导流洞、溢洪道、泄洪排砂洞，发电洞和地面厂房，工程挡水大坝建筑物等级为 2 级，次要建筑物为 3 级，临时建筑物为 4 级。

1. *覆盖层结构、层次、颗粒组成、河谷形态*

水库坝址区海拔 2312～3500m，为低中山河谷地貌，两坝肩基岩山体较为雄厚。该段河谷呈 U 型，两岸冲沟发育，河床宽 150～280m，河道走向近南北向，纵坡 11‰。根据勘探资料，坝址覆盖层最深超过 120m，右岸阶地卵砾石层揭露最大厚度约 60m，河谷覆盖层典型剖面图如图 1-7 所示。河床表层为第四系全新统冲洪积漂卵砾石层（Q_4^{al}），厚度 8～10m；在现代河床下部最大厚度 110m 和右岸阶地最大厚度 60m 范围内，主要是第四系中更新统冰水沉积卵砾石层（Q_2^{fgl}），地层岩性主要为砾石、卵石，偶含漂石，填充中细砂，结构密实，无连续砂层或软弱夹层分布，颗粒级配均一，属强透水层；右岸阶地表层分布上更新统冲积（Q_3^{al}）漂卵砾石层，厚度 3m 左右。覆盖层钻孔取芯现场图如图 1-8 所示。

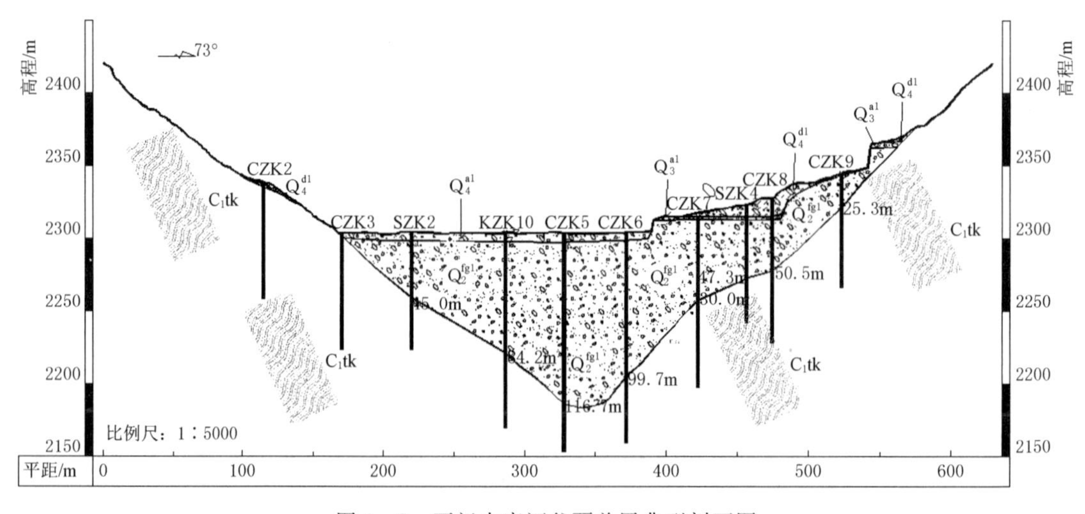

图 1-7　石门水库河谷覆盖层典型剖面图

(a) 0～5.0m钻孔取芯芯样

(b) 5.00～11.75m钻孔取芯芯样

(c) 32.30～38.40m钻孔取芯芯样

(d) 59.50～73.95m钻孔取芯芯样

(e) 82.60～90.65m钻孔取芯芯样

(f) 111.40～116.60m钻孔取芯芯样

图1-8 石门水利枢纽工程 CZK6 号钻孔芯样图

2. 覆盖层物理力学参数

中更新统冰水沉积（Q_2^{fgl}）卵砾石层，广泛分布在现代河床及两岸阶地的下部，现代河床以下最大厚度110m，阶地以下最大厚度60m。该层主要由卵石、砾石组成，漂石在局部层位含量较高，最大粒径600mm，局部层位主要由2～5cm砾石组成，无砂充填，但总体结构密实，砂层透镜体不发育，钻孔揭露仅局部有厚度0.3～0.5m中砂层。颗分试验结果表明，巨粒（>60mm）含量9.1%～51.5%，均值31.2%；粗粒组砾粒（2～60mm）含量35.5%～68.9%，均值50.7%；粗粒组砂粒（0.075～2mm）含量7.8%～29.5%，均值15.9%；细粒组（<0.075mm）粉、黏粒含量1.1%～4.5%，均值2.2%，室内定名卵石混合土。不均匀系数29.5～168.6，属不均匀土，曲率系数0.7～5.2，以级配不良为主，局部级配良好。地下水位以上天然密度2.20～2.26g/cm³，天然含水量0.59%～1.2%，干密度2.10～2.25g/cm³；地下水位以下其饱和密度2.36～2.43g/cm³，饱和含水率7.30%～9.30%，干密度2.16～2.26g/cm³。钻孔SM胶岩芯天然密度、天然含水试验成果见表1-37。超重型动力触探试验结果表明，该层动探击数为10～25击，在试验段深度内整体结构密实，仅局部层位呈中密状态，承载力特征值1000kPa，变形模量62MPa。剪切波速测试结果表明，纵波波速929～2383m/s，横波波速409～1231m/s，结构多呈密实状态，土的类型整体属坚硬土，承载力标准值500～600kPa。

表1-37　　钻孔SM胶岩芯天然密度、天然含水试验成果汇总表

试验钻孔	组数	统计	干密度/(g/cm³)	饱和密度/(g/cm³)	饱和含水量/%	比重	孔隙率/%
KZK10	47	最大值	2.36	2.48	11.31	2.7	25.7
		最小值	2.06	2.30	5.92	2.7	14.0
		平均值	2.20	2.41	8.08	2.7	19.15
KZK11	33	最大值	2.35	2.48	12.50	2.7	25.4
		最小值	2.03	2.28	5.79	2.7	13.6
		平均值	2.20	2.39	8.08	2.7	22.0
KZK12	39	最大值	2.39	2.48	12.90	2.7	26.1
		最小值	2.09	2.26	6.70	2.7	15.4
		平均值	2.16	2.36	9.60	2.7	20.3
CZK6	28	最大值	2.36	2.48	12.82	2.7	26.0
		最小值	2.01	2.26	5.39	2.7	13.0
		平均值	2.20	2.38	8.57	2.7	19.0
CZK16	49	最大值	2.45	2.48	12.52	2.7	25.27
		最小值	2.06	2.27	5.38	2.7	12.68
		平均值	2.26	2.39	8.43	2.7	18.0
CZK17	5	最大值	2.37	2.49	8.56	2.7	18.78
		最小值	2.19	2.38	5.17	2.7	12.25
		平均值	2.26	2.42	7.25	2.7	16.31
CZK18	8	最大值	2.30	2.45	12.50	2.7	25.24
		最小值	2.02	2.27	6.93	2.7	14.98
		平均值	2.16	2.36	9.30	2.7	19.9

上更新统冲积（Q_3^{al}）卵砾石层，广泛分布于两岸Ⅱ～Ⅴ阶地的顶部，厚度3～5m，结构稍密，颗粒粗大，分选较差，磨圆度较好，主要由漂石、卵石组成，中粗砂充填，漂石最大粒径达500mm，主要由硬质岩石组成。颗分试验结果表明，巨粒（>60mm）含量37.1%～63.6%，均值49.6%；粗粒组砾粒（2～60mm）含量26.4%～43.7%，均值36.3%；粗粒组砂粒（0.075～2mm）含量7.8%～18.7%，均值12.2%；细粒组粉、黏粒（<0.075mm）含量0.3%～4.4%，均值1.9%，室内定名卵石混合土。不均匀系数51.5～171.0，属不均匀土，曲率系数3.4～10.0，属级配不良。天然密度2.25～2.30g/cm³，天然含水量0.3%～0.7%，干密度2.24～2.28g/cm³。上更新统冲积（Q_3^{al}）卵砾石层天然密度、天然含水试验成果见表1-38。超重型动力触探试验结果表明，该层动探击数为11～20击，承载力特征值850kPa，变形模量39MPa。

表1-38　上更新统冲积（Q_3^{al}）卵砾石层天然密度、天然含水试验成果汇总表

地层岩性	组数	统计	天然密度/(g/cm³)	天然含水量/%	干密度/(g/cm³)	比重	孔隙率/%
（Q_3^{al}）卵砾石层	8	最小值	2.25	0.3	2.24	2.7	15.9
		最大值	2.30	0.7	2.28	2.7	17.5
		平均值	2.27	0.5	2.26	2.7	16.9

全新统冲积（Q_4^{al}）卵砾石层，主要分布在现代河床内，厚度8～10m，结构松散～稍密。颗粒粗大，磨圆度较好，分选差。巨粒（>60mm）含量26.0%～55.7%，均值50.6%；粗粒组砾粒（2～60mm）含量29.6%～55.5%，均值39.0%；粗粒组砂粒（0.075～2mm）含量5.8%～17.4%，均值9.2%；细粒组粉、黏粒（<0.075mm）含量0.7%～2.2%，均值1.2%，室内定名为混合土卵石。不均匀系数23.1～110.9，为不均匀土，曲率系数3.0～15.4，属级配不良。天然密度2.22～2.28g/cm³，天然含水量1.6%～2.1%，干密度2.18～2.24g/cm³。全新统冲积（Q_4^{al}）卵砾石层天然密度、天然含水试验成果见表1-39。超重型动力触探试验结果表明，该层动探击数为6～17击，承载力特征值480kPa，变形模量23.5MPa。剪切波速测试结果表明，纵波波速385～744m/s，横波波速157～409m/s，呈松散～稍密状态，土的类型为中软土～中硬土，承载力标准值300～400kPa。

表1-39　全新统冲积（Q_4^{al}）卵砾石层天然密度、天然含水试验成果汇总表

地层岩性	组数	统计	天然密度/(g/cm³)	天然含水量/%	干密度/(g/cm³)	比重	孔隙率/%
（Q_4^{al}）卵砾石层	8	最小值	2.22	1.6	2.18	2.72	17.2
		最大值	2.28	2.1	2.24	2.72	19.7
		平均值	2.25	1.9	2.22	2.72	18.2

钻孔抽水试验结果表明，覆盖层深度0～30m的渗透系数为9.37×10^{-2}cm/s，深度30～60m的渗透系数为7.59×10^{-2}cm/s，深度60～90m的渗透系数为3.82×10^{-2}cm/s，覆盖层具强透水性，渗透系数自上而下逐渐变小。

1.4.5　大河沿水库坝基勘探

大河沿水库位于大河沿河上，距离吐鲁番市75km，最大坝高75m，工程规模为Ⅲ等中型工程，总库容为3024万m^3，调节库容2098万m^3，正常蓄水位1615.0m，死水位1582.5m。

1. 覆盖层结构、层次、颗粒组成、渗透特性

坝址位于峡谷出口段，处于基本对称的U型河谷内，河床基岩面呈V型，两侧基岩面坡度为55°～60°，河床面高程1540.00～1555.00m，河床面宽260～320m。地质勘探资料表明，第四系覆盖层厚度达173.8m，大河沿水库大坝地址剖面图如图1-9所示。

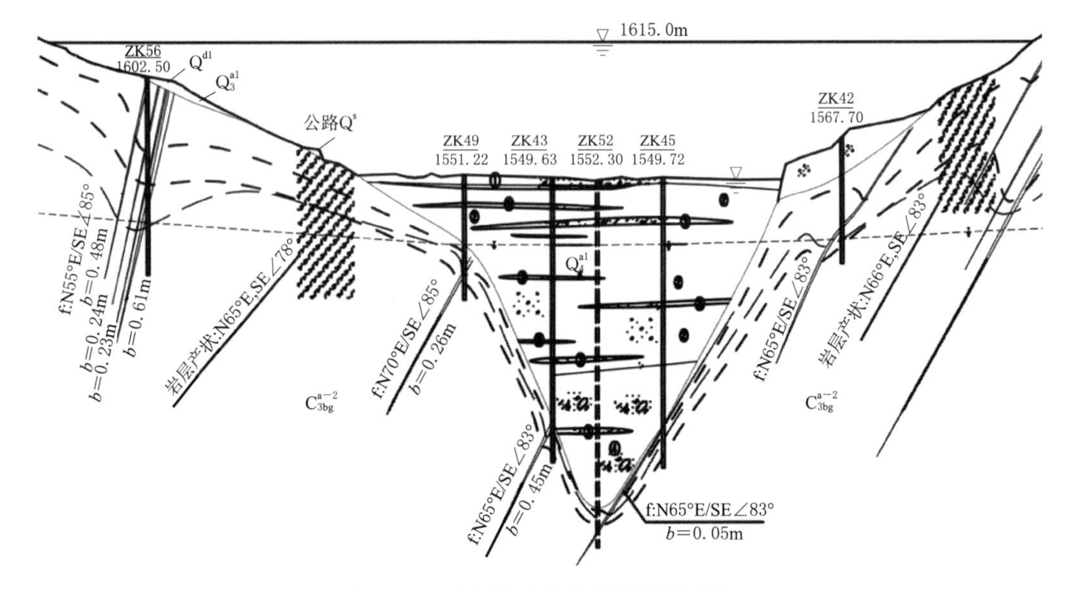

图1-9　大河沿水库大坝地质剖面图

河床Q_4^{al}含漂石砂卵砾石层按颗粒组成可分为四层，根据河床4个钻孔取样统计各层主要分布深度及级配见表1-40。

表1-40　大河沿水库坝基覆盖层砂卵砾石级配表

粒径/mm	颗粒含量/%				
	第1层（0～4.0m）	第2层（4.0～25.0m、29.0～87.0m）	第3层（25.0～29.0m、87.0～91.0m）	第4层（91.0～152.0m）	平均
>150	0	0	0	9.6	2.4
150～80	11.7	7.0	0	17.3	9.0
80～40	9.2	16.6	7.6	17.3	12.7
40～20	10.7	33.4	14.8	33.2	23.0
20～5	34.1	22.9	27.1	14.4	24.6
<5	34.3	20.1	50.5	8.2	28.3

河床含漂石砂卵砾石层渗透系数多为 $1.2\times10^{-3}\sim8.7\times10^{-2}$cm/s，为中等～强透水层，局部夹泥较多部位渗透系数小于 1×10^{-4}cm/s，呈弱透水性，其渗透性没有随深度减小的趋势。河床各钻孔钻探过程中，采用浓泥浆护壁仍大量漏浆，特别是一般当孔深达到70m以下时，由于浆柱压力大于地下潜水的水柱压力，常规浓泥浆往往不能控制漏浆，需掺水泥待凝才能控制漏浆，进一步说明河床坝基覆盖层从上至下均渗透性较强。

坝基右岸Ⅳ级阶地堆积的上更新统冲积（Q_3^{al}）碎屑砂砾石层虽具钙泥质弱胶结，但由于临河为30～50m高的直立陡坎，有卸荷松弛现象，经钻孔注水试验，渗透系数为 5.4×10^{-3}cm/s，属中等透水层。

2. 坝基覆盖层的主要物理力学性质

（1）孔内声波测试成果。声波测试成果资料反映，浅表部（0～3m）深度内纵波波速小于1500m/s，中部（3m以下、37～49m以上）纵波波速为2200～2800m/s，平均为2400m/s，下部纵波波速为2500～3700m/s，平均为3100m/s。

（2）孔内旁压试验成果。本次在下坝址河床与右岸Ⅳ级阶地各进行了一个钻孔的旁压试验：

1）河床全新统冲积（Q_4^{al}）砂卵砾石覆盖层试验成果。对河床中全新统冲积（Q_4^{al}）砂卵砾石覆盖层进行了11点旁压试验，取得11组有效成果数据，具体见表1-41。

表1-41　大河沿水库坝基砂卵砾石层旁压试验成果表

地质分层	试验统计点数	旁压模量/kPa	变形模量/kPa	地基承载力/kPa
全新统冲积（Q_4^{al}）砂卵砾石层	11	8978.7～75630.1 平均38138.5	26936.1～226890.4 平均112025.1	643.2～1803.3 平均1311.2

2）阶地上更新统冲积（Q_3^{al}）碎屑砂砾石覆盖层试验成果。对河床的更新统冲洪积（Q_3^{al}）碎屑砂砾石覆盖层进行了1个孔（ZK39）共20点旁压试验，取得20组有效成果数据，具体见表1-42。

表1-42　大河沿水库坝基砂砾石覆盖层旁压试验成果表

分层序号	地质分层	试验统计点数	旁压模量/kPa	变形模量/kPa	地基承载力/kPa
Ⅱ	更新统冲积（Q_3^{al}）碎屑砂砾石层	20	7177.0～162826.5 平均79925.2	21531.0～488479.5 平均239775.6	1177.3～2194.0 平均1713.1

从旁压试验成果来看，河床3.6m深度以内，地基承载力不大于640kPa，3.6m深度以下地基承载力为1100～1900kPa，阶地4.5m深度以内，地基承载力不大于1000kPa，4.5m深度以下地基承载力为1200～1900kPa。

（3）地震剪切波测试成果。从地震剪切波测试成果可以看出，河床坝基在30～34m深度以下，剪切波速不小于500m/s。

（4）地震纵波测试成果。从地震纵波测试成果综合来看，表层0～4m时距曲线斜率较大，波速较低，是由于地表砂卵石层较为松散；深部范围内时距曲线斜率较为平缓，个别波动点附近的波速变化是由于钻探扰动造成砂卵石松散，40m深度以下波速一般大于

1000m/s。

（5）室内试验成果。室内试验成果见表1-43。

表1-43　　大河沿水库坝基砂卵石层压缩试验成果表

分区名称	深度/m	相对密度		试验干密度		压力/kPa	孔隙比	压缩模量/MPa	压缩系数/MPa
		最大干密度/(g/cm³)	最小干密度/(g/cm³)	相对密度	干密度/(g/cm³)				
ZK36-1	0～4.0	1.95	1.73	0.75	1.89	50	0.426	1.90	0.769
						100	0.419	10.75	0.136
						200	0.410	16.08	0.091
						400	0.397	22.27	0.066
						800	0.381	37.97	0.039
						1600	0.358	50.79	0.029
ZK36-2	4.0～25.0 29.0～87.0	1.96	1.73	0.75	1.90	50	0.430	3.36	0.431
						100	0.424	13.16	0.110
						200	0.414	14.85	0.098
						400	0.400	19.93	0.073
						800	0.379	28.04	0.052
						1600	0.347	36.61	0.040
ZK36-4	91.0～152.0	1.90	1.75	0.75	1.86	50	—	—	—
						100	0.472	17.86	0.083
						200	0.462	15.15	0.097
						400	0.450	24.35	0.061
						800	0.433	36.20	0.041
						1600	0.407	45.55	0.032

3. 坝基深厚覆盖层防渗处理技术

大河沿水库坝基防渗墙设计最大深度186m，可参照的工程实例甚少，目前建成的最深防渗墙是西藏旁多水利枢纽工程158m防渗墙（试验段深201m）。大河沿防渗线总长度711m，两岸坡采用混凝土防渗墙结合帷幕灌浆防渗，河床深厚覆盖层采用封闭式混凝土防渗墙防渗方案。帷幕灌浆采用单排，孔距2m，深入5Lu线以下5m；混凝土防渗墙厚1m，深入下部基岩1m，最大墙深186m。防渗总面积42604.45m^2，其中防渗墙成墙面积24106.32m^2，帷幕灌浆面积18498.13m^2。

通过对国内外深厚覆盖层上建坝经验、防渗方案比选和有关计算的分析，大河沿水库大坝采用沥青混凝土心墙砂砾石坝，坝基深厚覆盖层采用封闭式防渗墙防渗方案。

通过对坝址区三维渗流分析，坝址区渗流场的分布规律明确，浸润面在沥青混凝土心墙上下游形成突降，防渗效果显著。各工况下，坝体和坝基各区料最大渗透坡降均在其自身许可范围内，渗透稳定满足要求。正常工况下水库总渗漏量为1674m^3/d，占多年平均日径流量的0.6%，处于水库允许渗漏范围以内。

本工程防渗墙施工采用“钻抓法”，局部结合“钻劈法”造孔成槽。混凝土浇筑采用泥浆护壁、气举清孔、泥浆下直升导管法施工，墙段连接采用接头管法，浅槽段采用钻凿法。

防渗墙施工选择主要施工机具为：利勃海尔 HS875HD 和 HS885HD 重型钢丝绳抓斗、金泰 SG40 重型液压抓斗、利勃海尔 HS843HD 钢丝绳抓斗、CZ－A 或 ZZ－6A 型冲击钻机、YBJ－800/960 型大口径液压拔管机。

第2章 深厚覆盖层坝基防渗墙技术进展

2.1 国外深厚覆盖层坝基防渗墙技术进展

国外混凝土防渗墙技术起源于20世纪50年代初期的欧洲，先后在意大利、法国、墨西哥、加拿大、日本等国应用，1951—1952年在巴舍斯坝的导流围堰修建了世界上第一座连锁桩柱型防渗墙，1959年日本建成了中部电力田雉坝防渗工程。据不完全统计，仅20世纪60年代之前世界上建成的混凝土防渗墙就达30多座，其中墙深大于50m的就有9座。1953年建成的瑞士卡斯提勒托心墙土坝，坝高90.0m，覆盖层厚度大于100m，防渗墙最大墙深52m，墙厚2.0m，成墙面积17700m²；1957年建成的法国维尔尼土坝覆盖层厚75m，混凝土防渗墙最大墙深50m，墙厚1.2m；1965年建成的意大利佐科罗斜墙土石坝，坝高117m，覆盖层厚100m，混凝土防渗墙最大墙深55m，墙厚0.6m，成墙面积33100m²；1963年建成的哥伦比亚加塔维塔斜心墙坝，坝高54.0m，覆盖层厚92m，混凝土防渗墙最大墙深78.6m，墙厚0.8m；1964年建成的加拿大马尼克5号土石围堰，坝高72.0m，覆盖层深76m，混凝土防渗墙最大墙深77m，墙厚0.61m，成墙面积2760m²；1964年还建成了哥伦比亚赛斯基勒心墙堆石坝，坝高52.0m，覆盖层厚100m，混凝土防渗墙最大墙深76m，墙厚0.55m；1964年还建成了阿勒克尼堆石坝，坝高51.0m，覆盖层厚55m，混凝土防渗墙最大墙深56m，墙厚0.76m，成墙面积10700m²；1965年建成的加拿大阿罗坝土石围堰，坝高35.0m，覆盖层厚51m，混凝土防渗墙最大墙深52m，墙厚0.75m；1966年建成的墨西哥马莱罗斯心墙土坝，坝高60.0m，覆盖层厚80m，混凝土防渗墙最大墙深91.4m，墙厚0.61m，成墙面积15160m²。从20世纪60年代开始，混凝土防渗墙在世界坝工界得到迅速发展。

在国外，已有不少在深厚覆盖层上建100m级以上高坝的工程实例。据不完全统计，1970—2000年，坝基防渗墙墙深超过100m的水利枢纽工程有4座，分别为1975年建成的加拿大马尼克3号主坝（心墙土石坝），坝高107m，覆盖层厚130.4m，防渗墙最大墙深131m，墙厚0.61m，成墙面积20740m²；1972年建成的土耳其凯版心墙土石坝，坝高207m，防渗墙最大墙深100.6m，墙厚1.5m，成墙面积16900m²；1987年建成的美国纳沃霍土坝，坝高110m，防渗墙最大墙深110m，墙厚1m，成墙面积1100m²；1990年建成的美国穆德山土石坝，坝高128m，防渗墙最大墙深122.5m，墙厚0.85m，成墙面积1100m²。

加拿大的马尼克3号黏土心墙坝，砂卵石覆盖层最大深度126m，并有较大范围的细砂层，采用两道净距为 2.4m、厚 61cm 的混凝土防渗墙，墙顶伸入冰渍土心墙 12m，墙深 105m，其上有支撑高度为 3.1m 的观测灌浆廊道和钢板隔水层。建成后，槽孔段观测结果表明，两道混凝土防渗墙削减的水头约为 90%。

埃及的阿斯旺土斜墙坝，最大坝高 122m，覆盖层厚 225～250m，主要为砂层；上部为细砂，厚约 20m；其下为粗砂、砾石相间，在低于河床 120～130m 以下为弱透水的第三纪地层，由砂岩、细砂、粗砂、砂质泥岩及半坚硬黏土组成。坝基防渗采用悬挂式灌浆帷幕，上游设铺盖，下游设减压井等综合防渗措施。帷幕灌浆最大深度达 170m，帷幕厚 20～40m，冲积层经灌浆处理后，渗透系数由 $5.5\times10^{-3}\sim1.5\times10^{-1}$cm/s 降至 $5\times10^{-5}\sim5\times10^{-4}$cm/s；大坝自 1967 年建成，运转至今，帷幕防渗效果良好。国外深厚覆盖层上建坝及坝基防渗型式统计表见表 2-1。

表 2-1　国外深厚覆盖层上建坝及坝基防渗型式统计表

序号	国家	工程名称	建成年份	坝型	坝高/m	坝基土层性质	覆盖层最大厚度/m	坝基防渗型式	防渗厚度/m
1	巴基斯坦	塔贝拉	1975	土斜墙堆石坝	145	砂砾石	230	黏土铺盖防渗	4.5～12.0
2	瑞士	马克马特	1959	土斜墙堆石坝	115	砂砾石	100	10 排帷幕灌浆	15.0～35.0
3	法国	谢尔蓬松	1966	心墙堆石坝	122	砂砾石	120	19 排帷幕灌浆	15.0～35.0
4	法国	蒙谢尼	1968	心墙堆石坝	121	砂砾石	102	帷幕灌浆	—
5	哥伦比亚	赛斯基勒	1964	心墙堆石坝	52	砂砾石	100	混凝土防渗墙深 76m	0.55
6	加拿大	马尼克 3 号	1976	土心墙土石坝	107	砂砾石	126	两道混凝土防渗墙深 131m	0.6
7	加拿大	大角坝	1972	土心墙土石坝	91	砂砾石	65	混凝土防渗墙	0.61
8	智利	普卡罗	—	面板堆石坝	83	砂砾石	113	混凝土悬挂式防渗墙深 60m	—
9	意大利	佐科罗	1965	沥青斜墙土石坝	117	砂砾石	100	混凝土防渗墙深 50m	0.6
10	越南	和平	1993	土石坝	128	砾石、卵石和砂	70	10 排帷幕灌浆	70.0
11	埃及	阿斯旺	1970	土斜墙堆石坝	122	砂砾石	250	悬挂式帷幕深 170m	20.0～40.0

从表 2-1 可以看出，深厚覆盖层上修建的坝型主要有黏土心墙堆石坝、混凝土面板堆石坝、沥青混凝土心墙堆石坝等。在覆盖层防渗处理方式选择上，国外在 20 世纪六七十年代常采用多排帷幕灌浆方式，国外部分深度大于 70m 的灌浆帷幕统计表见表 2-2。

表 2-2　国外部分深度大于 70m 的灌浆帷幕统计表

工程名称	国家	建成年份	水头/m	帷幕最大深度/m	帷幕最大面积/m²	灌浆孔排数	灌浆孔间距		心墙与地基接触处比降	灌浆孔总进尺/m	理论覆盖层处理量/m³	灌浆压力/MPa	平均渗透系数/(cm/s)	
							排距	孔距					灌浆前	灌浆后
Aswan	埃及	1970	110	170	54700	8	2.5～5.0	2.5～5.0	1.9	10900	1800000	3～6	2.5×10^{-2}	2.3×10^{-4}
Mission Terzaghi	加拿大	1960	60	150	6200	5	3.0	3.0～4.5	5.0	8000	95000	低压	2.0×10^{-3}	4.0×10^{-8}
Sylvenstein	德国	1959	40	120	5200	7	2.0	2.0～3.0	2.2	10000	73000	低压	2.0×10^{-3}	1.3×10^{-8}

续表

工程名称	国家	建成年份	水头/m	帷幕最大深度/m	帷幕最大面积/m^2	灌浆孔排数	灌浆孔间距		心墙与地基接触比降	灌浆孔总进尺/m	理论覆盖层处理量/m^3	灌浆压力/MPa	平均渗透系数/(cm/s)	
							排距	孔距					灌浆前	灌浆后
Serre Poncon	法国	1960	100	110	42000	12	2.0～3.0		3.4	16000	97000	6～8	5.0×10^{-2}	8.64×10^{-3}
Marrmark	瑞士	1967	110	100	20100	10	3.0	3.5	3.3	99000	50000	6～8	1×10^{-4}～1×10^{-2}	6.0×10^{-8}
Stamentiza	意大利	1959	60	100	11000	4								
Orto－Tokyo	吉尔吉斯斯坦	1962	40	85	13000	2	6.2	2.0～4.0	6.0	13200	165000			
Dorlass Boden	奥地利	1968	70	75	10600	8	2.5～3.0	3.0	3.5	20500	200000		3.0×10^{-4}	8.0×10^{-7}
N. D. de Comiers	法国	1963	36	70	7200	5	3.0	3.0	2.4	12400	90000	低压	1×10^{-4}～1×10^{-2}	2.0×10^{-8}
Mnot－Cenis	法国	1968	74	70	8000	6	2.6	3.0	2.7	8000	60000	低压	1×10^{-4}～1×10^{-2}	9.0×10^{-7}
Hepin	越南	1993	128	70		10	3.0	3.0						

2.2 国内深厚覆盖层坝基防渗墙技术进展

我国坝基混凝土防渗墙建设始于20世纪50年代末期。1958年建立了湖北省明山水库连锁管柱防渗墙；同年在山东省青岛月子口水库用这种办法在砂砾石地基中首次建成桩柱式防渗墙，共完成959根直径为60cm的桩柱，斜墙土坝坝踵的混凝土防渗墙，最大墙深20.0m，长472m，有效厚度43cm。1959年建成了密云水库坝基防渗墙，最大墙深44.0m，长953m，墙厚0.8m，成墙面积约19000m^2。结合密云水库建设混凝土防渗墙的经验，1963年水利电力部水电建设总局编制颁发了我国首部防渗墙技术规范《水工建筑物砂砾石基础槽孔混凝土防渗墙工程施工技术试行规范》，进一步推动了混凝土防渗墙技术的发展。1967年建成了四川龚嘴水电站大型土石围堰的防渗墙，防渗墙最大深度52.0m，墙厚0.8m，成墙面积12382m^2。20世纪70年代混凝土防渗墙被广泛应用于大坝除险加固工程中，其中江西柘林水电站大坝坝基防渗墙最大墙深65.2m，墙厚0.8m，成墙面积达30000m^2；1977年建成的甘肃碧口水电站坝基采用两道防渗墙防渗，最大墙深分别为41.0m和65.5m，总面积达11955m^2，其上游墙厚1.3m，是当时国内厚度最大的防渗墙。随着我国水电事业的蓬勃发展，深厚覆盖层建坝技术得到很大的提高。特别是21世纪以来，随着小浪底、瀑布沟、泸定、下坂地、黄金坪和旁多等一批水库的修建，在深厚覆盖层上建坝技术越来越成熟。

20世纪80年代，我国建成了20多座混凝土防渗墙，其中最为典型的工程是葛洲坝水利枢纽和四川铜街子水电站。葛洲坝水利枢纽大江围堰采用混凝土防渗墙作为防渗设施，防渗墙最大深度47.3m，厚0.8m，成墙面积74421m^2；四川铜街子水电站左深槽防渗墙，最大墙深74.0m，主墙厚1.0m，铜街子水电站防渗墙的深度在当时创国内纪录。大江围堰的防渗墙成墙规模在80年代是最大的，施工中首次引进了日本液压导板抓斗挖槽，首次进行了拔管法施工防渗墙接头的试验，并取得成功。

20世纪90年代，我国建成的混凝土防渗墙工程40多座，进入了飞速发展期，同时在这一时期开始对塑性混凝土防渗墙进行研究，1992年首次在山西册田水库南副坝除险加固工程中成功应用于水利水电永久性工程，为我国土石坝工程应用塑性混凝土防渗墙奠定了坚实的基础。1997年在四川冶勒水电站成功完成了当时最深混凝土防渗墙的试验施工，墙深100m，长7.8m，墙厚1.0m；该工程于2005年建成，坝基采用防渗墙深140m+帷幕深60m进行防渗处理。其中防渗墙分两段施工，中间通过防渗墙施工廊道连接，工程廊道内施工的防渗墙最大设计深度78m，墙厚1.0m，施工廊道净断面尺寸为6m×6.5m（宽×高）；该工程创造了当时混凝土防渗墙施工的最深记录。自20世纪90年代以来，我国混凝土防渗墙技术有了新的突破，陆续建成了大渡河瀑布沟水电站、新疆下坂地水利枢纽、黄金坪水电站、直孔水电站、狮子坪水电站等一大批防渗墙深度大于70m的项目。大渡河瀑布沟水电站防渗墙最大深度82.85m，墙厚1.2m，成墙面积16420.00m^2。新疆下坂地水利枢纽工程采用“上墙下幕”的垂直防渗方案，防渗墙深80m+灌浆帷幕深70m。黄金坪水电站坝基覆盖层防渗采用全封闭混凝土防渗墙形式，防渗墙厚1.2m，最大深度129.5m，成墙面积22022.33m^2。西藏直孔水电站坝基防渗采用封闭式混凝土防渗墙、墙下帷幕灌浆、悬挂式混凝土防渗墙和黏土截水槽相结合的方式；防渗墙轴线总长1010.5m，上部嵌入土石坝心墙与大坝防渗体系相结合；防渗墙厚0.8m，最大墙深79m，平均墙深46.73m，成墙面积48600.72m^2，浇筑混凝土51708.66m^3。狮子坪水电站坝基防渗采用一道厚1.2m的混凝土防渗墙进行全封闭防渗，防渗墙底部嵌入基岩1m以上，最大墙深101.8m。在总结混凝土防渗墙工程实践经验的基础上，2014年10月27日水利部发布了《水利水电工程混凝土防渗墙施工技术规范》（SL 174—2014）。

我国在深厚覆盖层上修建大坝有很多成功的经验和失败的教训，已建成的小浪底斜心墙坝，采用混凝土防渗墙与水平铺盖相结合的防渗型式，为深厚覆盖层上修建既厚又深的混凝土防渗墙，积累了宝贵的经验。四川冶勒水电站，建造于高震区厚度超过400m的深厚覆盖层上，采用混凝土防渗墙接帷幕灌浆联合防渗，防渗墙深140m，大部分槽孔深度大于70m，防渗墙槽段之间和上下墙体间的连接采用单反弧连接的接头型式，居世界之首。据不完全统计，我国深度超过40m的防渗墙已有80道左右。国内采用帷幕灌浆方式进行坝基防渗处理的工程甚少，而且帷幕灌浆深度有限制，如坝高66m的密云水库，采用3排帷幕灌浆，帷幕最大深度44m；坝高51.5m的岳城水库，采用2～3排帷幕灌浆，最大灌浆深度23m；小南海地震堆积坝，坝高100m，采用3排帷幕灌浆，最大灌浆深度80m。随着混凝土防渗墙技术的发展，国内在深厚覆盖层上的防渗处理主要选择防渗墙方式（或与帷幕灌浆相结合的“上墙下幕”方式），国内部分深厚覆盖层上土石坝基础处理措施见表2-3。随着坝高的不断提升，如何解决深厚覆盖层上高土石坝混凝土防渗墙应力过大将成为今后坝基处理的关键问题之一。

表2-3 国内部分深厚覆盖层上土石坝基础处理措施统计表

序号	工程名称	建成年份	坝 型	坝高/m	坝基土层性质	覆盖层最大厚度/m	坝基防渗型式	防渗厚度/m
1	冶勒	2007	沥青混凝土心墙坝	125.5	冰水堆积覆盖层	>420	混凝土防渗墙最深140m+帷幕灌浆	1.0~1.2
2	旁多	2013	沥青混凝土心墙坝	72.3	冰水堆积覆盖层	400	混凝土防渗墙最深158m+帷幕灌浆	1.0
3	老虎嘴左副坝	在建	混凝土坝	24.0	砂砾石	206	悬挂式混凝土防渗墙深80m	1.0
4	仁宗海	2008	面板堆石坝	56.0	砂砾石及淤泥质壤土	>150	悬挂式混凝土防渗墙最大墙深80.5m	1.0
5	下坂地	2010	沥青混凝土心墙坝	78.0	砂砾石	150	混凝土防渗85m+4排帷幕	1.2
6	泸定	2012	土心墙堆石坝	85.5	砂砾石	148	110m防渗墙+帷幕	1.0
7	黄金坪	在建	沥青混凝土心墙坝	95.5	砂砾石	130	混凝土防渗墙最深101m	1.0
8	狮子坪	在建	土心墙堆石坝	136.0	砂砾石	110	90m防渗墙（悬挂）	1.3
9	斜卡	在建	面板坝	108.5	粉细砂及砂卵砾石	100	混凝土防渗墙深82m	1.2
10	江边	在建	混凝土坝	32.0	砂卵砾石	100	悬挂式混凝土防渗墙深40m	1.0
11	小浪底	2001	心墙堆石坝	154.0	砂砾石	80	混凝土防渗墙深82m	1.2
12	瀑布沟	2009	心墙堆石坝	186.0	砂砾石	75	两道全封闭混凝土防渗墙，最深70m	1.2、1.2
13	跷碛	2006	土心墙堆石坝	125.5	砂砾石	72	防渗墙70.5m	1.2
14	长河坝	在建	土心墙堆石坝	240.0	砂砾石	70	两道全封闭混凝土防渗墙，最深50m	1.4、1.2
15	九甸峡	2011	面板坝	136.5	砂卵砾石	65	两道混凝土防渗墙，深30m	1.0

2.3 新疆深厚覆盖层坝基防渗墙技术进展

在新疆山区水利水电工程建设中，天山、昆仑山区域，大多数河流均存在河床深厚覆盖层问题，且大多是以冲积砂砾石层为主，个别工程还存在薄弱的黏土、粉土夹层。在西昆仑山区、吐鲁番市等部分断陷盆地普遍存在河床深厚覆盖层问题，如下坂地水库坝基覆盖层最深达150m、阿尔塔什水库坝基覆盖层达94m、大河沿水库坝基覆盖层达80~152m等。在建的阿尔塔什面板砂砾石坝，坝高164.8m，砂砾石覆盖层防渗墙深100m，整体已经达到260m量级。随着坝高的不断提升，如何解决深厚覆盖层高土石坝混凝土防渗墙应力过大、廊道设置、坝体防渗体与坝基防渗墙衔接型式、河床基础处理等问题将成为今后坝基处理的关键研究问题。

新疆在深厚覆盖层上建坝的实例也很多，具体见表2-4。1982年建成的柯柯亚水库是我国第一座建在深厚覆盖层上的面板砂砾石坝，混凝土防渗墙最大深度为37.5m。2001年建成的坎尔其水库是我国第一座建在深厚覆盖层上的沥青混凝土心墙砂砾石坝，槽孔混凝土防渗墙最大深度为40m。2010年建成的下坂地水利枢纽的最大覆盖层深度为150m，混凝土防渗墙最大深度为85m，墙下帷幕灌浆最大深度为66m。2019年建成的阿尔塔什水利枢纽工程，覆盖层最大深度为94m，混凝土防渗墙最深达100m，是目前国内土石坝坝基中比较深的防渗墙。这些工程的建设，为新疆的深厚覆盖层坝基防渗墙技术发展提供了成功经验。

表2-4　　　　新疆深厚覆盖层上建坝工程建设统计表

序号	工程名称	坝型	建成年份	坝高/m	覆盖层最大厚度/m	坝基土质性质	坝基防渗型式	防渗墙厚度/m
1	大河沿	沥青心墙坝	在建	75	186	砂卵砾石	河床防渗墙186m，两岸防渗墙+帷幕灌浆	1.0
2	下坂地	沥青心墙坝	2010	78	150	冰碛、漂块砾石、砂层	混凝土防渗墙85m+帷幕灌浆最大深度66m	1.0
3	38团石门	沥青心墙坝	在建	86	119	漂卵砾石、冰积砂卵砾石	防渗墙+帷幕灌浆	1.0
4	托帕	沥青心墙坝	在建	61.5	110	冲积砂卵砾石	防渗墙	1.0
5	乔诺	沥青混凝土心墙坝	拟建	61.2	120	冲积砂卵砾石	防渗墙	1.0
6	奥依阿额孜	沥青心墙坝	拟建	103	80～200	冲积卵砾石、Q1岸坡	混凝土防渗80m+帷幕灌浆	0.8
7	阿尔塔什	面板砂砾石坝	在建	164.8	100	砂卵砾石	混凝土防渗墙100m+帷幕灌浆70m	1.2
8	阿克肖	沥青心墙坝	已建	78	80	砂卵砾石	混凝土防渗墙	0.8
9	库尔干	面板砂砾石坝	拟建	82	65～78	冲积砂卵砾石	混凝土防渗墙+帷幕灌浆	0.8
10	依扎克	面板砂砾石坝	拟建	163.6	75	砂砾石	混凝土防渗墙67m+帷幕灌浆最大深度100m	0.8
11	二塘沟	沥青心墙坝	在建	64.8	65	含漂砾的砂卵砾石	混凝土防渗墙+帷幕灌浆	1.0
12	白杨河	黏土心墙坝	已建	78	48	砂卵砾石	混凝土防渗墙48m+帷幕灌浆最大深度54m	0.8
13	察汗乌苏	面板砂砾石坝	2007	110	47	漂石、砂卵砾石、中粗砂	混凝土防渗墙最大深度41.8m+帷幕灌浆	1.2
14	米兰河山口	沥青混凝土心墙坝	已建	83	45	砂砾石	混凝土防渗墙+帷幕灌浆	0.6
15	坎尔其	沥青心墙坝	2001	51.3	40	含漂砾的砂卵砾石	混凝土防渗墙最大深度40m	0.8
16	吉尔格勒德	面板砂砾石坝	在建	102.5	40	砂卵砾石	混凝土防渗墙+帷幕灌浆	1.0

续表

序号	工程名称	坝型	建成年份	坝高/m	覆盖层最大厚度/m	坝基土质性质	坝基防渗型式	防渗墙厚度/m
17	柯克亚	面板砂砾石坝	1982	41.5	37.5	冲积砂砾层	混凝土防渗墙最大深度37.5m	0.8
18	哈德布特	沥青心墙坝	2017	43.5	31	含漂石的砂卵砾石	混凝土防渗墙最大深度30.3m	0.8
19	吉音	面板堆石坝	2018	124.5	30（古河槽）	含漂石的砂卵砾石	混凝土防渗墙＋帷幕灌浆最大深度50m	—

新疆深厚覆盖层坝基防渗一般采用垂直防渗墙或倒挂井防渗措施。对于大多数水库大坝工程，一般均采用防渗墙伸至基岩，基岩下再接帷幕进行基础防渗处理。下坂地、大河沿、阿尔塔什、托帕水库等水利枢纽工程，都采用防渗墙为主处理主河槽并辅以帷幕灌浆，而两岸坝肩则大多采用单排或双排帷幕灌浆形式进行防渗处理。

第3章 深厚覆盖层坝基防渗设计关键问题

处于覆盖层中的混凝土防渗墙为长厚比较大的薄板结构，其受力情况复杂，且竣工期和蓄水期第一主应力方向可能发生偏转，从而引起防渗墙位移形态发生复杂变化。因此，防渗墙的应力变形情况十分复杂，陈慧远、郭诚谦、王复来、殷宗泽、郦能惠等曾对土石坝混凝土防渗墙的受力特点和防渗墙的工作性状进行过深入的研究。

在竖直方向上，防渗墙除受到自身重力作用外，还受到以下3类荷载作用：①墙顶上覆土压力；②墙身与覆盖层接触面上摩擦力；③墙顶上部水压力。在水平方向上，防渗墙受到墙身两侧的土压力作用，蓄水期还受到墙身两侧的水压力作用。

防渗墙应力变形情况的复杂正是其受力复杂的反映。在施工期，随着坝体的填筑，墙体变位的不同引起墙身上下游侧的主、被动土压力发生变化；在蓄水期，墙身又增加了水压力，随着水位的升高，墙身上游侧的水压力增大，进一步影响防渗墙的变位，也影响墙身两侧土压力发生变化。由于防渗墙两侧的土压力是通过覆盖层土体传递的，因此防渗墙水平变位的大小除受到水平荷载大小的影响外，还与墙身两侧覆盖层变形特性以及墙体本身的抗弯刚度有关；在竖直方向上，墙顶上覆土压力和水压力，以及墙身两侧覆盖层土体与防渗墙本身的差异沉降引起的摩擦力，使得混凝土防渗墙在竖直方向上承受竖直轴向压力，又由于水平方向上的变位，使得在竖直方向上防渗墙呈现小偏心受压状态，当偏心较大时有可能在墙身边缘处引起拉应力。

防渗墙应力变形的复杂性可归结为荷载因素和材料特性因素两个方面。荷载因素影响的复杂性体现在以下两个方面：①受力条件复杂，既受到水平方向的荷载，又受到竖直方向的荷载，既有墙身两侧的土压力和水压力，又有由于差异沉降而产生的竖直向摩擦力，且两个方向的荷载对防渗墙的应力变形情况皆有显著影响；②防渗墙的受力情况随坝体所处的不同工况而变化，特别是施工期和蓄水期墙身两侧主、被动土压力的转化，大小主应力方向的偏转等。材料特性因素对防渗墙应力变形特性影响体现在覆盖层特性和防渗墙本身的材料特性上。防渗墙的材料特性是可控的，而防渗墙为嵌入覆盖层的防渗结构，受到的各种形式的水平荷载和竖直荷载（水压力除外），均通过覆盖层土体传递到防渗墙上，防渗墙的受力特性和变形特性均受到覆盖层特性的显著影响。因此在土石坝防渗墙安全设计中，应首先明确覆盖层的工程地质问题，在对覆盖层工程地质问题合理地把握和判断基础上，开展深厚覆盖层坝基防渗墙的设计。在对深厚覆盖层坝基防渗墙评价时，也需要基于覆盖层工程地质特点，合理确定覆盖层土体的工程力学特性参数，并考虑技术特点进行综合分析。

通过多年实践经验总结，针对不同深度覆盖层的材料特性，工程技术人员提出了不同的防渗型式。对于浅深（＜20m）覆盖层，采用挖除置换的方式进行处理；中深（20～50m）覆盖层，以防渗墙全断面防渗为主；超深（＞50m）覆盖层，逐渐采用以防渗墙为主、墙幕结合的防渗体系，坝基防渗效果显著提升。

3.1　防渗型式选择

坝址区河床深厚覆盖层对水利工程的影响主要是：坝基沉降与不均匀沉降问题、抗滑稳定问题、坝基渗漏及渗透变形问题、地震液化问题等。覆盖层的物理力学特性对坝体和防渗墙应力变形形状的影响较大，防渗墙混凝土的刚度与覆盖层的刚度越接近，其变形协调性越好，防渗墙的应力状态越好。由于河床深厚覆盖层的形成过程较为复杂，既有河流一般冲积形成的砂卵砾石层，也有静水或缓慢水流形成的粉砂、细砂，甚至淤泥质土层；在峡谷地区有崩塌堆积形成的崩积块碎石、孤石，以及早期冰水堆积形成的块碎石及块碎石夹黏土；在新疆、西藏等高原地区尚有早期冰川进退形成的冰碛物、冰水堆积物及河流冲洪积混杂层等。由于其形成原因不同，不同层次覆盖层具有不同的空（孔）隙特征，如在冲积砂砾石地层中主要以蜂窝状孔隙为主，在冰水堆积体层中则兼有孔隙及空隙（局部可能架空）特征，而在崩塌堆积物为主的覆盖层中，则存在有较多的洞穴状空隙。前两者孔隙直径较小，后者相对较大。不同成因的覆盖层决定了其物质成分、结构及层次等千差万别，地基变形及防渗处理的方式也不尽相同。

覆盖层地基处理首先应通过勘探和室内外试验，查明坝基覆盖层的分布情况、物理力学性质，分析承载力、变形特性和渗透稳定性，提供有限元计算参数，为基础处理设计提供可靠依据。国内外深厚覆盖层的渗控主要分为水平铺盖防渗、垂直防渗或者是将两者相结合。其中坝基垂直防渗处理措施主要有 3 种：混凝土防渗墙、帷幕灌浆、混凝土防渗墙与帷幕灌浆相结合。

根据已有工程经验，坝基深厚覆盖层采用上游水平铺盖防渗时，往往需要铺设较长铺盖（或土工膜）才能满足坝体渗漏量及渗透稳定的要求；并且要求上游河床地形较为平坦，对于地形起伏较大的河床，还需整平上游库底，大大增加工程量和投资。水平铺盖施工时会给施工导流带来很大难度，在运行过程中容易发生不均匀沉降，产生落水洞，导致渗漏增加，防渗效果大大减弱，威胁大坝安全稳定。

国外巴基斯坦 147m 高的塔贝拉土斜墙堆石坝，坝基河床覆盖层最大厚度达 210～230m，由大漂石、砾石、细砂组成。表层以下 30m 有一强透水架空带，内为 30cm 的砾石。原铺盖长 1740m，端部厚 1.5m，至心墙处增至 12.8m，同时下游坝址设置井距 15m、井深 45m 的减压井，每 8 个井中有一个加深到 75m。1974 年开始蓄水时，2 号隧洞发生严重事故，水库被迫放空，发现铺盖有裂缝和 362 个沉陷坑。修复时，将铺盖加长加厚，铺盖长达 2347m，最小厚度 4.5m。1975 年再次蓄水时，通过水下探测，又出现沉陷坑 429 个，用抛土船抛土 67 万 m^3 之后，铺盖逐步稳定。

与帷幕灌浆、高压喷射灌浆等覆盖层基础处理措施相比，混凝土防渗墙适应各种地层的变形能力较强，是深厚覆盖层地基下最为有效的防渗处理手段，防渗性能较好。防渗墙是在完整槽孔中并有可靠接头条件下浇筑混凝土而形成的，施工质量相对比较容易控制；造孔时泥浆在槽孔壁上形成的泥皮可以形成附加的防水层；加之目前防渗墙的工序检验和墙体检验方法比较成熟，质量控制精度相对较高，从而保证了防渗墙的防渗效果和安全稳定。

国外在深厚覆盖层上修建高土石坝方面有较多的工程实例，其中加拿大马尼克3号坝，砂卵石覆盖层最大厚度126m，伴有较大的细砂层，坝基混凝土防渗墙最深达105m，是目前国外已建土石坝坝基中最深的防渗墙。

20世纪90年代至今，我国的混凝土防渗墙技术有了新的突破。建造于高震区、厚度超过400m的深厚不均匀覆盖层上的四川冶勒水电站，采用混凝土防渗墙接帷幕灌浆联合防渗（防渗墙深140m+帷幕深60m），1997年完成了混凝土防渗墙段的试验施工，墙深100m，长7.8m，墙厚1.0m，2005年完成工程建设。

随着防渗墙施工技术的不断进步，防渗墙的深度不断取得新突破。大渡河瀑布沟水电站心墙堆石坝最大坝高186m，河床覆盖层厚约80m，采用84m的防渗墙进行防渗，是我国目前深厚覆盖层上已建成的最高土石坝。四川杂谷脑河上的狮子坪水电站坝基防渗墙最大深度101.8m、墙厚1.2m。黄金坪沥青混凝土心墙堆石坝建造于深厚覆盖层地基上，最大坝高95.5m，坝址处河床覆盖层一般为56～130m，由漂（块）卵（碎）砾石夹砂土砾石层组成，具有强透水性，渗透系数为$1\times10^{-2}\sim1\times10^{-1}$cm/s，覆盖层颗粒大小悬殊，渗透稳定性差，设计防渗墙深101m。新疆下坂地水利枢纽工程覆盖层厚150m，采用80m防渗墙+70m帷幕灌浆型式进行坝基防渗处理。西藏旁多水利枢纽为碾压式沥青混凝土心墙砂砾石坝，最大坝高72.3m，建立于厚420m的中等～强透水的砂砾石深厚覆盖层上，心墙通过混凝土基座与基础混凝土防渗墙连接，心墙下游侧设置检修廊道。大坝基础防渗处理采用150m深悬挂混凝土防渗墙方案，两岸设置基岩帷幕灌浆，是当时世界上已建的最深防渗墙，其试验段最大深度达到201m。

从当前工程建设情况来看，混凝土防渗墙是控制坝基渗漏应用最普遍的防渗措施，因为其施工工艺和检测方法较为成熟，质量保证率高，防渗效果好。实际工程中进行防渗方案比选时，要因地制宜，通过工程类比经验，结合相关模拟计算结果，综合分析对比防渗效果优劣、施工条件成熟适用与否、运行维护方便与否、工程投资大小等因素来确定最终防渗方案。

3.2 混凝土防渗墙设计

3.2.1 防渗墙尺寸及材料

1. 防渗墙厚度和深度

防渗墙设计时首先应根据承担水头、防渗要求、抗渗耐久性，坝基覆盖层的分层物质组成、渗透性，结合防渗墙施工技术水平、施工设备、工期安排等初步确定墙体厚度及深度。已建工程多数防渗墙的设计渗透比降为80～100，根据承担水头可初拟防渗墙厚度。因覆盖层普遍具有强透水性，对于高坝应首先考虑全封闭方案，当施工技术水平或工期无法满足要求时，可采用悬挂式防渗墙型式。防渗墙厚度与深度初拟后，应进一步进行渗流和应力变形计算分析，深入研究墙体厚度和深度能否满足工程要求。防渗墙深度主要根据防渗要求和施工技术水平进行设置。防渗墙厚度应重点考虑其抗渗要求、耐久性和结构强度等因素，对于高坝和深墙，防渗墙应力变形较大，可考虑适当增加墙体厚度来消减其应力变形，但同时也需考虑施工技术水平、工程量和投资等因素。

2. 墙体材料

研究成果表明，防渗墙混凝土强度等级与工程地质条件、墙体厚度与深度、水力梯度等密切相关。在防渗墙混凝土强度设计时应结合国内外已建工程实例进行工程类比，同时通过模拟计算分析防渗墙受力状态，综合分析比较后确定混凝土强度等级。由于防渗墙弹性模量远高于覆盖层，较大沉降差产生的摩擦拖拽力加之上部百米级坝体自重，防渗墙将产生高应力，所以，防渗墙应尽量采用低弹高强混凝土。防渗墙混凝土强度等级也受到河谷及覆盖层形状的影响，当河谷较为开阔，两岸岩体对防渗墙约束较小时，墙体可选择单一强度等级混凝土；当河谷覆盖层窄深，在拉应力较大的两岸防渗墙选择较高的混凝土强度等级，但这样会增加施工复杂度，可考虑在拉应力较大部位设置钢筋笼以增加墙体的整体性。另外，防渗墙施工后待坝体填筑完成下闸蓄水后，才会受到较大土压力和水压力的作用，因此，应最大限度利用混凝土后期强度，以降低混凝土配合比设计难度；通常防渗墙混凝土一般采用180d强度标准，个别工程也采用了360d强度。

3.2.2 防渗墙设计合理性

1. 耐久性

根据《水工设计手册·第2版·第6卷·土石坝》（中国水利水电出版社2014年9月），防渗墙使用年限大多采用梯比利斯研究所公式进行估算。根据防渗墙使用年限估算公式反算防渗墙厚度，防渗墙使用年限与大坝一致。

渗水通过防渗墙混凝土使石灰淋蚀而散失强度50%所需的时间 T 为

$$T=\frac{acb}{K\beta J} \tag{3-1}$$

式中 a——淋蚀混凝土中的石灰，使混凝土的强度降低50%所需的渗水量，m^3/kg；根据苏联学者B. M. 莫斯克研究，a 取值为1.5，根据柳什尔的资料，a 取值为2.2；

b——防渗墙厚度，m；

c——$1m^3$ 混凝土中的水泥用量，kg/m^3，根据初定的配合比取值为350；

K——防渗墙渗透系数，m/a，取值为0.00946；

J——渗透比降，一般混凝土防渗墙为80～100，取值为80；

β——安全系数，根据《水工设计手册·第2版·第6卷·土石坝》（中国水利水电出版社2014年9月），2级建筑物非大块结构（厚度小于2m）时取值为16。

2. 容许水力梯度

防渗墙在渗透作用下，其耐久性取决于机械力侵蚀和化学溶蚀作用，因为这两种侵蚀破坏作用都与水力梯度密切相关，目前防渗墙厚度主要依据其容许水力梯度、工程类比和施工设备确定。

容许水力梯度计算公式为

$$\delta=\frac{H}{J_p} \tag{3-2}$$

式中 δ——防渗墙厚度，m；

H——最大运行水头，m；

J_p——防渗墙容许水力坡降，刚性混凝土防渗墙可达80～100，塑性混凝土防渗墙多采用50～60。

3.2.3 防渗墙设计缺陷

由于混凝土深埋于坝基河床覆盖层中，特别是对于深厚覆盖层的超深防渗墙，极易因为钻机安装不平整、钻头磨损不一致、遭遇孤石和倾斜岩面而导致钻孔倾斜，致使防渗墙出现分叉，产生渗漏。由于超深防渗墙深埋于地层结构复杂的深厚覆盖层中，施工质量控制精度不高，混凝土极易出现裂缝；同时覆盖层沉降对防渗墙的拖拽力和高水头的水平水压力，加之上部百米级坝体自重，防渗墙在极大应力作用下也会产生开裂。墙体裂缝和薄弱环节越多，坝基渗漏就会越严重，会严重威胁到大坝的运行安全。因此，对于超深防渗墙，在施工之前进行施工试验，为防渗墙正式施工确定相关具体技术参数；同时在施工过程中应严格把控防渗墙施工流程，保证墙体施工质量，尽量避免缺陷出现。

3.2.4 防渗墙渗透计算

防渗墙是坝基下的防渗建筑物，与上部坝体防渗体形成封闭的防渗体系，对防渗体进行渗透计算是非常重要且必不可少的。通过渗透计算可以确定土石坝坝体浸润线和下游逸出点位置，确定坝体和坝基渗流量和渗透损失，确定平均渗透坡降、局部渗透坡降，从而核定坝坡稳定和验算渗透破坏的可能性。深厚覆盖层组成成分复杂，大都由多种地层组成，理论计算极其复杂，渗透计算方法一般有流体力学法、水力学法、图解法和试验法，这些方法适用于覆盖层厚度较浅，成分简单的情况。对于坐落于深厚覆盖层上的大坝的渗流计算则要采用有限元法。

3.3 防渗墙与坝体心墙连接

3.3.1 防渗墙与心墙的连接型式

深厚覆盖层上建设的土石坝坝体心墙与坝基防渗体（防渗墙）的连接方式分为无廊道和有廊道两种。不设置灌浆廊道的沥青混凝土心墙坝与防渗墙连接示意图如图3-1所示，设置灌浆廊道的沥青混凝土心墙与混凝土基座连接示意图如图3-2所示。

少数工程坝体心墙与坝基防渗墙采用设置混凝土廊道的基座进行连接，以缩短施工工期，但因河谷地形、覆盖层变形影响、坝体自重和水压力的作用，大坝填筑和蓄水运行期间坝基连接廊道的受力条件会产生不同程度的恶化，影响坝体安全稳定运行状态。国内外

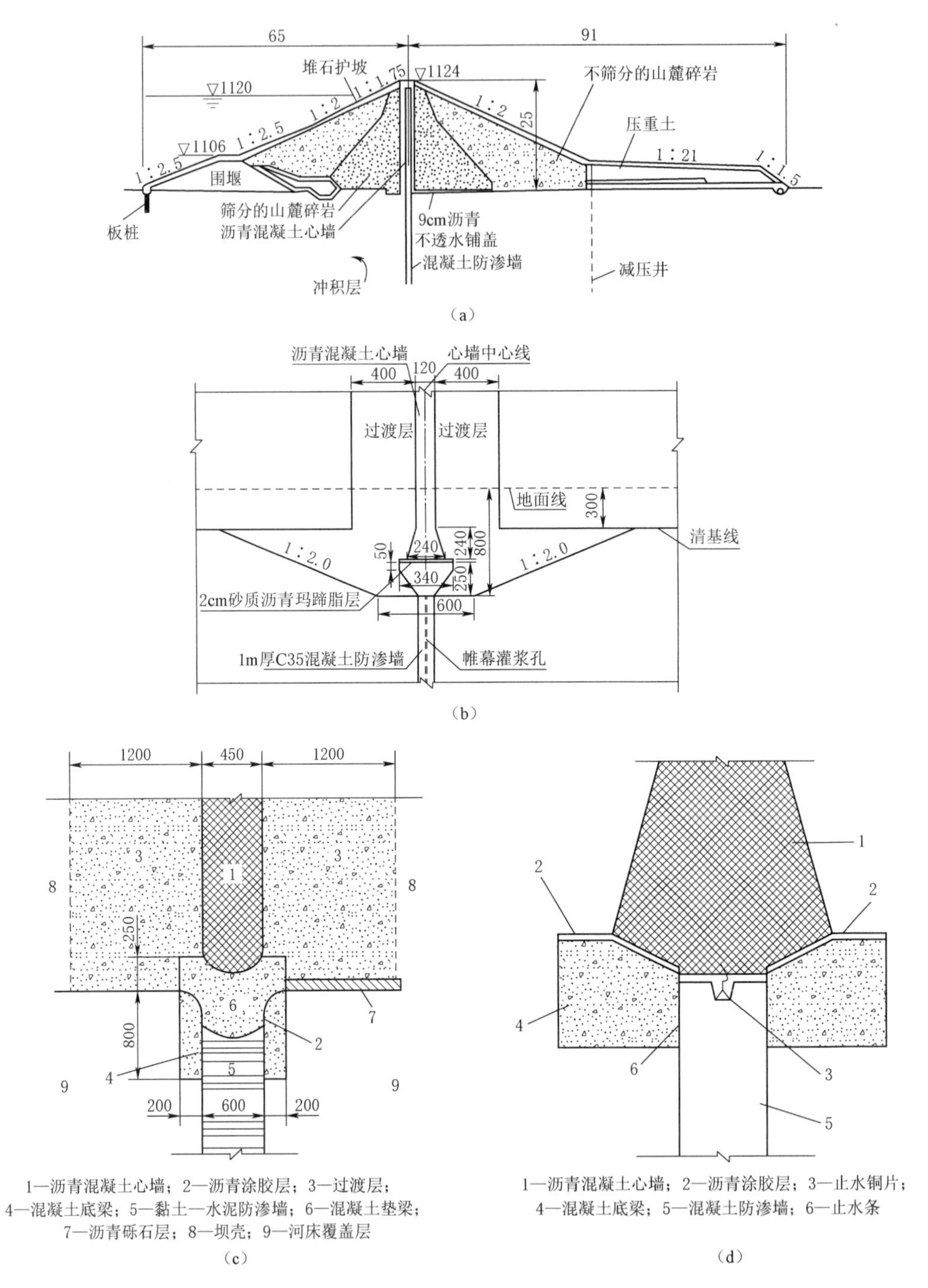

图3-1　不设置灌浆廊道的沥青混凝土心墙坝与防渗墙连接示意图

修建于深厚覆盖层上的高土石坝坝体与坝基防渗结构采用钢筋混凝土廊道进行连接的工程为数不多。目前我国西部地区在深厚覆盖层上建设的土石坝坝基防渗基本采用混凝土防渗墙，且坝基防渗墙与坝体心墙连接大都采用取消廊道的平连接型式。

20世纪90年代建设的茅坪溪水库和冶勒水电站心墙与基础防渗之间采用了廊道居中

的连接型式；21世纪初，在新疆下坂地水库建设中，采用了廊道在侧的连接型式；当前正在建设的新疆尼雅水利枢纽和大石门水利枢纽则取消了连接廊道。国内学者通过三维有限元软件计算分析了有无廊道两种布置方案下防渗墙的应力应变和位移情况，结果表明，无廊道方案下防渗墙顶部的竖向位移和最大拉应力均小于有廊道方案，更有利于防渗墙的安全稳定。取消混凝土廊道而在防渗墙顶部设置基座与沥青混凝土心墙相连接的型式，防渗结构简单，改善了基座与防渗墙的应力分布，也降低了其最大拉应力值，对大坝的应力和变形有利。

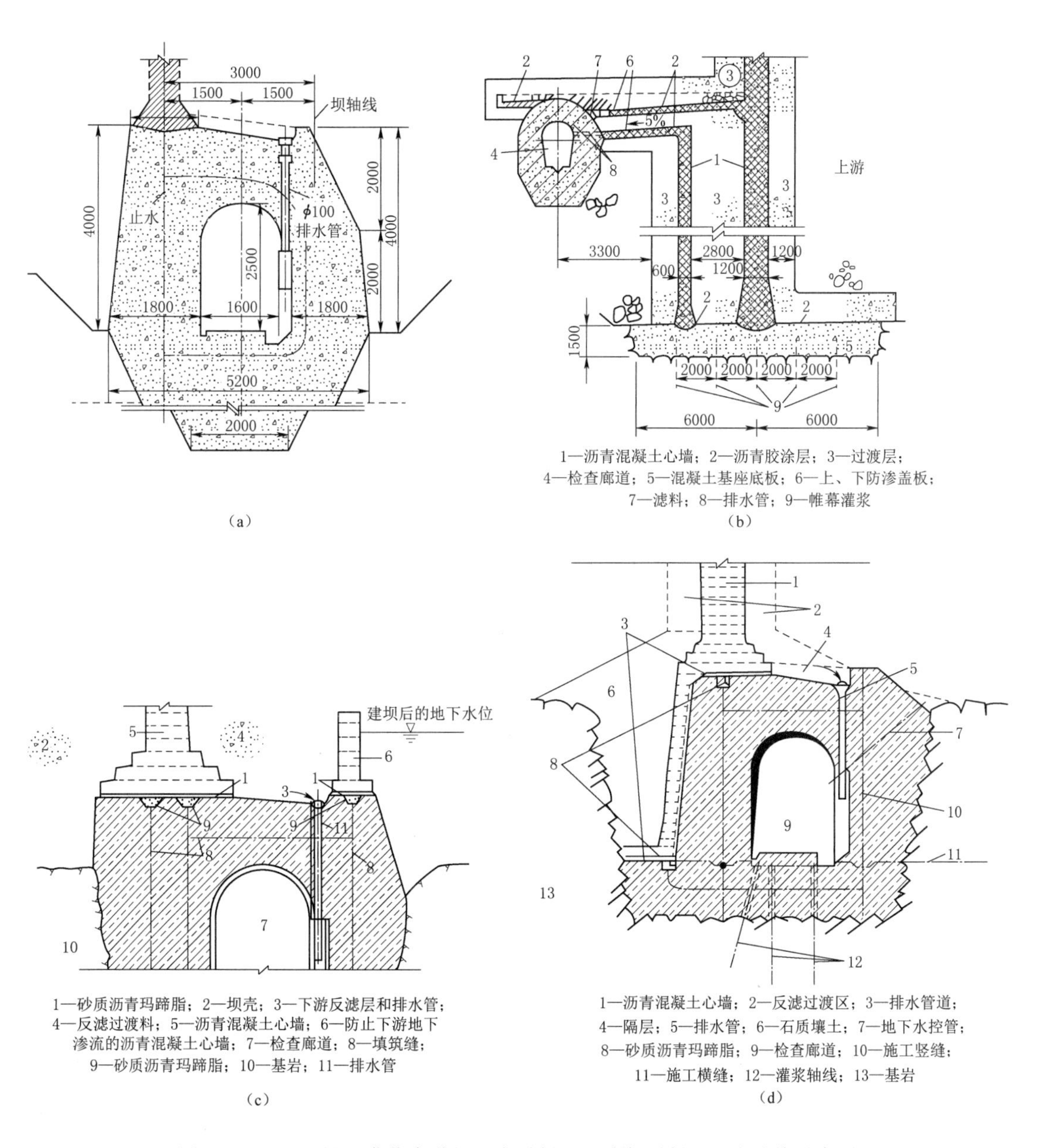

图3-2（一） 设置灌浆廊道的沥青混凝土心墙与混凝土基座连接示意图

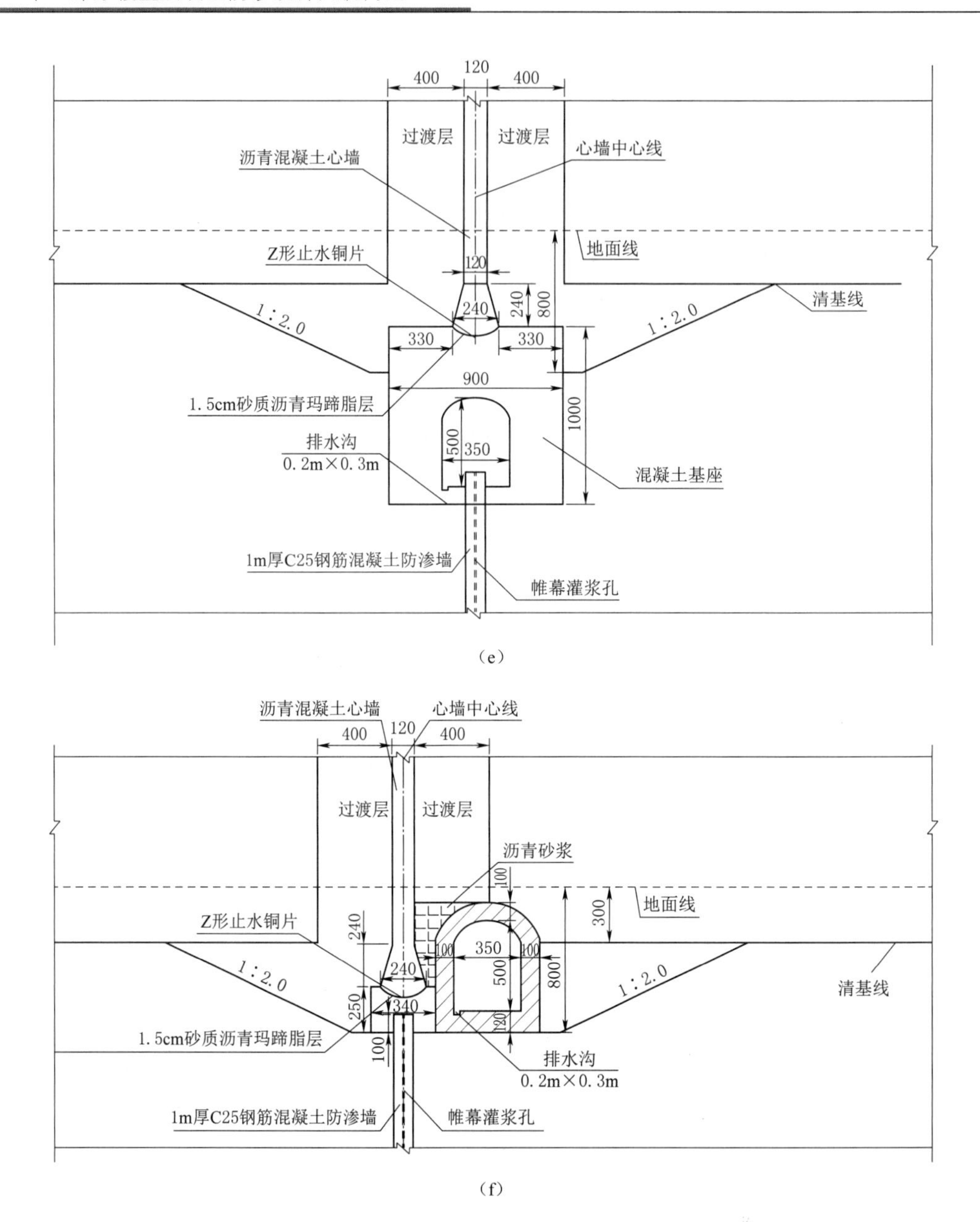

图3-2(二) 设置灌浆廊道的沥青混凝土心墙与混凝土基座连接示意图

3.3.2 工程计算实例

3.3.2.1 工程概况

尼雅水利枢纽工程位于尼雅河中上游河段，新疆维吾尔自治区和田地区民丰县境内，枢纽区东距乌鲁木齐市1300km，西距和田市390km，北距民丰县90km，枢纽区距下游G315国道70km，有44km简易道路通向项目区，近山区及山区段现状无道路通行，交通条件较差。尼雅河发源于昆仑山中段喀什塔什山北坡，最高峰海拔6368m，流域面积7146km^2，河道全长210km，其中出山口八一八水文站以上河长60km。坝址位于八一八水文站上游 18km，控制流域面积 1413km²，坝址处多年平均径流 2.18 亿 m³。

尼雅水利枢纽工程是尼雅河流域规划推荐的一期重点工程，具有防洪、灌溉、发电等综合利用功能。水库总库容 4069 万 m³，正常蓄水位 2663m，死水位 2615m，控制灌溉面积 10 万亩，电站装机容量 6000kW，多年平均发电量 1827 万 kW·h，属Ⅲ等中型工程。枢纽工程由拦河坝、左岸溢洪洞、右岸泄洪冲沙洞、发电引水系统等组成。大坝为碾压式沥青混凝土心墙坝，最大坝高 131.8m。大坝及泄水建筑物设计洪水标准为 50 年一遇，相应的洪峰流量为 919m³/s；校核洪水标准为 1000 年一遇，相应的洪峰流量为 2549m³/s。工程地震设防烈度为Ⅶ度。

3.3.2.2 计算模型

针对尼雅水利枢纽坝址河床部位的地形地质情况，采用大型通用有限元分析软件 ABAQUS 进行大坝三维有限元计算分析，选取大坝典型横剖面，沿厚度方向拉伸 20m。根据一般工程经验及本工程实际地质条件，有限元模型地基深度及上下游长度均取值为最大坝高的 1.5 倍，网格类型基本为六面体单元，局部采用四面体单元过渡，共 232870 个单元，254248 个节点。本次计算选用笛卡尔直角坐标系，X 向为顺河向，从上游指向下游为正；Y 向为竖向，沿坝高方向从下向上为正；Z 向为坝轴向，从左岸指向右岸为正。地基上游侧和下游侧分别施加法向约束，底部施加固定约束，即固定支座。尼雅水库坝体及坝基网格剖分示意图如图 3-3 所示。

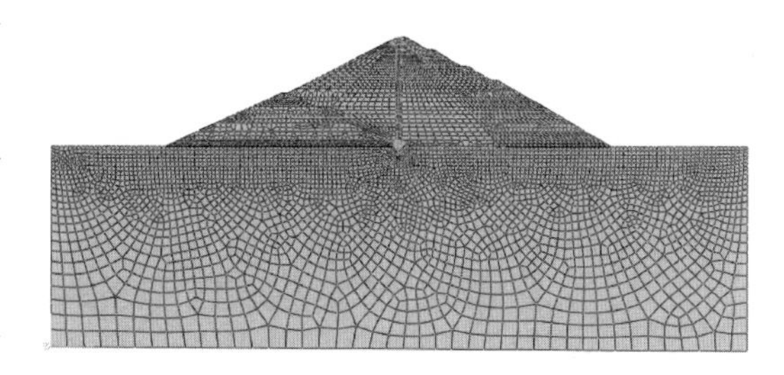

图 3-3 尼雅水库坝体及坝基网格剖分示意图

3.3.2.3 材料参数

沥青混凝土心墙坝坝体填筑分区从上游至下游分为上游爆破料填筑区、上游砂砾料填筑区、上游过渡层区、沥青混凝土心墙、下游过渡层区、下游砂砾料填筑区、下游爆破料填筑区。为充分反应材料的力学特性，对于砂砾料、爆破料、过渡料以及心墙采用邓肯—张（E—B）非线性弹性本构模型，而对于混凝土基座、灌浆帷幕及地基岩体则采用线弹性模型进行模拟。以施工期为例，分 18 步逐层填筑至坝顶，材料参数见表 3-1 和表 3-2。

表 3-1 沥青混凝土心墙坝有限元计算邓肯—张（***E*—*B***）模型本构材料参数

材料	K	n	R_f	C/kPa	ϕ	$\Delta\phi$	K_b	m	K_{ur}
砂砾料	1050	0.48	0.85	62.0	41.8	6.1	690	0.05	1800
爆破料	1065	0.31	0.80	52.4	42.2	7.2	385	0.11	1600
过渡料	850	0.45	0.82	78.5	40.0	6.9	350	0.08	1400
心墙	390	0.11	0.65	360.0	26.0	0	2949	0.50	1200

表 3-2 沥青混凝土心墙坝有限元计算线弹性材料参数

材　　料	容重/(kN/m³)	弹性模量/GPa	泊松比
混凝土	25.0	28.0	0.167
弱风化岩	23.0	23.0	0.240
微风化岩	23.5	26.5	0.230

3.3.2.4　计算结果分析

通过有无廊道两种方案对比研究，施工期有无廊道情况下坝体各部位应力极值见表3-3，坝体典型横断面的位移云图以及大小主应力云图如图3-4～图3-11所示，图中位移单位为m，应力单位为kPa（由于在ABAQUS中以拉为正，ABAQUS中的小主应力对应于岩土工程中的大主应力）。

表3-3　　施工期有无廊道情况下坝体各部位应力极值　　单位：MPa

方案	心墙		帷幕		廊道或基座		
	大主应力	小主应力	大主应力	小主应力	大主应力		小主应力
					拉	压	
无廊道	−1.50	−1.99	−0.17	−0.70	+3.34	−0.53	−5.93
有廊道	−1.12	−1.75	−0.18	−0.56	+4.86	−1.96	−16.07

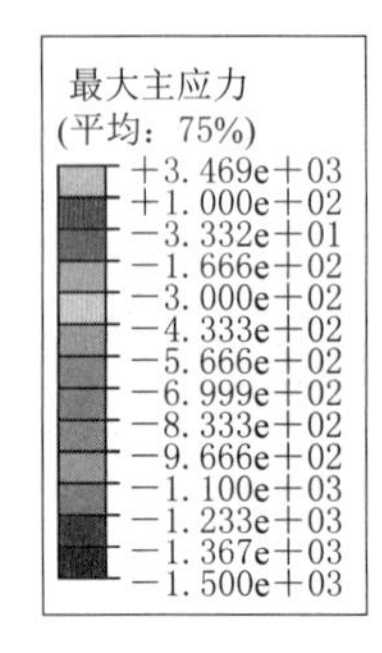

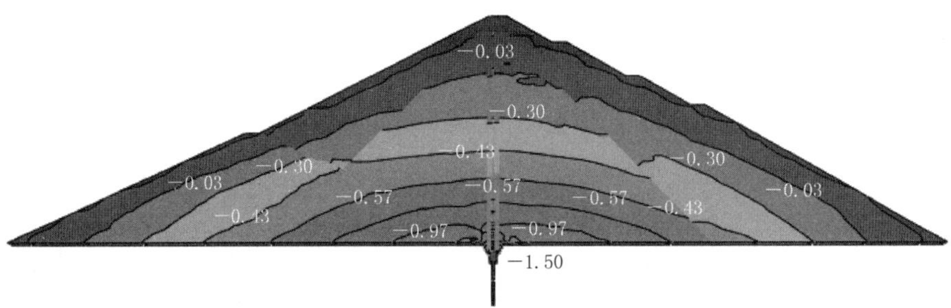

（a）无廊道方案

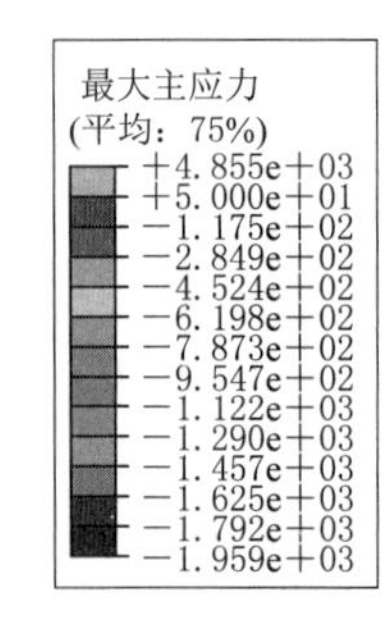

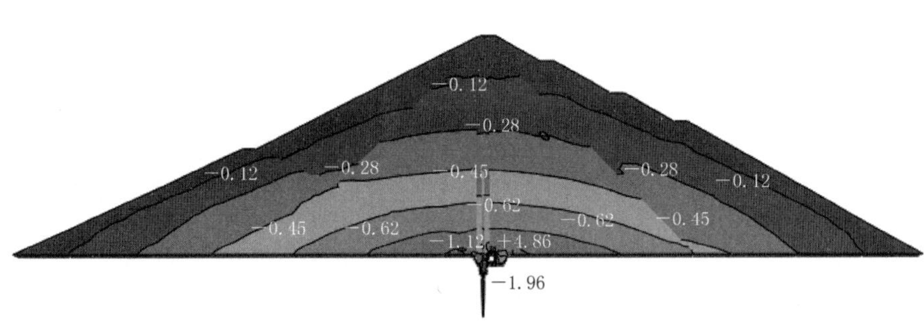

（b）有廊道方案

图3-4　坝体大主应力云图

根据数值模拟计算结果可知：①当设置廊道时，最大压应力为1.96MPa，出现在廊道顶部两侧和底部；最大拉应力达到4.86MPa，出现在廊道顶拱内部；②由于混凝土抗拉强度远小于抗压强度，廊道拱顶产生的拉应力足以引起混凝土拉裂，严重影响坝体的安全运行及防渗要求。而取消廊道采用混凝土基座直接连接防渗墙和沥青心墙时，基座的最大拉应力和最大压应力分别为3.34MPa和0.53MPa，出现在基座下部中间和靠近边缘处，较有廊道方案分别减少31%和73%，应力变形得到明显改善。沥青心墙和帷幕主要承受压应力，有廊道方案沥青心墙的大、小主应力极值比无廊道方案略有减小，但其相差不大；

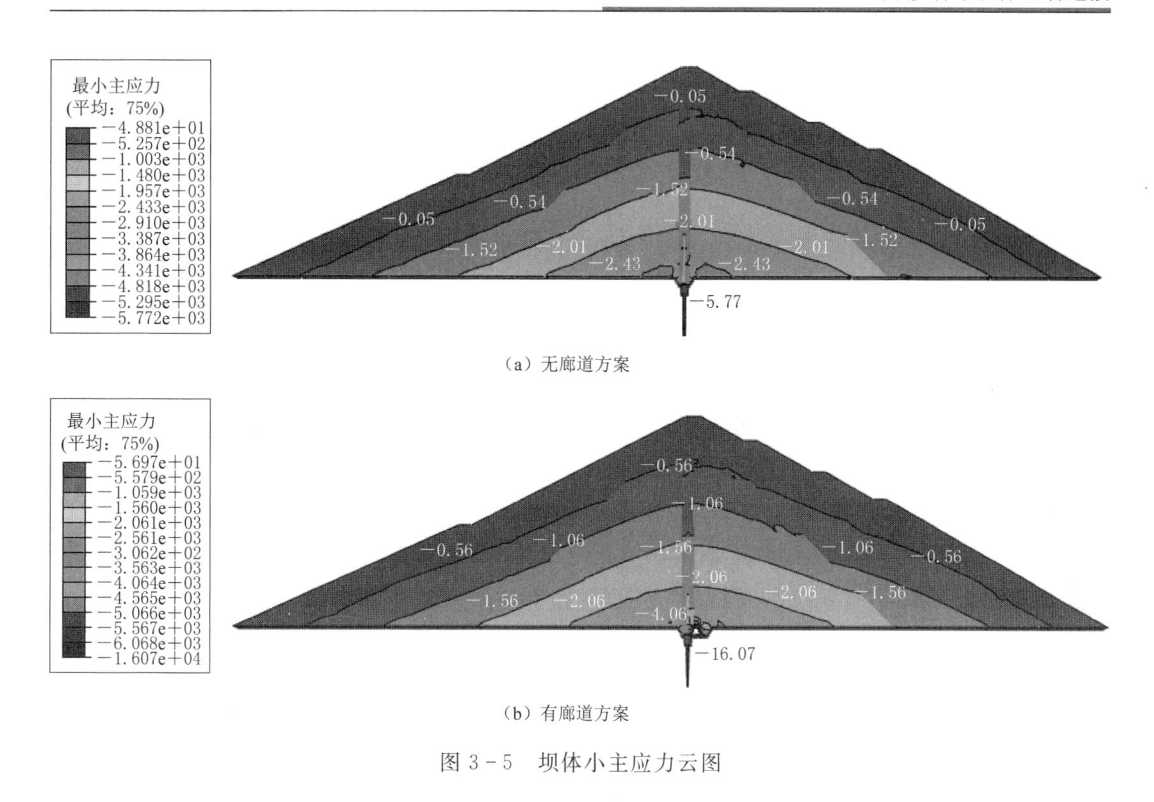

（a）无廊道方案

（b）有廊道方案

图 3-5　坝体小主应力云图

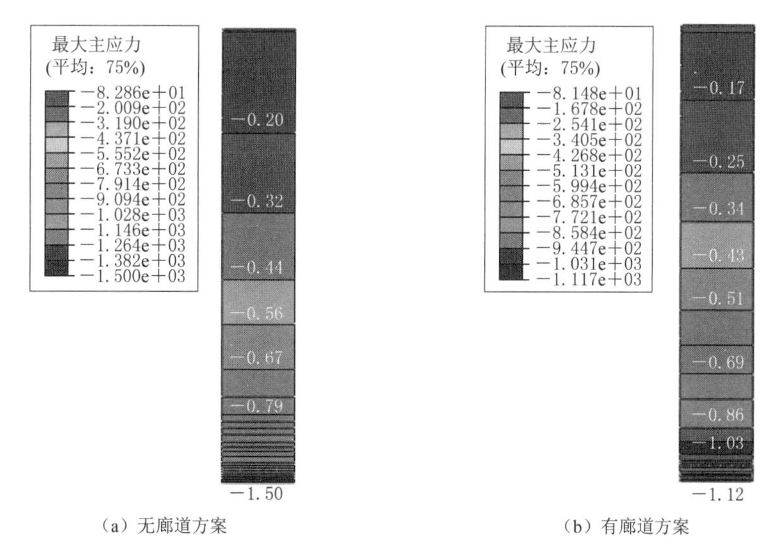

（a）无廊道方案　　　　（b）有廊道方案

图 3-6　心墙大主应力云图

有廊道方案帷幕的大、小主应力极值分别为 0.18MPa 和 0.56MPa，而无廊道方案中帷幕的大、小主应力极值分别为 0.17MPa 和 0.70MPa，由此可见取消廊道也可改善帷幕的受力条件。

综上所述，与采用廊道连接坝基防渗墙和坝体沥青心墙相比，采用混凝土基座连接方案，不仅防渗结构简单，连接处的应力应变条件得到显著改善，而且也在一定程度上改善

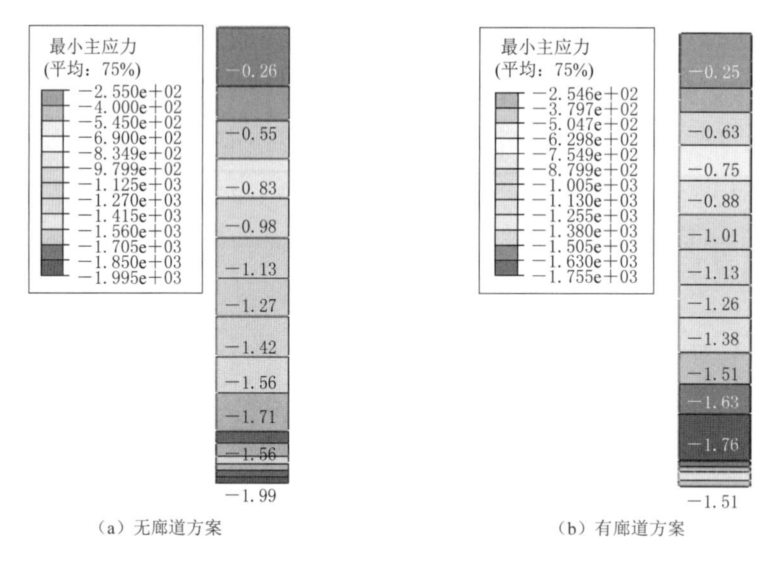

（a）无廊道方案　　（b）有廊道方案

图3-7　心墙小主应力云图

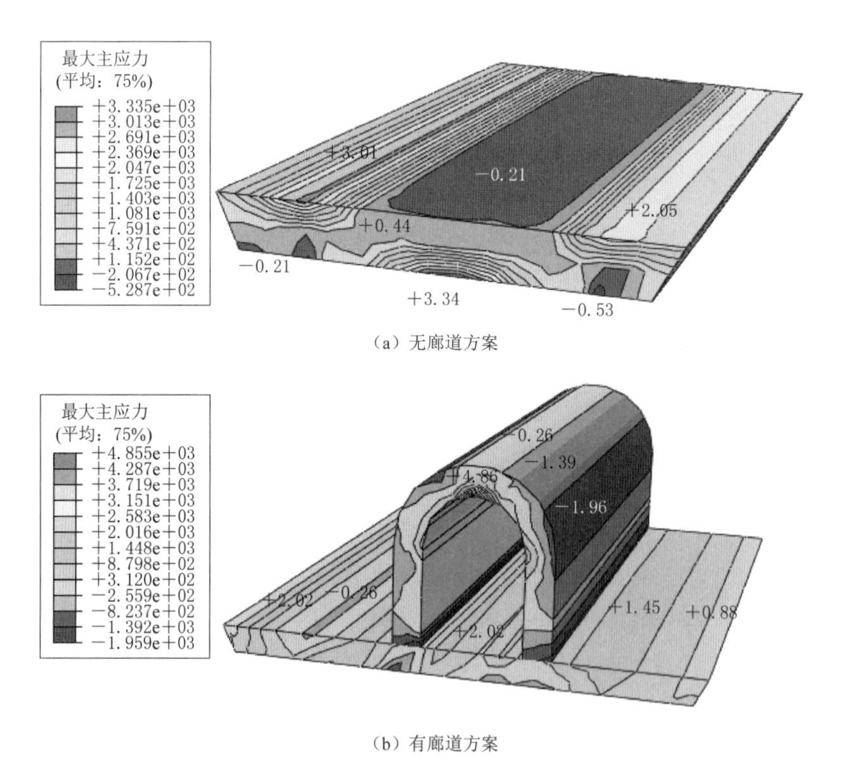

（a）无廊道方案

（b）有廊道方案

图3-8　基座和廊道大主应力云图

了帷幕的受力条件，减小了大坝的安全隐患，更有利于保障大坝的安全运行和防渗体的防渗效果。设置廊道便于灌浆施工、干扰少，基础出现问题便于检修，但是廊道容易出现大变形、易开裂、渗水等情况。对于是否设置连接廊道，至今还没有明确的定论，仍需根据工程实际情况做充分的论证。

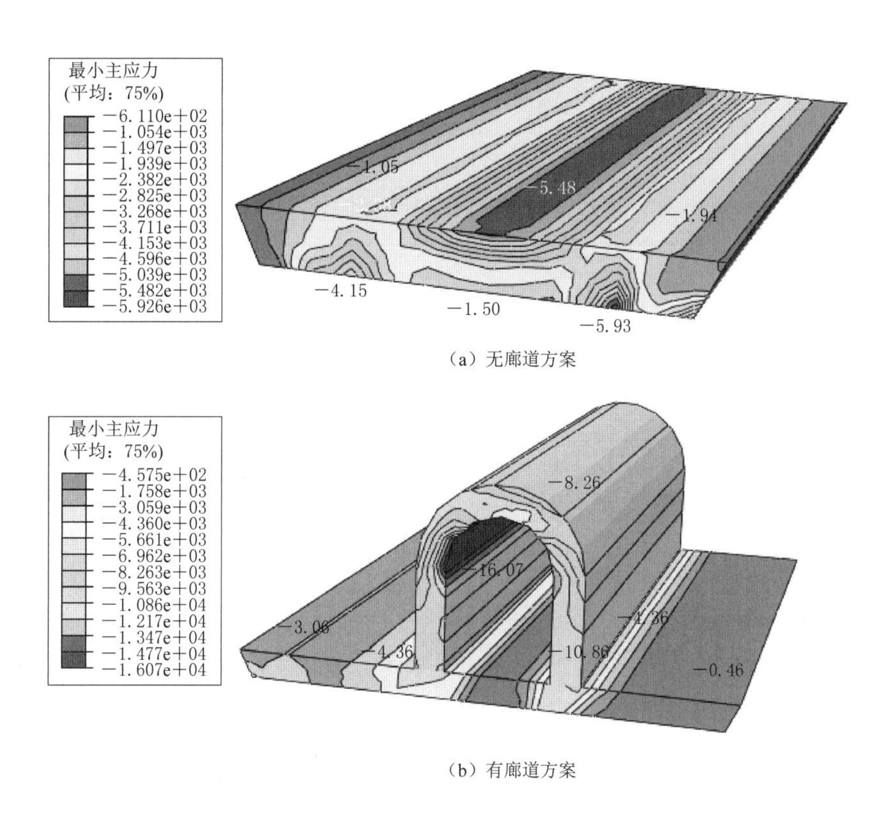

（a）无廊道方案

（b）有廊道方案

图 3-9 基座和廊道小主应力云图

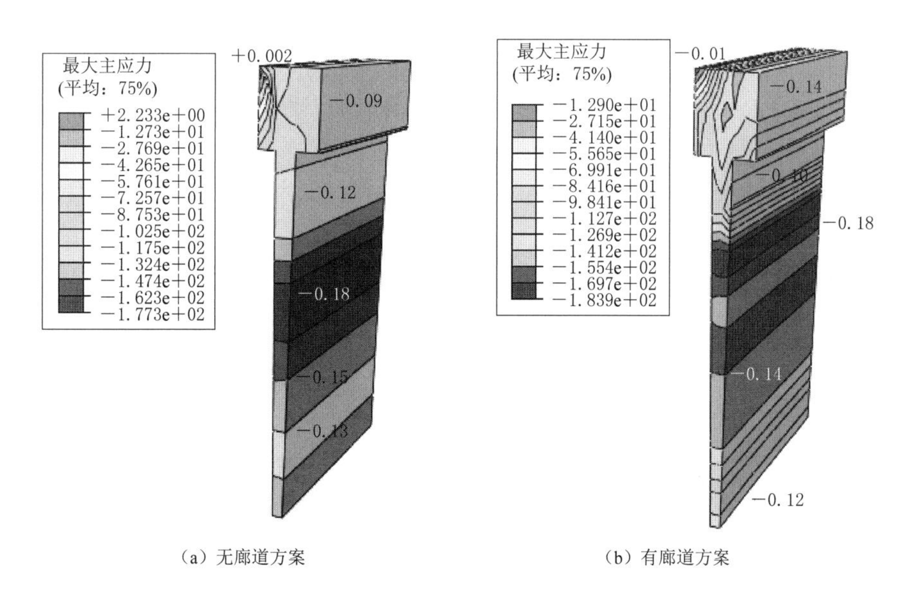

（a）无廊道方案　　（b）有廊道方案

图 3-10 帷幕大主应力云图

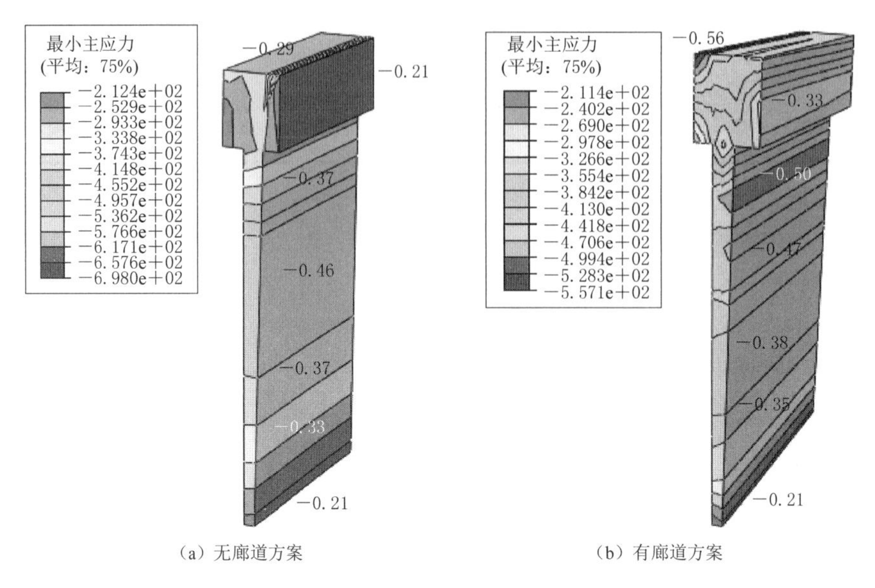

(a) 无廊道方案　　(b) 有廊道方案

图 3-11　帷幕小主应力云图

3.4　防渗墙设计若干典型问题的讨论

3.4.1　刚性和塑性防渗墙选择问题

按照防渗墙材料的抗压强度和弹性模量的不同，混凝土防渗墙可以分为刚性混凝土防渗墙和塑性混凝土防渗墙。刚性混凝土主要材料是普通混凝土，弹性模量一般在10GPa以上。过去国外针对水库大坝坝基防渗墙普遍都采用刚性混凝土。但随着坝工技术的不断发展，研究发现在高土石坝条件下，刚性混凝土仍存在一些缺点，主要是弹性模量过高，极限应变偏小。刚性混凝土的弹性模量比周围地基高出几百倍甚至上千倍，在上部荷载作用下，防渗墙顶部和周围地层的沉降差和变形往往很大（加拿大马尼克3号坝的沉降差高达1.4～1.6m，墙内应力超过2.6×10^7Pa，结果防渗墙被压碎），使防渗墙受到额外的巨大垂直压力和侧摩阻力，致使墙体内部的实际应力值有时会大大超过混凝土允许抗拉强度，墙体的实际应变也超过混凝土的极限应变，从而导致刚性混凝土内部产生裂缝甚至被压碎，防渗效果大为降低。其次是刚性混凝土防渗墙水泥、钢筋用量大，造价高。

塑性混凝土是在刚性混凝土中掺入黏土或膨润土，降低混凝土的强度和弹性模量，使其变形能力大大增加，其性能介于泥土和普通混凝土之间；能够适当降低弹性模量和墙体刚度，以增加墙体适应变形的能力，改善墙体应力条件；为降低成本，有时还会掺入粉煤灰和外加剂，用以改善混凝土性能、节约水泥。塑性混凝土作为一种新型的防渗墙材料，正在被广泛推广使用，塑性混凝土具有以下优点：①水泥用量少，材料成本低；②施工时对场地要求比较灵活；③拌和物工作性能好，流动性、黏聚性良好，不易离析，不堵管，易于泵输送且不需振捣或稍微振捣即可，比较容易流平及密实；④成墙质量好，连续性好；⑤成墙后墙体柔性大，弹性模量可控制在1000MPa以下，能较好地适应不均匀受力和与地基协同变形，不易开裂；⑥施工的机械化程度高，施工进度较快，施工的质量易于掌握；⑦经济效益好，特别是对一些中小型水库除险加固防渗处理尤为显著。塑性混凝土可以通过控制材料配比来调整其变形模量和应力-应变关系，使其力学性能与周围土体的力学性能、边界条件相适应，从而改善防渗墙在荷载（土坝荷重、水头作用、地震荷载等）作用下的墙体应力状况。塑性混凝土防渗墙非常适合于因不易渗透地层和易渗透地层交替出现而难以用灌浆方法改善渗透性能的情况。

国外利用塑性混凝土防渗墙作为坝基防渗的工程自20世纪60年代就开始了，如英国的巴德巴尔赫德心墙堆石坝，防渗墙最大墙深为46.4m，为当时世界最大墙深。20世纪70年代至21世纪初期，塑性混凝土防渗墙作为坝基防渗的工程越来越多，目前墙深最大的工程是伊朗的卡尔黑心墙堆石坝（坝高127m），坝基塑性混凝土防渗墙最大深度为80.0m。

我国在20世纪80年代后期首次将塑性混凝土成功应用于山西册田水库南副坝除险加固工程，并首次对塑性混凝土进行了耐久性试验研究，结果表明，塑性混凝土的耐久性可以完全满足工程要求。20世纪90年代先后建成了小浪底水利枢纽上游围堰的塑性混凝土防渗墙，该塑性混凝土防渗墙工程规模较大，地质条件复杂，施工难度较大，工程应用了一系列先进的施工技术和工艺，采用掺粉煤灰缓凝型的防渗墙混凝土，该墙深73.4m，厚0.8m，成墙面积达13832m^2。长江三峡水利枢纽工程二期围堰的坝基塑性混凝土防渗墙，墙深74.0m，成墙面积达79500m^2；1998年建成，2003年完成使命拆除，这期间对墙体进行了大量的检测试验，检测结果表明：防渗墙稳固安全，没有发现大的渗漏现象，防渗效果良好。在二期围堰防渗墙阶段验收时，专家评定该防渗墙达到了世界一流水平，这在当时代表了我国塑性混凝土防渗墙技术的最高水平。进入21世纪，我国开始了大规模的水库除险加固工程。据不完全统计，我国采用塑性混凝土防渗墙进行坝基防渗处理的工程已超过60座，其中最大墙深超过50m的永久性工程有风亭水库、天生桥水库、岳城水库；最大墙深超过50m的永久性除险加固工程有长潭大坝加固工程、小浪底上游围堰、三峡二期主围堰、沙湾电站围堰、向家坝围堰。据不完全统计，国内已建永久塑性防渗墙墙深大于30m的大坝工程有12座，具体见表3-4。

表3-4　　国内部分已建永久塑性防渗墙墙深大于30m的大坝工程特性表

序号	工　程　名　称	所在地	建成年份	最大墙深/m	墙厚/m
1	长潭大坝加固	浙江	2003	68.0	0.8
2	岳城水库	河北	2000	56.0	0.8
3	天生桥水库	陕西	—	51.1	0.8
4	绿茵湖水库	贵州	1999	47.8	—
5	小江水库	广西	2002	42.0	0.6
6	象山水库	黑龙江	2004	40.0	—
7	环洞庭平原水库	湖南	—	40.0	0.2～0.8

续表

序号	工程名称	所在地	建成年份	最大墙深/m	墙厚/m
8	十三陵下池围堰（永久）	北京	1992	37.8	0.8
9	冯村水库坝肩	陕西	—	37.0	0.4
10	门楼水库大坝加固	山东	1997	32.9	0.8
11	册田水库南副坝	山西	1991	32.5	0.8
12	红兴水库	黑龙江	—	31.0	0.4

据不完全统计，采用塑性混凝土防渗墙作为坝基防渗处理的工程中，国内还没有土石坝坝高大于100m，防渗墙深大于60m的工程，国外仅有2个，分别是智利的柯巴姆心墙堆石坝和伊朗的卡尔黑心墙堆石坝。智利的柯巴姆心墙堆石坝坝高116m，塑性混凝土防渗墙最大墙深68.0m，墙厚1.0m，成墙面积12800m^2；伊朗的卡尔黑心墙堆石坝坝高127m，塑性混凝土防渗墙最大墙深80.0m，墙厚1.0m，成墙面积190000m^2。国内采用塑性混凝土防渗墙的工程为长潭大坝加固工程，防渗墙最大墙深68.0m，墙厚0.8m。因防渗墙较深，若采用常规混凝土防渗墙，可能会因弹性模量较高不能适应较大的变形而出现应力集中，从而产生较大的拉应力使防渗墙开裂，故防渗墙墙体材料大都采用高强度、低弹性模量的塑性混凝土。

目前新疆已建成的100m级坝均采用刚性混凝土防渗墙，中小型水库及除险加固工程中有个别工程采用塑性混凝土防渗墙。据调查有希尼尔水库，最大墙深15.0m，墙厚0.3m，坝基防渗墙总体上连续均匀，未有大的孔洞和裂隙，塑性混凝土防渗墙的应用大大提高了水库的安全系数；蘑菇湖大坝加固工程塑性混凝土防渗墙最大墙深24.5m，墙厚0.3m；阿克达拉水库塑性混凝土防渗墙平均墙深8.0m，最大墙深12.8m，墙厚0.3m。

普通混凝土是刚性材料，主要用于对强度和抗渗性能要求较高的地下连续墙工程。胶凝材料用量、水灰比是决定混凝土强度、抗渗性和耐久性的主要因素。墙体设计强度指标选择与工程地质参数、墙体深度与厚度、墙体与地基的搭接形式、墙体的应力应变等有着紧密的关系，一般按照工程经验对比确定。当河谷较为开阔，岸坡岩体对墙体的约束影响较小时，可选择单一强度等级；对于窄深覆盖层，在两岸会产生较大拉应力，为适应蓄水后的墙体变形，对两岸岸坡可考虑增加混凝土强度等级，而中间可适当地降低混凝土强度等级；或者在拉应力较大部位设置钢筋笼，增加边界墙体的整体性。

就强度等级而言，当坝基地层较均质、层间弹性模量偏差较小时，可选择低强度混凝土设计指标，即C10～C15；当坝基地层复杂且物料分布不均匀时（对中、高坝而言），水力梯度较大，则可选择较高强度混凝土等级，即C20～C30。根据目前已有工程经验而言，150m级以下坝基混凝土防渗墙墙体设计抗压强度不必高于R_{90}350等级，以下列举国内典型工程基础防渗墙设计指标与检测数据。

（1）下坂地工程防渗墙设计与检测成果：深槽段强度等级C20，$R_{180} \geqslant 25$MPa，深槽段C25，混凝土机口取样强度平均值37.8MPa，平均弹强比为635，钻孔取芯（180d）强度平均值27.0MPa，抗渗等级不小于W8，岸坡段取芯（180d）混凝土强度低于设计标准

R_{180}350 要求。

（2）尼尔基工程防渗墙设计与检测成果：强度设计指标 C20，前期施工机口取样强度平均值 38.6MPa，高于设计值 1.93 倍，后期施工机口取样强度平均值 26.0MPa，高于设计值 1.3 倍，检查孔取芯平均抗压强度 26.1MPa，是设计强度指标的 1.3 倍。

（3）汉坪嘴工程防渗墙设计与检测成果：墙体设计指标 28d 抗压强度不小于 12MPa，弹性模量不超过 150GPa，机口取样 28d 抗压强度平均值 14.1MPa，强度提高系数 1.175 倍。

根据已建工程防渗墙检查情况来看，防渗墙混凝土强度增长率，同龄期取样芯体强度一般是大于设计强度，唯一例外的是下坂地 R_{180}350 指标，这就给设计混凝土配合比强度等级选择提出了问题，即以提高设计配合比来解决泥浆下浇筑的混凝土强度降低预留的损失值值得商榷。这是因为深厚覆盖层防渗墙处于复杂地层结构中，其施工工艺要求会导致墙体强度增加；同时，粉煤灰掺量能明显提高后期墙体强度。

考虑到复杂施工条件下混凝土强度的损失，坝基防渗墙施工实际配合比的出机口强度等级要高于设计标准，以此来解决泥浆下浇筑的混凝土强度降低问题。即当墙体设计指标选用 R_{28}200 时，提供给现场施工的配合比设计标准值为 R_{28}250；当墙体强度等级为 R_{28}300时，施工配合比设计标准应调高至 R_{28}350；对 R_{28}350 强度设计目标值 R_{180}350，相应出机口配置强度等级应达到 C40 标准，或按设计强度等级标准。有关研究表明：当坝基防渗墙混凝土采用较高等级时，其墙身混凝土强度比同等级地面浇筑混凝土强度的降低幅度是有限的，不必顾虑混凝土强度损失而留有较大余地，设计标准损失值可选用规范规定上限值，有利于节约建设成本和投资。有关研究表明：对于强度指标低于 25MPa 的普通混凝土，进行防渗墙混凝土配合比设计时可将强度指标提高 25%；结合某工程实验数据，分析出混凝土防渗墙成墙过程中受各种不利因素影响，强度指标为 C20 及以下混凝土成墙后的强度比出机口的强度降低 5～10MPa，降低幅度约为 30%，抗渗系数降低 5×10^{-7}～9×10^{-7}cm/s，且伴随混凝土强度等级增加，强度下降敏感性增强。

对于坝基的应力应变分析，一般是基于有限元分析计算，墙体的弹性模量参数对墙体的应力计算影响较大，如果降低墙体的弹性模量，势必导致墙体材料的强度较低，这会导致墙体的压应力变化，所以低强、低弹的塑性混凝土防渗墙一直没有得到较快的发展。我国小浪底、瀑布沟、冶勒、下坂地、察汗乌苏等大型水利工程曾做过研究，都因强度不过关而采用刚性墙。但坝基塑性混凝土防渗墙的最大深度为 80.0m 的伊朗卡尔黑心墙堆石坝（坝高 127m）工程，说明塑性混凝土防渗墙还是可以在高坝中应用的，这个特例值得我们更深入地开展研究，发挥塑性混凝土的优势，在保证质量的前提下节省工程投资。

3.4.2 防渗墙墙体上下游侧处理问题

为了增强土质心墙或沥青混凝土心墙下部覆盖层的防渗性能以及抗变形能力，部分工程在心墙基底的覆盖层中进行铺盖式固结灌浆，但并非所有工程均设置了固结灌浆。可见对防渗墙墙体的上下游侧是否进行处理，是值得我们关注研究的。不同工程的处理方式见表 3-5。

表 3-5 防渗墙墙体上下游侧处理情况统计表

工程名称	坝型	坝高/m	防渗墙深度/m	防渗墙厚度/m	防渗墙强度指标	防渗墙与上部连接方式	防渗墙上下游是否设置固结灌浆
冶勒水电站	沥青混凝土心墙堆石坝	124.5	140.0	1～1.2	C40高强低弹特殊混凝土	沥青玛蹄脂	未设置
托帕水库	沥青混凝土心墙砂砾石坝	61.5	110.0	0.5～0.7	C30W10	混凝土基座	设置
狮子坪水电站	碎石土心墙堆石坝	136.0	101.8	1.2	W12F100	廊道式	未设置
下坂地水利枢纽	沥青混凝土心墙砂砾石坝	78.0	85.0	0.6～1.2	C20W10	混凝土基座	设置
察汗乌苏水电站	混凝土砂砾石坝	110.0	41.8	1.2	C35W10	与水平趾板、连接板	设置
柯克亚水库	混凝土砂砾石坝	41.5	37.5	—	—	与拱形连接板	未设置
满拉水利枢纽	黏土心墙堆石坝	76.3	31.6	0.8	C30W8	插入心墙内	未设置
徐村水电站	砾质土心墙堆石坝	65.0	—	0.8	—	插入心墙内	未设置
吉尔格勒德水库	混凝土砂砾石坝	102.5	33.0	10.0	C20	与趾板连接	设置

通过表3-5可以发现，有的工程考虑防渗墙上下游的固结灌浆，有的工程未考虑上下游的固结灌浆，但工程均是安全可靠的。因此，防渗墙墙体上下游侧是否需要进行处理，以及如何进行处理，是今后在混凝土防渗墙设计中需要高度关注的一个问题，这值得学术界和工程界深入研究。

新疆察汗乌苏水电站与大河沿水库均考虑了防渗墙上下游基础强夯以及固结灌浆的处理方式。察汗乌苏水电站位于巴州和静县境内，拦河坝为趾板建在深厚覆盖层上的混凝土面板砂砾石坝，最大坝高110.0m，总库容为1.25亿m^3，属于Ⅰ等大（2）型工程。河床及左岸高漫滩覆盖层由上更新统和全新统两大层组成，河床、高漫滩河床覆盖层最大厚度47.0m，一般34～46m，主要由漂石、砂卵砾石组成，磨圆度好，分选性差。水平趾板直接建在深厚覆盖层上并与垂直防渗墙之间设置混凝土连接板，从而将坝体、趾板和防渗墙连接起来，构成一套完整的防渗体系。趾板基础开挖到高程1544m，并对趾板及其下游0.3倍坝高范围进行强夯处理，夯击能不小于3000kN·m，夯击点数10击，点夯后满夯，满夯夯击能2000kN·m，满夯后再用托式振动碾碾压4～6遍。河床覆盖层采用1.2m厚的混凝土防渗墙，为C35W10的刚性墙，固结灌浆布置在趾板和高趾墙基础范围内，固结灌浆深入基岩8m，间排距3m，在趾板处排距1.5～2.0m。

大河沿水库拦河坝坝型为沥青混凝土心墙砂砾石坝，最大坝高75.0m，总库容为0.3024万m^3，属于Ⅲ等中型工程。大坝基础为第四系全新统冲积堆积深厚覆盖层，钻孔揭示覆盖层最大深度为174m。根据钻孔标准贯入（动力触探）击数，深厚覆盖层较为密实，孔标准贯入击数为30～72，根据《建筑地基基础设计规范》（GB 50007—2011）可判别基础为密实状态，仅浅表层不够密实。从旁压试验成果来看，河床3.6m深度以内，地基承载力不大于640kPa，3.6m深度以下地基承载力为1100～1900kPa；阶地4.5m深度以内，地基承载力不大于1000kPa，4.5m深度以下地基承载力为1200～1900kPa。因此设计时将表层含泥或者杂草树根砂卵石冻融层进行清基处理即可，清基厚度为1m，清基后对防渗墙上、下游25m范围内应力集中区域采用基础强夯加振动碾压处理，沥青混凝土基座下部采用4排固结灌浆进行基础加固，总强夯面积为2.2万m^2。采用一遍点夯施工，梅花形布孔，间距3.5m，点夯夯击能为2000kN·m，单点夯击次数为12击，点夯施工完成后用振动碾碾压8遍，有效加固深度为3～4m。坝基防渗型式采用一墙到底的布置方案，墙厚1.0m，墙深186m，底部深入基岩1.0m。

在心墙底部与防渗墙一定范围内的上下游增加铺盖式固结灌浆，可提高覆盖层与防渗墙上部的整体性，减少该范围内的变形与不均匀变形，但现有规范中没有定量给出作用效果范围，今后可结合有限元数值模拟和离心模拟试验进行研究，分析在防渗墙顶部一定范围内和两侧覆盖层直接的应力状况，来研究固结灌浆处理的可行性和可靠性。

3.4.3 封闭式防渗墙入岩深度问题

《碾压式土石坝设计规范》（SL 274—2020）中要求混凝土防渗墙墙底宜嵌入基岩0.5～1.0m，对风化较深和断层破碎带可根据坝高和断层破碎带的情况加深。入（嵌）岩深度在岩石相对坚硬完整的岸坡处则浅一些，在岩石破碎严重或断层处则入岩较深。在确定防渗墙深度时，应考虑墙底与基岩或相对不透水层之间接触带的渗透稳定和水量损失。如坝基表层岩石破碎，则墙底伸入基岩可大一些，以避免孔内掉块或卡塞困难，影响灌浆工作。

通常将防渗墙底部嵌入岩石或覆盖层一定深度，以确保防渗墙的防渗效果，嵌入岩石的深度或在覆盖层中的深度位置，与地层条件、水头大小和灌浆情况有关。通常将防渗墙底部伸入弱风化（半风化）岩石内0.5～0.8m，或伸入黏性土层内1.5～2.0m或更大。

在考虑嵌岩深度时，还要注意孔底淤积情况。如果孔底淤积物厚度小于规范规定的10cm时，则此部分淤积物会被有效封闭起来，防渗效果是有保证的。如果淤积物厚度较厚且抗渗能力差，在较高水头作用下就可能失去稳定而形成漏水通道，对此应进行专门论证和处理。一种办法是结合对基岩的灌浆，将此部分淤积物通过灌浆加固；另一种办法是采用优质泥浆，采用专门的清孔设备将槽孔底部淤积物彻底清除干净。

新疆典型工程：吉尔格勒德水利枢纽工程拦河坝最大坝高101.0m，覆盖层最大深度42.5m，河谷呈V型，墙底基岩为角闪花岗岩，墙厚1.0m，入岩深度为0.5～1.0m，在防渗墙内预埋灌浆管，灌浆深度20～22m；阿克肖水库最大坝高57.5m，古河槽覆盖层深50～130m，墙底基岩为元古界绿泥石石英片岩，综合地层结构、施工难度和施工强度等，将防渗墙槽段划分为中部超深槽段（深度不小于60m，采用防渗墙方案）、岸坡一般深槽段（深度10～60m，采用防渗墙＋帷幕灌浆方案）和两端人工开挖浇筑槽段（不大于10m），墙厚0.8m，采用冲击钻施工，墙＋幕段深入基岩不小于1m，其余槽段深入基岩不小于2m；吉音水利枢纽工程拦河坝最大坝高124.5m，古河槽覆盖层最深28.4m，墙底基岩为灰绿色斜长角闪片岩，墙厚0.8m，采用冲击钻施工，入岩深度在1～3m之间；特吾勒水库拦河坝最大坝高65.0m，河谷呈V型，河床覆盖层深28.6～58.2m，岩性分布稳定，采用冲击钻施工，防渗墙采用C15混凝土，墙厚0.8m，入岩深度不小于1m；下坂地水利枢纽工程拦河坝最大坝高78.0m，覆盖层厚度达150m，主要以漂石、块石、砾石及砾为主，结构杂乱，岩相变化大，透水性强，坝基防渗采取上墙下幕的方案，墙厚

1.0m，岸坡段防渗墙嵌入基岩1.0m，最大墙深85m，帷幕灌浆70m。

防渗墙嵌入新鲜完整的基岩，嵌岩深度一般为0.3～1.2m；若嵌入基岩过深，防渗效果会增加，但这会给施工造成困难，也会使基岩对墙体产生更多的约束，引起墙体应力的改变。对岩石风化程度高或裂隙发育的岩体，一种情况是将防渗墙嵌入新鲜基岩，另一种情况是将防渗墙伸入到一定的深度，在其下部设置帷幕灌浆进行防渗处理。

嵌岩深度并不是完全固定的，要结合岩石的坚硬完整性或岩石的破碎程度综合考虑嵌岩深度；并要注意严格控制清理孔底淤积物的质量，防止在较高水头作用下淤泥失去稳定而形成漏水通道。

3.4.4　防渗墙顶部是否布设钢筋问题

坝基混凝土防渗墙设计时，考虑防渗墙顶部与心墙之间的变形问题，有些工程会在防渗墙的上部设置不同长度的钢筋笼，以抵抗防渗墙发生变形、产生拉裂等问题。但有些工程未做此项设计，运行也是良好的。考虑设置在防渗墙顶部的钢筋笼是否可以真正解决防渗墙的变形，是值得深入关注的问题。部分工程实例见表3-6。

表3-6　部分大坝工程防渗墙顶部处理型式

工程名称	坝　型	河谷形态	最大坝高/m	防渗墙最大深度（平均墙深）/m	防渗墙厚度/m	墙体材料	钢筋笼设置
托帕水库	沥青混凝土心墙砂砾石坝	U型	61.5	110.0	0.5～0.7	C30W10	顶部10m深
狮子坪水电站	碎石土心墙堆石坝	V型	136.0	101.8	1.2	W12F100	厚100cm，高500cm
下坂地水库	沥青混凝土心墙砂砾石坝	U型	78.0	85.0	1.0	C25W8	无
直孔水电站	碎石土心墙堆石坝	U型	47.6	79.0（46.73）	0.8	C30W8F200/C20W8F200	明浇段设置钢筋笼
硗碛水电站	砾石土直心墙堆石坝	U型	125.5	70.5	1.2	C40W12	顶部6m深

由表3-6可知，是否设置墙内钢筋笼，与坝址的河谷形态、覆盖层的深度及坝高有着直接的关系，如若为窄深覆盖层，工程蓄水后，墙体是会发生变形的，在两岸岸坡部位的拉应力会较大，墙体中间的拉应力较小，因此应考虑在拉应力较大部位的墙体内设置一定深度的钢筋笼，以增强墙体适应变形的能力，提高整体性。如若为河谷宽阔的覆盖层，墙体两岸的拉应力相对于窄深覆盖层会小很多，这时墙体自身抗变形的能力和整体性会很好，就不需要在墙体内设置钢筋笼。

但在工程设计时，并不是完全按照这一原理考虑是否需要在防渗墙墙体内设置一定范围的钢筋笼。因此在进行防渗墙设计时，建议进行防渗墙应力分析计算，为设计人员考虑坝基防渗墙内部是否设置钢筋笼提供技术依据。

3.4.5　防渗墙顶部与心墙连接型式问题

沥青混凝土心墙与基础防渗墙之间的连接型式是制约沥青混凝土心墙坝防渗效果的重要因素之一，是否设置连接廊道成为当前极具争议的话题。国内外基础防渗墙与大坝心墙的连接型式主要有两种：一种是将防渗墙直接插入心墙的型式，即插入式连接型式；另一种是在防渗墙顶部设置廊道进行连接，即廊道式连接型式。按照防渗墙与心墙连接的接头型式又可分为硬接头（心墙下部设基座与防渗墙连接）、软接头（通过混凝土帽子连接）、软沥青接头和混凝土基座连接（内设廊道）4种。

硬接头结构简单，施工便利，便于防渗处理，防渗墙受力较为简单，连接型式较为安全可靠，但防渗墙与灌浆的施工需在坝体填筑前完成，导致施工工期增加。冶勒水电站大坝心墙与防渗墙便是采用硬接头连接，大坝蓄水后的变形监测结果表明，基座顺河向变形量、拉伸位移量与沉降变形均较小，最大值仅有5.16mm，防渗墙与基座呈闭合状态，且较为稳定；经历汶川地震后，基座内也未产生危害性裂缝。在建的新疆尼雅水利枢纽和大石门水利枢纽也取消了连接廊道，防渗墙与大坝心墙采用硬接头连接。

廊道式连接可以使防渗墙、灌浆的施工与大坝填筑同步进行，可缩短直线工期；在运行期廊道可以作为防渗墙补强通道和观测通道。但设置廊道会削弱混凝土盖板刚度，且廊道边缘容易出现应力集中，导致混凝土开裂；廊道施工技术复杂，会增加施工投资，且廊道设置的沉降缝和廊道与两岸基岩的连接缝会产生较大的位移，导致止水结构破坏。黄金坪心墙堆石坝防渗墙与心墙连接采用灌浆廊道的型式，国内学者应用子结构法对此连接型式下坝基廊道的应力变形规律及抗震安全性进行了计算分析。结果表明：河道中部廊道顺河向最大位移达到31.5cm，最大沉降值达16.5cm，廊道与左、右岸平洞接缝最大张开量达4.0cm；设计地震工况下，接头底部下游侧出现较大拉应力，可能导致混凝土开裂，廊道式连接的抗震安全性还值得深入研究。新疆下坂地水库建设中采用了廊道在侧的连接型式，廊道变形监测结果表明，工程建成运行后，左右岸廊道在水平和垂直方向上均出现了不同程度变形，廊道变形缝最大张开量达到4.0cm，并且有逐渐增大的趋势。综上所述，取消混凝土廊道而在防渗墙顶部设置基座直接与沥青混凝土心墙相连（硬接头连接）具有更好的施工便利性、稳定性和安全可靠性，改善了基座与防渗墙的应力分布，也降低了最大拉应力值，对大坝的应力和变形有利。

目前，大多数工程在防渗墙顶部设置混凝土基座时，都取消了混凝土基座内部廊道，直接通过混凝土基座与上部心墙相连接。此种连接型式结构简单，便于施工，改善了基座与防渗墙的应力分布，有效降低了最大应力值，增加了大坝运行安全性和可靠性。部分大坝工程防渗墙与心墙连接型式统计见表3-7。

表3-7　　部分大坝工程防渗墙与心墙的连接型式

工程名称	坝　型	心墙类型	最大坝高/m	防渗墙厚度/m	防渗墙最大深度/m	心墙与防渗墙连接型式
长河坝	砾石土直心墙堆石坝	土质	240.0	主：1.4 副：1.2	53.0	主防渗墙廊道式连接，硬接头；副防渗墙插入式连接
瀑布沟	砾质土直心墙堆石坝	沥青混凝土	186.0	1.2	76.9	廊道式连接，硬接头
毛尔盖	直心墙堆石坝	沥青混凝土	147.0	1.4	51.9	廊道式连接，硬接头
冶勒	沥青混凝土心墙堆石坝	沥青混凝土	124.5	1.0	140.0	混凝土基座连接（未设置廊道），硬接头

续表

工程名称	坝　　型	心墙类型	最大坝高/m	防渗墙厚度/m	防渗墙最大深度/m	心墙与防渗墙连接型式
石门（伊宁县）	沥青混凝土心墙堆石坝	沥青混凝土	105.0	1.0	30.0	混凝土基座连接（未设置廊道），硬接头
吉尔格勒德	沥青混凝土心墙堆石坝	沥青混凝土	101.0	1.0	42.5	混凝土基座连接（未设置廊道），硬接头
下坂地	沥青混凝土心墙砂砾石坝	沥青混凝土	78.0	1.0	85.0	混凝土基座连接，硬接头，单独设置灌浆廊道
大河沿	沥青混凝土心墙砂砾石坝	沥青混凝土	75.0	1.0	186.0	混凝土基座连接（未设置廊道），硬接头
特吾勒	沥青混凝土心墙砂砾石坝	沥青混凝土	65.0	0.8	54.5	混凝土基座连接（未设置廊道），硬接头
托帕	沥青混凝土心墙砂砾石坝	沥青混凝土	61.5	1.0	110.0	混凝土基座连接（未设置廊道），硬接头
阿克肖	沥青混凝土心墙砂砾石坝	沥青混凝土	57.5	0.8	110.0	混凝土基座连接（未设置廊道），硬接头

由表3-7可知，混凝土防渗墙顶部与心墙的连接型式设置与坝高、防渗墙厚度等没有必然的联系。国内外已建水库大坝工程防渗墙与心墙的连接型式、接头型式大都通过比选确定，并且对其进行优化。在工程设计时，应根据工程特点和实际情况选择坝基防渗墙与上部心墙的连接型式。

第4章 大河沿水库坝基超深防渗墙设计

4.1 工程概况

大河沿水库总库容3024万m^3，最大设计坝高75.0m，工程规模为Ⅲ等中型工程，大坝为2级建筑物，其他主要建筑物为3级，设计洪水标准为50年一遇，校核洪水标准为1000年一遇。主要由挡水大坝、溢洪道、泄洪冲砂放空洞兼导流洞及灌溉洞组成，是一座具有城镇供水、农业灌溉和重点工业供水任务的综合性水利枢纽工程。大河沿水库工程平面布置图如图4-1所示。

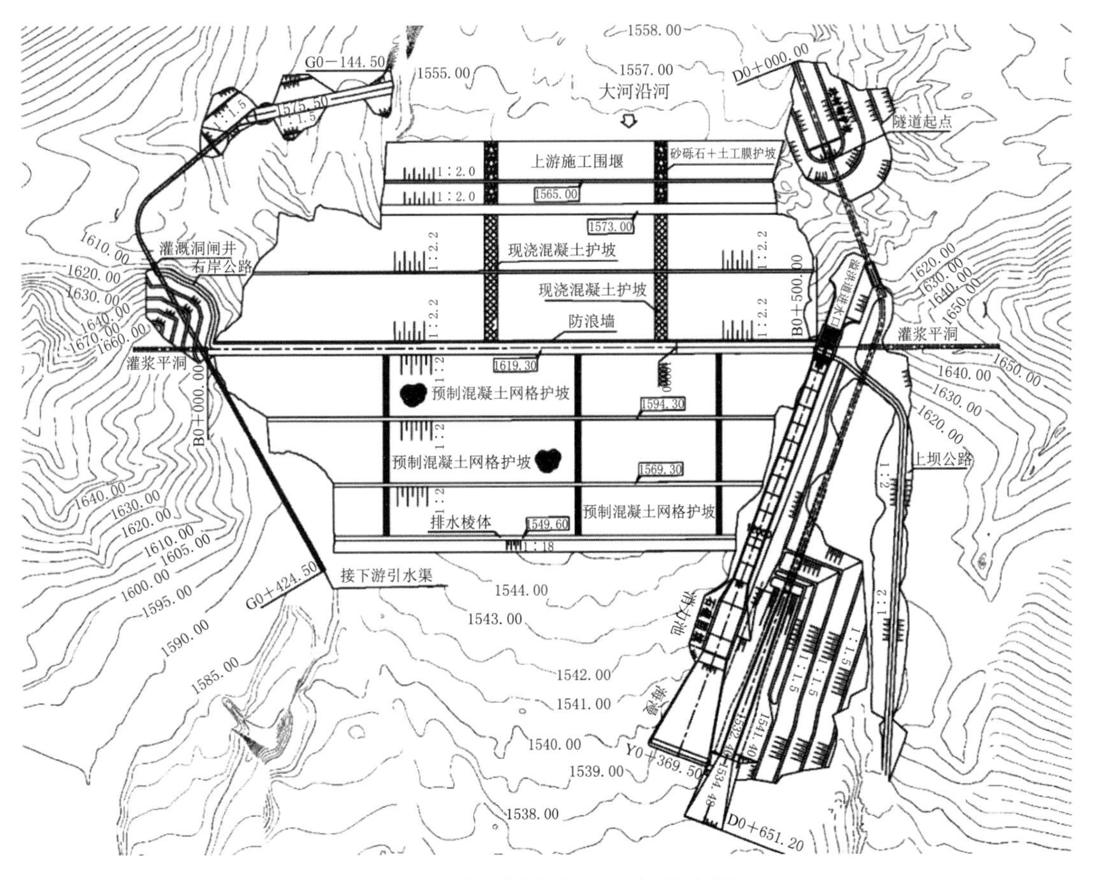

图4-1 大河沿水库工程平面布置图

大河沿水库坝址处河床堆积深厚的含漂石砂卵砾石层，厚度达84～174m，成分复杂，层理间夹泥质、砂质壤土条带，渗透系数多为$1.2\times10^{-3}\sim8.7\times10^{-2}$cm/s，属中等～强透水层。

大河沿水库大坝为沥青混凝土心墙砂砾石坝，采用防渗墙与帷幕灌浆结合的防渗方式，防渗标准按5Lu控制；深厚砂卵石层坝基防渗措施采用封闭式混凝土防渗墙，最大墙深186.0m，防渗线总长度711.0m，大坝设计典型断面如图4-2所示。

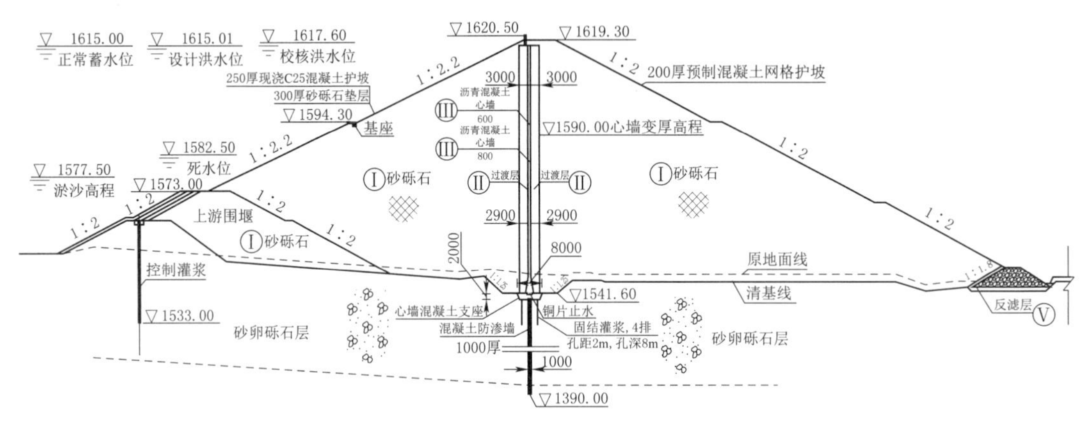

图4-2　大河沿水库沥青混凝土心墙坝设计典型断面图

4.1.1　水文气象

大河沿水库位于新疆维吾尔自治区吐鲁番市高昌区大河沿镇北部山区，大河沿河上游。吐鲁番市行政区域内自西向东径向排列，依次发育有大河沿河、塔尔朗河、煤窑沟、黑沟、恰勒坎沟五条常流水的河流，均发源于天山南坡中段博格达山，属塔里木内陆区的艾丁湖水系。大河沿河是吐鲁番市五河流域中最大的河流，位于吐鲁番市的北部，呈由北向南走向。

吐鲁番市地处欧亚大陆腹地，北、西、南面均有高山屏障，地势低洼，冷湿空气不易进入，平原区为典型的温带大陆性干旱气候，其主要特点是：酷热、干燥、多大风、降雨稀少、蒸发强烈，气温年际变化不大，而日差较大，无霜期长。吐鲁番市多年平均气温为14.7℃，最高气温为47.8℃，最低气温为-25.2℃，有“火洲”之称。吐鲁番市区年平均降雨量仅为15.8mm，最大降雨量为48.4mm（1958年），气候主要特征为四季明显、夏季炎热、冬季寒冷，相对湿度为40%～43%。大河沿专用站多年平均年总蒸发量为3252.5mm，历年最大年蒸发量为3616.1mm，水体全年实际水面蒸发量为1900.8mm，多年平均年最大风速25m/s，吐鲁番市最大冻土深0.79m。大河沿河在正常年景下，河段有岸冰的最早时间为10月下旬，最晚时间为11月底；河段最早解冻时间为2月下旬，最晚时间为3月中旬，其封冻后最大冰厚一般在0.2m左右。

大河沿坝址位于大河沿专用站上游13.0km处，坝址集水面积为713km²，多年平均年径流总量为1.01亿m³，多年平均年悬移质输沙量为8.89万t，多年平均推移质输沙量为2.22万t，总输沙量为11.11万t。

大河沿拟建水库坝址位于大河沿柴场站下游100m，离大河沿专用水文站上游2.8km，坝址以上海拔高程为1555～4058m，集水面积713km^2，河长36.4km。多年平均年径流量1.01亿m^3，多年平均流量3.13m^3/s。坝址全年不同频率洪峰流量见表4-1，坝址水位-流量关系见表4-2，水库水位-库容关系见表4-3。

表4-1　坝址洪峰流量表

时段	各保证率（%）设计值/(m^3/s)								
	0.05%	0.1%	0.2%	1%	2%	3.3%	5%	10%	20%
9月至次年5月	239.3	212.2	186.15	128.4	104.0	86.7	73.3	51.6	32.2
全年	1785	1492	1299	866	688	562	466	314	182

表4-2　坝址水位-流量关系

水位/m	1546.2	1546.4	1546.6	1546.8	1547	1547.2	1547.4	1547.6	1547.8	1548	1548.2
流量/(m^3/s)	0.202	1.06	2.93	6.07	10.5	16.1	22.8	35.2	56.8	93.1	162
水位/m	1548.4	1548.6	1548.8	1549	1549.2	1549.4	1549.6	1549.8	1550	1550.2	1550.4
流量/(m^3/s)	256	378	517	680	848	1021	1206	1427	1675	2057	2520

表4-3　水库水位-库容关系

高程/m	1549	1550	1555	1560	1565
库容/万m^3	0	0	10	40	100
高程/m	1570	1575	1580	1585	1590
库容/万m^3	190	300	450	640	850
高程/m	1595	1600	1605	1610	1615
库容/万m^3	1100	1410	1770	2180	2650
高程/m	1620	1625	1630	1635	1640
库容/万m^3	3170	3780	4520	5410	6470

4.1.2 工程布置及主要建筑物

大河沿水库工程主要由挡水大坝、溢洪道、泄洪冲沙放空洞兼导流洞及灌溉洞组成，是一座具有城镇供水、农业灌溉和重点工业供水任务的综合性水利枢纽工程。根据地形、地质条件和左右岸坝肩布置条件，下游灌溉及工业供水要求，河床布置拦河坝，左岸布置溢洪道、放空冲沙兼导流洞和灌溉放水洞。

正常蓄水位对应的相应库容为2648万m^3，最大坝高75.0m，最高水位对应的总库容为3024万m^3，工程规模为Ⅲ等中型工程，设计灌溉面积为6.02万亩。由于水库坝型为土石坝，坝址基础覆盖层深度均在180m左右，基础工程地质条件复杂，再加上最大坝高超过70m，土石坝级别提高为2级，永久建筑物溢洪道、灌溉洞和泄洪放空冲沙兼导流洞级别为3级，边坡级别为4级，公路级别为4级，桥涵等级为4级，汽车荷载按公路-Ⅱ设计。

水库及各永久建筑物合理使用年限为50年。挡水建筑物土石坝设计洪水标准为50年一遇，校核洪水标准为 1000 年一遇，消能防冲设计洪水标准为 30 年一遇。

根据场地地震安全性评价成果，场区 50 年超越概率 10% 的地震动峰值加速度为 0.178g，对应的地震基本烈度为Ⅶ度（0.15g 档）。鉴于本工程坝址河床覆盖层深厚，地质条件复杂，且大坝坝高较高，故本工程按Ⅷ度设防，坝体按乙类抗震设防，其余按丙类抗震设防。

枢纽主要建筑物包括沥青混凝土心墙砂砾石坝、左岸溢洪道、左岸泄洪放空冲沙兼导流洞、左岸灌溉洞。大坝坝顶高程为 1619.3m，上游设置 L 型混凝土防浪墙，墙高 1.2m，坝顶宽度 10.0m，最大坝高 75.0m。上游坝坡比为 1∶2.2，在坝体高程 1594.3m、1573.0m 处设置平台，台宽分别为 2.0m、6.0m，坝体下部与施工围堰结合。下游面大坝下游坝坡比为 1∶2.0，分别在 1594.3m、1569.3m 高程处设置宽 3.0m 的平台。坝体填筑从上游至下游依次分为：上游砂砾料区、上游过渡料区、沥青混凝土心墙、下游过渡料区和下游砂砾料区、排水棱体。沥青混凝土心墙厚度为 0.6m、0.8m，砂卵石基础采用混凝土防渗墙防渗，防渗墙厚度 1.0m，深入基岩 1～2m，整个坝区防渗以 5Lu 线为控制线，基岩采用帷幕灌浆防渗处理。上坝公路布置在左岸，上坝公路与对外交通公路一致，道路宽 6.0m，上坝公路全长 400m，纵坡 8%。

溢洪道布置在左岸，由进口段、控制段、泄槽段、底流消能防冲段组成，总长 426.95m。控制段为 2 孔 6m 宽的驼峰堰，堰顶高程 1606.0m，采用弧形闸门挡水，最大下泄流量 882m^3/s；泄洪放空冲沙兼导流洞布置在河床左岸，由进口段、有压段、工作闸井段、无压段、出口明渠段和消力池护坦段组成，总长 682.45m。洞身有压段长 174.54m，无压段长 261.00m，断面型式为 4.0m×4.5m（宽×高）城门洞型，纵坡 2.0%，消能型式为底流消能。灌溉放水洞主要承担工业、农业灌溉供水任务，有压隧洞，布置在左岸，由进口段、上游隧洞段、事故闸井段、下游隧洞段、出口段组成，全长 658.0m，设计引水流量 6.39m^3/s。

4.1.3 施工导流

本工程对外交通较为方便。公路方面，坝址下游有 301 省道直通吐鲁番市，亦可通过 X069 县道与 312 国道相接。坝址距达坂城镇 100km，距吐鲁番市 75km，距乌鲁木齐市 200km，距大河沿镇 24km。铁路方面，南疆铁路与外部相连，吐鲁番火车站距离坝址仅 24km，物资可通过铁路方便地到达坝址附近。坝址至大河沿镇现有 10km 简易公路需在筹建期内扩建为 4 级对外公路，扩修后路面宽度 6.0m，路基宽 7m，后作为大坝运行管理道路。

根据规范要求，土石类导流建筑物设计洪水标准为 5～10 年一遇洪水重现期，本工程上游围堰与大坝部分结合，5 年一遇和 10 年一遇洪水标准围堰工程量差别不大，设计洪水标准选择 10 年一遇全年洪水重现期，洪峰流量为 314m^3/s。防渗墙导流设计洪水标准选择 5 年一遇，全年洪水相应流量为 182m^3/s。

根据施工进度计划安排，围堰截流后施工第 1 个汛期由围堰挡水度汛，度汛标准为全年 10 年一遇洪水；第 2 个汛期由大坝临时挡水度汛，汛期坝前拦洪库容超过 1000 万 m^3，因此，按规范要求第 2 个汛期大坝临时度汛标准选择 50 年一遇洪水。

本工程河床覆盖层极为深厚，最深处达 174m，因此本工程施工主要难点集中在深厚覆盖层处理。大河沿水库大坝为沥青心墙砂砾石坝，坝址两岸山谷陡峭，山体雄厚，河床宽度约 250m，覆盖层较厚。根据地形地质条件及枢纽布置方案，本工程不具备明渠导流和分期导流的条件，因此，本阶段推荐采用一次性拦断河床隧洞导流方式。防渗墙施工需修建施工平台，因此采用筑岛法分期施工，利用束窄河床过流。

4.1.4 生态基流与下泄

大河沿河水库开发任务为保证城镇供水、满足灌区用水及重点工业用水。在来水频率 $P\leqslant75\%$的年份，经水库调节，可满足下游各用水户用水需求。当水资源不足时，即来水频率 $P>75\%$的年份，超过灌溉供水保证率，通过限制农业灌溉供水，适当缩减生态放水，以满足城镇、重点工业等其他用水需求。

大河沿水库在满足下游各用水户需水要求的基础上，需考虑向坝址以下河段下泄一定的生态基流以维持下游水生态环境。大河沿水库按照环保要求下泄生态基流，满足下游河道生态用水要求，年合计下泄生态流量 1265 万 m^3。在水库蓄水初期及运营期，必须采取保证措施维持最小下泄流量，确保丰水期（7—9 月）最小下泄流量不小于 0.64m^3/s，枯水期（10 月至次年 6 月）最小下泄流量不小于 0.32m^3/s，保证下游河段的生态用水。生态基流管布置在灌溉洞下游有压隧洞出山口镇墩处，通过支管引出，管径为 600mm，长约 40m，钢管壁厚 8mm，出口设置锥形阀接至溢洪道消力池段。镇墩后部接流量控制阀，方便工农业用水连接。

4.2 工程地质与水文地质

4.2.1 工程地质条件

1. 工程区地质条件

工程区位于天山博格达山南坡，山体海拔高程为 2000～4300m，属中低山区，山体总体走向呈南北向，在地貌轮廓上呈折线形自北向南由山区向吐鲁番盆地过渡，山坡陡峻，主峰海拔高程 6512m，终年积雪，现代冰川活动较强。

工程区所见地层，古生代、中生代及新生代地层皆有，以古生代地层分布最普遍，在空间分布上，构成了博格达山脉，中生代、新生代地层只分布在山间洼地之中。古生代地层中又以石炭系地层为主，占 60%以上，区内最老的地层是古生代泥盆系上统地层。

区内岩浆活动强烈，均为二叠纪（华力西中期）中—酸性侵入岩，岩性主要为肉红色花岗岩和灰色辉长岩，其次为灰绿色闪长岩、辉长闪长岩。本工程下坝址区分布为大范围的肉红色花岗岩之侵入岩，呈岩基产出，近东西向展布，出露长度约为 17km、宽度 1～2km。

工程区在大地构造上，属于天山蒙古褶皱系、天山褶皱带中北天山褶皱带的一部分，处于Ⅱ级构造单元—北天山地槽区，在此范围内主要是受多旋回的构造运动所制约。本流域涉及博格达复褶皱与吐鲁番—哈密山间坳陷两个Ⅳ级构造单元，以博格达南缘断裂为界，断裂以北为博格达复褶皱隆起区，以南为吐鲁番—哈密断陷盆地，这两个构造单元内褶皱、断裂发育。

根据区域地震活动性及地震构造研究成果，坝址地表50年超越概率5%的最大地震动峰值加速度为0.245g，50年超越概率10%的最大地震动峰值加速度为0.178g，坝址的地震基本烈度均为Ⅶ度（0.15g）。

区内断层主要为北西向、北东向压扭性断裂与近东西向的压性断裂，近工程区主要有三条断层。

（1）博格达南缘断裂（$F_{Ⅰ}$），为山前活动断裂，该断裂为华力西晚期形成，在漫长的中、新生代受燕山运动和喜山运动影响，一直在活动，在河谷两岸形成一系列近东西向的断层崖和断层谷，断层倾向北（上游），倾角40°～70°，由北向南呈叠瓦式逆冲的断裂组成。断层破碎带宽200～300m，为一组密集的挤压带。

（2）$F_{Ⅱ}$断层，在大河沿河左岸呈北东向展布，倾向SE，倾角75°，长近20km，属压扭性断层，破碎带宽度近200m，主要由断层压碎岩、碎块岩、碎裂岩组成，结构密实。未错切坝址左岸的Ⅳ级阶地，说明自上更新统（Q_3）以后未再活动，属非活动性断层。

（3）$F_{Ⅲ}$断层，为$F_{Ⅱ}$分支断层，横切大河沿干流及其支流后转为北西向延伸，倾向NE，倾角65°～80°，长约8km，属压扭性断层，破碎带宽度数十米，主要由断层压碎岩、碎块岩、碎裂岩组成，结构密实。未错切干流及支流两岸的Ⅲ级阶地，说明自上更新统（Q_3）以后未再活动，属非活动性断层。

（4）$F_{Ⅴ}$断层，为发育在古生代和中生代地层中的断裂，分为南、北两支断层。北支断层发育在石炭系地层之中，表现为石炭系中—下统博格达第二亚组［$(C_{1v}—C_{2b})^b$］逆冲到石炭系上统博格达下亚群第二组（C_{3bg}^{a-2}）之上，在下坝址上游约1km处横切河谷，倾向北，倾角50°，长近22km，属压性断层，破碎带宽度近100m，主要由断层碎块岩与破裂岩组成，结构密实。南支断层为石炭纪地层与侏罗纪地层分界断裂，发育于下坝址下游约1km左岸山体内。其南、北两支断层经地震评估单位鉴定均为非活动性断层。

2. 水库区工程地质条件

水库区位于博格达南缘断裂（$F_{Ⅰ}$）北侧的博格达复褶皱隆起区，处于博格达南缘断裂（$F_{Ⅰ}$）与$F_{Ⅴ}$南支断层之间，它们均近东西向展布横切河谷。其中博格达南缘断裂（$F_{Ⅰ}$）位于坝址下游约3.8km；$F_{Ⅴ}$南支断层位于坝轴线上游约1km的库盆中部。由于库坝区处于近东向展布的博格达南缘断裂（$F_{Ⅰ}$）与$F_{Ⅴ}$断层之间，岩层走向亦近东西向横切河谷，岩层倾角近于直立，多有倒转现象。

构成库盆基岩主要为石炭系上统博格达下亚群第二组（C_{3bg}^{a-2}）地层，系一套火山碎屑岩类，岩性主要为火山角砾岩、集块岩、砂岩、粉砂岩、砂砾岩及灰岩透镜体。库区第四系主要分布有上更新统冲洪积、全新统冲积、洪积、坡积堆积等。其中上更新统冲洪积（Q_3^{al+pl}）分布于Ⅱ～Ⅳ阶地上，厚度60～70m，全新统冲积（Q_4^{al}）分布于河床，最厚达174m；洪积（Q^{pl}）、坡积（Q^{dl}）主要为碎石质土，厚1～10m不等，分别分布于冲沟口、坡脚。

3. 坝址区工程地质条件

坝址位于峡谷出口段，处于基本对称的U型河谷内，河床基岩面呈V型，两侧基岩面坡度55°～60°，河床面高程1540.00～1555.00m，河床面宽260～320m，河床覆盖层最深处达 174m，平时水面宽 4～10m，水深 0.4～0.8m，大致分二股蜿、曲于河滩之中，总体流向由北向南，河床坡降较陡，其纵坡坡度平均为 30.4‰，水流湍急。两岸山顶相对高差 120～130m，山坡坡度 40°左右，一般基岩裸露。左岸由上、下游冲沟切割山体较单薄。左岸下游及右岸上、下游分布有连续的Ⅳ级阶地，其后缘多为坡洪积物所覆盖。

坝区基岩为石炭系上统博格达下亚群第二组（C_{3bg}^{a-2}）一套火山碎屑岩类，岩性主要为火山角砾岩。第四系覆盖层主要为：

（1）上更新统冲洪积堆积（Q_3^{al}），分布于Ⅳ级阶地。堆积为碎屑砂砾石，厚度 30～50m。

（2）全新统冲积堆积（Q_4^{al}），分布于河床及高漫滩，堆积为含漂石砂卵砾石层，呈 V 型，分布于深切河谷内，最大厚度达 173.8m。

（3）第四系坡积堆积（Q^{dl}），为褐灰色碎、块石夹土，呈松散状，分布于两岸坡脚及冲沟内，厚度为 1～5m。

河床坝基含漂石砂卵砾石层，级配不良，经现场试验，含漂石砂卵砾石层最小干密度 1.62g/cm^3，最大干密度 2.05g/cm^3，颗粒比重 2.70g/cm^3。河床浅部（0～3.5m 厚）的含漂石砂卵砾石层天然干密度 1.90g/cm^3，相对密度 0.71，声波纵波波速小于 1500m/s，剪切波波速小于 300m/s；3.5m 以下天然干密度 1.95g/cm^3，相对密度 0.81，属密实状态，声波纵波波速大于 2200m/s，地震剪切波波速大于 300m/s。

坝址两岸Ⅳ级阶地堆积冲洪积层厚度 30～50m，结构较紧密。经对阶地高天然陡坎颗分，粒径以小于 2～40mm 的碎屑砾石为主，大于 40mm 的粒径在 10%以内，不大于 0.075mm 的土粒含量少于 5%。砾石主要成分为砂岩、矽质粉砂岩、安山岩及火山碎屑岩，磨圆度较差，以次棱角形为主。

4.2.2 地质构造

坝区位于博格达南缘断裂（F_{I}）与 F_{V} 南支断层之间，岩层走向近东西向横向河谷，岩层倾角近于直立，多有倒转现象。岩层产状较稳定，一般为 N65°～75°E，SE 或 NW∠70°～90°。坝址区断层不发育，仅左岸垭口内发现一条规模较小的断层，断层产状为 N3°E，SE∠45°，破碎带宽 1～2m，主要为断层碎裂岩、压碎岩，夹石英脉碎块，充填密实。

岩层受构造挤压较强，近于直立并有倒转现象，层间挤压破碎夹泥层发育，两岸及河床各钻孔均揭露有层间破碎夹泥层。声波测井综合分析表明，一般大约每 10m 便至少有一条层间破碎夹泥层，其破碎带宽一般为 0.5～1.5m，充填岩石碎块夹泥，其渗透性明显较正常岩体要强，两岸及河床的基岩浅部沿层破碎夹泥层多为强透水，至弱风化带岩体以下的层间破碎夹泥层透水性较弱，其渗透系数 $q<5$Lu。

左岸节理主要为：①产状 N50°～66°E，SE∠75°～80°，倾向坡内偏下游，面平直，延伸较长，频率 2～3 条/m；②产状 N30°～40°W，SW∠70°～80°，倾向下游偏坡外，面平直，延伸较长，频率 6～8 条/m，沿该组节理发育为卸荷裂隙。

右岸节理主要为：①产状 N10°～30°E，SE∠60°～70°，倾向下游偏坡外，面平直，延伸较长，频率 5～6 条/m，沿该组节理发育为卸荷裂隙；②产状 N15°～20°W，NE∠75°～85°，倾向上游偏坡外，面平直，延伸较长，频率 1～2 条/m。

4.2.3 水文地质条件

坝址区地下水类型为第四系孔隙水和基岩裂隙水，前者主要赋存于河床砂卵砾石层中，接受上游河水和大气降水补给，水量较为丰富，纵向坡降较陡、横向坡降较平缓，与河水联系密切，水位接近河水位；后者赋存于基岩裂隙中，沿裂隙运移，接受大气降水、融雪和上游河水补给，水量贫乏，埋藏深，地下潜水位坡降平缓。其中左岸坝肩处地下水位略高于河水位，右岸经钻孔稳定地下水位观测，坝肩处地下潜水位低于河水位3.5m，说明河水向右岸基岩裂隙水补给。

坝区河水、地下水（基岩裂隙水）化学类型均为 $HCO_3-Ca\cdot Mg(K+Na)$ 型，属弱碱性水，河水、地下水对普通水泥均无各类型腐蚀性。

坝基右岸Ⅳ级阶地堆积的上更新统冲洪积（Q_3^{al+pl}）碎屑砂砾石层虽具钙泥质弱胶结，但由于临河为30～50m高的直立陡坎，有卸荷松弛现象，经钻孔注水试验，渗透系数为 5.4×10^{-3}cm/s，属中等透水。

坝区河水、地下水（基岩裂隙水）化学类型均为 $HCO_3-Ca\cdot Mg(K+Na)$ 型，属弱碱性水，水质分析成果见表4-4，根据《水利水电工程地质勘察规范》（GB 50487—2008）环境水对混凝土腐蚀评价的判别标准：河水、地下水对普通水泥均无各类型腐蚀性。库尔洛夫表示式为

$$\left.\begin{aligned}&\text{地下水}\quad M_{0.108}\frac{HCO^{3-}_{51.4}SO^{4}_{42.8}}{Ca_{55.2}Mg_{28.1}(K+Na)_{16.7}}T_{25}\\&\text{河水}\quad M_{0.102}\frac{HCO^{3-}_{50.7}SO^{4}46.2}{Ca_{53.7}Mg_{31.3}(K+Na)_{15.0}}T_{25}\end{aligned}\right\}\qquad(4-1)$$

表4-4 坝区水质分析成果表

水样类型	阳离子含量			阴离子含量					总硬度/(mg/L)	游离 CO_2	侵蚀 CO_2	固形物总量/(mg/L)	颜色	沉淀	pH值
	Na^+ K^+/(mg/L)	Ca^{2+}/(mg/L)	Mg^{2+}/(mg/L)	Cl^-/(mg/L)	SO_4^{2-}/(mg/L)	HCO_3^-		CO_3^{2-}/(mg/L)		mg/L					
						mg/L	mmol/L								
河水	15.1	43.3	15.3	4.3	89.3	124.5	2.0	0.0	171.1	1.4	0.0	229.5	无	无	8.2
基岩地下水	17.6	46.5	14.3	8.6	86.4	131.8	2.2	0.0	175.1	3.6	0.0	239.3	无	无	8.1

4.3 坝基主要工程地质问题

4.3.1 渗漏

大河沿水库坝基河床堆积为巨厚的现代河床沉积的砂卵砾层石，厚度达80～180m，其结构较松散，渗透系数多在 8.7×10^{-2}～1.2×10^{-3}cm/s之间，为中等至强透水层，局

部夹泥较多部位渗透系数小于 1×10^{-4}cm/s，为弱透水，河床坝基覆盖层上部属中等透水层，下部属强透水层，从上到下渗透性均较强，存在坝基渗漏问题。

存在坝基渗漏问题大河沿水库两岸基岩上部属中等～弱透水层，相对不透水层（$q<$5Lu）埋深 30～75m。同时，两岸地下水埋藏较深，左岸坝肩地下水位仅略高于河水位，其地下水位坡降均较平缓，右岸地下水位低于河水 3.5m，需做好基岩内的防渗，其防渗帷幕可考虑与相对不透水层（$q<$5Lu）封闭，则左、右两岸绕坝渗漏长分别约为 150m 和 55m。大河沿水库坝址坝轴线工程地质剖面图如图 4-3 所示。

4.3.2 渗透变形

河床坝基砂卵砾石层厚度达 80～182m，级配不良，透水性强，含漂石砂卵砾石层最小干密度 1.62g/cm^3，最大干密度 2.05g/cm^3，颗粒比重 2.70g/cm^3；并夹有含泥砂砾石层，作为坝基持力层，在库水长期作用下，该层内或与坝体、基岩接触面可能产生机械管涌，需采取适宜的工程处理措施。大河沿水库坝址河床剖面图如图 4-4 所示。

4.3.3 地基振动破坏效应

大河沿水库近场区 1970 年以前无地震震级 M≥4.7 级的记载，最大地震为 1987 年 10 月 6 日的 4.6 级地震，震中位于坝址以西约 23km；场地最近的 4 级地震为 1972 年 7 月 11 日的 4.1 级地震，震中位于场地西部，距坝址距离 18km。地震主要分布在近场区的中部和西部，多呈面状，集中分布在吐鲁番盆地周边及博格达山，4 级地震主要分布在东沟活动断裂附近，小地震则集中分布在博格达南缘断裂带与场地之间的博格达山区，与博格达南缘断裂带新活动有一定的相关性，总体上看，近场区属于地震活动相对活跃地区。

根据近场区活动构造的研究，并结合区域地震构造条件综合分析，对工程场地地震构造稳定性分析如下：

（1）博格达南缘断裂：是分隔博格达断块隆起与吐鲁番盆地的分界断裂，为区域性活动断裂。断裂最新活动错断了晚更新世晚期砾石层，在地表形成断层陡坎，地质剖面揭示有多期古地震活动，为晚更新世晚期活动断裂。根据断裂规模、活动特征，结合区域地震构造标志和构造类比，综合确定博格达南缘断裂具备发生 7 级地震的构造条件，震级上限为 7.5 级。

（2）东沟断裂：是发育在柴窝堡凹陷东段中央的断裂—隆起构造，断裂地表出露长度 30km 左右，晚第四纪以来运动明显，断错了晚更新世砾石层，地表形成高 5～10m 的断层陡坎，沿断裂现代中、小地震活动较频繁。根据断裂规模、活动特征，结合区域地震构造标志和构造类比，综合确定东沟断裂具备发生 6 级地震的构造条件，震级上限为 6.5 级。

（3）坝址区主要断层：包括上坝区的断层 $F_{Ⅱ}$、$F_{Ⅲ}$ 和下坝址区的断裂 $F_{Ⅴ}$（含北支、南支断层）属博格达复背斜南部的次级断层，规模不大，未错断河谷两岸的Ⅲ、Ⅳ级阶地，为不活动断层。这些断层历史上未发生过 5 级以上地震，现代小震活动较弱。根据断裂规模、地震活动特点，结合区域地震构造标志，综合确定这 3 条断层不具备发生不小于

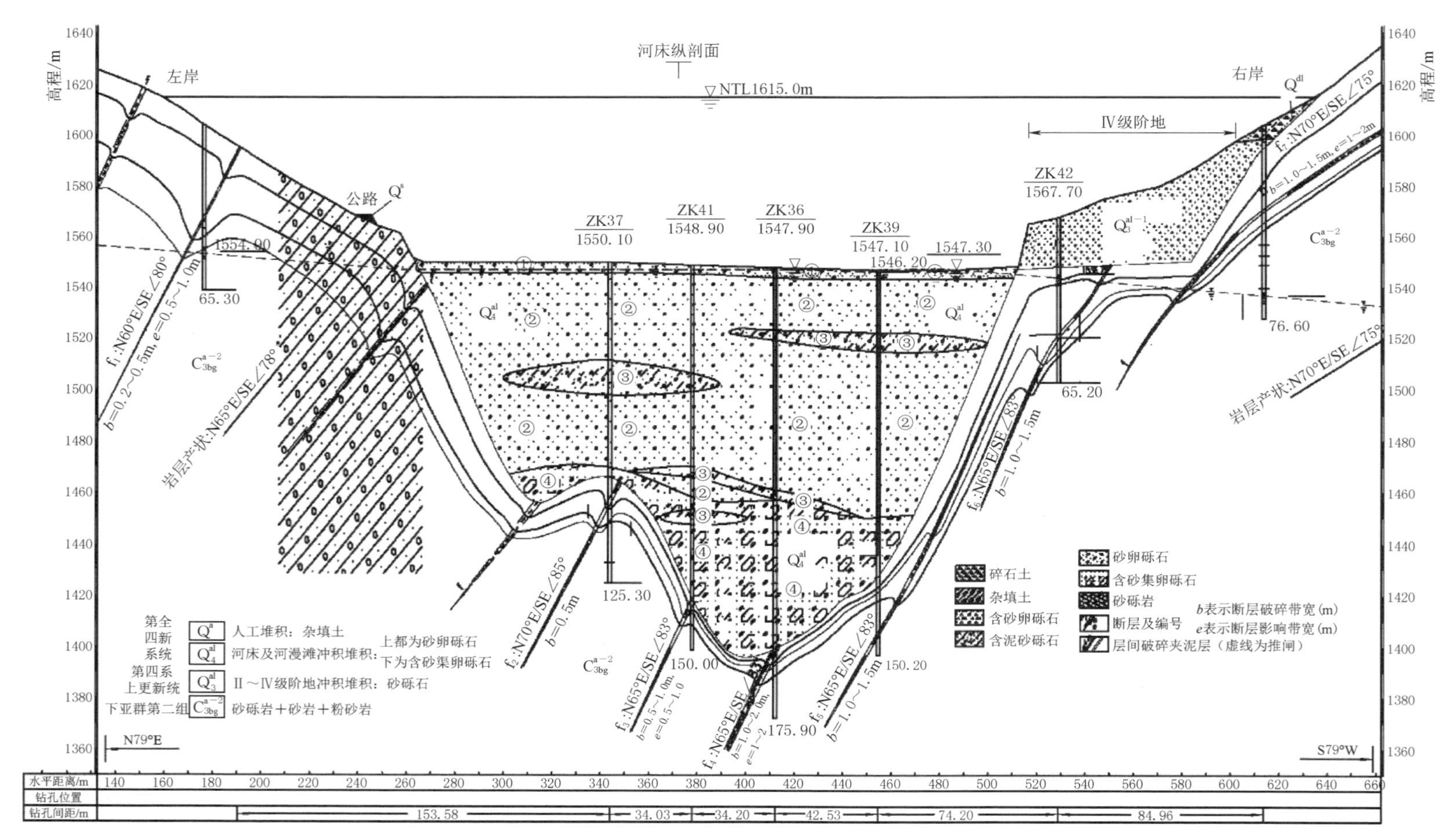

图 4－3　大河沿水库坝址坝轴线工程地质剖面图

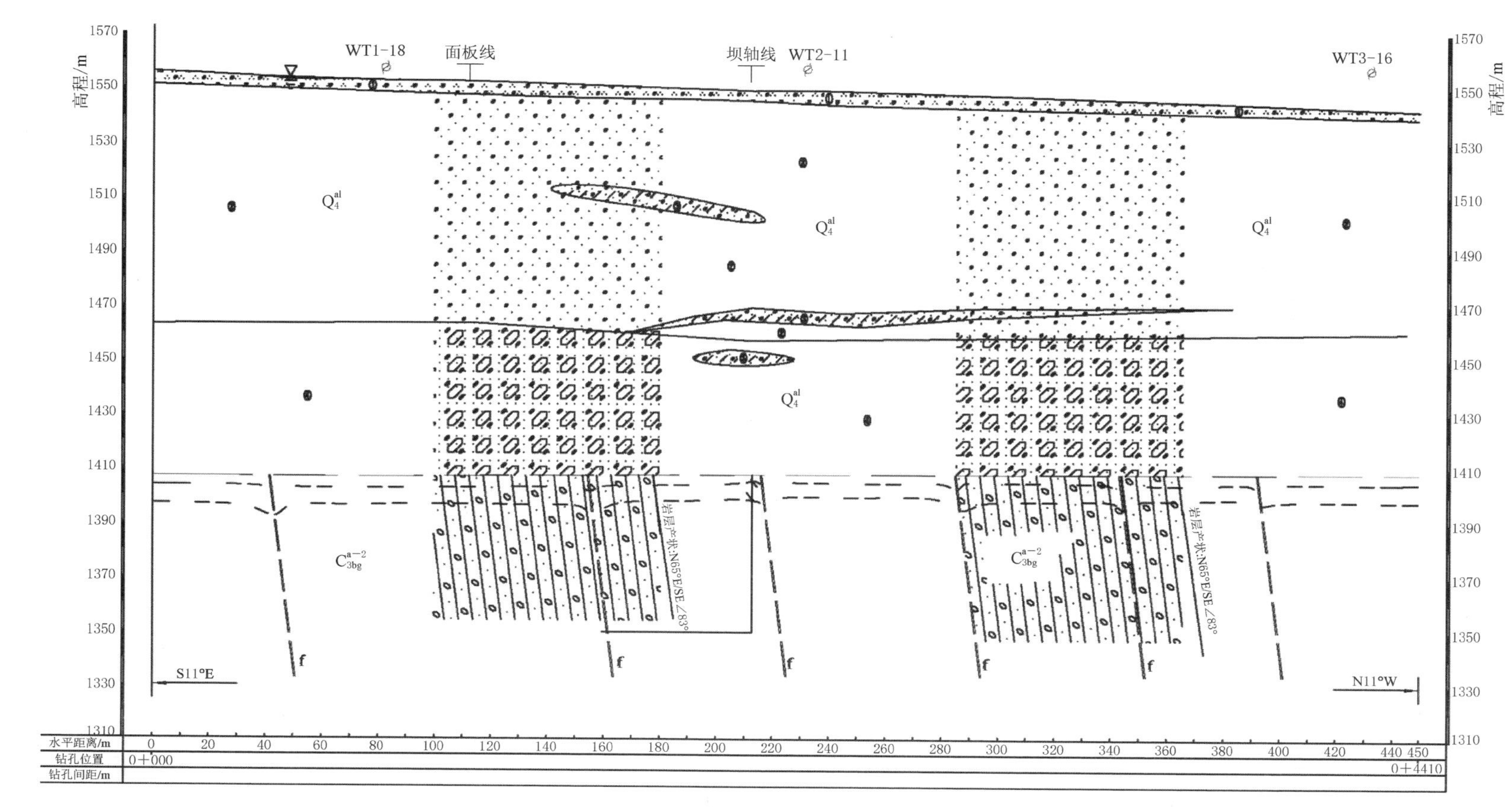

图 4-4 大河沿水库坝址河床剖面图

6级地震的构造条件。

场址区（不小于5km）区域性的断裂主要有$F_{Ⅰ}$（即博格达南缘断裂F_{17}）、$F_{Ⅱ}$、$F_{Ⅲ}$、F_{V-1}、F_{V-2}五条。坝址处于F_{V-1}、F_{V-2}两条断裂之间；$F_{Ⅰ}$即为博格达南缘活动断裂F_{17}，其特征与活动性前已述及。F_{V}为发育在古生代和中生代地层中的断裂，分为南、北两支断层（F_{V-1}、F_{V-2}）。

F_{V-1}断层为石炭纪地层与侏罗纪地层分界断裂，表现为石炭系上统博格达下亚群第二组（C_{3bg}^{a-2}）安山岩向南逆冲到侏罗系下统八道湾组（J_{1b}）砾岩层之上，断层产状为N87°W，NE∠70°。

F_{V-2}断层发育在石炭系之中，在下坝址东北一条东西向冲沟北侧见断层地质剖面，表现为石炭系中—下统博格达第二亚组［（C_{1v}—C_2^b）^{b}］逆冲到石炭系上统博格达下亚群第二组（C_{3bg}^{a-2}）之上。其中前者上部为钠长石化安山岩，在博格达主峰一带相变为灰绿色片理化凝灰岩夹安山岩，下部以安山岩为主，夹安山玢岩；后者为紫色安山岩、安山质凝灰岩、紫红色霏细斑岩夹集块岩、灰岩。断层产状为N50°W，NE∠72°，断层带宽大于30m。

F_{V}断裂南支和北支断层在通过大河沿河河谷两岸的Ⅲ、Ⅳ级阶地均未见错断或发生明显变形，其中Ⅲ、Ⅳ级阶地的拔河高度分别为10～20m、40～50m。根据对比本区博格达山南、北麓发育河流阶地的形成时代，Ⅲ级阶地形成于晚更新世、Ⅳ级阶地大致形成于中更新世晚期—晚更新世早期。并结合区域活动构造综合分析判定，鉴定下坝址区附近的F_{V}断裂为不活动断层。

根据场址区活动构造的研究，并结合区域地震构造条件综合分析，对工程场地地震地质灾害评价如下：

（1）场地位于大河沿河出山口附近，河谷呈基本对称的U型，河床面高程1540～1555m，河床宽260～320m，总体流向由北向南，河床坡降较陡，平均纵坡30.4‰，两岸山顶相对高差120～130m，山坡坡度40°左右，一般基岩裸露。岩性主要为石炭系上统博格达下亚群的砂岩、粉砂岩、砂砾岩。左、右两岸未发现大型崩塌、滑坡迹象，但在河谷右岸Ⅳ级阶地陡立前缘有小规模的崩塌现象，在强震作用下具备产生地震崩塌的条件。

（2）场地河床段的第四系厚度大于80m，岩性主要为上更新统—全新统冲积砂卵石层，覆盖层厚30～34m，场地等效剪切波速286.8～309.5m/s。河床段（包括左、右岸阶地）场地土为中硬场地土，场地类别为Ⅱ类。坝址左、右坝肩段岩性为石炭系上统坚硬岩石，综合考虑左、右坝肩场地类别按Ⅰ类场地对待。

（3）场地河床段地层岩性以较厚的冲积砂卵砾石层为主，根据《水利水电工程地质勘察规范》（GB 50487—2008）附录P中土的液化判别："土的粒径大于5mm颗粒含量的质量百分率大于或等于70%时，可判为不液化"。经河床浅部探坑颗分试验与钻孔取样分析，本工程坝基河床深厚砂砾石层粒径大于5mm颗粒含量的质量百分率一般大于70%，可判为不液化。

河床中、下部有呈透镜状分布的含泥砂砾石层，含砂率达50%左右，厚度较小。该层是否液化按上限剪切波速值与实测剪切波速值对比分析判定，根据《水利水电工程地质勘察规范》（GB 50487—2008）附录P中土的液化初判公式为

$$V_{ST}=291\sqrt{K_h\times Z\times r_d} \tag{4-2}$$

式中 V_{ST}——上限剪切波速；

K_h——地震动峰值加速度系数，取值为 0.15；

Z——土层深度，取值为 30m（埋深相对较浅的一层）；

r_d——深度折减系数，取值为 0.9～0.01Z。

通过计算，上限剪切波波速为 478m/s，对照实测剪切波波速值，大于该值，因此含泥砂砾石层亦判为不液化。综合评价，河床砂卵石层不具备产生砂土液化、软土震陷的地震地质灾害条件。

综上所述，大河沿水库工程区地震基本烈度为Ⅶ度区，河床坝基第四系全新统覆盖层深厚，结构较松散，但其中大于 5mm 粒径在 70%以上，为不液化地基。但地震时，建筑物的破坏与松软土层的厚度关系十分密切，许多地区震害表明，当冲积松软土层的厚度很大时，建筑物的破坏较为严重。由于本工程坝区河床坝基下覆盖层深厚，而两岸坝基直接位于基岩上，地震时坝基两侧基岩与河床覆盖层的实际地震烈度是不一致的，且地震在其地表的振动周期也是不一致的。

4.3.4 岩（土）物理力学参数

根据试验成果与野外鉴定，结合新疆勘测设计院所做的试验成果与工程地质类比，经综合分析，推荐坝区岩（土）物理力学指标见表 4－5 和表 4－6。

表 4－5　大河沿水库坝区岩体物理力学参数推荐值

岩组	岩性	风化程度	密度/(g/cm³)		饱和抗压强度/MPa	变形模量/GPa	弹性模量/GPa	允许承载力/kPa	混凝土/岩抗剪强度		混凝土/岩抗剪断强度		抗冲刷流速/(m/s)	开挖坡比	
			湿	干					f	C/MPa	f''	C'/MPa		临时	永久
C_{3bg}^{a-2}	砂岩砂砾岩	强风化	2.55～2.60	2.50～2.55	40～45	2.2～2.5	3.0～3.5	2	0.5～0.55	0	0.6～0.65	0.5～0.6	3～4	1∶0.5	1∶0.75
		弱风化	2.64～2.70	2.57～2.60	55～60	3.8～4.0	5.5～6.0	8	0.6～0.63	0	0.9～1.0	0.7～0.8	5～6	1∶0.3	1∶0.5

表 4－6　大河沿水库坝区第四系地层物理力学参数推荐值

地层	岩性		天然密度/(g/cm³)	比重	渗透系数/(cm/s)	内摩擦角/(°)	内聚力/kPa	压缩模量/MPa	允许承载力/kPa	混凝土/土摩擦系数	允许渗透坡降	开挖坡比	
												临时	永久
Q_4^{al}	砂卵砾石（河床）		1.9～2.0	2.7～2.75	上部 4.2×10^{-3}～7.4×10^{-3} 下部 1.1×10^{-3}～1.3×10^{-1}	38～40	0	20～25	450～500	0.42～0.45	0.10～0.15	1∶1.25	1∶1.75
Q_3^{dl+pl}	Ⅳ级阶地	砂砾石夹粉质黏土	1.85～1.9	2.7～2.75	2.3×10^{-3}～6.1×10^{-3}	35	3～4	35～40	500～550	0.4～0.42	0.1～0.15	1∶1.5～1∶1.75	1∶1.75～1∶2.0
		碎屑砂砾石	2.0～2.1	2.7～2.75	1.2×10^{-2}～1.8×10^{-2}	36～37	2～3	40～50	550～600	0.42～0.45	0.15～0.18	1∶1～1∶1.25	1∶1.5

4.4　坝基防渗型式研究

4.4.1　防渗型式拟定

坝基渗漏及覆盖层地基的渗透稳定是砂砾石覆盖层地基存在的主要问题，需要采取有效的防渗排水措施，降低坝基渗流的水力坡降，确保坝基覆盖层不发生渗透变形和破坏；同时控制渗漏量不超过允许值，限制下游浸润线的高度，以防止下游浸没及提高工程的兴利效益。从前述国内外深厚覆盖层筑坝及防渗方案统计结果来看，深厚覆盖层坝基防渗方式主要有：水平防渗方式和垂直防渗方式。

1. 水平防渗方式

根据地质勘察成果，库区 30km 范围内无黏土料。国内近年建设的抽水蓄能电站，上库库底多采用土工膜作为防渗材料。结合沥青混凝土面板砂砾石坝结构特点，考虑库区铺设土工膜进行防渗的水平防渗方案，为确定一个合理有效的铺设范围，水平铺设长度分别选取 500m、1000m、1500m 以及 2000m 进行渗流计算分析。经过二维有限元法计算，各方案坝体和坝基各分区的最大渗透坡降见表 4-7，坝体渗透流量见表 4-8。

表 4-7　各材料分区的最大渗透坡降

	土工膜长度/m	土工膜	沥青混凝土面板	砂砾料坝壳	坝坡出逸处
沥青混凝土面板+土工膜	500	56.15	159.368	0.1704	0.1604
	1000	61.74	167.188	0.0836	0.0687
	1500	64.25	170.737	0.0610	0.0584
	2000	65.66	172.729	0.0484	0.0354

表 4-8　坝体渗漏量计算成果

	土工膜水平长度/m	坝体总渗漏量/(m^3/d)	占多年平均径流量比例/%
沥青混凝土面板+土工膜	500	30691.00	11.09
	1000	19010.14	6.87
	1500	13835.62	5.00
	2000	10957.81	3.96

从表 4-7 和表 4-8 可以看出，采用土工膜水平防渗，土工膜铺设长度在 1000m 时材料渗透稳定即可满足要求，但水库渗漏量较大，土工膜铺设长度达到 2000m 时，渗漏量为 10957.81m^3/d，占多年平均径流量的 3.96%，仍超过水库允许渗漏量（多年平均径流量的 1%），需要进一步加大土工膜铺设范围。大河沿河河床坡降较陡，其纵坡坡度平均为 30.4‰，土工膜铺设长度大于 2000m 时，相当于在整个库底进行了防渗处理（即全库盘防渗），通过计算，库底面积达 66 万 m^2。从现场探勘来看，库底河床面地形起伏较大，浅表部含漂石砂卵砾石层结较松散，如采用全库底土工膜防渗，需要进行库底整平，平均开挖深度 3.5m，工程量巨大，而且施工期导流困难。

根据类似工程经验，水平土工膜铺盖在工程运行过程中，容易产生不均匀沉降，产生落水洞，使铺盖受到破坏，局部的破坏可能导致大坝的渗透破坏，危及大坝的安全，况且铺盖破坏后需等水库放空后才能进行检修；另外由于河流含沙量较大，泥沙淤积后也会对水平铺盖的后期维护产生较大的影响。因此，对水平土工膜防渗方案予以否定。

2. 垂直防渗方式

垂直防渗方式主要可分为帷幕灌浆垂直防渗方式、防渗墙垂直防渗方式以及防渗墙和帷幕灌浆相结合的“上墙下幕”垂直防渗方式等。从国内外在深厚覆盖层上筑坝情况来看，3 种方案应用都比较广泛。加拿大马尼克 3 号坝的砂卵石覆盖层最大厚度达 126m，采用 105m 垂直混凝土防渗墙进行防渗。瑞士坝高 115m 的马克马特土斜墙堆石坝，坝基砂砾石覆盖层深度达 100m，采用帷幕灌浆（厚度 15～35m）进行防渗。越南坝高 128m 的和平土石坝，坝基砾石和卵石覆盖层厚 70m，采用深度为 70m 的帷幕灌浆进行防渗。四川冶勒水电站坝基不均匀深厚覆盖层厚度达 400m 以上，采用“上墙下幕”（140m 防渗墙＋60m 帷幕灌浆）方式进行防渗。坝高 186m 的瀑布沟水电站心墙堆石坝，坝基覆盖层厚约 80m，采用防渗墙进行防渗。狮子坪水电站坝基覆盖层厚度为 56～130m，采用 101.8m 防渗墙进行防渗。新疆下坂地水利枢纽坝基覆盖层厚度达 150m，采用 80m 防渗墙＋70m 帷幕灌浆型式进行防渗。西藏旁多水利枢纽坝基砂砾石覆盖层厚度达 400m，采用 150m 混凝土防渗墙进行防渗。

参考国内外深厚覆盖层建坝所采用的垂直防渗形式，综合考虑大河沿水库的实际情况，使用 3 种垂直防渗方案都具有可行性，故对 3 种方案进行平行比较。

4.4.2 防渗深度研究

根据钻探资料，河床砂卵石覆盖层厚 80～180m，成分复杂，层理间夹泥质、砂质壤土条带，渗透系数多为 $1.2\times10^{-3}\sim8.7\times10^{-2}$ cm/s，属中等～强透水层。坝基防渗深度对工程造价影响巨大，防渗深度过浅，水库渗漏量和坝基渗透稳定可能无法满足要求；防渗深度过深，不仅增加工程造价，而且也加大了施工难度。为确定一个合理可行的防渗深度，本次防渗方案的分析分别采用北京理正岩土分析计算软件、加拿大 GEO - SLOPE 公司开发的 GeoStudio 软件进行了计算，大坝采用沥青混凝土心墙砂砾石坝。

1. 理正渗流有限元分析计算

(1) 计算模型。计算模型的范围：上游为坝脚往上游 800m，下游为坝脚往下游 400m，基础深度范围 200m，具体分析模型如图 4 - 5 所示。

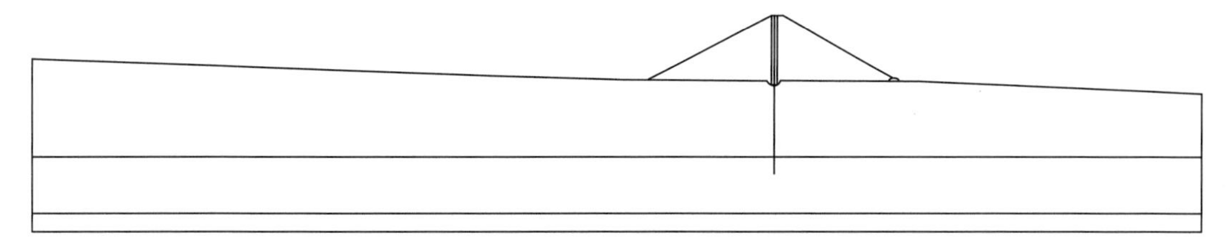

图 4 - 5 大坝渗流计算分析模型图

（2）计算参数。计算参数主要根据试验成果选取，部分参数按照工程类比选取，具体参数见表4-9。

表4-9　　大坝渗流分析计算参数表

筑坝材料	容重 /(kN/m³)	饱和容重 /(kN/m³)	渗透系数 /(cm/s)	允许渗透坡降
坝壳砂砾料	21.5	22.5	$2.5\times10^{-2}\sim1.2\times10^{-1}$	0.1～0.15
过渡料	21.0	22.0	$>1\times10^{-3}$	30
沥青心墙	23.0	23.0	1×10^{-7}	100
沥青面板	23.0	23.0	1×10^{-7}	100
防渗墙	23.0	23.0	3×10^{-7}	80～100
灌浆帷幕	23.0	23.0	3×10^{-5}	15～25
混凝土底座	24.0	24.0	1.0×10^{-7}	200
排水棱体	23.0	23.0	4×10^{-2}	—
砂卵砾石（上部）	19.5	20.5	$4.2\times10^{-3}\sim7.4\times10^{-3}$	0.1～0.15
砂卵砾石（下部）	19.5	20.5	$1.1\times10^{-2}\sim1.3\times10^{-1}$	0.1～0.15
基岩	24.0	24.0	$1.0\times10^{-5}\sim1.0\times10^{-4}$	10～20

（3）计算工况。本次渗流主要计算大坝下游出逸段与下游坝基面的出逸比降以及渗漏量，以确定满足渗透稳定要求和渗漏量的防渗深度，因此计算工况采用正常蓄水位(1615.00m）下形成稳定渗流情况，坝基防渗方式统一采用混凝土防渗墙，防渗深度分别选取80m、140m、180m（全封闭方案）进行计算。根据类似工程经验，考虑本水库实际情况，水库日均渗漏量按水库多年平均日径流量的1%控制。通过地质勘察试验，坝址处河床砂卵石允许渗透坡降为0.1～0.15，为安全考虑，砂卵石允许渗透坡降取0.1。

（4）计算结果。大坝坝型采用沥青混凝土心墙坝，坝基防渗深度分别取80m、140m、180m进行渗流分析计算，为便于分析，同时计算坝基不采取任何防渗措施的渗流情况，计算结果见表4-10，各深度准流网图如图4-6～图4-9所示。

表4-10　　沥青混凝土心墙坝+防渗墙渗流分析计算成果

	防渗墙深度 /m	单宽渗漏量 /(m³/d)	推测水库日均渗漏量 /(m³/d)	占多年平均日径流量比值 /%	下游出逸比降（允许值0.1）
心墙坝+防渗墙	0	271.63	70623.80	25.52	0.57
	80	133.52	34715.20	12.55	0.33
	140	92.09	23943.40	8.65	0.24
	180	5.28	1372.80	0.50	0.01

注　多年平均年径流量为1.01亿m³。

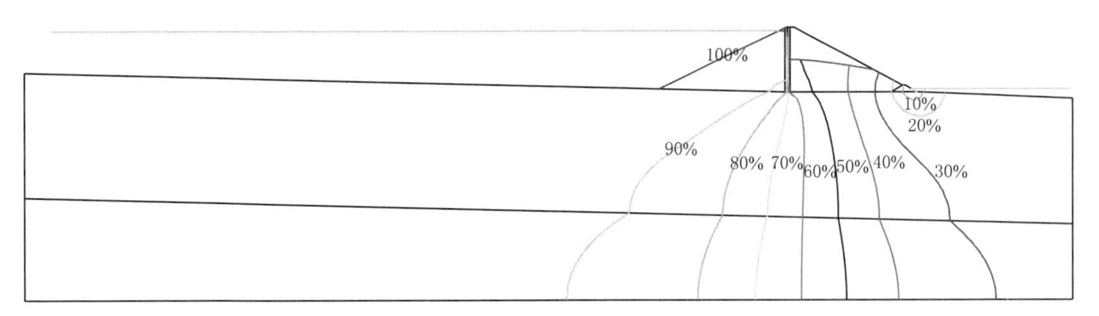

图 4-6 坝基无防渗情况下准流网图

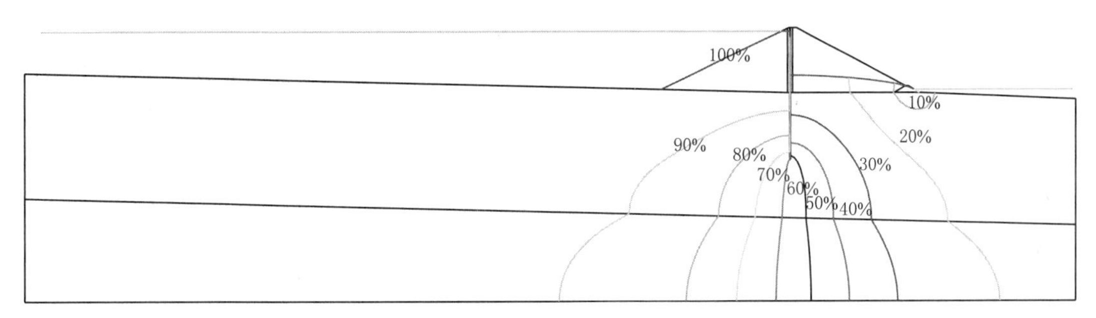

图 4-7 坝基 80m 悬挂式防渗墙防渗情况下准流网图

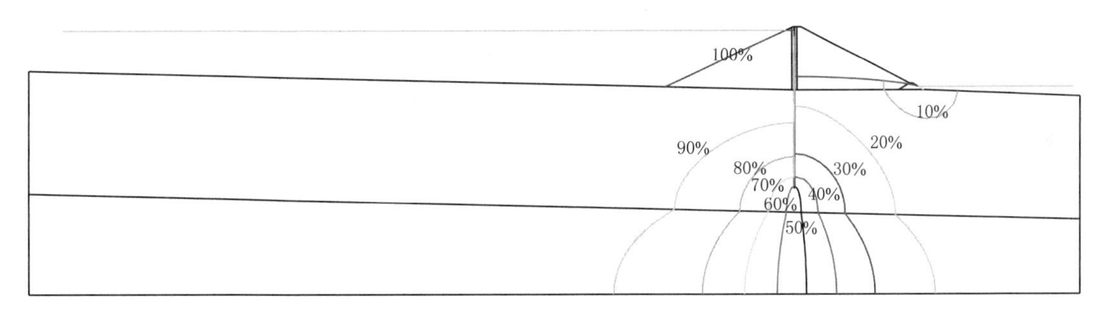

图 4-8 坝基 140m 悬挂式防渗墙防渗情况下准流网图

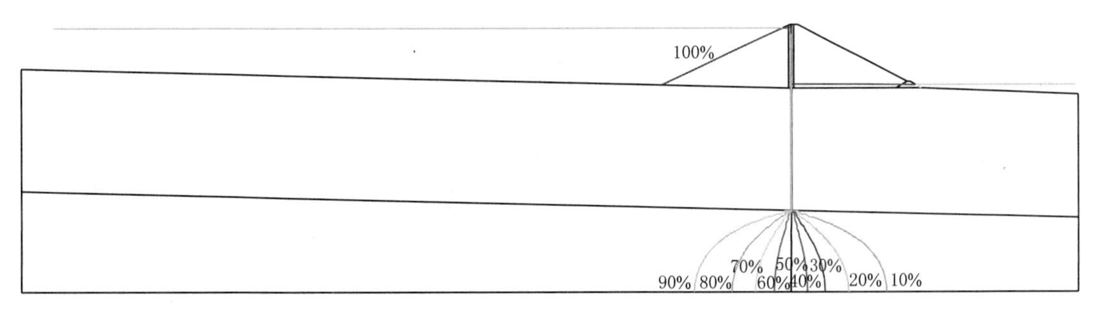

图 4-9 坝基 180m 封闭式防渗墙防渗情况下准流网图

从计算结果来看，沥青混凝土心墙坝坝基覆盖层采用 1m 厚防渗墙防渗，防渗墙深度在 80m、140m 时，不管从水库渗漏量和下游渗流溢出点渗透稳定来讲，都不能满足要求。

混凝土防渗墙深度达到180m，即防渗墙穿透坝基覆盖层时，水库渗漏量占多年平均日径流量的0.50%，在水库允许渗漏量范围以内，坝下游溢出点渗透坡降0.01，满足材料允许渗透坡降要求。

2. 大坝渗流分析（SEEP/W）

为进一步分析防渗方案的合理深度，在理正渗流分析的基础上，采用岩土工程分析软件GeoStudio进行深入分析，将防渗深度细化，防渗深度分别取80m、100m、120m、140m、160m、180m。

（1）计算模型和参数。计算模型与理正基本一致，建立模型时，各主要建筑物（或结构）按实际尺寸考虑。使用GeoStudio自动网格生成功能，并对部分区域网格进行加密，生成的有限元网格结点总数为20718个，单元总数为20534个。

在稳定渗流期，渗流分析的边界类型主要有已知水头边界、出渗边界及不透水边界三种：①已知水头边界包括上、下游坝坡和河道；②出渗边界为下游水位线以上的下游坝坡；③不透水边界包括模型上下游两侧和模型底面。计算参数与理正计算参数一致，具体见表4-9。

（2）计算成果。经过有限元法计算，各防渗深度下坝体和坝基各分区的最大渗透坡降见表4-11，位势分布图如图4-10～图4-15所示。

表4-11　　各材料分区的最大渗透坡降

	防渗墙深度/m	防渗墙	沥青心墙	砂砾料坝壳	坝坡出逸处
沥青混凝土心墙+防渗墙	80	27.24	47.181	0.2581	0.5475
	100	27.79	47.807	0.2466	0.5461
	120	28.67	48.924	0.2139	0.5381
	140	29.27	49.696	0.1920	0.5308
	160	30.08	50.764	0.1494	0.5106
	180	35.199	59.670	0.0073	0.0235

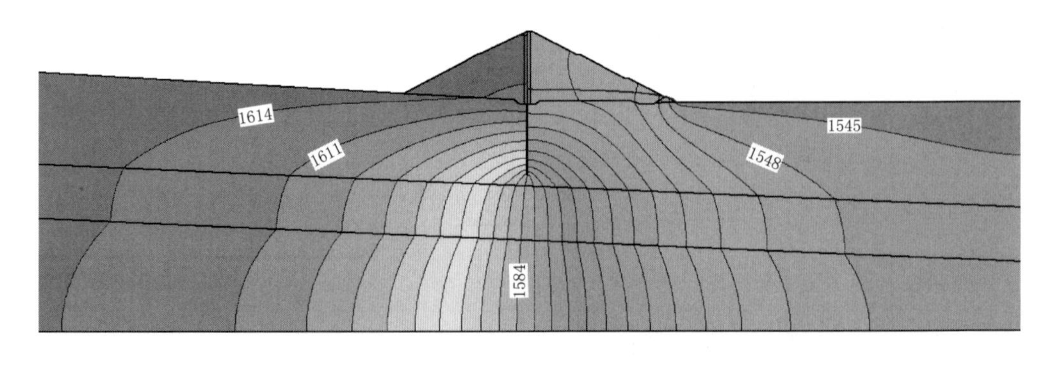

图4-10　坝基80m悬挂式防渗墙防渗情况下位势分布图

（3）渗透流量。经有限元法计算，各防渗深度下坝体渗透流量计算成果见表4-12。

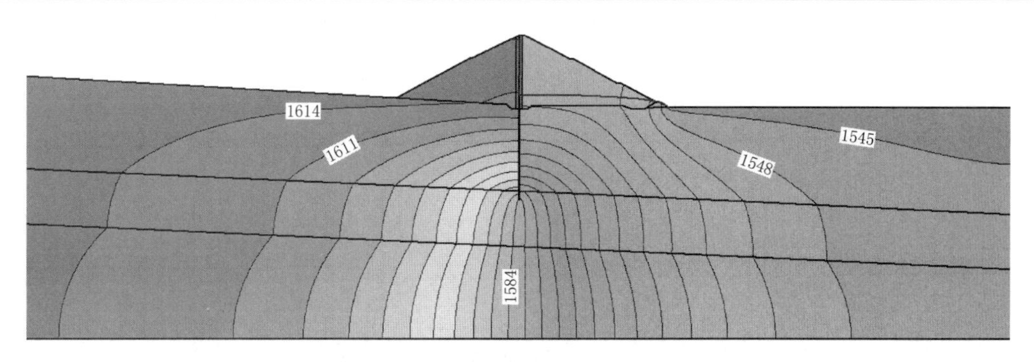

图 4-11 坝基 100m 悬挂式防渗墙防渗情况下位势分布图

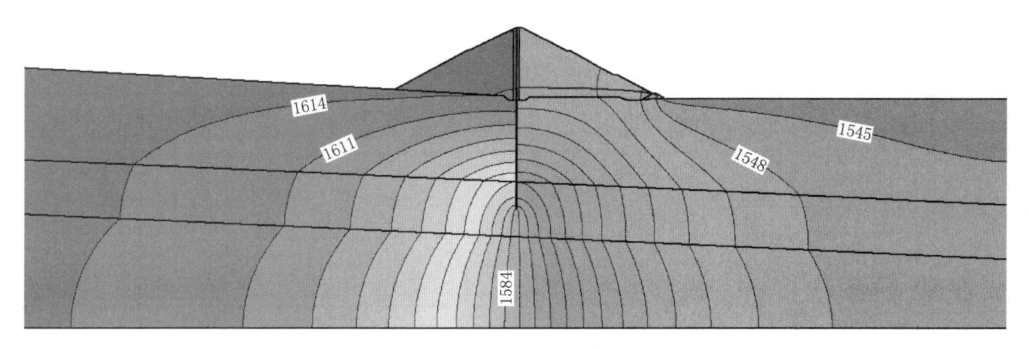

图 4-12 坝基 120m 悬挂式防渗墙防渗情况下位势分布图

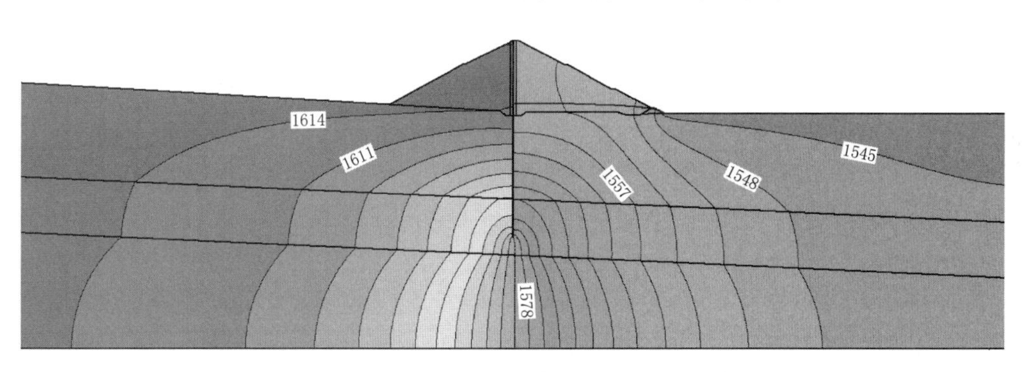

图 4-13 坝基 140m 悬挂式防渗墙防渗情况下位势分布图

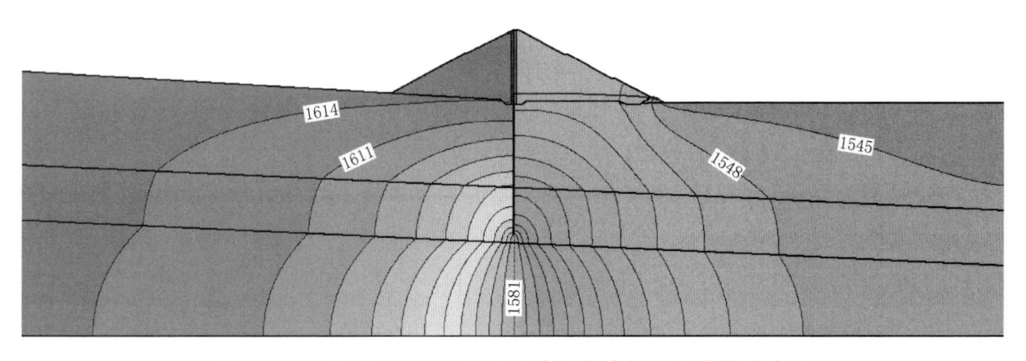

图 4-14 坝基 160m 悬挂式防渗墙防渗情况下位势分布图

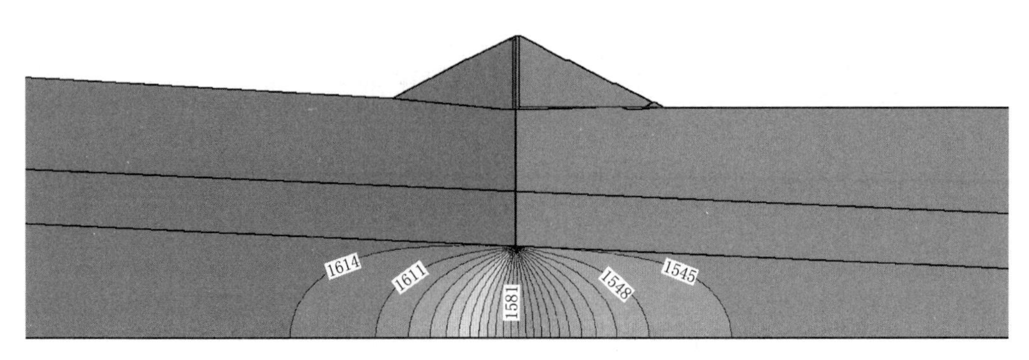

图4-15 坝基180m封闭式防渗墙防渗情况下位势分布图

表4-12 坝体渗漏量计算成果

	防渗墙深度/m		坝体总渗漏量/(m^3/d)	占多年平均径流量比例/%
沥青混凝土心墙+防渗墙	悬挂式	80	62628	22.63
		100	58824	21.26
		120	52108	18.83
		140	47320	17.10
		160	40592	14.67
	封闭式	180	1674	0.60

(4) 成果分析。从计算结果来看，在不封闭覆盖层（防渗深度80m、100m、120m、140m、160m）的情况下，水库渗漏量明显偏大，砂砾石坝体渗透坡降和出溢点渗透坡降均不能满足渗透稳定要求，只有采取全封闭方案，渗漏量和渗透稳定才能满足要求。

通过以上两款软件的计算成果（表4-10和表4-12）可以看出，大河沿水库覆盖层坝基防渗必须采取封闭式防渗方案才能确保水库渗漏量控制在允许范围内和覆盖层坝基的渗透稳定。因此，覆盖层防渗深度确定为180m。

4.4.3 防渗方案比选

为达到渗透稳定和渗漏量控制的要求，垂直防渗必须全部截断坝基砂砾石层。结合枢纽布置对垂直防渗方案进行优化，通过对国内外基础防渗工程施工情况的对比分析，重点研究如何实现截断180m深的河床砂砾石层的垂直防渗方案。根据当前垂直防渗方案通常采用的防渗处理形式、施工水平，参考西藏旁多水电站、新疆下坂地水电站及四川冶勒水电站等工程经验，结合大河沿坝基覆盖层地质情况，拟定了封闭式帷幕灌浆方案：上部12排+下部6排；封闭式“上墙下幕”方案：深120m、厚1.0m的混凝土防渗墙+下部接6排60m帷幕灌浆；封闭式混凝土防渗墙方案：深180m，厚1.0m的混凝土防渗墙等三种垂直防渗方案。并对三种垂直防渗方案进行综合对比分析。

1. 封闭式帷幕灌浆方案

根据《碾压式土石坝设计规范》(SL 274—2020) 规定，砂砾石地基帷幕厚度 T 计算公式为

$$T=\frac{H}{J} \tag{4-3}$$

式中 H——最大设计水头，m；

J——帷幕的允许比降，对一般水泥黏土浆，可采用3～4。

大河沿水库最大坝高75.0m，水库设计最大水头按70m计算（正常蓄水位至混凝土基座高程），帷幕允许渗透比降取值为3，通过计算得出帷幕厚度为23m。

根据国内外相关试验成果，深厚覆盖层底部帷幕灌浆允许渗透坡降可适当增加，参考新疆下坂地水利枢纽工程，确定坝基80m以下深度帷幕灌浆允许渗透坡降为6，帷幕厚度12.5m。

根据以上计算成果，上部70m深度范围，帷幕灌浆采用12排，排距2m，孔距2m。下部80m深度范围，帷幕灌浆采用6排，排距2m，孔距2m，详见表4-13。

表4-13 封闭式帷幕灌浆方案设计

部位	帷幕厚度/m	灌浆排数	排距、孔距/m	帷幕允许渗透比降
覆盖层上部70m	23	12	2、2	3
覆盖层下部80m	11.5	6	2、2	6

用于灌浆的水泥采用普通硅酸盐水泥，强度等级不低于32.5级。水泥细度要求通过80μm方孔筛，其筛余量不大于5%。钻孔孔斜率按不大于孔深的2%且孔底偏差值不大于孔距控制，终孔孔径不小于60mm，非灌段应下设护壁套管。灌浆采用“孔口封闭法”，自上而下循环钻灌，封孔采用“分段压力灌浆封孔法”。帷幕灌浆压水试验合格标准按灌浆后覆盖层帷幕体渗透系数不大于1×10^{-5}cm/s控制。

2. 封闭式混凝土防渗墙

目前，混凝土防渗墙并没有相关的设计规范。防渗墙厚度主要由防渗要求、抗渗耐久性、墙体应力和变形以及施工设备等因素确定，其中最重要的是抗渗耐久性和结构强度两个因素。

（1）防渗要求。为确定一个合理的防渗墙厚度，初拟0.8m、1.0m、1.2m三个墙厚进行渗流分析计算。各计算厚度下材料最大渗透坡降值见表4-14，渗漏量情况见表4-15。

表4-14 各计算厚度下材料最大渗透坡降值

防渗墙厚/m	防渗墙	沥青心墙	砂砾料坝壳	坝坡出逸处
0.8	43.844	59.603	0.0085	0.0273
1.0	35.141	59.670	0.0073	0.0235
1.2	29.315	59.703	0.0063	0.0204

表4-15 计算厚度下水库渗漏量情况

防渗墙厚度/m	坝体总渗漏量/(m^3/d)	占多年平均径流量比例/%
0.8	1983	0.72
1.0	1674	0.60
1.2	1493	0.54

从表4-14和表4-15可以看出，0.8m、1.0m、1.2m三种厚度的防渗墙均可满足水库对渗漏量的控制和材料允许渗透坡降要求。从防渗要求上来讲，0.8m甚至更薄的混凝土防渗墙即可满足要求。

（2）耐久性。根据《水工设计手册·第2版·第6卷·土石坝》（中国水利水电出版社，2014），防渗墙使用年限估算以梯比利斯研究所公式应用较多。渗水通过防渗墙混凝土使石灰淋蚀而散失强度50%所需的时间T(a)计算公式为式（3-1）。

根据防渗墙使用年限估算公式反算防渗墙厚度，防渗墙使用年限与大坝一致，根据《水利水电工程合理使用年限及耐久性设计规范》（SL 654—2014），本工程为Ⅲ等中型工程，合理使用年限为50年。通过计算，$a=1.54\text{m}^3/\text{kg}$时，防渗墙厚度$b=1.12\text{m}$；$a=2.2\text{m}^3/\text{kg}$时，防渗墙厚度$b=0.79\text{m}$。从耐久性要求来讲，混凝土厚度不宜小于0.79m。

（3）容许水力梯度。防渗墙在渗透作用下，其耐久性取决于机械力侵蚀和化学溶蚀作用，因为这两种侵蚀破坏作用都与水力梯度密切相关。目前防渗墙厚度主要依据其容许水力梯度、工程类比和施工设备确定，计算公式为式（3-2）。

国内黄河小浪底工程混凝土防渗墙设计容许水力坡降取92，新疆下坂地坝基混凝土防渗墙设计容许水力坡降取80。本工程参照下坂地工程，防渗墙允许渗透坡降取80，选用1m厚混凝土防渗墙进行防渗处理，比照西藏旁多水利枢纽坝高72.3m，混凝土防渗墙最大墙深158m，厚度1.0m，厚度比较合理。

本工程根据混凝土防渗墙允许水力坡降确定防渗墙厚度为1.0m，防渗墙强度设计值采用C30混凝土，抗渗等级W10，入槽坍落度18～22cm。孔位中心允许偏差不大于3cm，孔斜率不大于0.4%，遇有含孤石、漂石的地层及基岩面倾斜度较大等特殊情况时，其孔斜率应控制在0.6%以内；一、二期槽孔接头采用拔管法工艺，保证接头连接质量及有效墙厚。防渗墙施工质量合格标准按渗透系数不大于3×10^{-7}cm/s（或小于1Lu）控制。

3. 封闭式“上墙下幕”方案

封闭式“上墙下幕”方案，即在一定深度范围内采取悬挂式混凝土防渗墙下接帷幕灌浆防渗方案。设计分别采用“上部80m防渗墙＋下部70m帷幕灌浆”“上部100m防渗墙＋下部50m帷幕灌浆”和“上部120m防渗墙＋下部30m帷幕灌浆”三种方案进行渗流分析计算，计算结果见表4-16。

表4-16　沥青混凝土心墙坝＋防渗墙＋帷幕渗流分析计算成果

	防渗深度/m	单宽渗漏量/(m³/d)	推测水库日均渗漏量/(m³/d)	占多年平均日径流量比值/%	下游出逸比降（允许值0.1）
心墙坝＋防渗墙＋帷幕灌浆	0	271.63	70623.80	25.52	0.57
	80＋110	6.42	1669.20	0.60	0.02
	100＋80	6.03	1567.80	0.57	0.02
	120＋60	5.61	1458.60	0.53	0.02

从渗流计算成果来看，各种组合方式均能满足水库蓄水和坝基渗透稳定的要求，防渗墙深度对水库渗漏量和下游出逸点渗透坡降影响较小。根据《水利水电工程混凝土防渗墙施工技术规范》（SL 174—2014）将混凝土防渗墙适用深度由70m提高到100m，随着国内防渗墙施工技术水平的提高，设计认为目前国内平均先进的防渗墙施工水平在100m左右，超过此深度，施工难度将加大，防渗墙单位造价也会随之增加。因此，选定100m混凝土防渗墙＋下部50m帷幕灌浆的组合方式，帷幕灌浆和防渗墙设计与前面所述一致，即1.0m厚混凝土防渗墙，6排帷幕灌浆。

4. 封闭式垂直防渗方案比较

对上述3种封闭式防渗方案分别采用理正、GEO-STUDIO（SEEP/W）两款软件进行渗流分析，验证各方案的防渗效果，成果如下：

（1）理正渗流分析。对上述三种封闭式垂直防渗方案进行有限元渗流分析，其渗流计算结果见表4-17，各方案下准流网如图4-16～图4-18所示。

表4-17　封闭式垂直防渗方案渗流分析计算成果（理正）

方　案	防渗深度/m	单宽渗漏量/(m^3/d)	水库日均渗漏量/(m^3/d)	占多年平均日径流量比值/%	下游出逸比降（允许值0.1）
防渗墙	180	5.28	1372.80	0.50	0.01
帷幕灌浆	180	6.76	1757.60	0.64	0.02
上墙下幕	100+80	6.03	1567.80	0.57	0.02

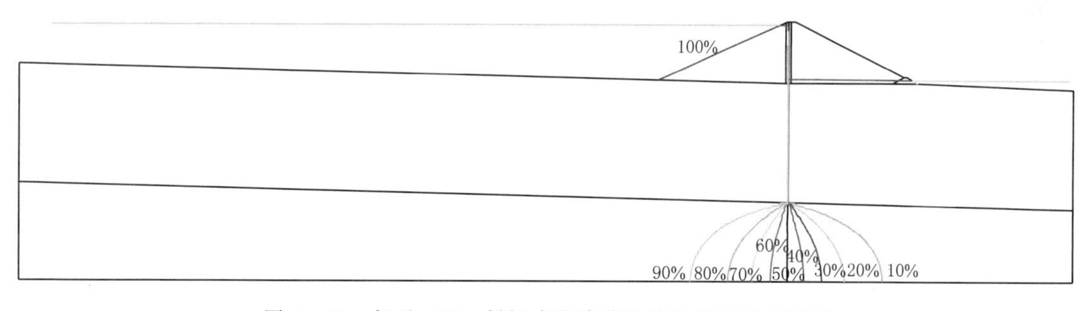

图4-16　坝基180m封闭式防渗墙防渗工况下准流网图

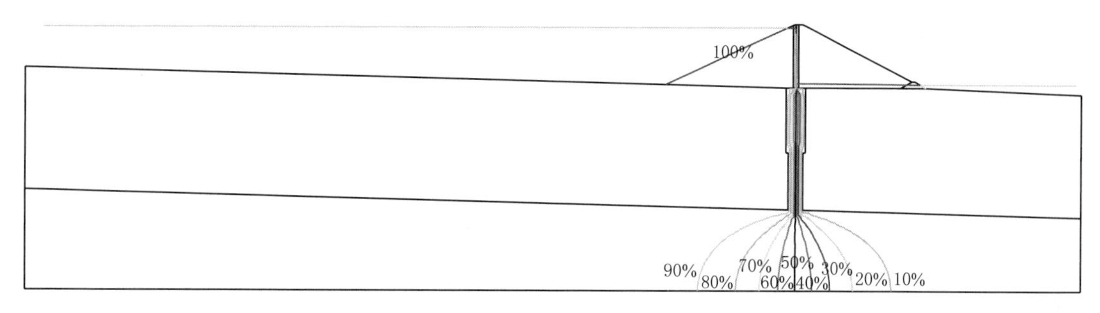

图4-17　坝基180m封闭式帷幕灌浆防渗工况下准流网图

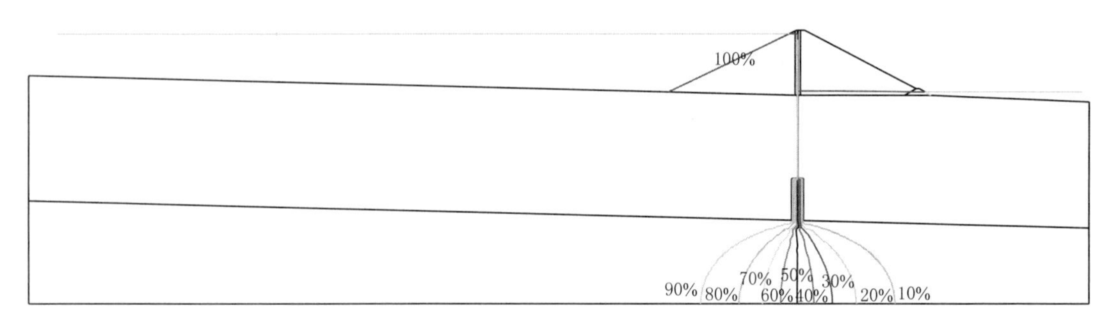

图 4-18　坝基封闭式上墙下幕防渗工况下准流网图

从表 4-17 渗流分析成果来看，三种方案防渗效果差别不大，均能满足水库允许渗漏量和覆盖层坝基渗透稳定要求，从渗漏量大小来看，防渗墙方案效果最好。

(2) SEEP/W 渗流分析。SEEP/W 是加拿大 GEO-SLOPE 公司岩土分析软件 GeoStudio 下的一个渗流分析模块。通过计算，各方案下位势分布见图 4-19～图 4-21，渗透坡降等值线图见图 4-22～图 4-24，各方案坝体和坝基各分区的最大渗透坡降如表 4-18 所示，其渗流量计算结果见表 4-19。

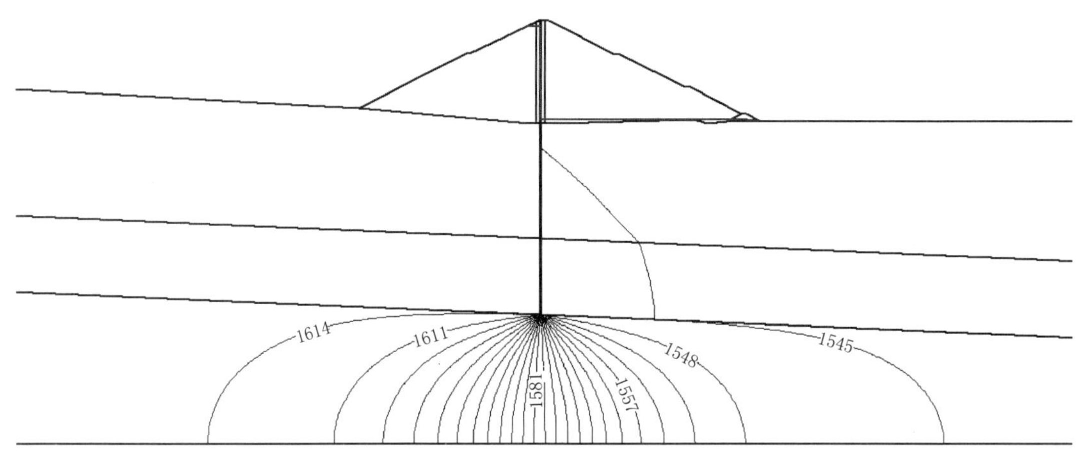

图 4-19　坝基封闭式防渗墙防渗工况下位势分布图

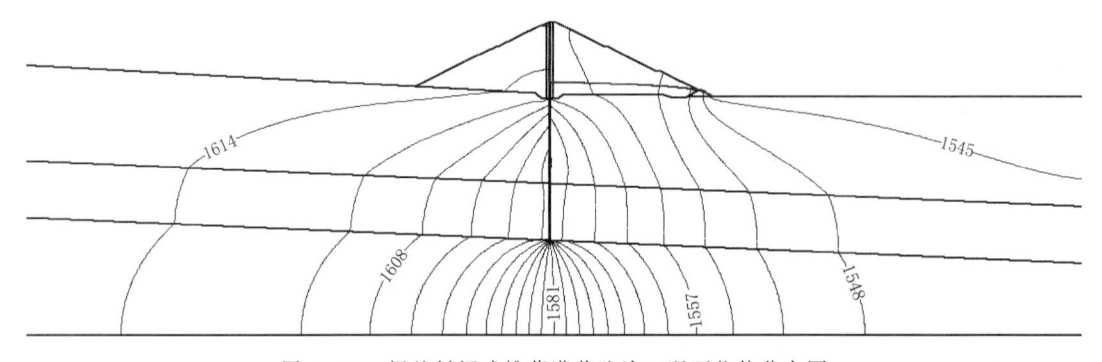

图 4-20　坝基封闭式帷幕灌浆防渗工况下位势分布图

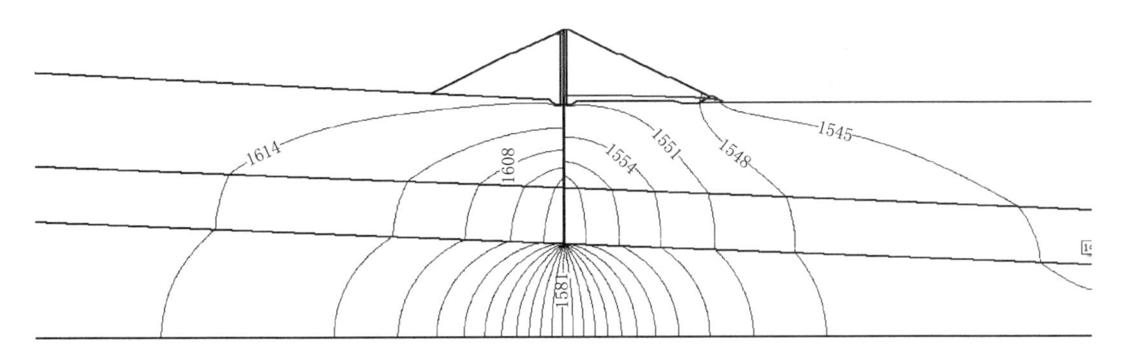

图 4-21 坝基封闭式上墙下幕防渗工况下位势分布图

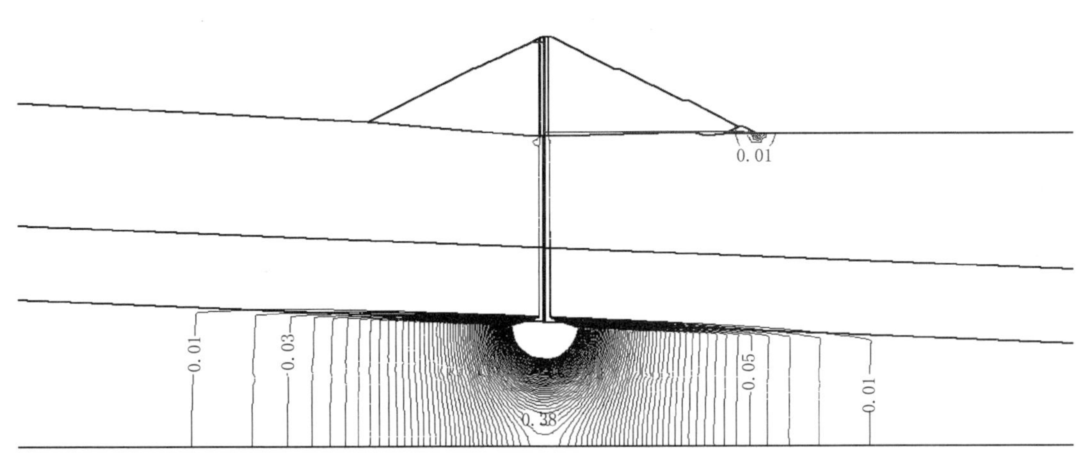

图 4-22 坝基封闭式防渗墙防渗工况下渗透坡降等值线图

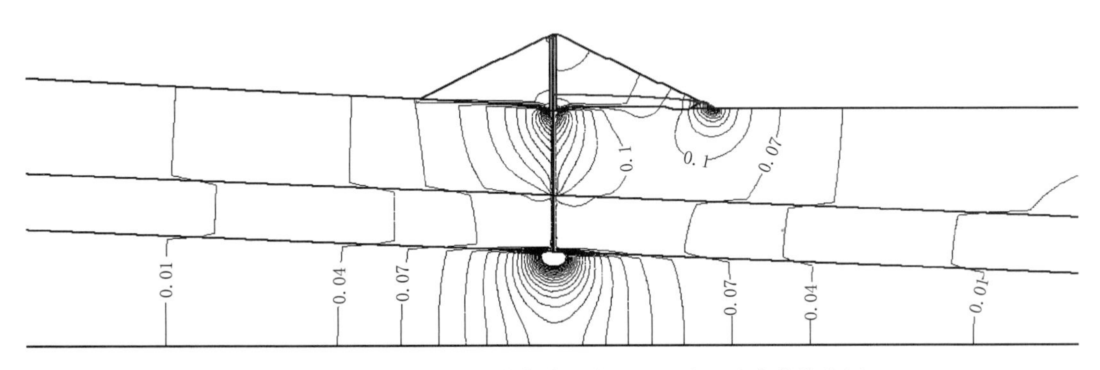

图 4-23 坝基封闭式帷幕灌浆防渗工况下渗透坡降等值线图

表 4-18　　坝体和坝基各分区的最大渗透坡降

方　案	防渗深度/m	沥青心墙（允许值 80）	防渗墙/帷幕体（允许值 80/6）	砂砾料坝壳（允许值 0.1）	下游出逸比降（允许值 0.1）
防渗墙	180	59.670	35.141	0.0073	0.0235
帷幕灌浆	180	49.05	25.33	0.0522	0.0517
上墙下幕	100+80	52.5	30.13/5.4	0.0264	0.0260

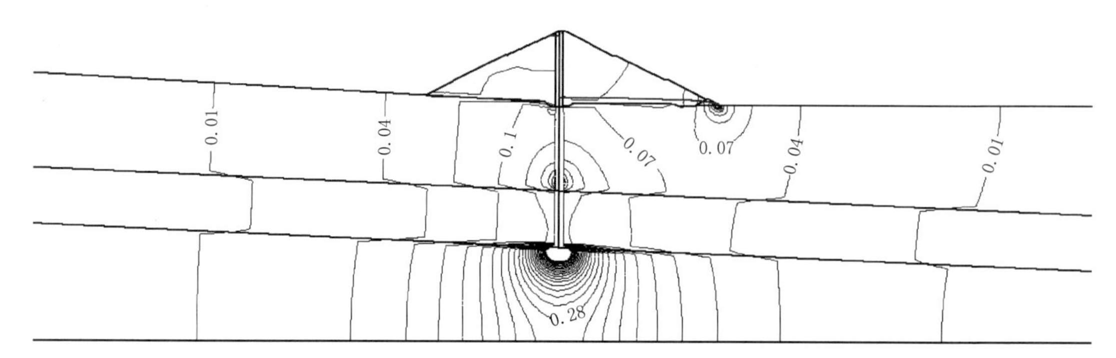

图4-24　坝基封闭式上墙下幕防渗工况下渗透坡降等值线图

表4-19　　封闭式垂直防渗方案渗流分析计算成果（SEEP/W）

方　案	防渗深度/m	单宽渗漏量/(m^3/d)	推测水库日均渗漏量/(m^3/d)	占多年平均日径流量比值/%
防渗墙	180	5.28	1674.00	0.60
帷幕灌浆	180	6.76	2324.35	0.84
上墙下幕	100+80	6.03	2075.34	0.75

通过表4-18和表4-19分析可知，三种防渗方案下坝体和坝基各区渗透坡降均小于材料允许值，水库渗漏量都在1%的允许范围之内。两款软件计算成果略有不同，但基本趋势一致，三种防渗方案均能达到要求的防渗效果，防渗墙方案的防渗效果略好。

深厚覆盖层中做灌浆帷幕，当帷幕较深时施工工序和工艺较为复杂；并且对于深厚覆盖层上的高坝，不仅帷幕厚度大，灌浆孔排数多，灌浆部位较深，还需要设置灌浆廊道，施工难度大，工期长。防渗墙与帷幕灌浆相结合使用时，不仅施工技术要求较高，且深部灌浆质量很难控制，防渗墙和帷幕灌浆结合部位易出现质量问题。使用混凝土防渗墙方案，施工技术较为成熟，墙体槽孔连接可靠，多种质量检测方法有效确保墙体质量的真实性。并且，国内深厚覆盖层上建高土石坝大都采用混凝土防渗墙进行防渗，施工和运行经验较为丰富，施工质量检验和最终检验方法相对成熟。因此，从施工条件来看，混凝土防渗墙是最为适宜的防渗方案。

灌浆帷幕在多年运行后，容易失效，失效后需对基础进行补灌处理，需要设置灌浆廊道。防渗墙只要在施工过程中控制好施工成墙质量，设法使墙体能适应因荷载而产生的变位，更好地适应变形。并且防渗墙在施工过程中有较多手段对成墙质量进行监测，一旦墙体成型在运行过程中一般不需要维护。因此，从工程运行期维护方面来看，防渗墙方案最优。

通过对以上三种可行的防渗方案做投资分析，具体工程投资比较见表4-20。

从表4-20可知，全封闭防渗墙投资最小，“上墙下幕”方案次之，帷幕灌浆投资最大，因此，从工程投资方面来讲，防渗墙方案较优。

表 4-20　　防渗方案工程投资比较表

工　程　量	沥青混凝土心墙坝		
	防渗墙	防渗帷幕	防渗墙＋帷幕
	180m	12＋6 排	100m＋80m
大坝投资/万元	20881	20881	20881
固结灌浆/m	9200	9200	9200
帷幕灌浆/m^2	18554	241793	37279
防渗墙/m^3	24106	1853	20985.49
沥青心墙/m^3	23259	23259	23259
投资/万元	32531.2	37181.3	34129.4

表 4-21　　垂直防渗方案施工比较表

防渗方案	主 要 工 程 量	工期/月	大坝填筑工期推后工期/年	造价/万元	
方案一	防渗墙面积 2.65 万 m^2（单墙）	24	—	6047	100.00%
方案二	全帷幕灌浆，进尺 14.27 万 m	36	1	7007	115.86%
方案三	防渗墙面积 2.32 万 m^2，廊道 C25 混凝土 5075m^3，钢筋 406t，砂砾石层帷幕灌浆进尺 1.19 万 m，砂砾石层空钻 4.13 万 m	20＋15	—	6749	111.60%

注　坝体填筑推迟时间以方案三大坝开始填筑时间为基准。

从表 4-21 中可以看出，防渗墙一墙到底方案最为经济，投资为 6047 万元，其施工工期也较短，为 24 个月，该方案参照西藏旁多水电站工程，施工和防渗效果是可实现的。全帷幕方案工期最长、渗漏量最大，投资也多，不予考虑。防渗墙加帷幕方案投资为 6749 万元，施工总工期虽然较长，但是可人为加快施工进度，后期帷幕灌浆可以在灌浆廊道内施工，主要是帷幕在大坝廊道内施工，施工较为困难，另外廊道混凝土及钢筋用量较大，投资较大，对大坝变形也不利，综合考虑本次推荐一墙到底方案。

通过以上分析可知，封闭式混凝土防渗墙防渗方案在施工条件、运行期维护和工程投资方面都有一定优势，因此，推荐采用封闭式防渗墙防渗方案，混凝土防渗墙设计厚度 1.0m，最大墙深 180m。

关于基础防渗墙的设计，一般工程可考虑塑性混凝土防渗墙，其顶部与沥青混凝土心墙基座相连，根据《水工设计手册》（第 2 版）可知，塑性混凝土防渗墙容许水力梯度为 50～60，刚性混凝土防渗墙容许水力梯度为 80～100。由于大河沿坝高较高，基础为深厚覆盖层，根据计算塑性混凝土防渗墙厚度为 1.3～1.6m，而根据国内现有机械设备，防渗墙最大施工厚度仅为 1.4m 左右，因此本工程采用刚性混凝土防渗墙，结合旁多及下坂地等类似工程经验，本次设计混凝土防渗墙厚 1.0m，混凝土强度 30MPa，180d 龄期达到 35MPa，采用槽孔成墙。混凝土防渗墙在坝基清基前先行施工，在坝基清基时凿除与基座相连接的 1.0m 高混凝土，重新浇筑该混凝土防渗墙并在墙内埋设止水铜片，混凝土防渗墙与沥青心墙的连接如前所述。

4.5 混凝土防渗墙方案

4.5.1 设计合理性分析

1. 耐久性

根据梯比利斯研究所公式可反算出防渗墙厚度。按照《水利水电工程合理使用年限及耐久性设计规范》(SL 654—2014)，大河沿水库工程为Ⅲ等中型工程，合理使用年限为50年。通过计算，a=1.54m^3/kg时，防渗墙厚度b=1.12m；a=2.2m^3/kg时，防渗墙厚度b=0.79m。从耐久性要求来讲，混凝土厚度不宜小于0.79m。

2. 容许水力梯度

根据容许水力梯度计算方法，本工程参照下坂地工程，防渗墙允许渗透坡降J取80，选用1.0m厚混凝土防渗墙进行防渗处理，比照西藏旁多水利枢纽坝高72.3m，混凝土防渗墙最大墙深158m，厚度1.0m，厚度比较合理。

3. 墙体材料及墙厚对应力的影响

(1) 墙体材料。为了了解防渗墙墙体的弹性模量对其应力的影响，取墙厚为1m，墙体弹性模量分别为30GPa、28GPa、25.5GPa、10GPa、1.0GPa及0.5GPa，利用平面有限元方法进行了坝基防渗墙应力分析。墙体弹性模量与应力的关系平面有限元计算成果见表4-22。

表4-22 墙体弹性模量与应力的关系平面有限元计算成果 单位：MPa

墙体弹性模量	竣工期		蓄水期	
	最大压应力	最大拉应力	最大压应力	最大拉应力
30000	28.4	无	17.8	无
28000	27.8	无	17.6	无
25500	27.5	无	16.6	无
10000	23.3	无	15.6	无
1000	10.1	无	8.89	无
500	6.83	无	6.10	无

根据平面有限元计算结果，混凝土防渗墙弹性模量从25.5GPa提高到30GPa，竣工期的最大压应力变化范围为27.5～28.4MPa，蓄水期为16.6～17.8MPa，表明墙体应力在常规混凝土C30的抗压强度范围内。考虑到混凝土强度随龄期会有一定增长，槽段防渗墙墙体混凝土设计指标采用C30混凝土，抗渗等级W10，且$R_{180}\geqslant$35MPa，混凝土弹性模量为28GPa。

(2) 墙体厚度。为了研究防渗墙厚度对墙体应力的影响，取防渗墙弹性模量25.5GPa，墙厚分别取1.2m、1.0m、0.8m、0.6m进行二维有限元分析，防渗墙厚度对应力的影响见表4-23。

表 4-23 防渗墙厚度对应力的影响

防渗墙厚度/m	竣工期		蓄水期	
	最大压应力/MPa	最大拉应力/MPa	最大压应力/MPa	最大拉应力/MPa
1.2	26.7	无	16.8	无
1.0	27.8	无	17.6	无
0.8	31.1	无	21.9	无
0.6	34.2	无	23.6	无

表 4-23 计算成果表明随防渗墙厚度的增大，防渗墙的最大压应力逐渐减小。墙厚 1m 时墙体的最大压应力为 27.8MPa，从防渗墙受力角度看，采用常规混凝土、墙厚 1.0m 可满足受力要求。

4.5.2 坝基渗透变形影响分析

1. 坝址区渗流场

坝址区地下水位等值线如图 4-25～图 4-27 所示，可以看出各工况坝址区渗流场的分布规律明确，库水由水库通过坝体、坝基防渗墙和防渗帷幕、两岸防渗帷幕以及坝基深部和坝肩外部岩体渗向下游。沥青混凝土心墙下游坝体内浸润面较为平缓，呈现河床中央较低、两坝肩较高的态势，其最低位置出现在河床中央部位。

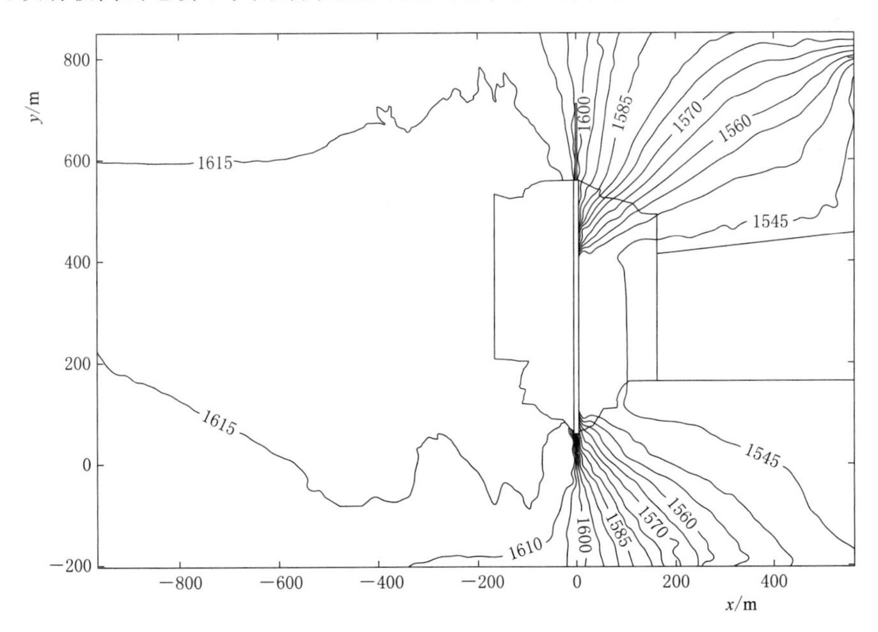

图 4-25 正常蓄水位工况地下水位等值线图

坝体剖面地下水位势分布如图 4-28～图 4-36 所示，可以看出浸润面在沥青混凝土心墙上下游形成了突降。各工况下心墙消减水头百分率情况见表 4-24，可以看出在正常蓄水位、设计洪水位、校核洪水位工况下，心墙消减水头分别为 63.78m、61.11m、63.08m，分别占总水头的 89.96%、90.00%、90.01%。可见沥青混凝土心墙和防渗帷幕及防渗墙的防渗效果是显著的。

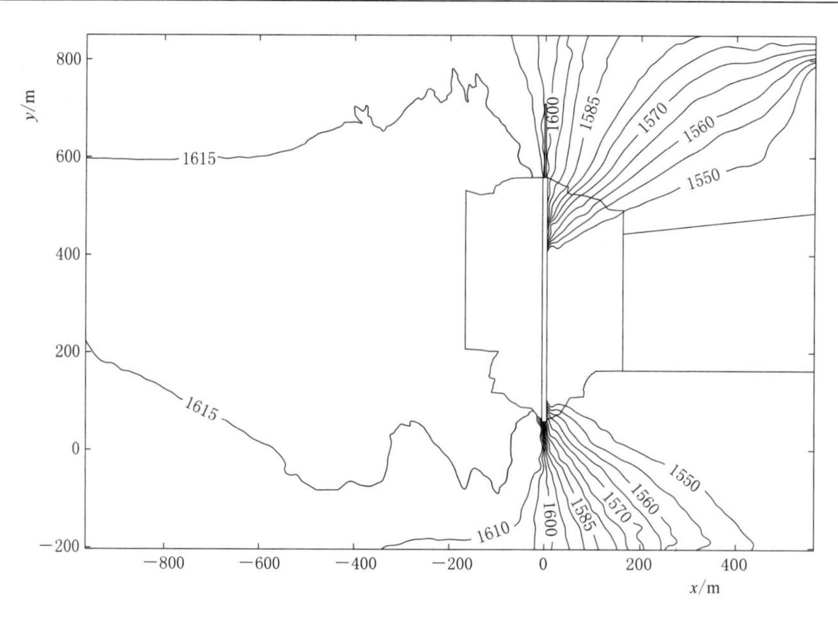

图4-26　设计洪水位工况地下水位等值线图

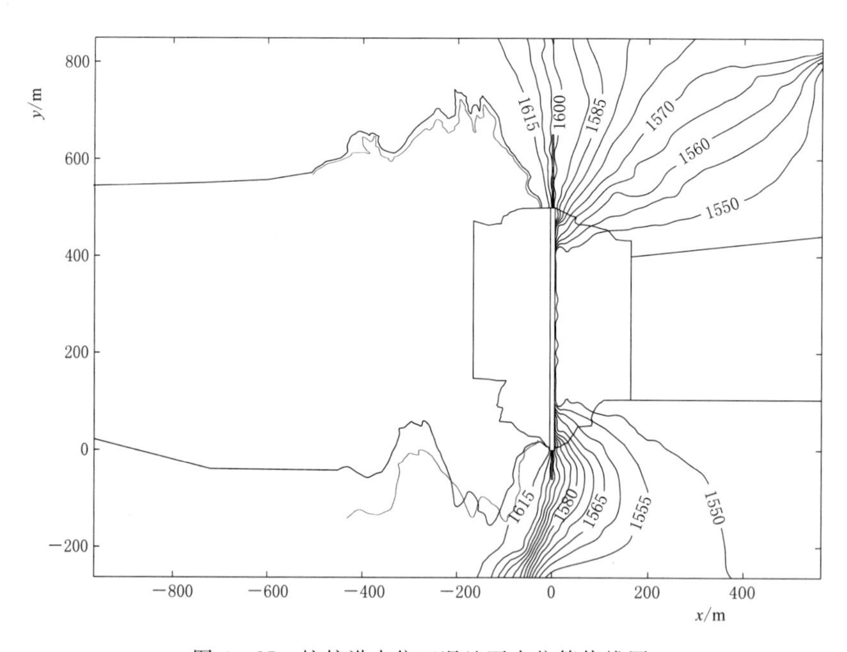

图4-27　校核洪水位工况地下水位等值线图

表4-24　　　　各工况下心墙消减水头百分率情况表

工　况	心墙内浸润面位置/m			削减水头百分率/%
	上游	下游	差值	
正常蓄水位(ZC)	1611.43	1547.65	63.78	89.96
设计洪水位(SJ)	1611.66	1550.55	61.11	90.00
校核洪水位(JH)	1614.09	1551.01	63.08	90.01

注　表中削减水头百分率$=(H_{上心墙}-H_{下心墙})/(H_{上}-H_{下})\times100\%$。

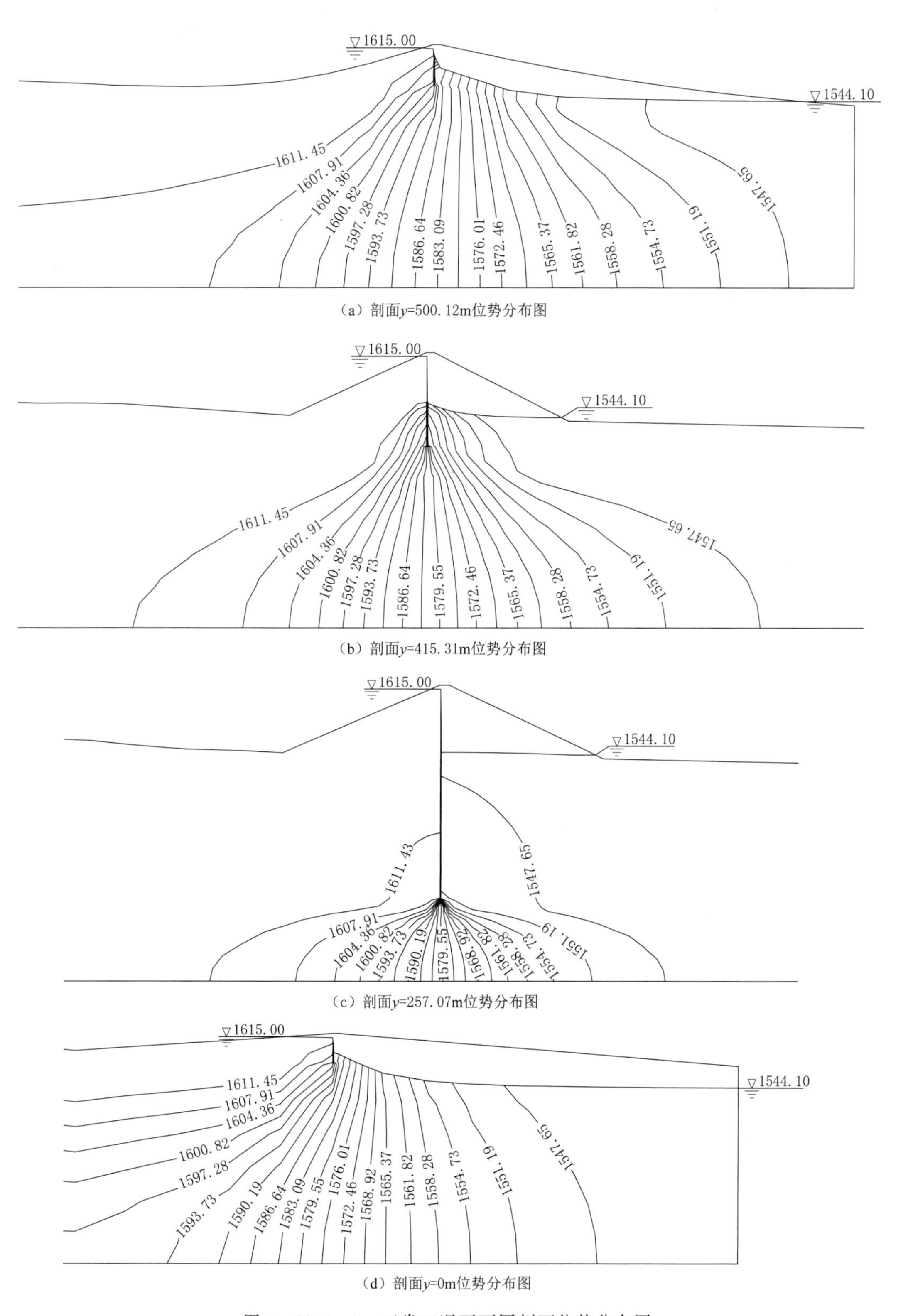

（a）剖面y=500.12m位势分布图

（b）剖面y=415.31m位势分布图

（c）剖面y=257.07m位势分布图

（d）剖面y=0m位势分布图

图 4-28（一） 正常工况下不同剖面位势分布图

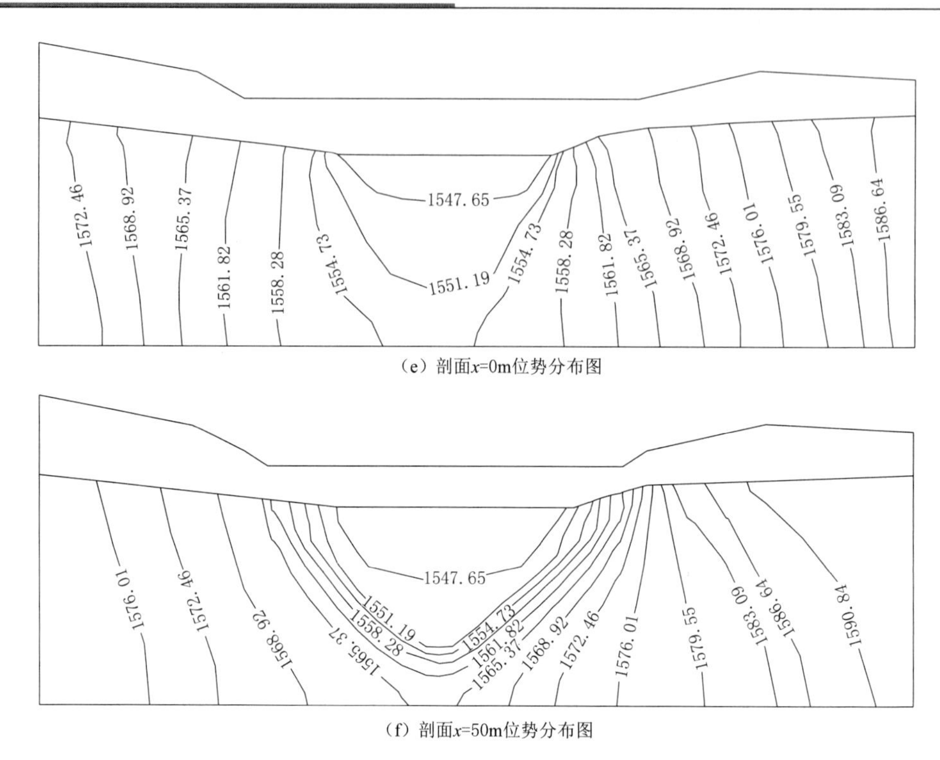

（e）剖面x=0m位势分布图

（f）剖面x=50m位势分布图

图4-28（二） 正常工况下不同剖面位势分布图

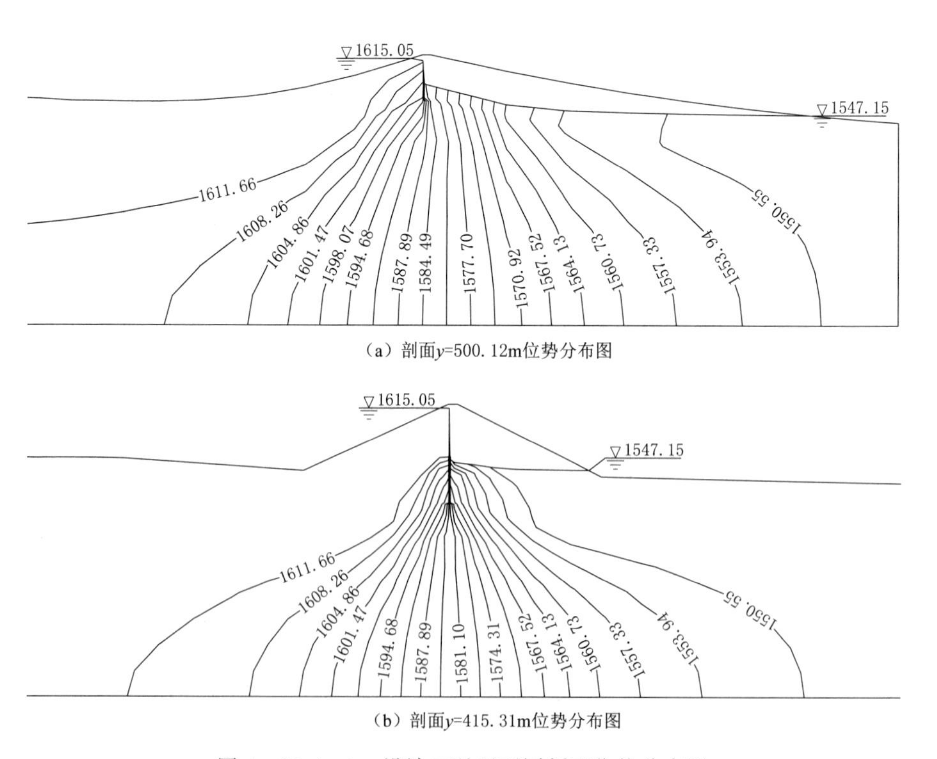

（a）剖面y=500.12m位势分布图

（b）剖面y=415.31m位势分布图

图4-29（一） 设计工况下不同剖面位势分布图

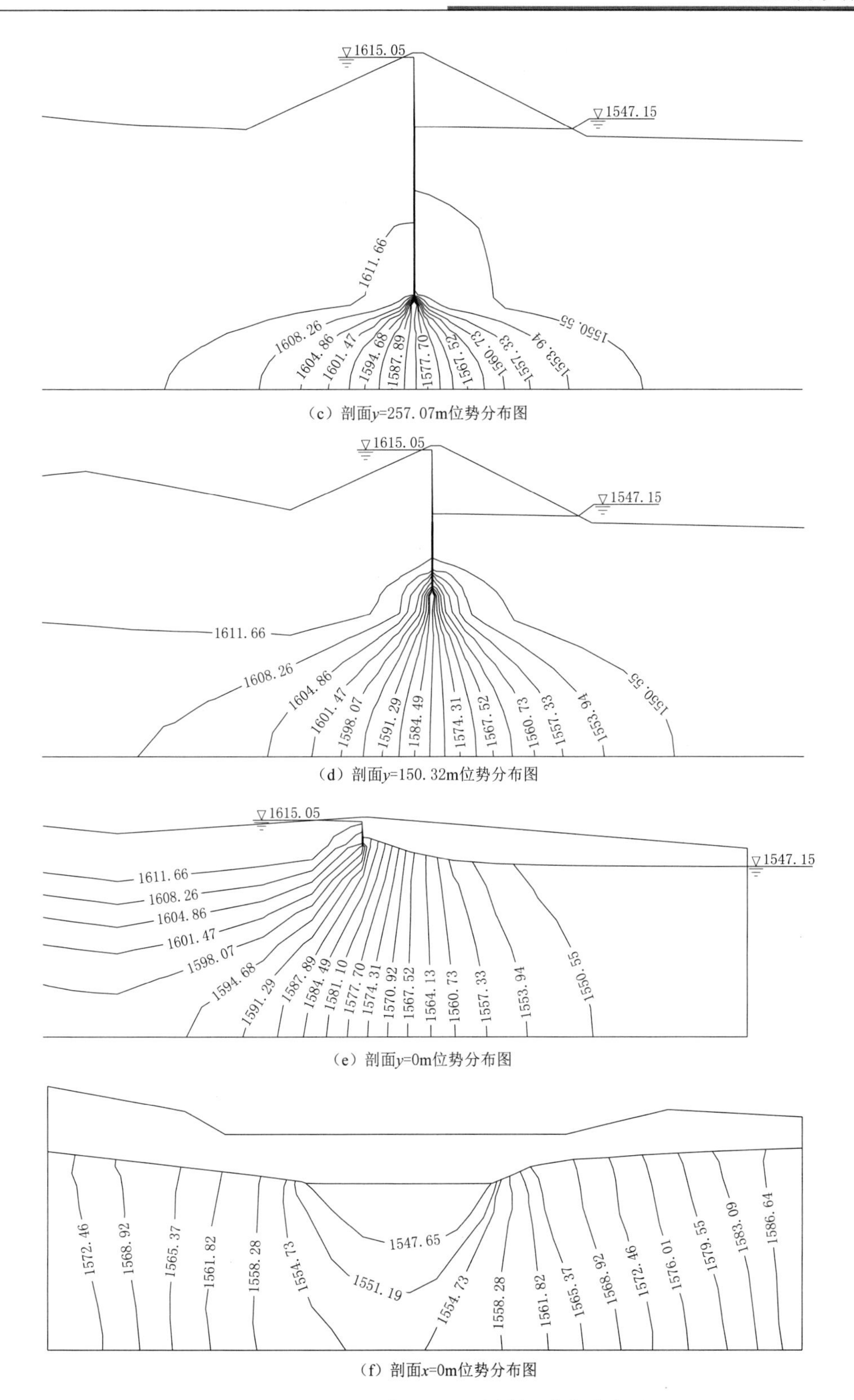

（c）剖面y=257.07m位势分布图

（d）剖面y=150.32m位势分布图

（e）剖面y=0m位势分布图

（f）剖面x=0m位势分布图

图 4-29（二） 设计工况下不同剖面位势分布图

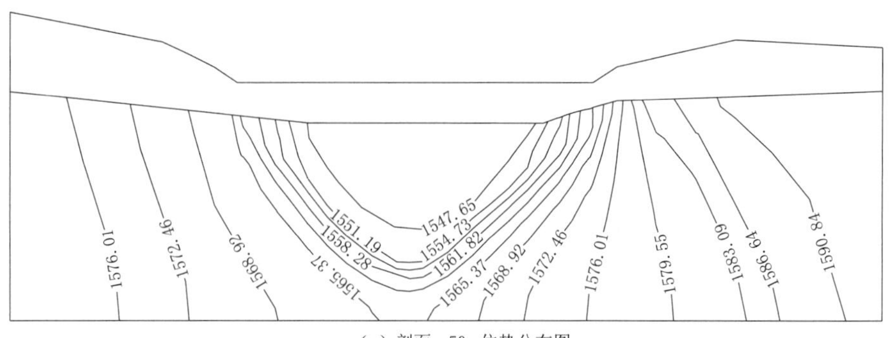

(g) 剖面x=50m位势分布图

图4-29(三) 设计工况下不同剖面位势分布图

2. 坝体和坝基的渗透坡降

由坝体和坝基各分区的最大渗透坡降见表4-25，沿河床中央坝体横剖面的渗透坡降等值线如图4-31～图4-33所示。可以看出在各种工况下，坝体沥青混凝土心墙的渗透坡降最大，防渗墙及防渗帷幕的渗透坡降较大，坝体其他料区（过渡料、排水棱体等）的渗透坡降均较小。

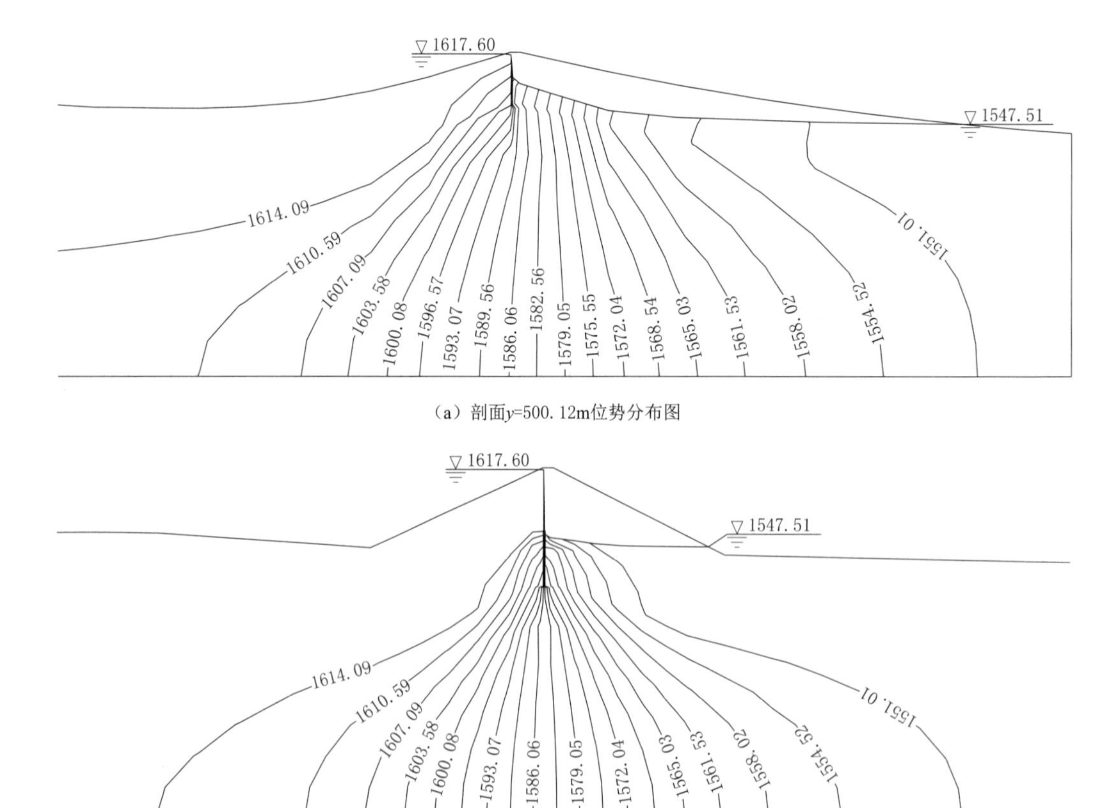

(a) 剖面y=500.12m位势分布图

(b) 剖面y=415.31m位势分布图

图4-30(一) 校核工况下不同剖面位势分布图

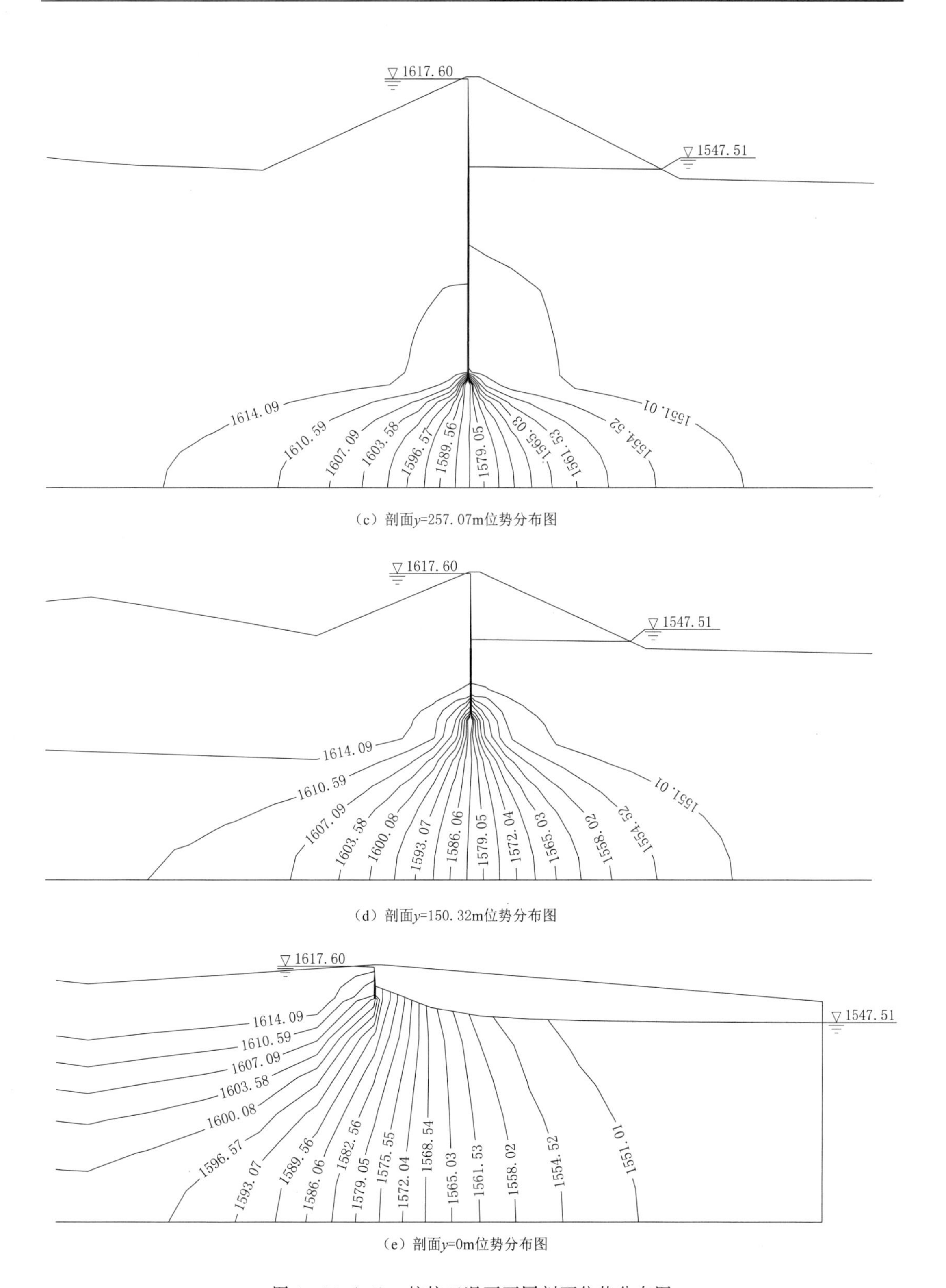

(c) 剖面y=257.07m位势分布图

(d) 剖面y=150.32m位势分布图

(e) 剖面y=0m位势分布图

图 4-30（二） 校核工况下不同剖面位势分布图

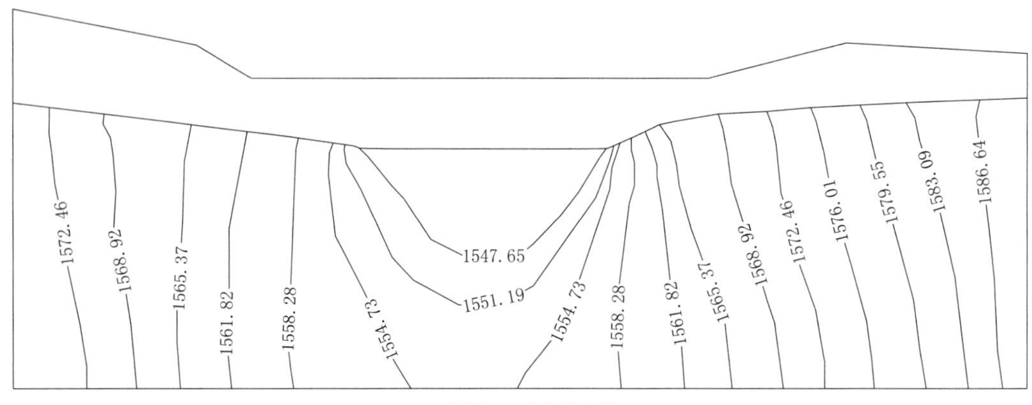

(f) 剖面x=0m位势分布图

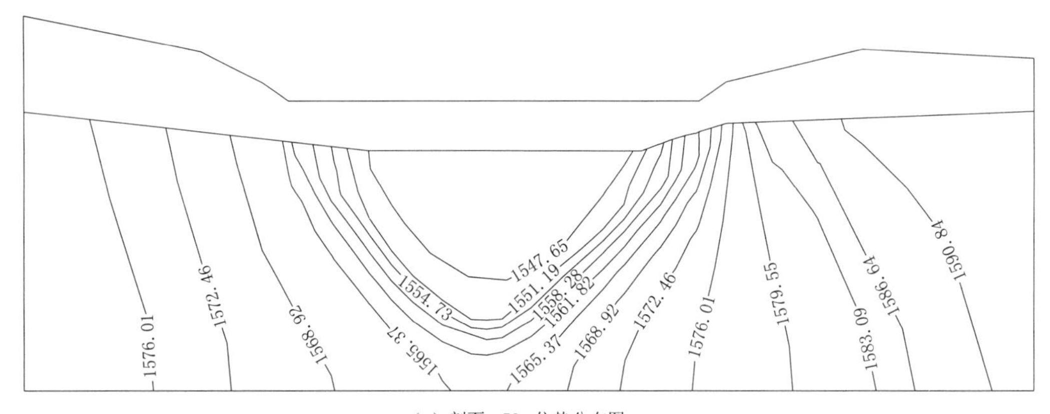

(g) 剖面x=50m位势分布图

图4-30（三）　校核工况下不同剖面位势分布图

表4-25　　　　**各工况下坝体和坝基各区的最大渗透坡降**

工　况	砂砾料坝壳	沥青混凝土心墙	混凝土防渗墙	坝肩防渗帷幕	坝坡出逸处	强风化层
正常蓄水位（ZC）	0.0198	84.96	63.80	11.52	0.0452	0.572
设计洪水位（SJ）	0.0191	83.36	61.84	11.41	0.0448	0.516
校核洪水位（JH）	0.0196	83.55	62.71	11.44	0.0450	0.523

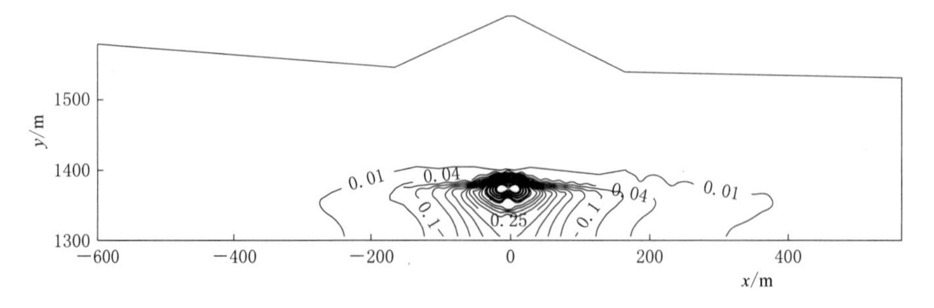

图4-31　正常工况下剖面y=257.07m渗透坡降等值线图

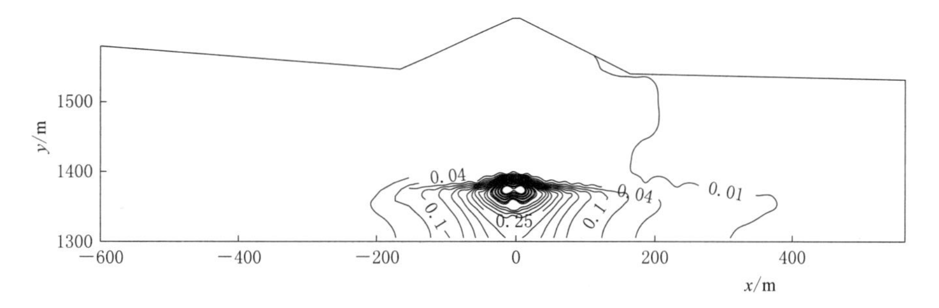

图 4-32　设计工况下剖面 $y=257.07\text{m}$ 渗透坡降等值线图

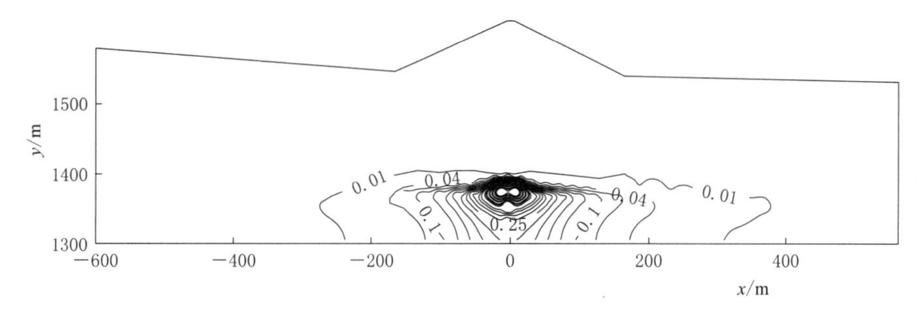

图 4-33　校核工况下剖面 $y=257.07\text{m}$ 渗透坡降等值线图

正常蓄水位工况下坝体上下游水头最大，坝体和坝基各料区的渗透坡降达到最大。砂砾料坝壳的最大渗透坡降为 0.0198，小于允许渗透坡降 0.1～0.15；沥青混凝土心墙的最大渗透坡降为 84.96，小于允许渗透坡降 100；坝基防渗墙的最大渗透坡降为 63.80，小于允许渗透坡降 80～100；坝基防渗帷幕的最大渗透坡降为 11.52，小于允许渗透坡降 15～25；坝坡出逸处的最大渗透坡降为 0.0452，小于允许渗透坡降 0.1～0.15。防渗墙底部与基础接触部位渗透坡降大于允许渗透坡降，局部可能发生渗透破坏，正常工况下 $y=257.07\text{m}$ 防渗墙底部位势分布如图 4-34 所示，可以看出局部破坏范围很小，因此可以保证渗透稳定性要求。各工况下浸润面均在下游面出逸，正常、设计、校核工况下，逸出点高程分别为 1544.10m、1547.15m、1547.51m。由此可以得出，坝体和坝基各料区均可满足渗透稳定性要求。

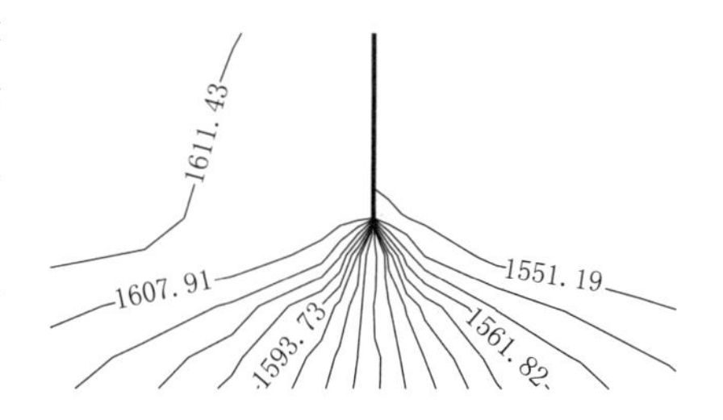

图 4-34　正常工况下 $y=257.07\text{m}$ 防渗墙底部位势分布图

3. 渗透流量

渗透流量的计算断面如图 4-35 所示，采用全封闭式防渗墙的情况下，计算区域内各分区的渗透流量见表 4-26。由于下坝址两岸地下水水位较低，与河道基本持平，绕渗明显，故渗透流量较上坝址有明显增加。由表可知，在正常工况下计算域内各部分的渗透流量达到最大，总渗透流量为 $2799.36\text{m}^3/\text{d}$。根据资料，该工程坝址区多年平均径流量为 1.010 亿 m^3，水库年渗漏损失约占多年平均径流量的 1.012%，基本在水库允许渗漏量范围之内。

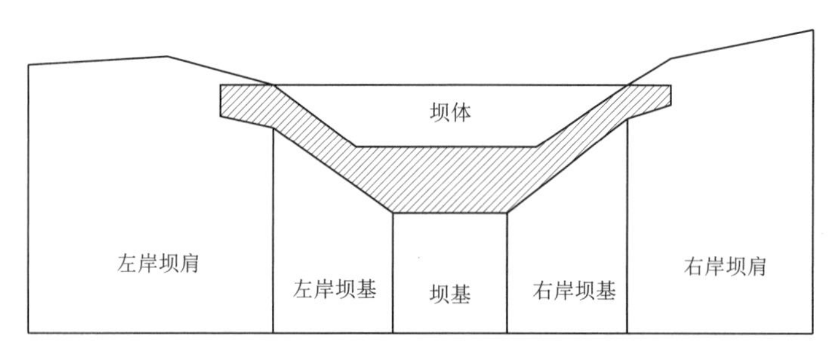

图4-35 计算渗透流量分区示意图

表4-26 各种工况下计算域内各部分的渗透流量 单位：m^3/d

工 况	坝体渗透流量	左岸坝基渗透流量	坝基渗透流量	右岸坝基渗透流量	左岸坝肩渗透流量	右岸坝肩渗透流量	总渗透流量
正常蓄水位（ZC）	40.75	502.20	367.23	575.57	685.63	627.98	2799.36
设计洪水位（SJ）	40.42	500.44	363.28	572.22	683.17	623.47	2783.00
校核洪水位（JH）	40.62	501.82	365.11	573.26	684.29	625.62	2790.72

4. 地质参数敏感性分析

在正常蓄水位工况下对覆盖层渗透系数进行敏感性分析，分别考虑将覆盖层渗透系数缩小10倍和放大10倍进行分析，计算参数和工况见表4-27，地下水位等值线和大坝标准断面$y=257.07$m位势分布图如图4-36～图4-39所示。经计算和整理，覆盖层渗透系数减小，其阻渗能力增强，但覆盖层渗透系数较防渗墙渗透系数相差很大，坝体和坝基主要以沥青心墙和防渗墙作为防渗系统，因此在计算分析的变化范围内，覆盖层渗透系数的变化对沥青心墙及防渗墙的渗透坡降影响微小，可以忽略。

表4-27 覆盖层渗透系数敏感性分析计算工况

工 况	材料名称	渗透系数/(cm/s)
正常蓄水位（ZC）	砂卵砾石（上部）	4.00×10^{-3}
	砂卵砾石（下部）	1.50×10^{-2}
设计洪水位（SJ）	砂卵砾石（上部）	4.00×10^{-4}
	砂卵砾石（下部）	1.50×10^{-3}
校核洪水位（JH）	砂卵砾石（上部）	4.00×10^{-2}
	砂卵砾石（下部）	1.50×10^{-1}

4.5.3 防渗墙设计缺陷分析

对推荐方案沥青混凝土心墙＋全防渗墙进行施工缺陷敏感性分析计算，具体计算方案如下。

1. 防渗墙接头部位下部开叉

由于防渗墙较深，施工规范考虑防渗墙施工有一定的施工偏差，本次敏感性分析计算考虑防渗墙在70m深度以下开始出现开叉，直至基岩，偏移百分比分别取0.3%、0.5%、

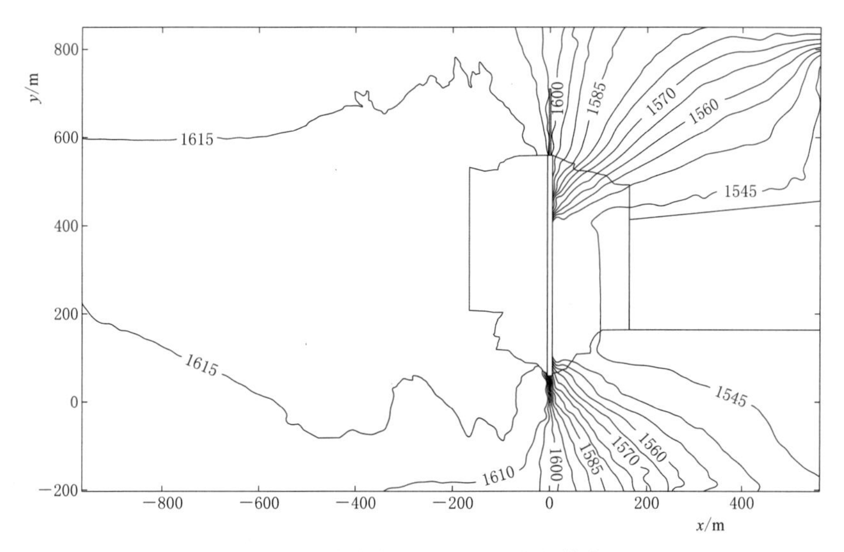

图 4-36 设计洪水位工况地下水位等值线图

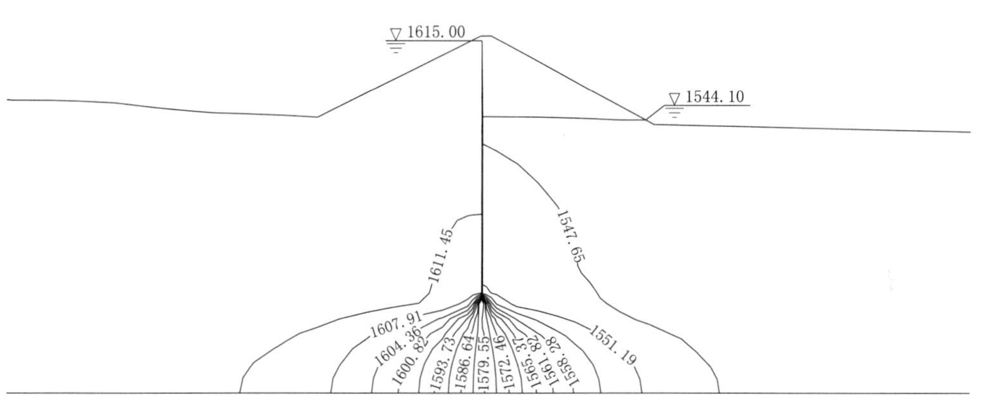

图 4-37 设计洪水位工况剖面 $y=257.07$m 位势分布图

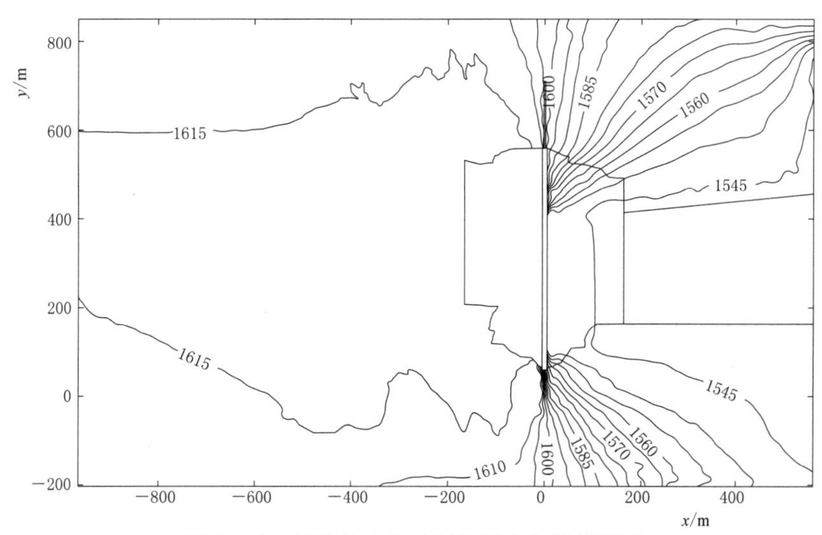

图 4-38 校核洪水位工况地下水位等值线图

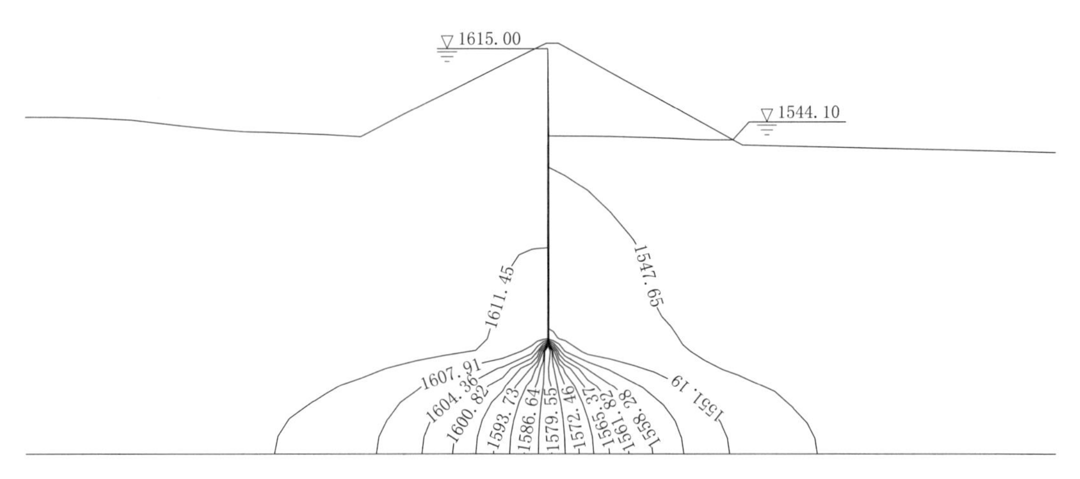

图 4-39　校核洪水位工况剖面 y=257.07m 位势分布图

1.0%，即防渗墙在底部分叉距离分别为 0.48m、0.80m、1.60m，各种工况渗漏量成果见表 4-28。

表 4-28　　防渗墙底部开叉各工况渗漏量计算成果

防渗形式	底部开叉长度/m	渗透坡降	坝体总渗漏量/m^3
沥青混凝土心墙 + 封闭式防渗墙	0.48	29.91	388.80
	0.80	23.53	1572.48
	1.60	20.86	3188.16

通过计算可知，开叉部位最大渗透坡降出现在上部最先开叉处，大于覆盖层的允许渗透坡降。因此，防渗墙上部开叉部位可能会发生渗透破坏。

当防渗墙下部开叉偏移百分比为 1.0%，即底部分叉长度达到 1.6m 时，坝体总渗漏量为 3188.16m^3，和全封闭防渗墙工况相比有明显增大，因此在防渗墙施工过程中，要严格控制防渗墙下部的偏移百分比，保证施工质量。

考虑防渗墙在 70m 深度以下开始出现开叉，直至基岩，偏移百分比取 1.0%，即防渗墙在底部分叉距离为 1.6m，开叉示意如图 4-40 所示，断面等势线分布如图 4-41 所示。通过计算可知，开叉部位最大渗透坡降为 20.86，出现在上部最先开叉处，大于覆盖层的允许渗透坡降。因此，防渗墙上部开叉部位可能会发生渗透破坏，但破坏范围较小。当防渗墙下部开叉偏移百分比为 1% 时，渗透流量为 5987.52m^3/s，和全封闭防渗墙正常运行时相比有明显增大。因此，在防渗墙施工过程中，要严格控制防渗墙下部的偏移百分比，保证施工质量。

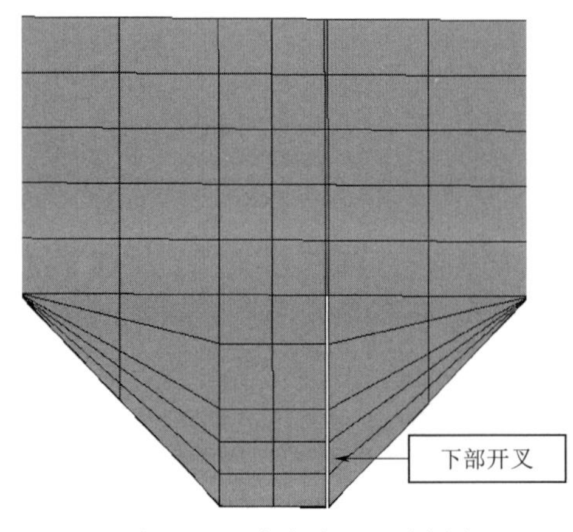

图 4-40　防渗墙开叉示意图

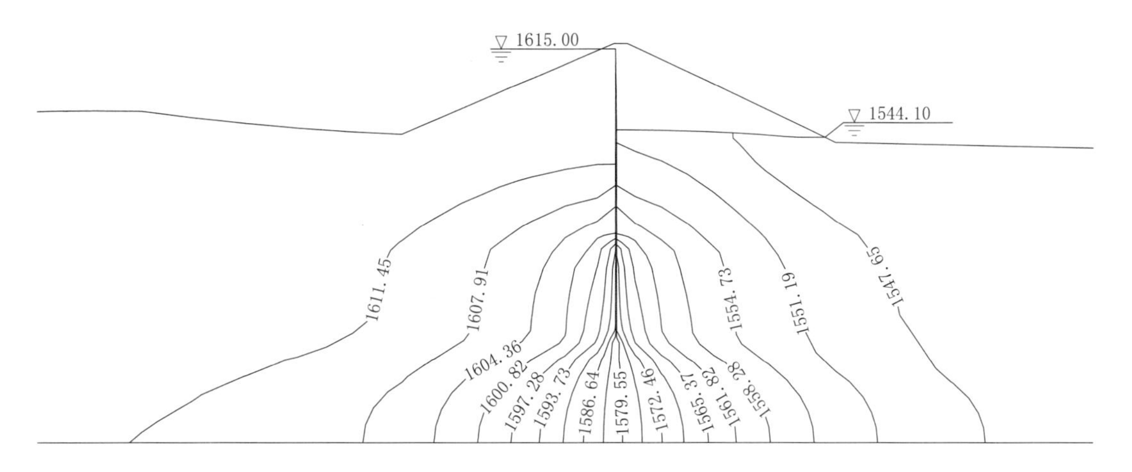

图 4-41 开叉部位剖面位势分布图

2. 防渗墙裂缝

防渗墙在施工过程中，有多种因素可能会导致局部施工缺陷，产生各种施工裂缝，为研究各种裂缝大坝坝基的渗漏影响，具体模拟如下：

（1）上部裂缝：宽度分别取 0.5cm，1.0cm，3.0cm；长度分别取 4m，8m，12m。

（2）中部裂缝（防渗墙深度约 70m 处）：宽度分别取 0.5cm，1.0cm，3.0cm；长度分别取 4m，8m，12m。

（3）底部裂缝：宽度分别取 0.5cm，1.0cm，3.0cm。

实际计算时，取裂缝宽度为 1m 等效模拟，对应材料渗透系数按相应比例缩小。各种裂缝渗漏量成果见表 4-29。裂缝示意图及计算结果如图 4-42～图 4-45 所示。

根据计算结果可知，由于裂缝尺寸很小，在防渗墙上部和中部出现细小裂缝时，渗透流量很小；由于覆盖层下部渗透系数较大，当底部出现裂缝时，渗透流量会有一定增加，但变化幅度也较小。

裂缝处的渗透坡降近似等于周围防渗墙的渗透坡降，所以都大于覆盖层允许渗透坡降，因此局部可能发生渗透破坏，当裂缝尺寸很小时，局部破坏范围较小。

综上所述，当裂缝尺寸较小时，渗透流量可以满足要求。但在施工过程中，仍然要注意保证施工质量，尽量减少施工缺陷造成的局部开裂。因为随着混凝土防渗墙裂缝宽度的加大，可能发生渗透破坏的土体单元会增多，渗流量也会随之增加。施工过程中，由于深厚防渗墙施工技术难度大，各项施工参数需要现场确定，因此需要在施工之前进行深厚防渗墙施工试验，为正式防渗墙施工确定具体相关技术参数。

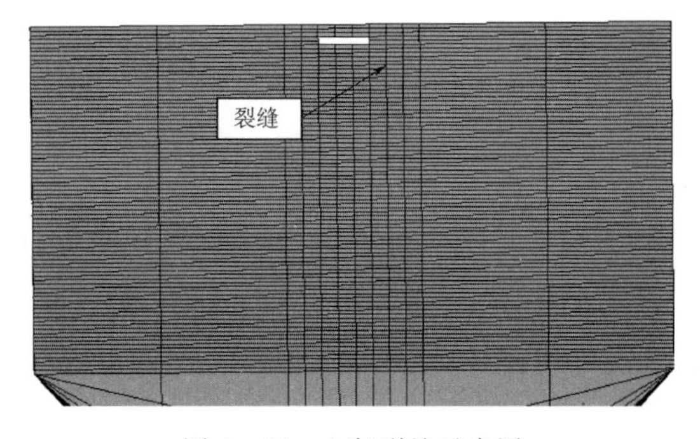

图 4-42 上部裂缝示意图

表4-29　防渗墙施工裂缝各工况渗漏量计算成果

防渗形式	裂缝位置	裂缝宽度/cm	裂缝长度/m	渗透坡降	坝体总渗漏量/m³
沥青混凝土心墙+封闭式防渗墙	上部裂缝	0.5	4	63.68	7.776
		0.5	8	63.55	13.824
		0.5	12	63.51	25.056
		1.0	4	62.33	14.688
		1.0	8	62.30	26.784
		1.0	12	62.21	32.832
		3.0	4	60.48	33.696
		3.0	8	60.45	66.528
		3.0	12	60.41	99.36
	中部裂缝	0.5	4	56.72	3.456
		0.5	8	56.66	10.368
		0.5	12	56.51	22.464
		1.0	4	55.32	13.824
		1.0	8	55.27	24.192
		1.0	12	55.20	30.24
		3.0	4	53.49	31.104
		3.0	8	53.37	64.8
		3.0	12	53.26	96.768
	底部裂缝	0.5	—	53.18	162.432
		1.0	—	52.16	411.264
		3.0	—	50.79	782.784

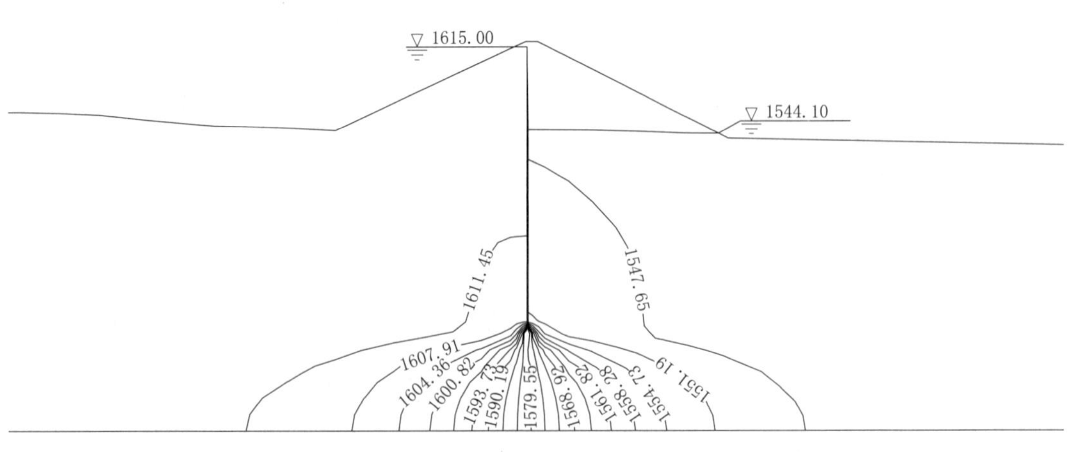

图4-43　上部裂缝部位剖面位势分布图

4.5.4 防渗墙施工技术可靠性分析

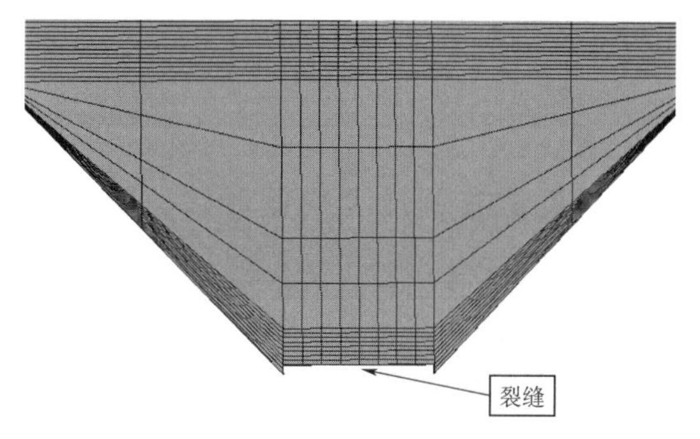

图 4-44 底部裂缝示意图

本工程根据混凝土防渗墙允许水力坡降确定防渗墙厚度为 1.0m，墙顶高程 1542.3m，底部深入基岩 1m，最大防渗墙深 186m，入槽坍落度 18～22cm。混凝土防渗墙造孔采用“钻抓法”成槽工艺，抓斗抓取副孔施工效率高，抓斗与冲击钻机互相配合完成槽孔开挖。接头孔分别进行了“双反弧”和“拔管法”两种接头型式的试验，“双反弧”接头使用了双反弧钻头，“拔管法”接头型式接头管的起拔采用中国水利水电基础工程局自行研制的 BG-1000 型拔管机。孔位中心允许偏差不大于 3cm，孔斜率不大于 0.4%，遇有含孤石、漂石的地层及基岩面倾斜度较大等特殊情况时，其孔斜率应控制在 0.6%以内；一、二期槽孔接头采用拔管法工艺，保证接头连接质量及有效墙厚。防渗墙施工质量合格标准按渗透系数不大于 3×10^{-7} cm/s（或小于 1Lu）控制。

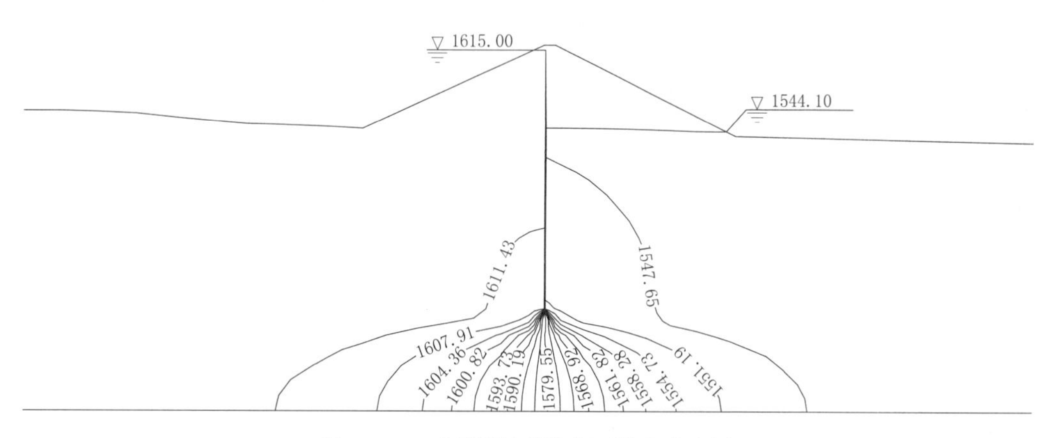

图 4-45 底部裂缝部位剖面位势分布图

造孔时，主孔由冲击反循环钻机钻进，直至设计深度。双反弧接头孔施工时，先由冲击钻机钻凿直径为 1.0m 的导孔，然后使用近弧点为 1.2m 的刚性双反弧钻头扩孔成双反弧形，直至设计深度。终孔后再用液压双反弧钻具清除两端导向孔壁上的泥皮和地层残留物，随后进行清孔和清孔验收，清孔验收合格后下设预埋灌浆管和浇筑导管，最后向导管内灌注混凝土成墙。

槽孔在钻进过程中采用膨润土泥浆固壁。膨润土泥浆由膨润土和水按一定的比例通过高速泥浆搅拌机搅拌 10min 而成，制备好膨润土泥浆放入膨化池，膨化 24h 后才使用。

在槽孔钻进过程中遇到的大块石、漂石采用槽孔内钻孔爆破或下置聚能爆破筒爆破解爆，以保证正常钻进及孔斜控制。施工中出现漏浆后，立即回填黏土和补充泥浆，然后采用冲击钻头进行冲砸，将黏土挤入漏浆地层中进行封堵。

4.6 防渗墙布置及结构设计

4.6.1 墙体布置及结构设计

对于深厚覆盖层内建造防渗墙，从成墙技术角度应用最广泛的主要是槽孔型防渗墙，即钻挖成槽防渗墙，目前最成熟的技术仍然是“两钻一抓”。按墙体材料主要分为普通混凝土、钢筋混凝土、黏土混凝土、塑性混凝土。由于防渗墙深埋于坝基覆盖层下，大坝一旦建成，埋藏于覆盖层内的防渗墙性态变化存在很多变数，目前从结构设计角度关心的问题突出在防渗墙选择、防渗墙上下游侧处理、防渗墙嵌岩深度、防渗墙顶部与上部心墙连接等方面。

4.6.1.1 防渗墙选择

塑性混凝土防渗墙在国内外应用实例较多，但国内大多仅限于除险加固对坝基防渗的处理，深厚覆盖层条件下墙深超过60m的工程国内外也不多，已知的代表性工程是伊朗卡尔黑心墙堆石坝（坝高127m、塑性混凝土防渗墙深80m），运行多年也未见有任何技术问题的报道。业界普遍认为墙体弹性模量过低，会导致墙体材料强度较低，进而使墙体的压应力发生很大变化。防渗墙深埋于天然沉积、相对密度较高的覆盖层内部，两侧约束很大，主要目的就是防渗和避免渗透破坏，施工质量可控的墙体连续、不分叉，片面追求高强度会带来投资的显著增加。但伊朗卡尔黑工程的实践表明此问题还需要进一步深入研究。

混凝土防渗墙设计的另外一个重要指标是混凝土的强度，其主要取决于防渗墙墙体的应力状况。防渗墙墙体的应力大小取决于河床覆盖层厚度、覆盖层性质及大坝高度等。计算分析及工程实践表明，防渗墙墙体的应力一部分来自上部心墙土体传来的荷重和水压力，另一部分并且是大部分来自墙体两侧的覆盖层沉降给防渗墙带来的拖曳力。深厚覆盖层上高坝的防渗墙墙体应力往往较高，需要采用较高标号的混凝土，同时为了降低防渗墙墙体应力，还希望混凝土防渗墙体材料具有低弹性模量。考虑到施工需要，要求墙体混凝土具有早期强度低、后期强度高的特点。国内外部分水库大坝混凝土防渗墙的强度统计表见表4-30。

表4-30 国内外部分水库大坝混凝土防渗墙的强度统计表

工程名称	大坝高度/m	防渗墙最大深度/m	防渗墙混凝土强度指标
铜街子	48.0	70	C35
瀑布沟	186.0	73	C40
小浪底	154.0	82	C35
冶勒	125.5	140	C45（360d龄期）
马尼克3号	107.0	130	C35
旁多	72.3	158	C20～C30
长河坝	240.0	50	C50（360d龄期）

在防渗墙混凝土强度选择上，对较均质低弹模材料、层间模量相差不大，选择C10～C15；地层沉积层复杂、物料分布不均，水力梯度较大（中、高坝）应选用C20～C30较为合适。国内外大多数工程经验表明大坝防渗墙采用强度等级较高刚性墙是合适的（表4-30）。新疆部分覆盖层上建坝采用超深防渗墙的实例见表4-31，可以看出新疆已建和在建的深度超过100m的防渗墙都选择了C30混凝土，而察汗乌苏比较特殊（防渗墙深46m、C35混凝土），主要是基于这是第一座建在深厚覆盖层上的百米级面板砂砾石坝，考虑趾板的受力特点、覆盖层不均匀沉降变形等，选择厚1.2m的C35混凝土防渗墙。大河沿水库混凝土防渗墙深度达186m，墙体应力较高，综合国内外部分深厚覆盖层上已建工程防渗墙混凝土的设计强度，选用强度等级较高（C30）的刚性混凝土防渗墙是可行的。

表4-31　　新疆部分覆盖层上建坝采用超深防渗墙的实例

序号	工程名称	坝型	坝高/m	河床覆盖层（古河槽）		防渗墙/m		建成年份
				土层性质	勘探最大厚度/m	最大深度（混凝土强度）	墙厚	
1	下坂地	沥青心墙坝	78.0	冰積砂砾石、夹砂层	148	85.0（C25）	1.0	2010
2	阿尔塔什	面板砂砾石坝	164.8	冲积砂卵砾石	93	100.0（C30）	1.2	在建
3	大河沿	沥青心墙坝	75.0	砂砾石、底部强透水	174	185.0（C30）	1.0	2018
4	托帕	沥青心墙坝	61.5	砂卵砾石	110	111.0（C30）	1.0	在建
5	38团石门	沥青心墙坝	86.0	砂砾卵石	109	122.5（C30）	1.0	在建
6	库尔干	沥青心墙坝	82.0	砂卵砾石	100	49.0（C25）	0.8	拟建
7	阿克肖	沥青心墙坝	57.5	冲洪积砂卵砾石	130	85.0（C20）	0.8	在建
8	吉尔格勒德	沥青心墙坝	101.5	砂卵砾石	37	57.5（C30）	1.0	在建
9	察汗乌苏	面板砂砾石坝	110.0	漂石、砂卵砾石	43	46.0（C35）	1.2	2008
10	奴尔	沥青心墙坝	80.0	砂砾石、西域砾岩	36.1	37.1（C20）	0.8	2018
11	柯赛依	面板堆石坝	108.0	含泥砂砾卵石层（左岸古河槽）	80	84.5（C25）	0.8	2016
12	二塘沟	沥青心墙坝	63.8	砂卵砾石	46	50.0（C20）	1.0	2015
13	坎尔其	沥青心墙坝	51.3	含漂块石的砂卵砾石	40	40.5（C15）	0.8	2003

国内外部分深厚覆盖层坝基防渗墙厚度见表4-32，可以看出，当防渗墙深度大于70m时，墙体厚度在0.55～1.30m之间，大部分在1.0～1.2m之间。大河沿引水枢纽混凝土防渗墙最大深度达186m，按工程类比经验，墙体厚度应为1.0～1.2m。并且，根据防渗墙的防渗、耐久性和容许水力梯度要求进行综合比选分析，表明防渗墙厚度为1.0m最优。综合来看，大河沿水库坝基混凝土防渗墙厚度为1.0m是较为合理可靠的。

表4-32　　国内外部分深厚覆盖层坝基防渗墙厚度统计表

序号	国家	工程名称	坝　型	坝高/m	覆盖层最大厚度/m	混凝土防渗墙深度/m	墙体厚度/m
1	哥伦比亚	塞斯奎勒	心墙堆石坝	52.0	100	76	0.55
2	加拿大	马尼克3	土心墙土石坝	107.0	126	131	0.6

续表

序号	国家	工程名称	坝　型	坝高/m	覆盖层最大厚度/m	混凝土防渗墙深度/m	墙体厚度/m
3	中国	小浪底	心墙堆石坝	154.0	80	82	1.2
4	中国	瀑布沟	心墙堆石坝	186.0	75	70	1.2
5	中国	泸定	土心墙堆石坝	85.5	148	110	1.0
6	中国	狮子坪	土心墙堆石坝	136.0	110	90	1.3
7	中国	跷碛	土心墙堆石坝	125.5	72	70.5	1.2
8	中国	斜卡	面板坝	108.5	100	82	1.2
9	中国	冶勒	沥青混凝土心墙	125.5	400	140	1.0～1.2
10	中国	黄金坪	沥青混凝土心墙	95.5	130	101	1.0
11	中国	下坂地	沥青混凝土心墙	78.0	150	85	1.2
12	中国	旁多	沥青混凝土心墙	72.3	400	158	1.0

4.6.1.2　防渗墙上下游测处理

为了增强土质心墙或沥青混凝土心墙下部覆盖层的防渗性能以及抗变形能力，在心墙底部与防渗墙顶部上下游一定范围内增加铺盖式固结灌浆，增强覆盖层与防渗墙上部的整体性。大河沿水库坝基混凝土防渗墙最大墙深达到186m，采用C30强度等级的混凝土，为保证坐落在河床覆盖层与混凝土防渗墙顶面的沥青混凝土心墙的稳定性，必须对防渗墙上下游一定范围内河床砂卵砾石覆盖层进行处理，以增强覆盖层与防渗墙上部的整体性，减少不均匀沉降，提高抗变形能力，从而保证沥青混凝土心墙的稳定性。

防渗墙施工前应将坝基表层含泥或者杂草树根砂卵石冻融层进行清基处理，清基厚度为1.0m，清基后对防渗墙上、下游25m范围内应以集中区采用基础强夯加振动碾压处理，沥青混凝土基座下部采用4排固结灌浆进行基础加固，总强夯面积为2.2万m^2。采用一遍点夯施工，梅花形布孔，间距3.5m，点夯夯击能为2000kN·m，单点夯击次数为12击，点夯施工完成后用振动碾碾压8遍，有效加固深度为3～4m。

4.6.1.3　防渗墙嵌岩深度

混凝土防渗墙嵌岩深度并不是完全固定的，要结合岩石的坚硬完整性或岩石的破碎程度考虑嵌岩深度；当嵌岩深度不足或因孔底淤积物厚度较大时，在较高水头下，很可能形成渗流通道，不仅达不到预期的防渗目标，还可能对大坝整体稳定性和安全性产生较大影响。

按照《碾压式土石坝设计规范》（SL 274—2020）中对混凝土防渗墙的设计原则中要求，墙底宜嵌入基岩0.5～1m。嵌岩深度过深，防渗效果会增加，但这会给施工造成困难，也会使基岩对墙体产生更多的约束，引起墙体应力的改变。嵌岩深度过浅，可能达不到预期防渗目标，并且当孔底淤积物清理质量不合格时，会进一步降低防渗墙的防渗效果。

大河沿水库坝基混凝土防渗墙嵌岩深度参考规范和国内外已建工程防渗墙嵌岩深度，并且考虑采用多种方法结合清孔，严格监管清孔质量，设置嵌岩深度为1.0m；孔深超过100m的槽孔，嵌岩深度为2.0m。

4.6.1.4 防渗墙顶部与上部心墙连接

考虑防渗墙顶部与心墙之间的变形问题，尤其是狭窄河谷、高坝等，有些工程会在防渗墙的上部设置不同长度的钢筋笼，长度大多选择5～10m，以抵抗防渗墙发生变形、生拉裂等问题。但有些工程防渗墙未做此项设计，运行也是良好的。由于升管法浇筑工艺的限制，防渗墙顶部5m以下范围容易产生浇筑不均匀、墙体质量差的问题，而防渗墙顶部大多需要与顶部盖板、基座或趾板等进行连接，较好的墙体质量就显得较为重要。一般情况下建议还是考虑设置5～10m左右的钢筋笼。

国内外修建于深厚覆盖层上的高土石坝心墙与防渗墙之间，采用钢筋混凝土廊道进行连接的工程为数不多。设置钢筋混凝土廊道，可以加快施工工期，但由于复杂河谷地形及上部坝体自重和水压力的作用，可能会造成由于防渗墙复杂的变形分布使得廊道受力条件恶化的问题。防渗墙顶部设置基座直接与沥青混凝土心墙相连接，结构简单，可改善基座与防渗墙的应力分布，降低其最大拉应力值，对大坝的应力和变形有利。但取消廊道后，由于坝基帷幕灌浆干扰大坝施工，将导致工程建设工期的延长，一般需要在截流前安排进行坝基防渗和帷幕灌浆施工。目前修建的百米级沥青混凝土心墙坝均没有再单独设置灌浆廊道，大河沿水库也未设置灌浆廊道，防渗墙与心墙直接通过混凝土基座进行连接。

4.6.2 应力应变分析

4.6.2.1 计算工况

结构计算工况见表4-33。

表4-33 结构计算工况表

计算工况	上游水位/m	计算工况	上游水位/m
稳定工况	1615.00（正常蓄水位）	稳定工况	1617.60（校核洪水位）
	—（施工完工围堰挡水）	地震工况	1615.00（正常蓄水位）

4.6.2.2 坝基岩体、坝体各分区结构参数

根据提供的工程地质和水文地质资料，计算区域内所涉及材料的结构参数见表4-34。其中，计算模型中涉及的计算参数，均按照地质室内和室外试验成果，部分材料结构参数根据工程类比选取。

表4-34 各种材料的邓肯—张模型（*E*—*B*）参数表

材　料	重度/(kN/m³)	摩擦角/(°)	黏聚力/kPa	破坏比	弹性模量基数	弹性模量指数	体积模量基数	体积模量指数	回弹模量基数
覆盖层（表层）	19.5	28.0	5.0	0.75	1300	0.44	1200	0.500	2250
覆盖层	20.0	30.0	5.0	0.75	1500	0.44	1200	0.500	2250
过渡料	21.0	32.0	10.0	0.75	1000	0.45	950	0.200	1500
沥青混凝土心墙	23.0	25.0	200.0	0.71	360	0.30	150	0.150	—
坝壳砂砾料	21.0	36.0	20.0	0.75	900	0.56	620	0.370	1200

4.6.2.3 有限元计算原理

非线性有限元法按位移求解时的基本平衡方程为

$$[K(u)]\{u\}=\{R\} \tag{4-4}$$

式中 $[K(u)]$——整体劲度矩阵；

$\{u\}$——结点位移列阵；

$\{R\}$——结点荷载列阵。

该方程采用增量初应变法迭代求解，其基本平衡方程式为

$$[K]\{\Delta u\}=\{\Delta R\}+\{\Delta R_0\} \tag{4-5}$$

式中 $\{\Delta u\}$——结点位移增量列阵；

$\{\Delta R\}$——结点荷载增量列阵；

$\{\Delta R_0\}$——初应变的等效结点荷载列阵。

为了符合荷载的实际情况，根据施工步骤和不同的水库蓄水高度把荷载分级，采用增量荷载；在每一级荷载增量下，采用该级荷载下的平均应力所对应的平均（中点）弹性常数，从而把非线性问题逐段线性化。计算时采用中点增量法，以提高非线性有限元的迭代计算精度。

由于坝体（含堆石体各分区、混凝土基座、心墙等）、地基覆盖层、基岩等不同材料所对应的应力应变特性是不同的，故采用不同的本构模型。程序中设置了线弹性模型、非线性弹性模型（邓肯—张 E—ν 模型和邓肯—张 E—B 模型）、非线性接触面模型、薄层单元模型等，以便较好地模拟坝体各种材料和构造。有限元的基本单元采用八结点六面体单元，填充单元包括六结点五面体单元和四结点四面体单元两种。

坝体与地基覆盖层材料按非线性材料考虑，计算模型常用邓肯—张（E—ν 和 E—B）非线性弹性模型，主要计算公式如下：

切线弹性模量为

$$E_t=Kp_a(1-R_fS)^2\left(\frac{\sigma_3}{p_a}\right)^n \tag{4-6}$$

切线泊松比为

$$\nu_t=\frac{\nu_i}{\left[1-\dfrac{D(\sigma_1-\sigma_3)}{E_i(1-R_fS)}\right]^2} \tag{4-7}$$

或

$$\nu_t=\nu_i+(\nu_{tf}-\nu_i)S \tag{4-8}$$

切线体积模量为

$$K_t=K_bp_a\left(\frac{\sigma_3}{p_a}\right)^m \tag{4-9}$$

内摩擦角为

$$\varphi=\varphi_0-\Delta\varphi\log\left(\frac{p}{p_a}\right) \tag{4-10}$$

卸荷或再加荷弹性模量为

$$E_{ur}=K_{ur}p_a\left(\frac{\sigma_3}{p_a}\right)^{n_{ur}} \tag{4-11}$$

式中破坏比为

$$R_f=\frac{(\sigma_1-\sigma_3)_f}{(\sigma_1-\sigma_3)_{ult}} \tag{4-12}$$

应力水平（剪应力比）为

$$S=\frac{\sigma_1-\sigma_3}{(\sigma_1-\sigma_3)_f} \tag{4-13}$$

初始泊松比为

$$\nu_i=G-F\log\left(\frac{\sigma_3}{p_a}\right) \tag{4-14}$$

根据若干土石坝应力变形计算的实践表明，中主应力对土石坝的应力变形有显著影响，故在土石坝三维有限元计算中，需考虑中主应力对非线性切线变形模量和切线体积模量的影响。在三维复杂应力状态下，用平均主应力 p、八面体剪应力 q 分别代替公式中 σ_3 和（$\sigma_1-\sigma_3$）。

上述各式中 p_a 为大气压力；σ_1 和 σ_3 分别为最大和最小主应力；v_i 和 v_{tf} 分别为初始和破坏时的切线泊松比；邓肯—张（E—ν）模型需要确定 c、φ、K、n、R_f、G、F、D 等 8 个参数；邓肯—张（E—B）模型参数则需要确定 c、$\Delta\varphi$（φ_0）、K、n、R_f、K_{ur}、K_b、m 等 8 个参数。这些参数都是由三轴试验确定，本工程采用邓肯—张（E—B）模型。

采用不同的材料模型进行有限元和无限元耦合分析，包括线性弹性模型、非线性弹性模型（邓肯—张 E—ν 模型和邓肯—张 E—B 模型）和黏弹性模型［广义开尔文（Kelvin）模型和伯格斯（Burgers）模型］等。有限元基本单元采用八结点六面体单元，填充单元包括六结点五面体单元和四结点四面体单元两种。接触面采用 Goodman 单元，包括八结点六面体无厚度 Goodman 单元和六结点五面体无厚度 Goodman 单元两种，分别对应于基本单元和填充单元。无限元基本单元采用八结点六面体映射单元，没有填充单元，Goodman 单元也可以用薄层单元互换。

对于线性弹性模型，采用全增量法；对于非线性弹性模型，采用中点增量法。无论是线性弹性模型还是非线性弹性模型，均可以考虑黏性流变，采用增量初应变法迭代。

根据工程的实际情况和特点，建立沥青混凝土心墙砂砾石坝坝体和坝基的三维有限元模型，对竣工期和蓄水期进行坝体三维非线性静力有限元分析。根据施工进度，分 25 级模拟大坝填筑过程，分 4 级加载模拟水库水位逐渐上升的蓄水过程。研究大坝在竣工期和蓄水期的应力应变特性，主要包括坝壳砂砾料、沥青混凝土心墙和混凝土防渗墙的变形和应力。

4.6.2.4　计算模型

坝体材料（坝壳砂砾料、过渡料、沥青混凝土心墙、Ⅰ期上游围堰）和地基深厚覆盖层按非线性材料考虑，均采用邓肯—张（E—B）模型；混凝土底座和基岩按线性弹性材料考虑，采用线性弹性模型。

根据有限元法分析的要求，计算模型的边界范围如下：

（1）垂直方向地基取至河床中央基岩建基面以下约 200m，高程 1300.00m。

（2）上游边界截至坝轴线上游约 350m，下游边界截至坝轴线下游约 350m。

（3）左岸自坝端向外延伸350m，右岸自坝端向外延伸250m。

（4）坝体和坝基材料分区依据设计提供的资料，包括断面、地质剖面等。

计算坐标系规定为：X 轴为顺河向，由上游指向下游，取坝轴线为 X 轴零点；Y 轴为沿坝轴线向（横河向），由右岸指向左岸，取右岸坝轴线端为 Y 轴零点；Z 轴为垂直向，指向上方，与高程一致。

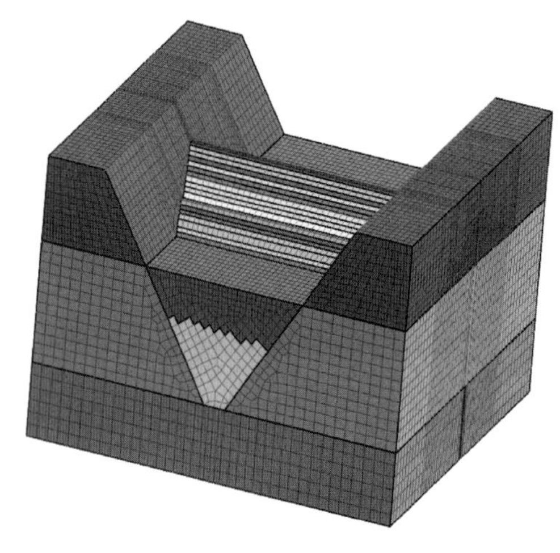

图4-46　计算模型网格示意图

采用控制断面超单元自动剖分技术，首先形成超单元，进而加密剖分形成有限单元。控制剖面根据结构的特点、分级加载和形成超单元的要求选取。生成的有限元网格结点总数为98219个，单元总数为93838个。计算模型有限元网格示意图如图4-46所示。

大坝采用连续施工的方案，即首先连续填筑坝体直到坝顶，然后再进行水库蓄水。在施工期，首先加载基岩、深厚覆盖层及混凝土盖板，然后根据坝体施工进度安排，从大坝建基面开始至坝顶逐步上升，1期地基加载，2期混凝土防渗墙及基座加载，3～9期加载至上游围堰，10～25期连续加载坝体至坝顶，总共分25级荷载模拟大坝填筑施工进程；在蓄水期，分4级荷载模拟水库水位逐渐上升的过程，每级荷载水位上升约15m，全部共有29级加载完成坝体填筑和蓄水。计算时，每一级荷载均一次性加载，采用中点增量法，以便较好地模拟加载过程。分级加载及蓄水过程见表4-35。

表4-35　有限元法计算分级加载及蓄水过程

加载次序	填筑进度	加载次序	填筑进度
第1级	地基加载，初始地应力场形成	第18级	坝体填筑至高程1593.80m
第2～8级	混凝土防渗墙、混凝土基座和围堰施工	第19级	坝体填筑至高程1597.80m
第3～9级	围堰填筑	第20级	坝体填筑至高程1601.80m
第10级	坝体填筑至高程1549.60m	第21级	坝体填筑至高程1605.80m
第11级	坝体填筑至高程1554.60m	第22级	坝体填筑至高程1609.80m
第10级	坝体填筑至高程1560.10m	第23级	坝体填筑至高程1613.80m
第11级	坝体填筑至高程1564.10m	第24级	坝体填筑至高程1617.80m
第12级	坝体填筑至高程1568.10m	第25级	坝体填筑至高程1619.70m
第13级	坝体填筑至高程1572.10m	第26级	模拟蓄水至高程1576.00m
第14级	坝体填筑至高程1576.10m	第27级	模拟蓄水至高程1590.00m
第15级	坝体填筑至高程1581.30m	第28级	模拟蓄水至高程1604.00m
第16级	坝体填筑至高程1585.30m	第29级	模拟蓄水至高程1615.00m
第17级	坝体填筑至高程1589.30m	—	—

沥青混凝土心墙、坝体砂砾料、过渡料和地基深厚覆盖层采用邓肯—张（E—B）模型（具体参数见表4-34），混凝土盖板及基岩采用线弹性模型，材料线性本构关系计算参数见表4-36。

表4-36　　材料线性本构关系的计算参数

材　料	重度/(kN/m³)	弹性模量/GPa	泊松比
混凝土底座	24	28	0.167
C30混凝土防渗墙	24	28	0.167
基岩	26	8	0.250

4.6.2.5 三维非线性静力有限元计算成果与分析

坝体和沥青心墙位移和应力的最大值、最小值等主要成果汇总见表4-37。

表4-37　　三维静力计算分析结果汇总表

项　目			竣工期	正常蓄水位	校核洪水位
坝体位移/mm	顺河向水平位移	向上游	−121.70	−81.30	−76.53
		向下游	183.20	463.60	487.20
	垂直位移	向下	−504.30	−563.10	−576.20
砂砾料坝壳应力/MPa	第一主应力	压应力	1.78	1.83	1.88
	第三主应力	压应力	0.63	1.06	1.07
	剪应力	—	0.78	0.83	0.85
防渗墙位移/mm	顺河向水平位移	向上游	−31.40	−25.60	−24.80
		向下游	25.30	342.70	349.60
	垂直位移	向下	−182.30	−149.40	−149.10
防渗墙应力/MPa	第一主应力	压应力	27.40	23.90	24.10
	第三主应力	压应力	2.52	2.31	2.320
沥青心墙位移/mm	顺河向水平位移	向上游	12.90	—	—
		向下游	28.30	370.00	373.20
	垂直位移	向下	−503.20	−493.00	−491.80
沥青心墙应力/MPa	第一主应力	压应力	1.23	1.33	1.35
	第三主应力	压应力	0.45	0.53	0.54
混凝土基座位移/mm	顺河向水平位移	向上游	—	—	—
		向下游	28.40	347.60	353.40
	垂直位移	向下	186.10	152.40	151.90
混凝土基座应力/MPa	第一主应力	压应力	7.85	8.82	8.94
	第三主应力	压应力	0.58	1.41	1.49

1. 坝壳砂砾料

从计算成果来看，坝体最大沉降都发生在河床中部靠近坝轴线的上游坝壳内，距坝顶约1/2坝高偏下处。竣工期，坝体的最大垂直位移（沉降）为−504.3mm，约占最大坝高的0.67%；顺河向指向上游的最大水平位移为-121.7mm，指向下游的最大水平位移为183.2mm。正常蓄水期，坝体的最大垂直位移（沉降）为-563.1mm，约占最大坝高的0.75%，坝址区深厚覆盖层的存在，是坝体沉降量较大的主要原因；顺河向指向上游的最大水平位移为-81.3mm，指向下游的最大水平位移为463.6mm。校核洪水位时，坝体的最大垂直位移（沉降）为-576.2mm，约占最大坝高的0.76%，顺河向指向上游的最大水平位移为-76.5mm，指向下游的最大水平位移为487.2mm。

从坝体的位移分布来看，竣工期，坝体顺河向位移基本呈对称分布。蓄水期，在水压力的作用下，坝体整体有向下游位移的趋势，对坝体顺河向水平位移影响较大：上游坝体向上游的位移减小，下游坝体向下游的位移增大。竣工期，坝体的第一主应力为1.78MPa，第三主应力为0.63MPa，最大剪应力为0.78MPa；正常蓄水位时，坝体的第一主应力为1.83MPa，第三主应力为1.06MPa，最大剪应力为0.83MPa。校核洪水位时，坝体的第一主应力为1.88MPa，第三主应力为1.07MPa，最大剪主应力为0.85MPa。坝体最大应力均发生在坝体底部附近，越靠近坝轴线，第一主应力越大。蓄水期由于水压力的作用，上游砂砾石体在孔隙水压力的作用下单元应力小于竣工期的相应单元的应力，下游砂砾石体的单元应力大于相应单元的应力值，总体上应力的变化不大。坝体应力基本上按照坝高分布，且沿沥青心墙在上下游基本成对称分布，表明坝体在目前荷载情况下是稳定的。

2. 沥青心墙

沥青混凝土心墙是一种薄壁柔性结构，本身的变形主要取决于心墙在坝体中所受的约束条件，总是随坝体一起变形，对坝体变形影响较小，但对心墙两侧坝体应力分布有较大影响。从计算结果可以看到，心墙的变形规律与坝轴线附近的砂砾石坝体的变形规律一致，即心墙总体上是随着坝体一起协调变形。

在填筑期，沥青混凝土心墙的第一主应力和竖向正应力均随着高程的降低而逐渐增大，近似于平行分布，心墙第一主应力为1.23MPa，第三主应力为0.45MPa；正常蓄水位时，沥青心墙基本上都处于受压状态，第一主应力为1.33MPa，第三主应力为0.53MPa；校核洪水位时第一主应力为1.35MPa，第三主应力为0.54MPa；坝体最大主应力均发生在沥青混凝土心墙底部。在竣工期和蓄水期，沥青心墙基本上都处于受压状态，仅在左岸、右岸顶部出现小范围内的第三主应力为负值，其最大值为0.04MPa。一般沥青混凝土心墙的极限拉伸强度为1.0～1.5MPa，弯曲拉伸强度多为2.0～3.0MPa。因此，本工程的沥青混凝土心墙的拉应力不会影响其防渗性能，且仍有较大安全储备。

由于沥青混凝土心墙的变形模量比坝壳低，因而在竣工期，坝体第一主应力拱效应较为明显；蓄水后，这种拱效应便逐渐减弱。工程设计中常以上游水压力与心墙竖向应力比值小于1.0作为不发生水力劈裂的控制标准，有时也用上游水压力与第一主应力比值小于1.0来判定水力劈裂发生与否。本工程中，任意高程心墙的第一主应力、竖向正应力均大于相应水压力，因此沥青混凝土心墙不会发生水力劈裂现象。

3. 混凝土基座

在填筑期和蓄水期，基座的竖向位移变形规律基本类似，均由两侧向中部不断增大，最大变形发生在河谷中部混凝土防渗墙的顶部。在填筑期间，基座变形以竖向变形为主；在蓄水期，随着上游水压力的不断增大，基座沿顺河向方向产生了较为明显的水平方向位移，且位移由两侧至河谷中部逐渐增大。基座两端因受河谷的约束作用，其变形较小，但中部变形却较大，导致基座局部处于受拉状态；在上游水压力和河谷约束力的共同作用下，基座的第一主应力峰值将随着其在下游方向弯曲变形的增大而增大，受拉区也将随之增大，但第三主应力在上游水压力作用下却明显减小。在填筑期，基座基本上都处于受压状态，基座第一主应力为7.85MPa，最小主应力为0.58MPa；正常蓄水位时最大主应力为8.82MPa，最小主应力为1.41MPa；校核洪水位时最大主应力为8.94MPa，最大小主应力为1.49MPa。

4. 混凝土防渗墙

在填筑期，混凝土防渗墙变形以竖向变形为主，顶部两侧竖向变形较小，中部变形大，混凝土防渗墙的主应力峰值随着覆盖层厚度的增加而增大，第一主应力峰值位于混凝土防渗墙中上部附近，防渗墙第一主应力为27.4MPa，第三主应力为2.52MPa。在正常蓄水位时，混凝土防渗墙在上游水压力和河谷约束作用力的共同作用下，整体向下游发生弯曲变形，第一主应力峰值随着上游水压力和河谷约束作用力的增加而增大，拉应力区由岸坡和底部向混凝土防渗墙内部逐渐延伸，整体受拉区范围增大；在填筑期和蓄水期，混凝土防渗墙第三主应力的分布规律基本相同，最大值均出现在墙体中部。正常蓄水位时，混凝土防渗墙在上游水压力的作用下，在水平方向上向下游位移，混凝土防渗墙因受到水平方向和轴向的弯矩作用，而使得墙体下游处于轴向和竖向受压状态，第一主应力为23.9MPa，第三主应力为2.31MPa。校核洪水位时，第一主应力为24.1MPa，第三主应力为2.32MPa。在填筑期和蓄水期，混凝土防渗墙的竖向变形规律基本相同，在岩体底部，混凝土防渗墙因受岩体支撑力的作用，其竖向变形将从底部向顶部延伸，最大变形一般发生在河谷中部处的混凝土防渗墙顶部；在水平方向，混凝土防渗墙在两侧岩体的约束作用下，其竖向变形由两侧向中部延伸。

通过上述计算成果，坝体材料采用的计算参数、坝体变形和应力的分布规律、变形和应力的极值大小等均符合一般力学规律。虽然坝高较小，但是由于深厚覆盖层的存在，因而坝体变形较大，也符合一般力学规律，强度和稳定性均满足要求。

为了改善混凝土基座的受力状态，减少顺河向位移，设计过程中拟在表层覆盖层防渗墙下游一定区域内进行灌浆加固处理。考虑到灌浆加固范围的不同，将对坝体的应力和变形特性产生影响，本文选择了三种方案，进行数值仿真模拟，模拟方案和结果见表4-38～表4-40。

表4-38　覆盖层加固范围对坝体应力和变形的影响

模拟方案	竣工期					蓄水期				
	水平位移/cm		竖向位移/cm	第一主应力/MPa	第三主应力/MPa	水平位移/cm		竖向位移/cm	大主应力/MPa	小主应力/MPa
	向上游	向下游				向上游	向下游			
不加固	14.6	21.2	65.2	2.02	1.04	0.0	59.3	52.5	1.62	0.83
防渗墙下游8m、深度12m范围固结灌浆	14.6	20.6	63.1	2.02	0.95	0.0	53.3	50.3	1.23	0.82
基座底部防渗墙下游全部加固，深度为12m	14.4	14.6	60.2	1.86	0.92	0.0	43.7	48.9	1.05	0.75

表4-39　　覆盖层加固范围对基座应力和变形的影响

模拟方案	竣工期					蓄水期				
	水平位移/cm		竖向位移/cm	第一主应力/MPa	第三主应力/MPa	水平位移/cm		竖向位移/cm	大主应力/MPa	小主应力/MPa
	向上游	向下游				向上游	向下游			
不加固	0	1.10	26.8	10.3	1.52	0.0	30.7	18.1	6.86	0.95
防渗墙下游8m、深度12m范围固结灌浆	0	1.02	24.5	7.65	1.22	0.0	28.3	16.1	4.21	1.02
基座底部防渗墙下游全部加固，深度为12m	0	1.00	23.4	5.56	1.12	0.0	24.5	14.7	3.86	0.86

表4-40　　覆盖层加固范围对混凝土防渗墙应力和变形的影响

模拟方案	竣工期					蓄水期				
	水平位移/cm		竖向位移/cm	第一主应力/MPa	第三主应力/MPa	水平位移/cm		竖向位移/cm	大主应力/MPa	小主应力/MPa
	向上游	向下游				向上游	向下游			
不加固	3.43×10^{-3}	1.02	26.8	25.6	1.53	0.0	30.7	18.1	19.1	1.45
防渗墙下游8m、深度12m范围固结灌浆	3.11×10^{-3}	0.82	23.6	23.9	6.62	0.0	28.3	15.9	17.2	1.32
基座底部防渗墙下游全部加固，深度为12m	1.59×10^{-1}	0.57	19.8	22.5	6.50	0.0	24.0	13.2	16.0	1.24

由表4-38和表4-39可以看出，在竣工期和蓄水期，随着灌浆加固范围的逐渐增大，坝体与防渗墙的水平位移明显减小，坝体与防渗墙的竖向沉降和应力状态变化幅度较小；基座的竖向位移、水平位移及大主应力、小主应力均随加固范围的逐渐增大而较大幅度减小。

由表4-40可知，在竣工期和蓄水期，覆盖层局部固结灌浆的加固范围，对防渗墙的水平向位移和应力状态影响较小。通过对基座部位覆盖层部分范围进行灌浆加固处理，可以有效降低基座应力和蓄水期防渗墙的水平位移。因此，在设计过程中在心墙基座后部设置4排灌浆孔，其中第4排位控制灌浆孔深12m，孔距1.2m；1～3排固结灌浆孔深10m，孔排距均为2m。

4.6.3　动力分析

三维动力有限元计算的网格与静力有限元计算一致。静力分析完成后，将水库水位蓄至正常蓄水位后施加地震荷载，进行地震反应分析。由于缺少实际坝址区地震资料，输入的基岩地震动加速度参考青海省工程地震研究院提供的地震加速度曲线。结合坝体抗震设计要求，以及坝址区的地质情况，参照《水工建筑物抗震设计规范》（SL 203—97），计算时将该曲线的峰值加速度进行调整，作为水平向输入地震动加速度曲线，垂直向输入地震动加速度曲线取水平向的2/3，积分计算的时间步长为0.02s。

由于篇幅限制，计算过程中仅记录了如图4-47所示的典型节点，即混凝土防渗墙5个典型节点（编号35822、36030、36027、36046、35980）的加速度反应和位移反应，以及混凝土防渗墙5个典型单元（编号33191、33216、33268、33187、33211）的应力反应，分析地震过程中防渗墙的加速度、位移、应力等的变化过程。

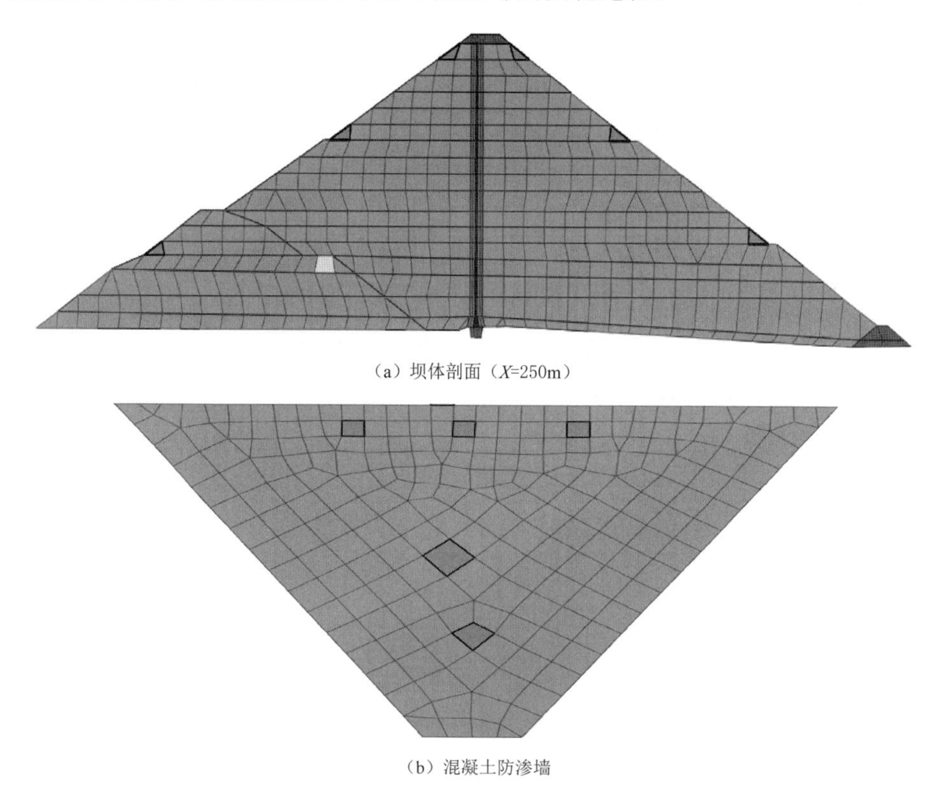

（a）坝体剖面（X=250m）

（b）混凝土防渗墙

图 4-47 地震反应记录时程曲线的单元位置

坝址区地震动峰值加速度为 0.10g，地震动反应谱特征周期为 0.40s，对应的地震基本烈度为Ⅶ度区。根据区域地震活动性及地震构造研究成果，坝址地表 50 年超越概率 5% 的最大地震动峰值加速度为 0.245g，50 年超越概率 10% 的最大地震动峰值加速度为 0.178g，坝址场地的地震基本烈度均为Ⅶ度。

本次动力计算分析采用等效非线性黏弹性模型，即假定坝体砂砾石料和地基覆盖层为黏弹性体，采用等效剪切模量和等效阻尼比这两个参数来反映土体动应力应变关系的非线性和滞后性两个基本特征，并表示剪切模量和阻尼比与动剪应变幅之间的关系。

利用 Hardin 和 Drnevich 经验公式选取坝体动力本构模型参数。综合考虑当地地质特性，选取坝料的动力特性参数见表 4-41 和表 4-42。

表 4-41　　Hardin 和 Drnevich 经验公式计算参数

材　　料	A'	γ_r	λ_{max}	n
沥青混凝土心墙	948	0.0004	0.35	0.50
上下游砂砾石料	2000	0.0004	0.26	0.53
上下游过渡料	1500	0.0004	0.31	0.51
上游围堰	2000	0.0004	0.26	0.53
深厚覆盖层	4000	0.0004	0.22	0.48

表 4-42　　材料线性动力本构的计算参数

材　料	$\frac{E_d}{E_s}$	λ	材　料	$\frac{E_d}{E_s}$	λ
混凝土底座	1.2	0.02	防渗帷幕	1.0	0.02
C25 混凝土防渗墙	1.1	0.02	基岩	1.0	0.02

根据《水工建筑物抗震设计规范》（SL 203—97），计算坝体的地震反应需考虑“正常蓄水位＋地震”工况，采用基本烈度作为设计烈度，基岩地震动水平峰值加速度取值为 $0.1g$。地震波曲线如图 4-48 所示。

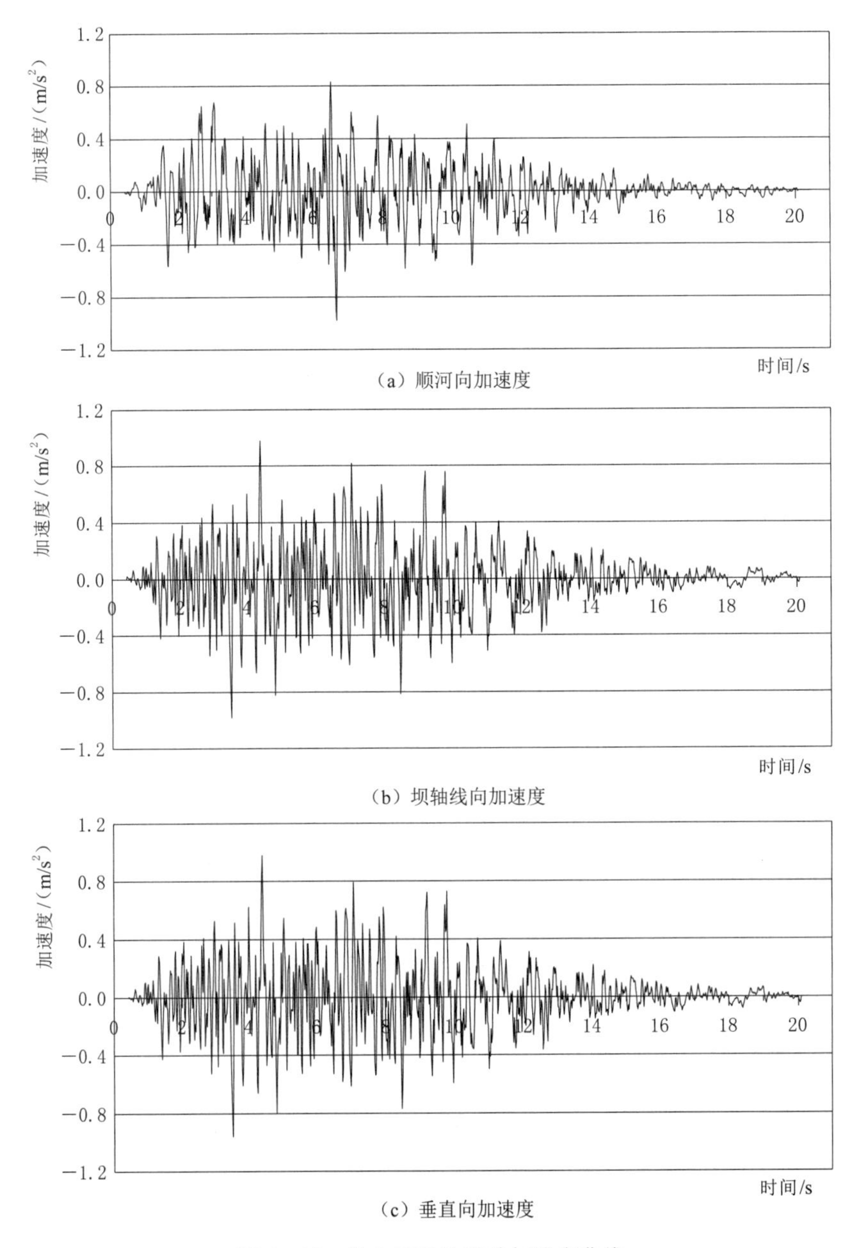

（a）顺河向加速度

（b）坝轴线向加速度

（c）垂直向加速度

图 4-48　输入基岩地震动加速度曲线

1. 加速度反应

对坝址区的基本地震工况进行计算，其主要特征量，包括坝体加速度反应、速度反应、位移反应、应力反应等，计算结果见表 4-43。

表 4-43 三维有限元动力计算分析结果汇总表

项目		数值
最大加速度反应/(m/s^2)	顺河向	3.80/-3.54
	坝轴线向	3.88/-3.44
	垂直向	1.91/-1.92
最大相对位移反应/mm	顺河向	5.54/-6.80
	坝轴线向	5.79/-4.77
	垂直向	1.5/-1.90
坝体应力反应/kPa	第一主应力	355/-1310
	第二主应力	475/-446
	第三主应力	641/-79.6
沥青心墙应力反应/kPa	第一主应力	103/-693
	第二主应力	137/-142
	第三主应力	92.0/-716
混凝土防渗墙应力反应/kPa	第一主应力	32/-223
	第二主应力	54/-102
	第三主应力	43.0/-425
最大剪应力/kPa		716

结果表明，坝体的第一自振周期为 0.64s，砂砾石坝体最大第一动主应力反应为 1310kPa，最大第二动主应力反应为 446kPa，最大第三动主应力反应为 641kPa。沥青混凝土心墙顺河向最大动压应力为 637kPa，最大动拉应力为-293kPa；沿坝轴线向最大动压应力为 283kPa，最大动拉应力为-254kPa；垂直向最大动压应力为 226kPa，最大动拉应力为-199kPa。地震期间，坝体的最大动剪应力反应为 716kPa。

图 4-47 混凝土心墙 1 个典型节点（编号 35822）的加速度反应时程曲线如图 4-49 所示，混凝土防渗墙最大加速度反应分布如图 4-50 所示。

结果表明，由于深厚覆盖层的存在，坝体高度不高，坝体加速度反应在顺河向、坝轴线向（横河向）和垂直向仍较为强烈，且在河床最深部位的坝顶附近最大。坝体顺河向的最大绝对加速度最大值为 3.80m/s^2，放大倍数为 2.13；沿坝轴线向的最大绝对加速度最大值为 3.88m/s^2，放大倍数为 2.17；垂直向的最大绝对加速度最大值为 1.92m/s^2，放大倍数为 1.07。

坝体加速度反应在顺河向、坝轴线向（横河向）和垂直向都较为强烈，且在河床中部最深部位断面的坝顶附近最大。顺河向、坝轴线向加速度反应最大值满足从坝基到坝顶逐渐增大的规律，同时在约 1/2 坝高以上，随着高程增大，加速度增大速率较明显，在坝顶附近达到最大值，存在明显的鞭梢效应。垂直向加速度最大值不仅满足从坝基到坝顶逐渐

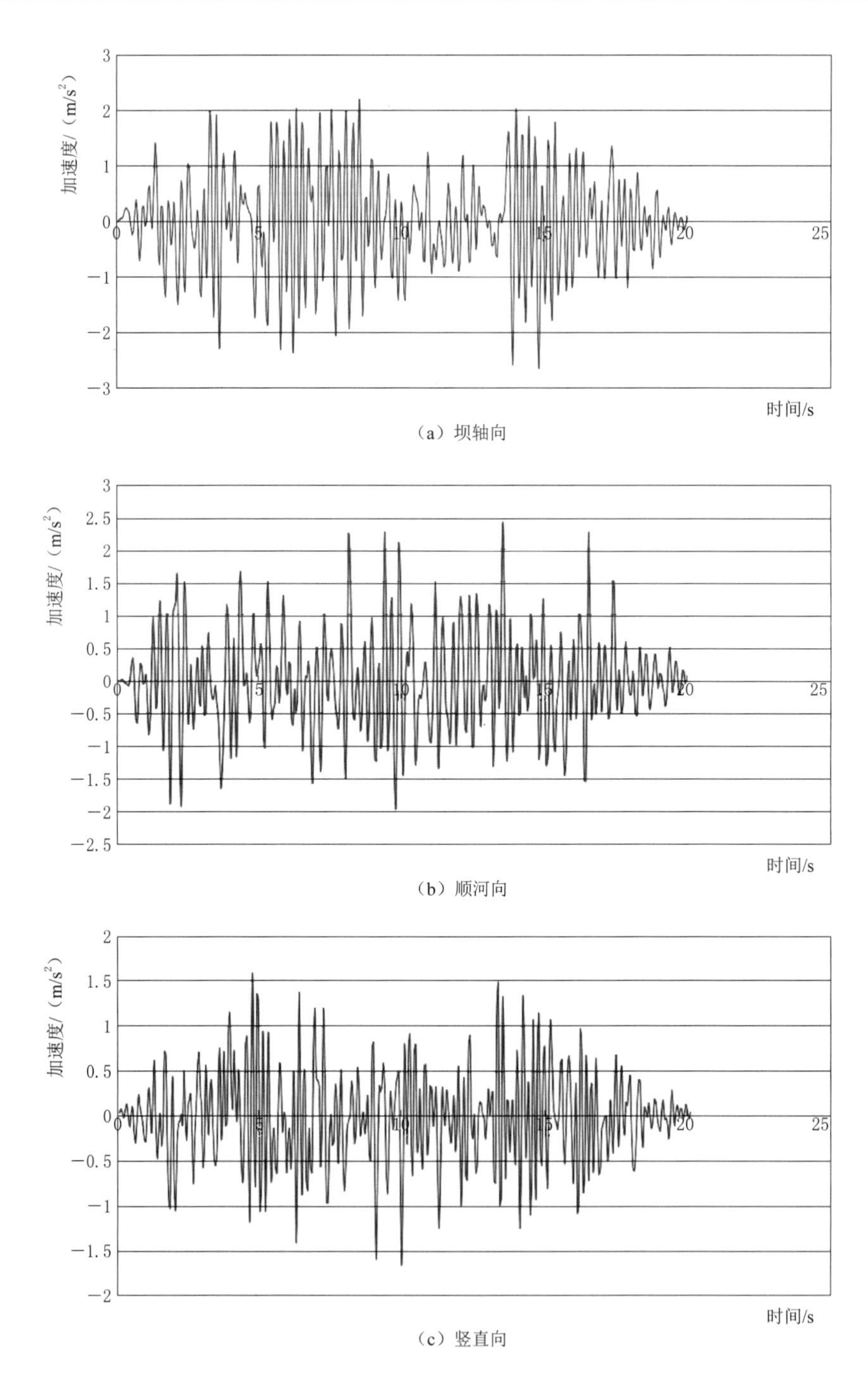

（a）坝轴向

（b）顺河向

（c）竖直向

图 4-49　混凝土防渗墙节点 35822 绝对加速度

增大的规律，且在同一高程处，绝对加速度最大值存在坝体内部向坝坡方向逐渐增大的趋势。

2. 位移反应

垂直坝轴线剖面（X=250m）防渗墙的最大相对动位移反应分布如图 4-51 所示。

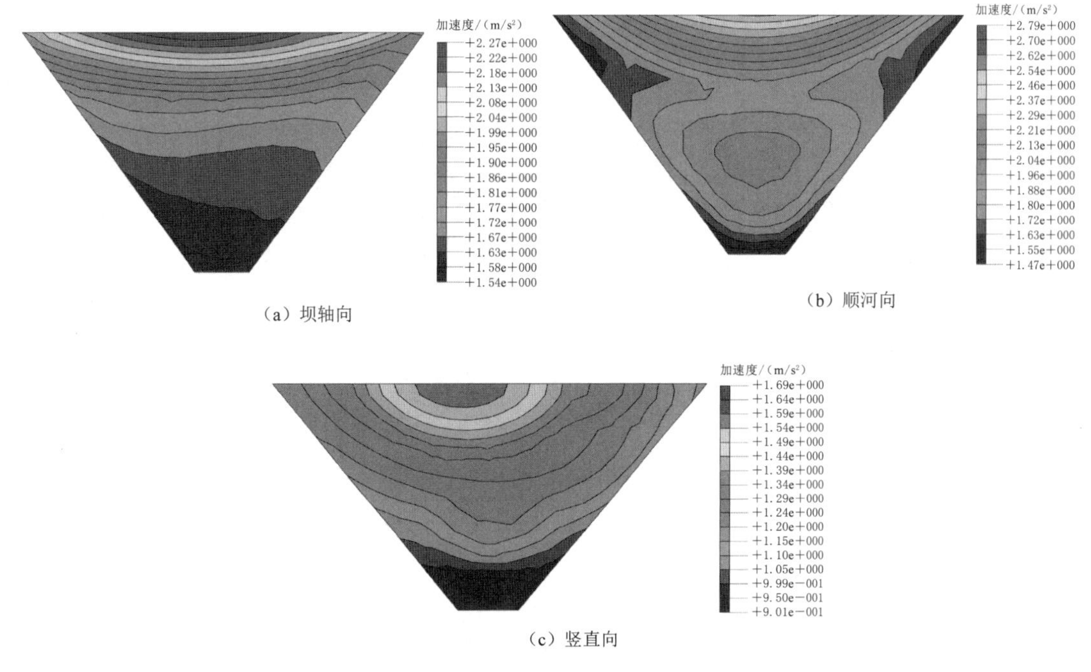

(a) 坝轴向

(b) 顺河向

(c) 竖直向

图 4-50 混凝土防渗墙最大加速度反应分布

坝体顺河向最大相对动位移为 4.84mm，坝轴线方向最大相对动位移为－5.29mm，垂直向最大相对动位移为－1.90mm。顺河向、坝轴线方向、垂直向最大动位移值均发生在河床坝段坝顶附近。坝顶各点数值接近，从坝顶向下动位移反应减小。从典型断面的动位移反应分布来看，其动位移反应不大，其中垂直向的动位移反应最小，坝轴线向及顺河向的动位移较大且较为接近。顺河向及坝轴线方向动位移相对垂直向动位移较大。由于河谷较为对称，坝基处深厚覆盖层分布均匀，顺河向、坝轴线方向、垂直向的正负最大动位移值较为接近，坝体各部分变形均匀，因此地震时基本不会出现平行于坝轴线方向或者垂直于坝轴线方向的裂缝。

3. 应力反应

从典型坝体断面（$X=250$m）上动主应力反应分布（图 4-52）可知，动主应力最大值基本沿坝体及坝基两侧对称分布，且自坝体两侧向中部，动主应力最大值逐渐增大；动主应力反应在接近坝剖面处较小，离坝面距离越大，动主应力一般也越大。靠近基岩单元的动主应力反应比靠近坝顶单元的反应剧烈，这是因为靠近基岩的单元因地基约束而使其刚性增大，从而导致动应力反应加大。总体而言，最大动主应力在坝体分布较为均匀，在心墙底部位置及其附近动主应力最大，并出现局部应力集中现象。对混凝土心墙而言，在地震过程中，水压力仍小于心墙表面第一主应力，不会发生水力劈裂。

根据计算结果分析可知：

(1) 在设计三向地震作用下，坝体加速度反应在顺河向、坝轴线向和垂直向均较为强烈，且在河床坝段的坝顶附近达到最大。

采用设计烈度为Ⅶ度的模拟地震曲线作为基岩输入地震曲线（水平向峰值加速度为

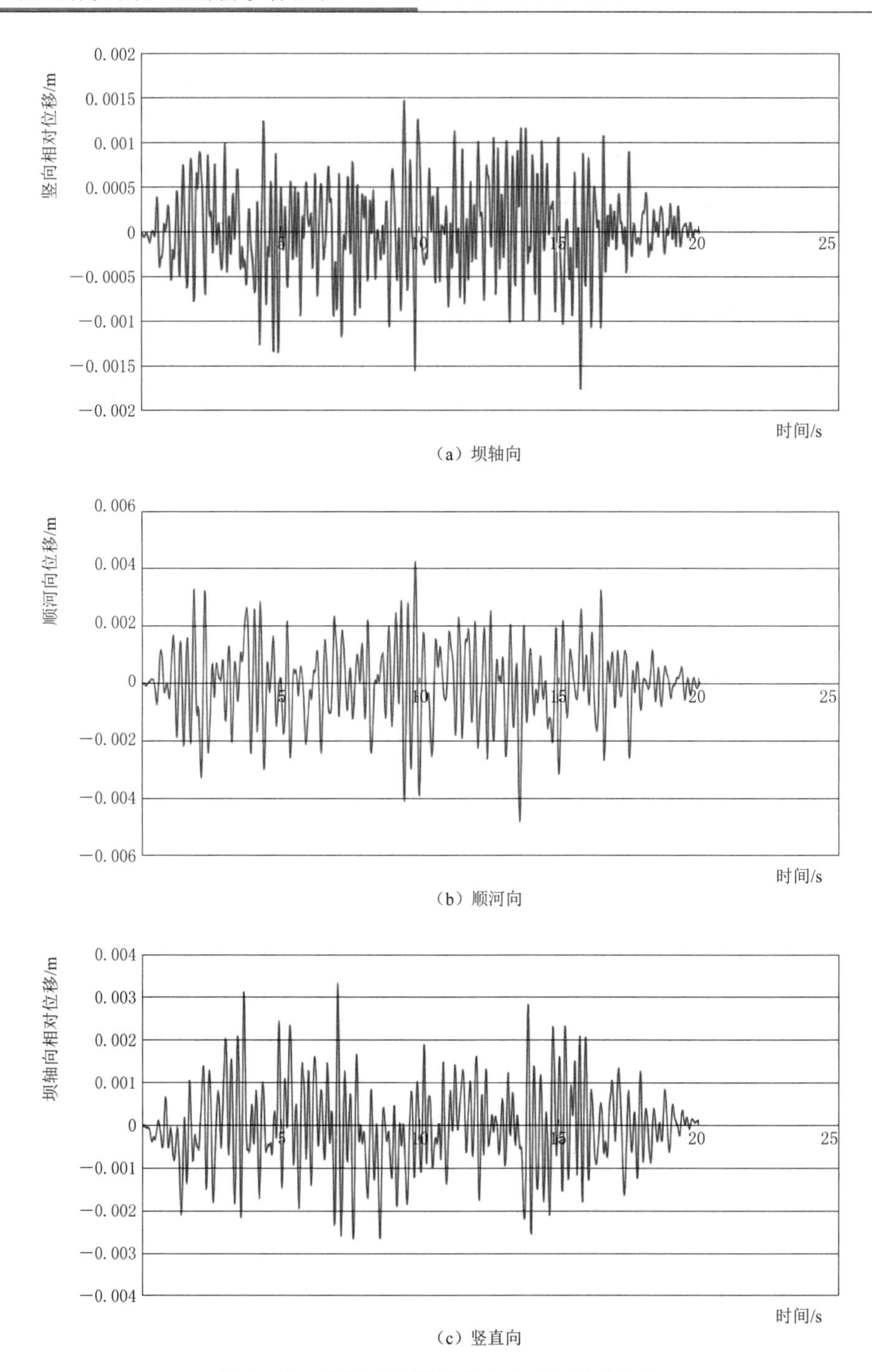

（a）坝轴向

（b）顺河向

（c）竖直向

图4-51　混凝土防渗墙节点35822相对位移

0.17g)，坝体加速度反应在顺河向、坝轴线向（横河向）和垂直向仍较为强烈，且在河床最深部位的坝顶附近最大。坝体顺河向的最大绝对加速度最大值为3.80m/s^2，放大倍数为2.13；沿坝轴线向的最大绝对加速度最大值为3.88m/s^2，放大倍数为2.17；垂直向的最大绝对加速度最大值为1.92m/s^2，放大倍数为1.07。

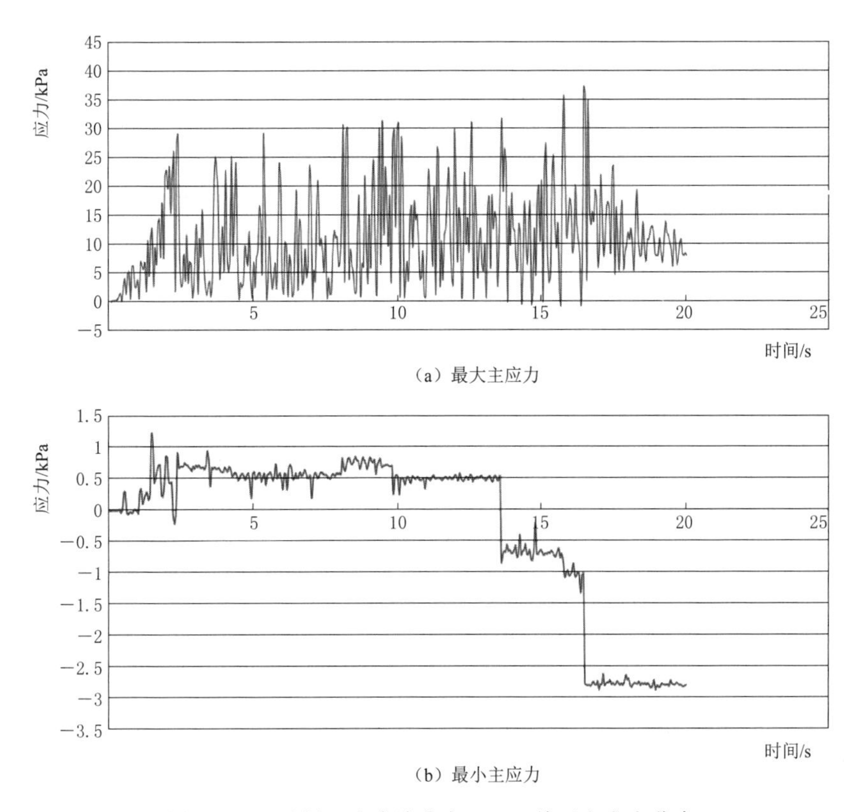

图 4-52 混凝土防渗墙节点 33268 单元主应力分布

顺河向、坝轴线向加速度反应最大值满足从坝基到坝顶逐渐增大的规律，同时在约 1/2 坝高以上，随着高程增大，加速度增大速率较明显，在坝顶附近达到最大值，存在明显的鞭梢效应。垂直向加速度最大值不仅满足从坝基到坝顶逐渐增大的规律，且在同一高程处，绝对加速度最大值存在坝体内部向坝坡方向逐渐增大的趋势。从计算结果来看，坝顶及坝顶附近坝坡区域的加速度反应是比较大的，在设计时应考虑在上述区域采取适当的抗震加固措施。

(2) 在设计地震作用下，从堆石体剖面的位移反应分布来看，其位移反应均不大，其中垂直向的位移反应最小，坝轴线向的位移反应较大，顺河向的位移反应最大。坝体顺河向最大动位移为 22.66mm，坝轴线方向最大动位移为 21.5mm，垂直向最大动位移为 11.74mm。顺河向、坝轴线方向、垂直向最大动位移值均发生在河床坝段坝顶附近。坝顶各点数值接近，从坝顶向下动位移反应减小。从典型断面的动位移反应分布来看，其动位移反应不大，其中垂直向的动位移反应最小，坝轴线向及顺河向的动位移较大且较为接近。顺河向及坝轴线方向动位移相对垂直向动位移较大。由于河谷较为对称，坝基处深厚覆盖层分布均匀，顺河向、坝轴线方向、垂直向的正负最大动位移值较为接近，坝体各部分变形均匀，因此地震时将基本不会出现平行于坝轴线方向或者垂直于坝轴线方向的裂缝。

(3) 地震期间砂砾石坝体应力反应较小，最大第一动主应力反应为 1310kPa；最大第二动主应力反应为 475kPa；最大第三动主应力反应为 641kPa。混凝土防渗墙动应力反应较小。最大第一动主应力反应为223kPa；最大第二动主应力反应为102kPa；最大第三动主应力反应为425kPa。

地震期间，坝体的最大动剪应力反应为716kPa。从典型坝体断面（$Y=250$m）上动主应力反应分布可知，动主应力最大值基本沿坝体及坝基两侧对称分布，且自坝体两侧向中部，动主应力最大值逐渐增大；动主应力反应在接近坝剖面处较小，离坝面距离越大，动主应力一般也越大。靠近基岩单元的动主应力反应比靠近坝顶单元的反应剧烈，这是因为靠近基岩的单元因地基约束而使其刚性增大，从而导致动应力反应加大。总体而言，最大动主应力在坝体分布较为均匀，在心墙底部位置及其附近动主应力最大，并出现局部应力集中现象。对沥青混凝土心墙而言，在地震过程中，水压力仍小于心墙表面第一主应力，因此不会发生水力劈裂。

（4）地震后，坝体的最大永久水平位移顺河向为82.35mm、坝轴线方向为63.75mm，最大永久垂直位移即沉降为195.97mm。按最大坝高75.0m计算，地震永久沉降约为坝高的0.26%。

综上所述，在设计地震作用下，大河沿沥青混凝土心墙砂砾石坝满足抗震要求。

4.7　防渗墙安全监测设计

4.7.1　设计原则及目的

根据工程的地质条件和防渗墙的结构特点，为监视防渗墙的安全运行，及时了解建筑物的运行状况，建立以安全监测为主的自动化安全监测系统，同时可以校核设计，评价施工质量。根据《土石坝安全监测技术规范》（SL 551—2012）、《土石坝沥青混凝土面板和心墙设计规范》（SL 501—2010）的要求，防渗墙监测以变形和渗流观测为主，选择的观测项目有：应力应变观测、渗流观测等。

在进行监测系统的设计时，考虑方便施工、可靠实用，并遵循以下设计原则：

（1）以自动监测为主，结合进行适当的人工观测。

（2）在满足规范要求的前提下，力求观测方便、直观，各观测值能相互核对，保证观测成果可靠。

（3）在全面反映建筑物实际工况基础上，观测项目力求简而精，有针对性，突出重点。

（4）在观测断面选择和测点布置上，注意地质构造和受力条件复杂的结构，兼顾仪器分布的均匀性。

（5）仪器精密可靠，长期稳定性好，便于自动化观测，安装维护方便，在同类工程上有成功运用的经验。

4.7.2　监测项目和仪器布置

1. *防渗墙变形观测*

防渗墙监测横断面为大坝断面0+187、0+255、0+270、0+340。

挠度变形监测：0+187 断面在 1485～1547.3m 高程，每隔 20m 左右分别布设一支固定式测斜仪；0+255 断面的 1377.3～1547.3m 高程、0+270 断面的 1360.30～1547.3m 高程每隔 10m 左右分别布设一支固定式测斜仪；监测断面的防渗墙上下方向的挠度变形，其中 0+187 断面布设 5 支，0+255、0+270 断面分别为 17 支、18 支，共布设 40 支。

2. 应力应变监测

0+255、0+270 断面的 1373.00m、1393.00m、1423.00m、1453.00m、1483.00m、1513.00m、1529.00m 7 个高程的防渗墙上下游两侧混凝土内共布设 14 组两向应变计组（上下游和竖直方向）、中轴线处新增布设 7 支无应力计。

3. 土压力监测

在 0+255、0+270、0+340 三个断面的槽孔混凝土的顶部和底部分别埋设 2 支土压力计，共计新增 6 支土压力计。

4. 渗流监测

在 0+255 和 0+270 断面上游防渗墙断面埋设 1 支渗压计，下游防渗墙断面 1377.3m（1361.3m）、1393.00m、1423.00m、1453.00m、1483.00m、1513.00m、1529.00m 7 个高程下游两侧分别埋设 1 支渗压计，两个断面新增渗压计共计 16 支。

4.7.3 主要观测仪器及设备

根据拟定的观测内容、观测系统布置和方法，本工程主要观测仪器及设备统计见表 4-44。

表 4-44　　主要观测仪器和设备统计表

监测断面	仪器类型	数量
0+255	两向应变计/支	14
	无应力计/套	7
	固定测斜仪/套	17
	土压力计/支	2
	渗压计/支	8
0+270	两向应变计/支	14
	无应力计/套	7
	土压力计/支	2
	坝基沉降计/套	1
	固定测斜仪/套	18
	渗压计/支	8
0+340	土压力计/支	2
0+187	固定测斜仪/支	5
测控单元/套		6
五芯水工电缆/m		12000
四芯屏蔽电缆/m		8000

第5章 大河沿水库超深防渗墙施工关键技术

5.1 工程特点及技术难点

5.1.1 工程特点

5.1.1.1 自然条件恶劣

大河沿河发源于库鲁铁列克达坂，源头高程4038m，流域内最高点4153m，河水由北向南流经高中低山丘陵区与冲积扇平原区，属天山南坡山溪性河流。洪水成因多为暴雨所致，且多以局地性暴雨引发洪水为主。洪水具有突发性、短历时、陡涨陡落、破坏性大等特点。流域暴雨的特点为：①暴雨主要发生在夏季（6—8月），暴雨随梯度由山区向平原急剧递减；②局地性暴雨历时短（一般暴雨历时不超过6h），阵性强，笼罩面积小，暴雨中心集中在高山区；③流域内植被条件差，漫滩严重，遭遇大暴雨洪水时极易成灾。

大河沿河在正常年景下，河段有岸冰的最早时间为10月下旬，最晚时间为11月底；河段最早解冻时间为2月下旬，最晚时间为3月中旬，其封冻后最大冰厚一般在0.2m左右。

平原区全年盛行西北风，风向季节变化不大。年平均8级以上大风108天，最多达135天，最大风速25m/s，出现在1983年4月27日，最大风力12级，以3—6月最盛行。主导风向为E、N，主导风向频率7%；次多风向为SE、W、EXE。夏季常出现干风，风灾是本区域的主要气象灾害之一。

5.1.1.2 地质条件复杂，覆盖层深厚

1. 地层岩性

坝区基岩为石炭系上统博格达下亚群第二组（C_{3bg}^{a-2}）一套火山碎屑岩类，岩性主要为火山角砾岩。第四系覆盖层主要如下：

（1）上更新统冲洪积堆积（Q_3^{al}），分布于Ⅳ级阶地。堆积为碎屑砂砾石，厚度30～50m。

（2）全新统冲积堆积（Q_4^{al}），分布于河床及高漫滩，堆积为含漂石砂卵砾石层，呈V形分布于深切河谷内，最大厚度达173.8m。

（3）第四系坡积堆积（Q^{dl}），为褐灰色碎、块石夹土，呈松散状，分布于两岸坡脚及冲沟内，厚度为1～5m。

2. 地质构造

坝区位于博格达南缘断裂（F_I）与 F_V 南支断层之间，岩层走向近东西向横向河谷，岩层倾角近于直立，多有倒转现象。岩层产状较稳定，一般为 N65°～75°E，SE 或NW∠70°～90°。坝址区断层不发育，仅左岸垭口内发现一条规模较小的断层，断层产状为 N3°E、SE∠45°，破碎带宽 1～2m，主要为断层碎裂岩、压碎岩，夹石英脉碎块，充填密实。

由于下坝址岩层受构造挤压较强，近于直立并有倒转现象，层间挤压破碎夹泥层发育，两岸及河床各钻孔均揭露有层间破碎夹泥层，经声波测井综合分析，大约每 10m 便至少有一条层间破碎夹泥层，其破碎带宽一般为 0.5～1.5m，充填岩石碎块夹泥，其渗透性明显较正常岩体要强，两岸及河床的基岩浅部岩层破碎夹泥层多为强透水，至弱风化带岩体以下的层间破碎夹泥层透水性较弱，其渗透系数 $q<5$Lu。

5.1.2 工程技术难点和关键点分析

5.1.2.1 施工平台稳定性

施工平台的稳定性对防渗墙施工至关重要，但这又是极易被忽视的问题，并由此导致灾难性后果。由于河床纵坡较大，平均纵坡 31.4‰，地下水位较高，施工平台的稳定性对防渗墙的槽孔稳定性至关重要。

防渗墙顺利施工的前提条件是孔口及施工平台稳定，而其三要素是：地层结构、浆柱压力、浆液性能。假如汛期地下水位距孔口不足 1m 或漫过孔口，即浆柱压力很小或为负值，则易导致大范围槽孔坍塌。

5.1.2.2 槽段划分

槽段划分既要保证抓斗和冲击钻施工，又要保证槽孔的稳定性，需要研究合理的槽段划分，既要保证防渗墙稳定施工，不出现坍塌事故，又能满足工期要求。

在槽段划分过程中，应充分考虑地层情况、工程通过试验所采用的施工工艺，综合考虑施工设备的施工范围和施工能力，以免造孔过程中施工机械设备不能充分发挥其作业能力或超过作业范围，同时要保证槽孔的稳定性，尽量在保证安全的前提下减少接头孔的施工，为墙体的连续性提供保障，也是一个技术难题。

5.1.2.3 防渗墙成槽造孔施工

大河沿坝址段覆盖层深厚，含有块石、漂石、卵石，级配不良，给造孔进度和孔斜控制带来一定的影响，同时对钻头损坏严重。如何在 186m 的深度中选取成墙设备与应用，槽孔挖掘工艺、方法与抑制孔斜和塌孔的有效技术措施，是工程成败的关键点。

5.1.2.4 陡坡嵌岩

该工程防渗墙墙体底部为高陡坡基岩面（基岩面坡度为 55°～60°），由于岸坡较陡，垂直钻进十分困难，嵌岩成为降低施工工效的主要因素。嵌岩方法与措施、基岩面鉴定方法、孔内事故预防，也是项目中的一个技术难题。

5.1.2.5 清孔

由于该工程槽孔较深，下设浇筑导管、灌浆预埋管、接头管及一些检测预埋件，这些工作占用了较长时间，超过了清孔验收后4h内开浇混凝土的规范要求，而且导管下设后，不利于清孔排渣管的下设及横向移动，这样就要求一次清孔的彻底性，严格控制一次清孔后的泥浆三项指标值，同时研究满足超深槽孔混凝土浇筑条件的二次清孔技术、方法和措施是本工程的一个难点。

5.1.2.6 深墙接头管施工

墙段连接采用“接头管法”，一期槽孔清孔换浆结束后，在槽孔端头下设接头管，混凝土浇筑过程中及浇筑完成一定时段之内，根据槽内混凝土初凝情况逐渐起拔接头管，在一期槽孔端头形成接头孔。二期槽孔浇筑混凝土时，接头孔靠近一期槽孔的侧壁形成圆弧形接头，墙段形成有效连接。

“接头管法”是目前大坝混凝土防渗墙施工接头处理的先进技术，防渗墙接头质量可靠，施工效率高；尤其适用于工期紧、墙体材料强度高的工程。

深墙拔管如何保证成孔率、突破拔管深度，并且避免铸管等事故发生，需要根据工程的特点进行严格分析论证，从浇筑混凝土的性能，以及工程地质条件和整个防渗墙施工工艺综合来实施，这是重中之重；以实现接头管法在超深防渗墙墙段连接中的应用技术突破(拔管深度、成孔率)，实现零风险拔管，最大限度压缩钻凿接头量。

5.1.2.7 混凝土浇筑

防渗墙最深段（186.15m）混凝土浇筑时间从2017年4月24日17：00持续至2017年4月26日2：30，历时33.5h，混凝土平均上升速度为5.6m/h。如何保证连续浇筑施工及施工质量是混凝土浇筑施工中急需解决的技术难题。只有解决超深墙体混凝土性能及与浇筑、接头施工技术协调性问题，才能使混凝土浇筑、接头拔管与清理融为一体，互不制约，从而保证防渗墙的施工效率和施工质量。

5.1.2.8 防渗墙闭气

防渗墙合拢段槽孔选取对防渗墙闭气至关重要。防渗墙闭气段施工时，防渗墙基本已经封闭，地下水位太高，在闭气槽段形成过水通道，地下水全部通过闭气段过流，槽孔稳定性容易被破坏，如何选择合拢槽段（闭气段）和保证槽孔的稳定性也是一个技术难题。

5.1.2.9 特殊地层钻孔施工控制点

1. 强透水地层成槽

坝基覆盖层存在多层不均匀分布，且厚度不等的强透水层，在防渗墙施工过程中会成为主要的渗漏通道，造孔时泥浆可能会大量漏失，严重时会发生槽孔坍塌事故，危及人员、设备安全，延误工期。

2. 承压水地层

防渗墙施工过程中，钻孔至承压水层后，承压水层内的泥、砂、卵石、砾石流入孔内，造成孔内坍塌，另外大量的承压水涌进槽孔内，破坏槽孔内水泥浆的性能，对钻孔施工造成不利影响。

在混凝土灌注时，当混凝土面高于承压水层后，随着混凝土面逐渐上升，承压水不断沿孔壁将混凝土中的水泥浆及部分砂子冲走或顺着上提的灌注导管上行，将导管周围水泥浆及部分砂子冲走而形成过水通道；直到灌注结束后，混凝土终凝前，承压水形成的过水通道不断将周围的水泥浆及部分砂子冲走；最后导致墙身或导管位置混凝土严重离析、冒水，承压水层上部墙体严重受损。

5.2 施工组织设计

5.2.1 施工分期

根据《水利水电工程施工组织设计规范》（SL 303—2004）规定，经过分析确定，该工程施工总工期为53个月。其中工程准备期21个月，主体工程施工期31个月，工程完建期1个月。

5.2.2 工程准备期进度

工程准备期为第一年1月至第二年9月底，共21个月。

工程准备期的主要施工项目为场内施工道路修建、对外交通连接、临建房屋、施工工厂、风水电系统、导流洞以及挡水围堰施工等。

工程准备期施工进度计划：第一年1月至5月底，完成场内施工道路、临时房屋、施工工厂、砂石料及混凝土加工系统、风水电系统等修建；第一年6月至第二年9月，完成导流洞的土石方开挖、部分洞衬砌及闸门井混凝土浇筑、进口金结安装施工，第二年9月底截流。同时，因防渗墙工程量大、施工困难，本时段内需开始进行防渗墙施工，根据国内其他深厚覆盖层防渗墙工程经验类比，防渗墙施工共安排15个月，未完成部分待冬季停工后，在主体工程施工期内完成。大河沿水库大坝基础处理工程于2016年4月5日开工。

5.2.3 工程施工总进度

主体工程施工跨两个阶段，即主体工程施工期及工程完建期，主体工程施工期自第二年10月开始坝基开挖至第五年4月底大坝上、下游护坡完工，历时31个月；工程完建期为第五年5月，历时1个月。

主体工程施工关键线路为基础防渗墙施工及大坝填筑。主体工程主要施工进度计划安排如下：

1. 基础防渗墙施工进度

基础防渗墙从第一年6月开始施工，至第三年5月完工（第一年12月至第二年2月停止施工及第二年12月至第三年2月停止施工），因所需时间较长，须从进场道路完工后开工，共需15个月。2016年8月26日至10月15日、2017年2月18日至4月24日，完成防渗墙最深槽段E15造孔，其深度达到186.15m；混凝土浇筑时间为2017年4月24日17：00至26日2：30，历时33.5h。2017年2月25日至5月22日，完成防渗墙合拢段Y20造孔，最大深度为83m；混凝土浇筑时间为2017年5月24日12：00—20：00，历时8h。

2. 大坝施工进度

第二年6月至8月底完成大坝土石方明挖，围堰截流至第二年10月底完成大坝基础开挖（第二年12月至第三年2月停止施工），在防渗墙施工结束后随坝体升高进行心墙基座施工，第三年7月开始坝体砂砾石填筑，同时开始过渡料填筑和沥青混凝土心墙浇筑，至第四年5月前将大坝填筑至1601m高程，此时由坝体挡水度汛，至第四年10月底完成填筑施工，期间分别完成固结和帷幕灌浆、上游混凝土护坡、下游干砌石护坡等施工，至第五年4月底全部完工。

3. 溢洪道施工进度

第三年6月至11月底进行泄洪道土石方开挖及喷混凝土支护，第四年3月至8月完成基础处理、混凝土浇筑及石渣回填，第四年9月开始金结安装。

4. 灌溉洞施工进度

灌溉洞进出口土石方明挖于第三年7月开始，8月结束；石方井挖于第三年7月开始，10月底结束；石方洞挖于第三年9月开始，第四年4月底结束，其中第三年5月至11月底完成洞内衬砌及进出口混凝土浇筑，以及固结、回填灌浆及金结安装。

根据施工进度安排，该工程土石方开挖高峰强度5578m^3/d，砂砾石填筑高峰强度19839m^3/d，混凝土浇筑高峰强度643m^3/d。

5.3 施 工 准 备

5.3.1 施工平面总体布置

大河沿水库大坝工程施工总平面布置如图5-1所示，大河沿水库大坝基础防渗工程总平面布置如图5-2所示。

5.3.2 场内外交通

1. 场外交通

该工程对外交通较为方便。公路方面，坝址下游有301省道直通吐鲁番市，亦可通过X054县道与312国道相接。坝址距达坂城镇100km（公路距离，下同），距离吐鲁番市约60km，距乌鲁木齐市约200km，距大河沿镇约25km。铁路方面，南疆铁路与外部相连，吐鲁番火车站距离坝址仅24km，物资可通过铁路方便地到达坝址附近。

对外交通以公路运输为主，铁路公路联合运输为辅。主要建筑材料及生活物资等均从吐鲁番市、乌鲁木齐市等地通过公路运输至坝址。重要施工机械等设备可经京广铁路运至吐鲁番站，转汽车经公路至宜章县，再转X069县道等运输至坝址施工区。

2. 场内交通

为满足本工程场内交通需要，除利用原有道路及新建的永久道路外，需新建场内施工道路2715m，改扩建施工道路3500m，用以连接大坝施工区及取料场，路面宽6～8m，均采用泥结石路面，包括下游跨干流漫水桥及跨导流洞混凝土板桥各1座。场内施工道路主要特性见表5-1。场内施工道路现场如图5-3所示。

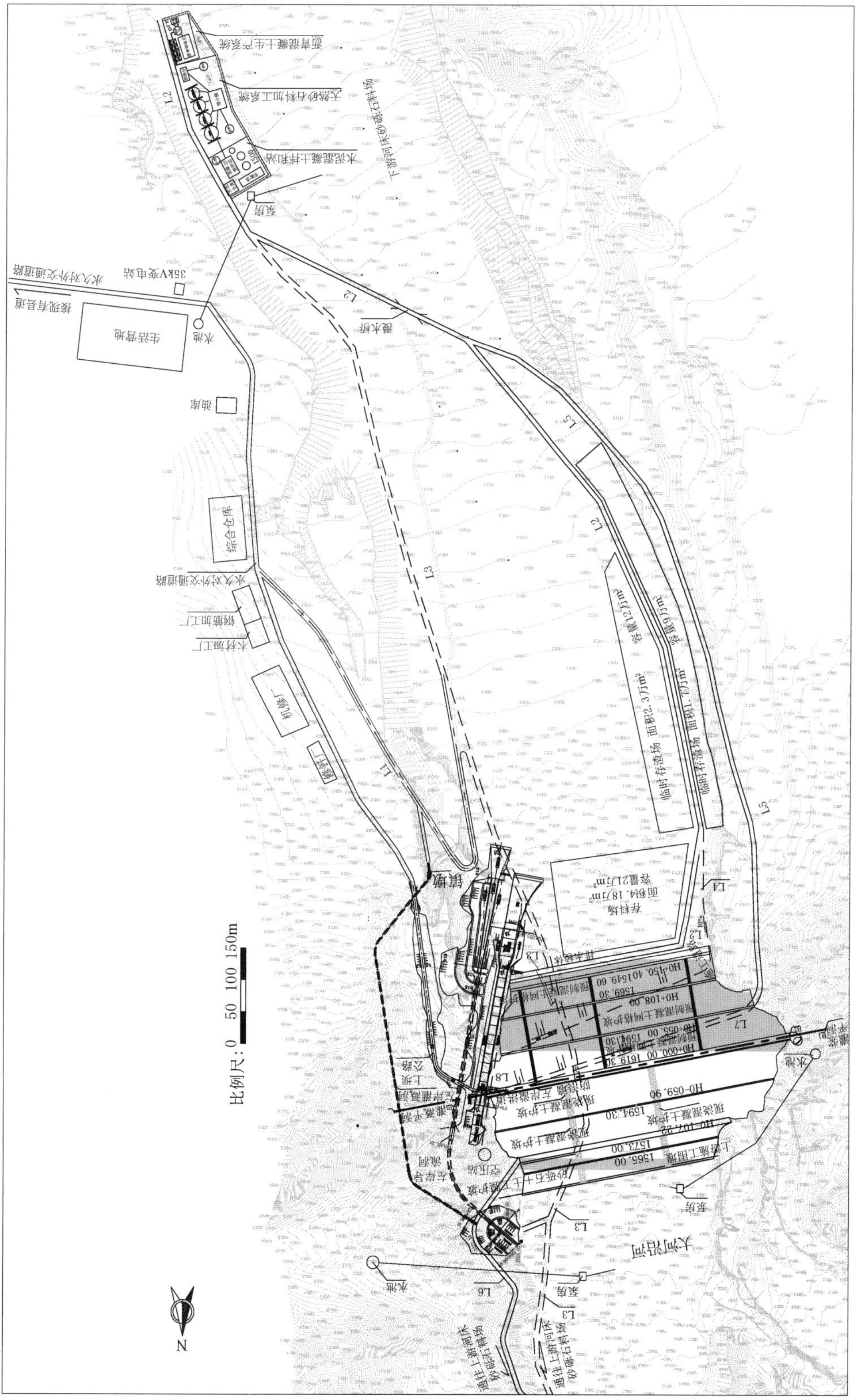

图 5-1 大河沿水库大坝工程施工总平面布置图

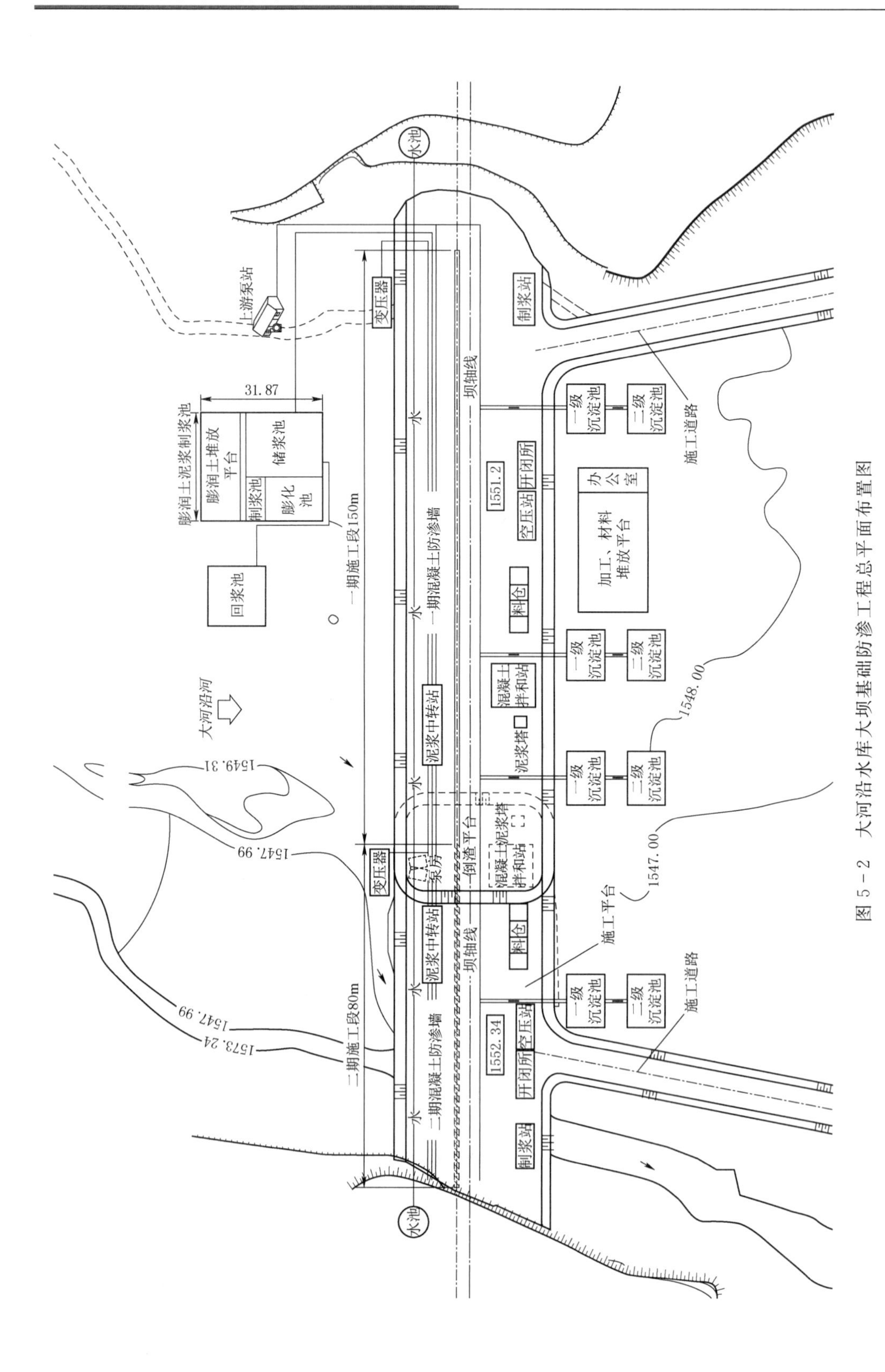

图5-2　大河沿水库大坝基础防渗工程总平面布置图

表 5-1　　场内施工道路主要特性

编号	起　止　点	长度/m	路面宽度/m	坡度/%	备　注
L1	对外交通道路与 L2 相连	1000	8	0～8	新修道路，泥结石路面
L2	连接下游砂砾石料场，砂石料系统与大坝	2000	8	0～2	改扩建，泥结石路面，包括 1 座混凝土板桥，桥长 30m，跨导流隧洞出口明渠
L3	L2 至导流洞进口，与 L6 相连	500	6	0～2	改扩建
L4	连接 L2、L5	300	8	0～2	新建，泥结石路面，包括 1 座漫水桥，桥长 10m
L5	连接大坝与上游砂砾石料场	1000	8	0～4	改扩建
L6	上游坝面道路	460	7	10	泥结石路面，至坝体高程 1594m
L7	上坝道路	255	7	7	连接坝顶上坝公路，至坝体高程 1594m
L8	下游坝面道路	700	7	6	泥结石路面，至坝体高程 1573m
上坝公路	溢流堰，隧洞闸门井	—	6	8	利用水工永久道路
合计	—	6215	—	—	—

5.3.3　主要临时工程

5.3.3.1　施工平台及导墙

1. 施工平台

根据防渗墙一期、二期设计墙顶高程及防洪度汛要求，以及防渗墙设计墙顶高程变化，拟将该地段沿防渗墙轴线划分为一期防渗墙施工平台与二期防渗墙施工平台分段施工，防渗墙施工平台划分见表 5-2。

图 5-3　场内施工道路现场图

为保证防渗墙槽孔上部地层的稳定性，防止在造孔过程中塌孔危及人员及设备安全，故在防渗墙施工平台填筑时，在防渗墙轴线两侧各 2m 范围内随填筑施工分层添加水泥。

表 5-2　　防渗墙施工平台划分

平台名称	起点桩号	终点桩号	平台高程/m	平台长度/m	填筑工程量/m^3
一期施工平台	B0+129.70	B0+289.70	1549.24	160.0	18000
二期施工平台	B0+289.70	B0+367.10	1549.24	77.4	9000
合计	—	—	—	237.4	27000

施工平台宽度为 24m，上游 7m 铺设卧木、枕木和轻轨作为钻机施工平台；下游 15m 作为开展抓斗作业、倒渣、下设预埋管、混凝土浇筑、临时交通等工作的施工平台。

2. 导墙

采用全断面开挖后立模浇筑 L 型钢筋混凝土导墙，高度 2.0m（厚 0.6m）、底宽 1.8m

(厚0.5m)、内侧间距1.2m。导墙墙体材料为二级配C25混凝土。

5.3.3.2 施工用水

1. 用水量计算

本工程主要用水项目有：防渗墙施工用水、钻孔灌浆施工用水、混凝土拌和、砂石骨料生产系统施工用水、生活区用水等。经计算高峰期施工用水量为118m^3/h。

2. 供水方案

经水质分析检测，大河沿河水水质良好，基本无污染，符合生产用水的水质要求，施工用水拟直接从大河沿河就近抽取。

3. 防渗墙施工平台右岸侧抽水泵站

防渗墙施工平台右岸侧抽水泵站布置在一期防渗墙施工平台右岸端头上游侧，同时避开二期防渗墙施工平台及上游围堰体型。二期防渗墙施工仍使用此位置的基坑渗水，可全施工期供水，其主要供水对象为防渗墙施工及钻孔灌浆施工。安设2台IS 100-65-250单级单吸离心泵，供水能力为：$Q=120m^3/h$、$H=80m$、$N=74kW$。

4. 混凝土拌和、砂石骨料生产系统抽水泵站

混凝土拌和、砂石骨料生产系统抽水泵站主要供水对象为混凝土拌和站及砂石骨料生产系统。由混凝土拌和站距大河沿河主河道最近点处布置抽水点。安设1台IS 100-65-250单级单吸离心泵，供水能力为：$Q=60m^3/h$、$H=80m$、$N=37kW$。

5. 供水管路

沿防渗墙轴线方向在防渗墙钻机平台后铺设一道ϕ100mm的输水钢管，每15m开一接口，闸阀控制。

5.3.3.3 施工用电及照明

1. 业主供电条件

在左岸距坝轴线500m左右提供35kV施工电源接入点及供电。

2. 供电范围

本工程用电负荷有：防渗墙、帷幕灌浆以及混凝土拌和砂石骨料生产系统、综合制浆站、施工附属工厂、照明、生活办公营地等施工及生活用电。经计算本工程高峰用电负荷为2000kW。

3. 变压器布置

(1) 防渗墙工程。在防渗墙施工平台左岸端头安设1台2000kVA的变压器，为一期、二期防渗工程施工供电。

(2) 混凝土拌和、砂石骨料生产系统。在混凝土拌和系统的下游侧安设1台500kVA的变压器为混凝土拌和、砂石骨料生产系统供电。

(3) 生活区供电。在生活区内安设1台200kVA的变压器为生活营地供电。

4. 供电线路及配电盘布置

经变压器变压后沿防渗墙轴线布设低压供电电缆，每30～40m布设1个低压配电盘向各施工用电点供电。

5. 照明

各施工场地的施工照明和各施工辅助工厂的室内外照明及附近道路照明电源，采用从

相应变压器出线端引接独立的电源线供电。照明配电箱均选用带漏电保护功能的产品，所有的照明用开关均采用漏电保护型。

（1）施工现场照明。施工现场采用太阳能灯塔（10kW）安装在岸边山坡，实现远距离大面积照明，没有照射到的施工区，在就近的施工平台上安装投光灯或镝灯，近距离照明采用碘钨灯、白炽灯，充分保证施工区的照明度，确保施工安全。

（2）施工辅助工厂。施工机械停放场、堆放场、渣场等比较宽阔的场地照明以泛光灯集中照明为主，采用装配式灯塔，每个灯塔上装设1～2个可自由调整照射范围的投光灯或镝灯，局部区域辅以碘钨灯、白炽灯加强照明，道路照明选用防水型高压钠灯。

各辅助工厂采用荧光灯照明、劳保库、燃料库采用密闭型安全防爆灯，其他仓库、浴室、厕所采用白炽灯。对于夜间作业的附属企业，室外照明采用投光灯集中照明。

6. 备用电源

为了确保本工程施工的安全用电，在混凝土搅拌站和生活区配备1台400kW柴油发电机组与供电系统联结，作为事故停电时的备用电源。

7. 混凝土拌和站

混凝土拌和站选用2－HZS60型混凝土搅拌站，生产能力$120m^3/h$，日混凝土生产能力达到$2400m^3$，能满足本工程防渗墙同时进行两个槽段浇筑的强度要求，在混凝土拌和站上游侧设砂石料堆、存料场。骨料存储量不少于4个槽孔浇筑用量。

8. 泥浆系统

（1）泥浆站规模。根据类似工程施工经验，储浆池容量的计算公式为

$$Q=KQ_1+Q_2$$

其中

$$Q_1=K_1A_1N_1+K_2A_2N_2$$

式中 Q——储浆池容量；

K——泥浆保证系数，一般取1.5；

Q_1——最高峰日用浆量；

A_1、A_2——各成槽设备的日最高成槽平方米量；

N_1、N_2——各成槽设备投入数量；

K_1、K_2——各成槽设备单位平方米成槽的耗浆量（抓斗取1.5、冲击钻机取2.0）；

Q_2——最大单位槽孔体积。

根据计算本工程的储浆池容量$Q=1950m^3$。

鉴于以上计算，考虑防渗墙浇筑过程中泥浆回收的需要，储浆池容量取$2000m^3$。

（2）泥浆搅拌系统布置。防渗墙工程泥浆制浆站占地面积为$3000m^2$，其中包括膨润土存放平台、泥浆制浆膨化池（$400m^3$）、泥浆储浆供浆池（$800m^3$）。制浆设备为两台型号为NJ－1500L的高速搅拌机。

（3）泥浆系统结构。浆池结构为砌砖＋砂浆抹面，底板为素混凝土。泥浆搅拌机安置在地面以下即泥浆搅拌机顶口与地面平齐，搅浆平台为膨润土堆放地面。

（4）供浆管路布置。沿防渗墙轴线方向在防渗墙钻机平台后铺设一道ϕ100mm输浆钢管，每15m开一接口，闸阀控制向各施工槽孔供浆。

5.3.3.4 砂石骨料筛分系统

本工程砂石骨料自行筛分，系统布设在左岸河床下游侧，结合拌和楼位置进行布置，筛分系统堆料场即为拌和楼堆料场，装载机直接取料搅拌，减少运输成本。砂石料筛分系统生产成品料能力不低于405t/d（折合方量约223m^3/d）。

1. 系统承担的任务

本工程需用混凝土防渗墙理论方量为23663m^3（C30），防渗墙上部二期混凝土117m^3（C30），实际浇筑方量一般为理论方量的1.05～1.20，则实际混凝土方量（C30）为27212.45m^3。

2. 骨料生产筛分工艺流程

毛料（天然料）在取料场先经过初筛筛除大于100mm粒径的超径石后，由自卸车运输至进料仓，经第一道固定篦条筛除大于40mm粒径的超径石后，小于40mm粒径料由皮带机输送到筛分楼进行分级处理。筛分后产生4种粒径料：大于40mm、20～40mm、5～20mm、小于5mm；其中大于40mm粒径的超径石进入破碎机破碎后，通过皮带机输送到筛分楼分级处理，成品料分别通过皮带机运输堆存于成品料堆场。

3. 系统布置

砂石加工厂布置在位于坝址下游左岸的C2料场。下游C2料场位于坝址下游0.3～2.8km河床内，宽度为240～470m，主河槽从中经过，河床较宽，受洪水影响小。

5.3.3.5 施工供风

混凝土防渗墙清孔施工用风采用移动式空压机，配备20m^3移动式空压机2台。

5.3.3.6 现场试验室

该工程在工地设试验室，试验室承担与工程相应的各种原材料试验、砂石骨料分析、混凝土施工配合比设计、混凝土试验等。现场试验室与混凝土拌和站仓库相连，建筑面积50m^2；防渗墙上游生产区设置试验室，进行现场检测试验，建筑面积50m^2。

5.3.3.7 废浆废水排放及沉渣堆放

在防渗墙倒渣平台一侧修建沉淀净化池，每个沉淀净化池容积为700m^3，泥浆经倒渣平台流到排浆沟，通过自流和排污泵汇集到上游侧的沉淀净化池内，达到排放标准的液体部分排到指定区域内，固相经沉淀后捞出沉淀净化池，晾干并堆放到指定的弃料场。净化后的泥浆用泵抽到泥浆站的回浆池内，在施工中循环使用。

5.4 施工工艺与措施

5.4.1 超深防渗墙施工工艺

5.4.1.1 混凝土防渗墙总体施工方案

（1）造孔成槽。防渗墙成槽开挖采用抓斗与冲击钻机联合施工的“钻抓”法，即主孔由冲击钻机钻凿成孔，副孔由抓斗直接抓取成槽，基岩部分由冲击钻机钻凿成槽。

（2）清孔方法。采用气举反循环清孔，主要设备有空压机、泥浆进化器、排渣管等。

（3）固壁泥浆。采用优质固壁泥浆护壁、采用添加单项压力封闭剂方式防止漏浆。

（4）预埋管下设。采用定位架和桁架结构固定预埋管的方法下设预埋灌浆管。

（5）浇筑准备。汽车吊下设接头管、预埋管、浇筑导管等。

（6）浇筑设备。8～12m^3 混凝土拌和车输送混凝土。

（7）浇筑方法。泥浆下直升导管法浇筑混凝土。

（8）槽段连接。采用“接头管法”进行槽段连接。

5.4.1.2 施工程序

防渗墙施工分两期进行，先施工Ⅰ期槽段，再施工Ⅱ期槽段，防渗墙单元槽段施工程序框图如图 5-4 所示。

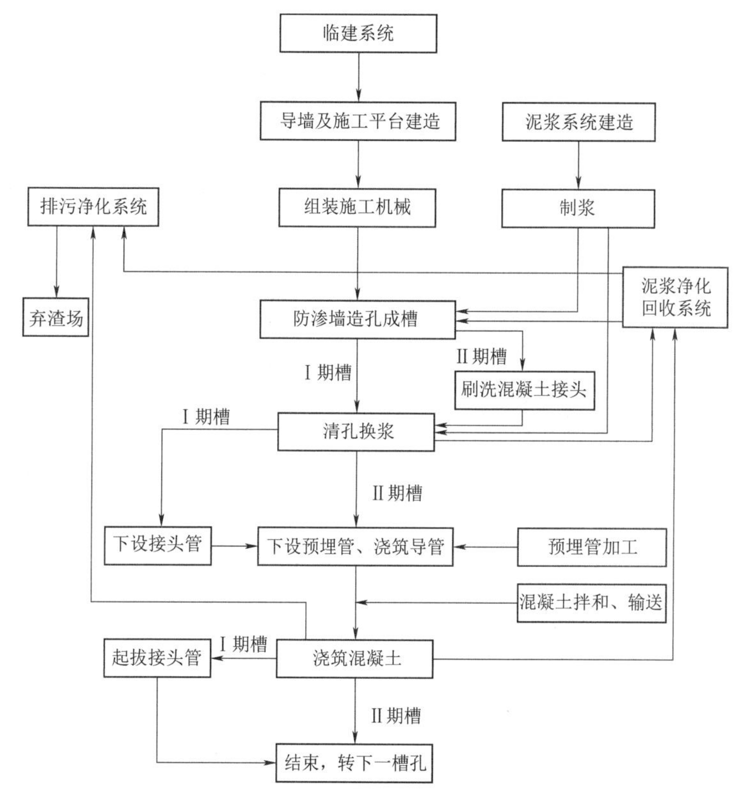

图 5-4 防渗墙单元槽段施工程序框图

5.4.2 施工措施

5.4.2.1 施工平台处理及临建

施工平台加固与孔口高程的确定是同一个问题，目的相同，即稳定槽孔。施工平台的加固有多种方案可供选择，包括碾压、强夯、高喷、灌注桩、灌浆、深层搅拌等，视地质条件等进行技术经济比较。本工程采用了强夯+碾压的处理方案（图 5-5），即将导墙底部松散地层，如粉细砂、腐殖土等先予以清除，然后强夯，再进行碾压。由此大大提高了施工平台的稳定性，为后续施工奠定了坚实的基础。

1. 强夯施工

为了提高防渗墙上部地层整体密实度及承载力等力学性能，清基后对防渗墙轴线上下游25m范围内进行强夯处理（图5-6），采用一遍点夯施工，梅花形布孔，间距4.0m，点夯击能为2000kN·m，单点夯击次数12击，点夯施工完成后对坝段用振动碾碾压8遍，有效加固深度4～5m。

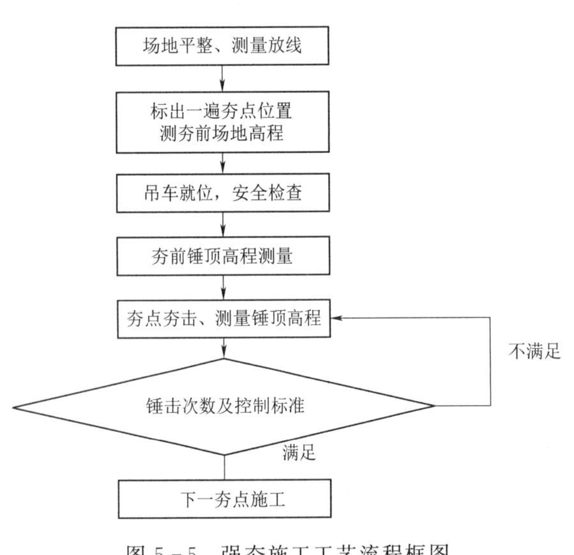

图5-5　强夯施工工艺流程框图

图5-6　强夯施工现场图

（1）试夯。强夯施工前，应在施工现场有代表性的场地上选取一个或几个试验区，进行试夯或试验性施工。试验区数量应根据建筑场地复杂程度、建筑规模及建筑类型确定。

（2）技术要求。单击夯击能为2000kN·m，单点夯击次数为12击，点夯施工完成后用振动碾碾压8遍，有效加固深度为4～5m。

（3）最后两击的平均夯沉量不宜大于50mm。

（4）强夯处理范围应大于建筑物基础范围，每边超出基础外缘的宽度宜为基底下设计处理深度的1/2～2/3，并不宜小于3m。对可液化地基，扩大范围不应小于可液化土层厚度的1/2，并不应小于5m；对湿陷性黄土地基，应符合现行国家标准《湿陷性黄土地区建筑地基规范》（GB 50025—2018）的有关规定。

2. 强夯施工参数

根据规范和设计要求，并结合场地实际情况，确定以下施工参数：

（1）试夯。在施工区内选定一个生产性试夯区，试夯区大小为20m×20m。

（2）夯击参数。夯锤重20t，直径2.5m，落距10m，夯击能为2000kN·m。

（3）夯击范围。根据有效加固深度4～5m，确定强夯处理范围超出基础边缘宽度为3m。

通过试验，地层密实度均达到0.85以上，部分地区已达到0.9以上，大大提高了上部土层的密实度，提升了防渗墙施工平台的稳定性。

3. 导墙施工

为保证槽孔造孔安全和接头管起拔承载力，导墙采用全断面开挖后立模浇筑L型钢筋混凝土导墙，高度 2.0m（厚 0.6m）、底宽 1.8m（厚 0.5m）、内侧间距 1.2m。导墙墙体材料为二级配 C25 混凝土。防渗墙导向槽横断面示意如图 5-7 所示，导墙和施工平台现场如图 5-8 所示。

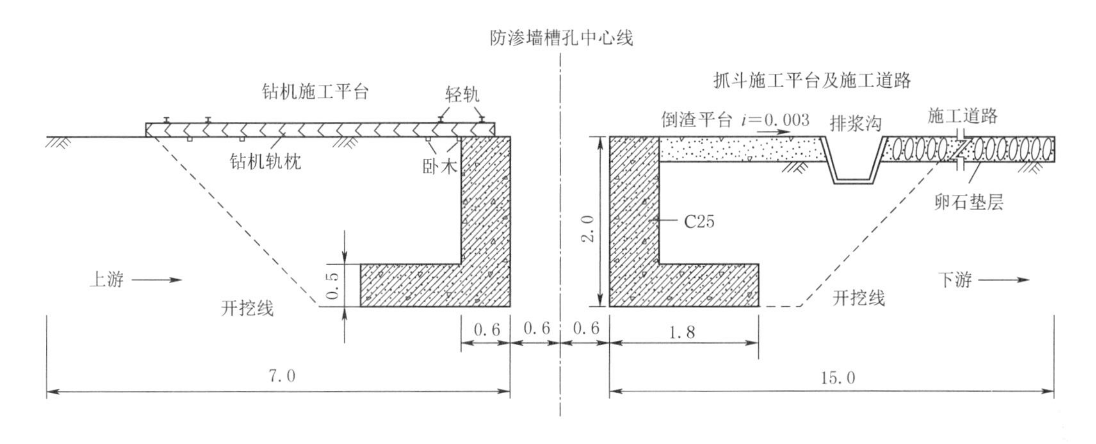

图 5-7 防渗墙导向槽横断面示意图（单位：m）

（a）导墙模板架设

（b）钻机平台钢轨架设

图 5-8 导墙和施工平台现场图

5.4.2.2 槽段划分

1. 槽段划分原则

由于前期未进行试验槽段，对地质情况的了解仅限于前期地质勘探，局限性很大，为保证槽孔稳定性，前期划分槽段一期为长度 4m 的小槽段“两主一副”，二期为长度 7m 的大槽段“三主两副”。

2. 实际生产后对槽段划分的更改

经过部分一期槽孔施工，发现地质情况良好，大槽段也能满足一期槽施工，且一期槽长度 4m，下设完接头管只剩余 2m，只能下设 1 套浇筑导管，不利于防渗墙混凝土连续浇筑，基于此对槽段划分进行更改，一期、二期槽孔长度全部改成 6.6m“三主两副”，主孔 1m、副孔 1.8m，不仅减少接头，保证墙体混凝土浇筑连续性，并且缩减了工期制约，节约成本。具体槽段划分情况如图 5-9 所示。

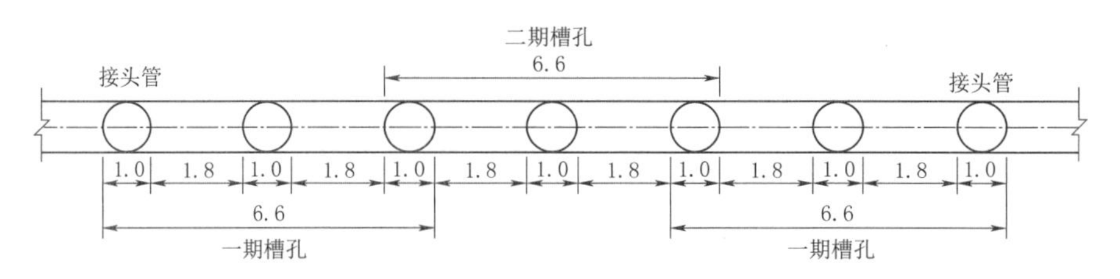

图5-9 防渗墙槽段划分示意图(单位:m)

5.4.2.3 槽孔挖掘工艺方法、措施

1. 国内外防渗墙施工机械

目前,国内外常用的成槽设备主要有钢绳冲击式钻机、冲击式反循环钻机、回转式钻机、抓斗式挖槽机、多头钻机、液压铣槽机等,造孔工艺主要采用钻抓法、钻劈法、纯抓法、纯铣法等方法。

图5-10 重型钢绳冲击式钻机

(1)钢绳冲击式钻机。我国早期使用的钢绳冲击式钻机型号主要有CZ-20型、CZ-22型、CZ-30型等,而后又研制了CZ-5型、CZ-6型、CZ-8型、CZ-9型等型号的冲击式钻机。部分钢绳冲击式钻机的主要机械参数见表5-3。重型钢绳冲击式钻机如图5-10所示。

表5-3 部分钢绳冲击式钻机的主要机械参数

机械参数	CZ-20	CZ-22	CZ-30	CZ-5	CZ-6	CZ-8	CZ-9
钻孔直径/m	0.635	0.710	1.000	0.6~2.3	0.6~2.3	0.8~2.5	0.8~3
钻孔深度/m	120	150	180	40~260	35~300	30~150	60~300
冲程/m	0.45~1.0	0.35~1.0	0.5~1.0	0.5~1.1	0.5~1.1	0.5~1.1	0.5~1.1
冲击频率/(次/min)	40,45,50	40,45,50	40,45,50	36~40	26~38	26~38	26~38
钻具重量/t	1.0	1.3	2.5	4.2	5.0	5.8	7.0
卷扬起重量/kN	10,15	13,15,20	20,30	50	60	75	140
桅杆高度/m	12.0	13.5	16.0	8.5~12	8.5~12	8.5~12	8.5~12
桅杆起重量/t	2.0	12.0	25.0	25.0	35.0	45.0	50.0
电机功率/kW	20	30	40	55	55	75	75
钻机总重量/t	6.27	6.87	11.15	8.50	9.50	11.00	11.00

(2)冲击式反循环钻机。冲击式反循环钻机适用于软土、砂砾土、漂卵石的基岩等多种地层。冲击式反循环钻机钻进原理与钢绳冲击式钻机相同,反循环抽渣分为泵吸、气举和射流3种方式。

国外冲击式反循环钻机主要有法国的GIS-71型、日本的KPC-1200型、意大利的MR型。国内生产的冲击式反循环钻机类型较多,主要包括中国水利水电基础工程局研制的 CZF－1200 型、CZF－1500 型、CZF－2000 型，张家口探矿机械厂生产的 GCF－1500 型，山东探矿机械厂生产的 CJF－15 型。部分国内外冲击式反循环钻机的主要机械参数见表 5－4。冲击式反循环钻机如图 5－11 所示。

表 5－4　　部分国内外冲击式反循环钻机的主要机械参数

机械参数	CZF－1200	CZF－1500	GCF－2000	GJF－12	GJF－20	CF－1B
钻孔直径/m	1.2	1.5	岩 1.2，土 1.5	0.5～1.2	0.8～2.5	0.5～1.2
钻孔深度/m	80	100	50	50	80	75
卷扬冲击冲程/m	1.0	1.0	0.5～3.0	—	1.5～3.0	—
卷扬冲击频率/(次/min)	40	40	0～30	—	10～20	10～20
连杆冲击冲程/m	—	—	—	1.0	0.65，1.0，1.35	—
连杆冲击频率/(次/min)	—	—	—	40	35，46	—
液压冲击冲程/m	—	—	—	—	—	—
液压冲击频率/(次/min)	—	—	—	—	—	—
钻具重量/t	1.2～3.0	1.2～3.0	2.9	4，5（最大）	4，5（最大）	1.4
电机功率/kW	30	45	37～45	79	79	58
钻机总量/t	8.3	12.5	15.7	18	18	13
反循环排渣方式	泵吸	泵吸	泵吸	泵吸	泵吸	泵吸
生产地	中国	中国	中国	中国	中国	中国

机械参数	CF－2	CZ－22 改进型	GJD－1500	MR－2	KPC－1200	CIS－71
钻孔直径/m	0.5～1.5	0.5～1.5	1.5	0.8～2	0.65～2	0.6～1
钻孔深度/m	85	50	50	80	100	46～60
卷扬冲击冲程/m	—	—	—	—	—	—
卷扬冲击频率/(次/min)	10～20	10～20	—	—	4～50	—
连杆冲击冲程/m	—	0.35～1	—	—	—	—
连杆冲击频率/(次/min)	—	40～50	—	—	—	—
液压冲击冲程/m	—	—	0.1～1	—	—	—
液压冲击频率/(次/min)	—	—	0～30	—	—	—
钻具重量/t	2	1.3	3	1.8	6	2
电机功率/kW	45	20	—	85	330	160
钻机总量/t	8.5	7	—	20	110	23
反循环排渣方式	泵吸	泵吸	泵吸	泵吸	气举	泵吸
生产地	中国	中国	中国	意大利	日本	法国

（3）回转式钻机。回转式钻机由钻头、加重块、导正盘、钻杆等组成，按照出渣方式的不同分为回转正循环钻机和回转反循环钻机。部分国产回转正反循环钻机的主要机械参数见表 5－5 和表 5－6。回转式钻机如图 5－12 所示。

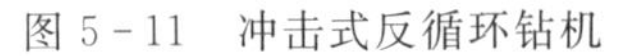

图 5-11　冲击式反循环钻机

图 5-12　回转式钻机

表 5-5　　部分国产回转正循环钻机的主要机械参数

机械参数	GPS-10	GQ-80	XY-5G	GJ-15	GJ-20
钻孔直径/m	0.6～1.0	0.6～0.8	1.25	1.5	2
钻孔深度/m	50	40	40	50	80
扭矩/(kN·m)	8	5.5	11	—	—
主卷扬起重量/kN	29.4	30	50	30	30
副卷扬起重量/kN	19.6	—	—	20	20
驱动功率/kW	37	22	45	35	30
钻机质量/kg	8.4	2.5	8	15	15

表 5-6　　部分国产回转反循环钻机的主要机械参数

机械参数	QJ1250	GJC40-HF	GJC40-H	GPS-15	BRM-08	BRM-1	BRM-2
钻孔直径/m	2.5	1～1.5	0.5～1.5	0.6～1.5	1.2	1.25	1.5
钻孔深度/m	100	40	40～300	50	46～60	46～60	46～60
扭矩/(kN·m)	68.6	14	2.26～6.37	17.7	4.2～8.7	3.3～12.1	7～28
驱动功率/kW	95	118	118	30	22	22	28
钻机质量/kg	13	15	15	15	6	9.2	13

（4）抓斗式挖槽机。抓斗式挖槽机（简称抓斗）于1980年引进中国，根据操作方式不同可分为：钢丝抓斗、液压导板抓斗和液压导杆抓斗。抓斗结构简单，操作便捷，运转费用低廉。国内外生产的抓斗挖掘宽度大都在0.3～1.5m，最大挖掘深度已经达到200m级。国内外部分钢丝抓斗的技术规格见表5-7。国内部分钢丝抓斗和液压抓斗的机械参数见表5-8和表5-9。抓斗式挖槽机如图5-13所示。

表 5-7 国内外部分钢丝抓斗的技术规格

机械参数	意大利 DH3000 型	国产 BSD 型	国产 GSD 型
成槽宽度/m	0.6，0.8，1.0，1.2	0.3，0.4，0.5	0.6，0.8，1.0，1.2
开斗宽度/m	3	2.8	2.8
闭斗高度/m	7.3	7.1	7.2
斗容量/m³	1.0，1.2，1.6，2.0	0.4，0.5，0.6	0.8，1.0，1.2，1.5
斗自重/t	11.0，11.4，11.8，12.2	7.5，8.0，8.5	11.0，11.6，12.2，12.8
挖掘深度/m	100	60	100

表 5-8 国内部分钢丝抓斗的机械参数

机械参数	KH400	SH400C	XG360	XG600D	GB40
成槽宽度/m	0.4～1.0	1.5	0.3～1.2	0.6～1.5	0.3～1.2
挖掘深度/m	60	70	60	105	60
斗容量/m³	0.8～1.8	—	—	—	—
最大提升力/kN	—	400	360	600	170
钢丝直径/mm	28	26	—	—	—
斗自重/t	—	—	—	—	24
总重量/t	9.8，10.5，10.8，11.1，11.9	61	75	120	57

表 5-9 国内部分液压抓斗的机械参数

机械参数	ZDG650	TG26	TG35	TG40	TG42	TG50	SG50A	SG60A
成槽宽度/m	1.5	0.3～0.8	0.6～1.0	0.8～1.2	0.8～1.5	0.8～1.5	0.3～1.2	0.8～1.5
挖掘深度/m	80	50	60	70	80	80	75	80
斗容量/m³	—	0.8～1.5	0.8～1.7	1.1～1.7	1.1～2.1	1.1～2.1	—	—
最大提升力/kN	660	260	350	400	420	500	500	660
系统压力/MPa	—	32	35	35	35	35	33	35
闭斗最大推力/kN	2000	1000	1200	1200	1200	1600	—	—
发动机功率/kW	298	187	213	213	261	261	266	300
斗自重/t	32	12～26	15～20	6～22	16～24	16～24	—	22～32
总重量/t	126（不含斗）	50	59	61	63	85	72（不含斗）	93.5（不含斗）
生产厂家	中联重科	中车	中车	中车	中车	中车	上海金泰	柳工

机械参数	SG70	SG70A	SG80	SG90	XG450D	XG600D	SWHG70	SH700
成槽宽度/m	0.8～1.5	0.8～1.5	1.0～2.5	0.8～1.5	0.3～1.2	0.6～1.5	0.8～1.8	0.8～1.5
挖掘深度/m	80	80	116	80	75	105	110	80
斗容量/m³	—	—	—	—	—	—	—	—
最大提升力/kN	700	700	800	660	460	600	700	710
系统压力/MPa	35	36	35	35	32	33	35	—
闭斗最大推力/kN	—	—	—	—	—	—	2000	2200

续表

机械参数	SG70	SG70A	SG80	SG90	XG450D	XG600D	SWHG70	SH700
发动机功率/kW	300	266	380	300	242	298	399	300
斗自重/t	—	18～35	—	—	—	—	18～35	15～35
总重量/t	98（不含斗）	100	135（不含斗）	93.5（不含斗）	84（含斗）	120（含斗）	100（不含斗）	130
生产厂家	上海金泰	柳工	上海金泰	上海金泰	徐工	徐工	山河智能	三一重工

图5-13　抓斗式挖槽机

(5) 多头钻机。多头钻机（长墙钻）是由5～7个独立旋转的钻头组合装配在一起的大型钻机。根据覆盖层地质条件可选用不同数目和形式的钻头。此种钻机主要用于均质软土施工。挖槽速度较快，不适用于卵石、漂石地层，更不能用于钻进基岩。部分国内外常用多头钻机的机械参数见表5-10。

(6) 液压铣槽机。液压铣槽机（图5-14）适用于比较均匀的地层，包括较为坚硬的岩层。我国于1996年从德国宝峨公司引进了首台BC30型液压铣槽机，并成功应用于三峡工程二期上游围堰防渗墙施工中。BC型液压铣槽的主要机械参数见表5-11。

表5-10　　部分国内外常用多头钻机的机械参数

类别	机械参数	SF-60	SF-80	DZ800×4	CZJ-8160×4	BW-80120	BW-90120
钻机尺寸	外形尺寸（长×宽×高）/m	4.3×2.6×0.6	4.54×2.8×0.8	5.8×2.6×0.8	7.425×2.5×0.6	5.555×2.8×*B*	—
	钻头个数/个	5	5	4	4	5	5
	钻头直径/m	0.6	0.8	0.8	0.6	0.8～1.2	—
	机头重量/t	8.5	10.2	10.5	7	18	22（不含砂泵重）
成槽能力	成槽宽度/m	0.6	0.8	0.8	0.6	0.8～1.2	0.9～1.2
	成槽有效长度/m	2	2	1.8	1.9	3.6～4	2.8
	设计成槽深度/m	40～60	40～60	35	50	50	130（最深）
	挖掘效率/(m/h)	8.5～10.0	8.5～10.0	1.75	—	1～20	—
	成槽垂直精度	1/300	1/300	—	—	1/200	1/200～1/1000
机械性能	提升力/kN	—	—	—	—	—	117.7×4
	钻头钻速/(r/min)	30	38.5	25	20	25	22
	潜水电机功率/kW	18.5×2	22×4	18.5×2	22×4	18.5×2	18.5×2
	排渣电机功率/kW	—	—	—	—	—	45～55
	抽渣排浆管内径/mm	150	125	200	200	200	200
生产地		中国	中国	中国	中国	日本	日本

图 5-14 液压铣槽机

表 5-11 BC 型液压铣槽的主要机械参数

机械参数	BC20	BC30	BC50
铣槽长度/m	2.2	2.8	2.8，3.2
铣槽厚度/m	0.5～1.5	0.64～2.2	1.2～2.3
铣槽机高度/m	10.8	15.4	16.0
钻铣深度/m	65	80	130
自重/t	20	20～40	40～50
最大扭矩/(kN·m)	34	81	135
切割力/kN	61	109	193
液压泵工作压力/MPa	—	30	—
铣制卷扬提升力/kN	—	160	—
辅助卷扬提升力/kN	—	100	—
铣轮钻速/(r/min)	0～30	0～25	0～25
砂石泵口径/in	5～6	6	6～8
砂石泵流量/(m^3/s)	300～450	500	450～700
油缸活塞长度/m	4.0	6.5	6.5
导向装置	—	任意	任意

2. 设备选取

根据本工程的地质特点以及以往深槽的施工经验，造孔设备选用了适合深孔作业的 CZ-6 冲击式钻机（特 A 型钻机）和 HS875HD 抓斗式挖槽机。HS875HD 为机械式抓斗，斗体抓取闭合过程全靠斗体自身重量，如重量不足则降低其闭合力，从而难以达到预期工效，在施工时随着孔深的加深和浮力的增加，斗体在孔内的重力会逐渐减轻。因本工程槽孔较深，故将所用斗体重量由原来的 6t 斗体调整为 9.5t。特 A 型钻机是根据本工程特性和地质情况量身定制的新型钻机，钻头重 5t，施工时用加宽平台车宽度和加大轨间距稳定钻机，用加大后卷扬直径、加厚主卷扬中间片的方法提升主卷扬提升力。

（1）冲击式钻机。冲击式钻机，俗称冲击钻（图5-15），是防渗墙及桩基础施工的一种重要钻进成孔机械，它能适应各种不同的地质情况，尤其是针对坚硬复杂地层，冲击钻机较之其他形式的成孔设备适应性更强。同时，冲击钻造孔时，会对周边地层进行冲击挤密，形成一层密实的土层，对稳定孔壁和提高土层承载能力有较强的作用。

防渗墙造孔成槽施工中选取改进的CZ-6型冲击式钻机，其相关参数见表5-12。

表5-12　CZ-6型冲击式钻机相关参数表

项　目	参　数	项　目	参　数
型号	CZ-6	冲击频率/(r/min)	36～45
钻孔直径/m	0.4～1.8	钻头重量/t	5.5
钻孔深度/m	200	主电机功率/kW	75
冲击行程/m	1.0	整机重量/t	11

（2）HS875HD机械抓斗。HS系列机械抓斗（图5-16）为世界上最先进的防渗墙成槽设备之一。其家族产品HS875HD机械抓斗发动机最大功率为670kW，主、副卷扬单绳起拔力均为250kN，HS875HD机械抓斗发动机功率为400kW，主、副卷扬单绳起拔力均为200kN。其最大开挖深度可达130m，由于本工程地质情况良好，抓斗最大抓取深度达到了160m。

图5-15　CZ-6冲击式钻机

图5-16　HS系列机械抓斗

HS系列机械抓斗安装有自动测斜装置，可有效控制开槽孔斜，施工时操作简便、行走方便，适合野外施工，可广泛应用于多种软土地基，如砂性土、粉细砂、砂砾石等。同时该系列机械抓斗可以提升重型斗体，直接冲抓具有一定密实或胶结程度的地层。在地层异常坚硬、冲抓效率明显降低时，可用10t以上重凿冲击破碎地层后再抓取，直至达到设计要求的成槽深度。HS875HD型抓斗基本参数见表5-13。

表 5-13 **HS875HD 型抓斗基本参数表**

序号	项　目	参　数
1	最大起重能力	100t/4m
2	发动机输出功率	450-670kW/612-911 HP (ISO 9249)
3	最大卷扬机钢丝绳一层拉力/kN	200/250/300
4	最大主动臂/m	50
5	配备蚌式挖斗时的最大动臂长度/m	30
6	配备索铲时的最大动臂长度/m	30
7	行走速度/(km/h)	1.15
8	工作重量/t	93

(3) 冲击钻机与抓斗配合使用的优点。

1) 冲击钻机能适应覆盖层较复杂的地层，能完成入岩 1m 的施工要求；根据地勘资料，覆盖层主要地层为砂卵砾石层，且含有漂石、密实砂层。根据设计图纸要求，防渗墙入岩深度 1m，孔深超过 100m 的槽孔入岩 2m。本工程基岩为中基性火山角砾岩，经室内岩石物理力学试验，弱风化岩石的饱和抗压强度为 55～60MPa，属中硬～坚硬岩。冲击钻能适应此基岩地层施工。

2) 加快施工进度，提高施工效率。抓斗相对于冲击钻机最大的优势是功效。对于常规的砂卵石地层、砂层，抓斗功效将远远大于冲击钻机；从施工进度、成本控制角度来讲，抓斗施工效率更高。

3) 保证孔壁安全。根据设计图纸，最大施工孔深为 186.15m，对于砂卵石超深覆盖层，孔壁安全是非常关键的问题。冲击钻机在施工时，具有挤密地层，保护稳定孔壁的作用，同时冲击钻施工主孔对于抓斗施工具有导向作用，能保证槽孔孔斜率的要求。

3. 孔斜控制

孔斜率是指某一孔深处的施工孔位中心相对于孔口处的施工孔位中心的偏差值与该处孔深的比值。孔斜率指标是防渗墙成槽施工中的重要参数，直接反映了槽孔建造的垂直度，对后期下设钢筋笼、接头管、槽段搭接等工作具有重大影响。

孔斜率检测的方法是采用重锤法测量，首先检测出某位置的孔偏差，通过相似三角形法，计算出某位置的偏差，从而获得此处位置的孔斜率。

根据规范要求，防渗墙成槽施工时孔斜率不应大于 4‰，遇含孤石地层及基岩陡坡等特殊情况，应控制在 6‰以内。在实际施工过程中，由于槽段孔深较深，保证墙段平顺难度较大且至关重要。大河沿项目对施工孔斜率的要求全部控制在 1‰以内。

孔斜质量控制主要由验收制度保证。防渗墙施工质量检查实行“三检制”，终检合格后，才通知监理验收。①机班组自检，本工程要求每个槽孔每进尺 2m，机班组都必须进行孔斜自查，合格后继续钻孔；若不合格，必须先进行修孔，修孔合格后继续钻孔。施工班组自检是最基础，也是最重要的检查预防机制。②质检员过程检查，质检员定期对每个孔进行孔斜检查，过程中发现问题及时解决，并进行相应处罚，修孔合格后继续钻孔。③四方联检，在清孔前，质检员均会通知监理、设计、业主各方对槽段孔形进行四方联检验收，以确保槽孔孔形的质量。

4. 基岩面鉴定

施工中发现地质情况与勘探出入较大，为解决偏差过大并准确确定基岩面，采用复勘加钻渣相结合的方式进行基岩面确定。待主孔接近基岩面时，在孔内下设套管，回填黏土固定套管，岩芯钻取芯样，取芯长度可根据实际情况取10～15m，如芯样连续，即可判别为基岩，再结合钻渣判别，保证防渗墙真正嵌入基岩。对于部分嵌入基岩的槽段，终孔时需进行基岩鉴定，其方法主要如下：

（1）基岩面确定的方法。设计基岩面深度，主孔抽筒取样鉴定确定基岩面。

（2）操作人员应对照地质剖面图和邻孔基岩面高程，并根据钻进感觉确定基岩面。

（3）基岩岩样鉴定。主孔取样鉴定，副孔不取样，副孔的深度等于相邻两主孔中较浅孔的深度加上两孔之差的2/3。

（4）入岩深度检查。接近设计基岩面1m时，每50cm取样一次。进入基岩后，每30cm取样一次，编号保存，据以判断和计算入岩深度。

（5）一期槽段应在1号、3号、5号主孔取样，确定基岩面。二期槽段在中间的3号主孔取样，并根据已入岩的1号、5号槽段确定该槽段的基岩面。

（6）左右岸陡坡段施工。当上述方法难以确定基岩面，或对基岩面产生怀疑时，应采用岩芯钻机取岩样，加以确定和验证。

（7）基岩岩样及其标签。这是槽段嵌入基岩的主要依据，应按顺序、深度、位置编号，填好标签，装箱，妥善保管。

5. 漏浆处理

本工程坝基覆盖层厚174m以上，其中30～60m为冲积砂卵砾石层。由于该层以漂卵（砾）石为主，地层松散，故存在漏浆、塌孔等特殊情况。

由于上部地层松散，细颗粒和土粒含量较少，在施工过程中多次发生渗浆、漏浆现象。采取的处理措施主要如下：

（1）加大泥浆黏度，采用浓泥浆固壁，保持孔壁稳定，对部分漏浆严重的部位添加白灰，以增加泥浆浓度。

（2）施工到快漏浆地段时多填黏土和碎石土，用钻头冲击、挤压密实，达到防止漏浆的目的。

（3）当采取以上方法后仍漏浆时，即向槽内倒锯末、细砂等堵漏材料，使其渗透至渗漏缝隙中，以封堵漏浆通道。

（4）漏浆发生后及时将钻头提出孔内，并用装载机回填黏土，补充泥浆等。

5.4.2.4 高陡坡入岩

1. 施工难点分析

大河沿工程地质资料显示，河床基岩面呈V形，两侧基岩面坡度为55°～60°（图4-3），防渗墙按设计要求嵌入基岩。在陡坡状基岩中造孔，由于钻具在下落冲砸基岩时容易溜钻，嵌岩很困难，不仅钻进效率极低而且钻进效果差，如处理不好将严重制约防渗墙工期，嵌岩不合格也会严重影响防渗墙的质量。对于超深混凝土防渗墙陡坡嵌岩而言，其难度主要包括孔斜控制、岩样鉴定等。如何准确判断基岩面，是确保墙体嵌入基岩的关键。

超深陡倾角防渗墙施工中的难点总结如下：

（1）确定施工工艺和嵌岩设备。施工中，由于覆盖层较深，首先应确保满足覆盖层钻孔的设备，再选择如何能在较大陡坡段进行取芯的钻机设备，采用何种工艺施工成为能否取出合格岩芯的首要条件。

（2）控制孔斜，保证孔型。由于深度较大，地层变化明显的原因，钻孔施工孔斜控制极其困难，对于100m以内的防渗墙孔形相对容易控制，但对于孔深超过100m的情况，孔口修孔器、孔内修孔器就无济于事。因此，孔斜控制是嵌岩施工的一大难题。

岩芯钻机在下设套管过程中，受孔深及浆液浮力的影响较大，垂直度难以保障，镶嵌套管时对埋深及套管固定极其关键。

（3）同一槽段内各孔高差大，入岩质量相对较难控制。槽孔施工过程中，先施工主孔，再施工副孔。但由于基岩面坡度较大，相邻两主孔之间的副孔深度可能按照2/3高差难以取出岩芯，需要进一步勘探，确保入岩质量。

（4）岩芯钻钻孔工艺复杂。超深陡倾角嵌岩施工过程中，岩芯钻机钻孔取芯工艺复杂，勘探孔距离近，密度相对较大，施工技术要求较高。

2. 超深陡倾角嵌岩措施

根据以往施工经验及本工程实际情况，陡坡嵌岩施工的难点是钻头在斜面上受力不均，导致钻孔偏斜，对于不能直接用钻机入岩的槽孔，采取孔内定向爆破和钻孔爆破的措施进行处理。

（1）确保覆盖层钻孔孔斜符合设计要求，每钻进3～5m测量一次孔斜，软岩层每钻进1～3m测量一次孔斜，发现偏斜，及时修正。

冲击钻在接近基岩面的过程中，由于基岩面坡度较大，钻进过程中将会遇到溜钻现象。为了确保套管下设在该孔的正孔位，在接近设计基岩面顶部5m时加大孔斜的抽检频次，发现孔斜开始变大时，停止连续冲击，采用提拉式单冲击，并及时取样，当提取物中含有设计岩样时，该孔其实已经部分嵌入基岩中了，因此通过下设套管、岩芯钻钻孔取芯确定的基岩面前，应对顶部冲击钻取芯面进行合理分析，防止基岩面过深。

（2）下设套管，采用岩芯钻钻机钻进，然后在孔内下设定位器和爆破筒，将爆破筒定位于陡坡斜面上，经爆破后，使陡坡斜面产生台阶或凹坑，然后在台阶或凹坑上，设置定位管（排渣管）和定位器（套筒钻头），用回转钻机施工爆破孔，下置爆破筒，提升定位管和定位器进行爆破，爆破后用冲击钻机进行冲击破碎，直至终孔。

（3）确保墙体全部按照设计要求嵌入基岩中的关键是保障墙体中不存在小墙或牙子，由于基岩面坡度较大，在施工小墙或牙子过程中，相对主孔施工，溜钻的现象将更为频繁，因此检验小墙和牙子成为墙体全部嵌入基岩的关键。通过单冲击对其施工，确保墙体全部嵌入基岩并满足设计要求。高陡坡嵌岩施工措施如图5-17所示。

5.4.2.5 固壁泥浆净化、废浆处理与排放

1. 固壁泥浆材料选取

（1）红黏土。红黏土取自大河沿工地下游侧10km处，系天然形成的红黏土。

（2）膨润土。膨润土采用新疆当地生产的钻井液用膨润土。

（3）现场黏土浆液与膨润土浆液对比。现场根据需要，分别对黏土及膨润土浆液进行

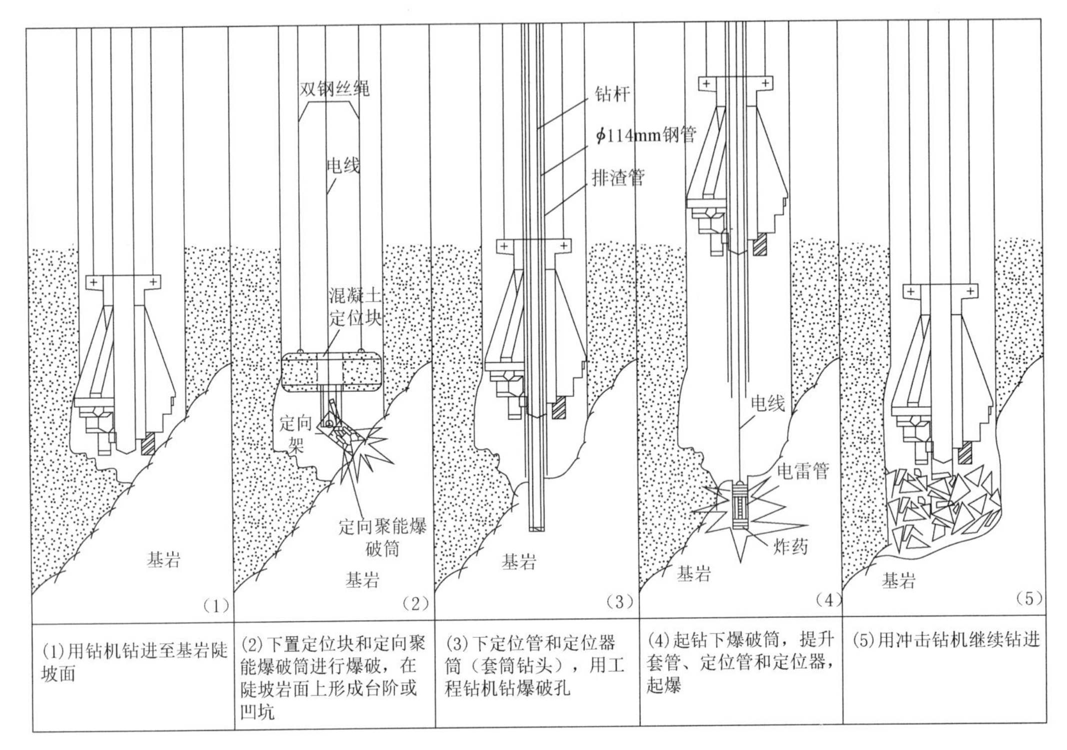

图5-17　高陡坡嵌岩施工措施图

配制、分析。黏土泥浆配方与膨润土泥浆配方对比见表5-14，现场浆池中黏土泥浆和膨润土泥浆性能对比见表5-15。

表5-14　　　　黏土泥浆配方与膨润土泥浆配方对比表

材料	水/kg	土/kg	纯碱/kg	含砂量/%
黏土	1000	100	2.67	7
膨润土	1000	75	2.5	0.3

表5-15　　　　现场浆池中黏土泥浆和膨润土泥浆性能对比表

泥浆名称	密度/(g/cm³)	马氏漏斗黏度/s	表观黏度/(mPa·s)	塑性黏度/(mPa·s)	动切力/Pa	静切力/Pa	滤失量/(mL/30min)	pH
膨润土	1.04	41～50	16～20	7～8.5	8.7～14.8	8.2～14.3	19～21	9.5
黏土	1.06～1.07	35～46	9～13.5	5～7	4.6～7.7	4.6～11.2	11～16	9.5

经对比，黏土搅拌泥浆含砂量较高，且不容易膨化，各项指标均不能满足新制泥浆的要求，所以红黏土只作为回填、堵漏等辅助使用，造孔、抓斗抓取均使用膨润土泥浆。

2. 泥浆拌制与储存

(1) 泥浆拌制。为了制备出优质膨润土泥浆，能够具有良好的流变性、稳定性、抑制性和悬浮、携带岩屑能力，同时还能兼具经济环保效益。本工程对膨润土泥浆配比做了大量试验，通过对比分析，选择最适合的泥浆配比。各泥浆试验配比见表5-16。

表 5-16　　膨润土各泥浆配比表（$1m^3$ 泥浆）

材料名称	水	膨润土	纯碱（Na_2CO_3）	备注
配比 1	995	65	1.5	—
配比 2	995	65	2.5	—
配比 3	990	75	1.5	—
配比 4	990	75	2.5	—
配比 5	988	80	1.5	—
配比 6	988	80	2.5	—

在同等搅拌、膨化时间、气温等试验条件下，对各配比泥浆进行检测、对比、分析。大河沿防渗墙泥浆最终选用配比 4 进行搅拌，膨润土泥浆配比见表 5-17。

表 5-17　　膨润土泥浆配比表（$1m^3$ 泥浆）

材料名称/kg	水	膨润土	纯碱（Na_2CO_3）	备注
配比 4	990	75	2.5	—

（2）泥浆储存。泥浆搅拌完成后，储存于储浆池中进行膨化。常规情况下，膨润土泥浆在使用过程中需不断地搅拌、循环来防止泥浆离析沉淀。泥浆储存现场如图 5-18 所示。

由于本工程制浆站规模大、储浆量多、使用强度大，利用常规的泥浆泵来搅拌循环的方法并不适用。本制浆站打破常规，创造性地使用了预埋风管搅拌泥浆的方法。泥浆搅拌现场如图 5-19 所示。

图 5-18　泥浆储存现场图

图 5-19　泥浆搅拌现场图

3. 泥浆净化回收

（1）膨润土泥浆使用流程。新制泥浆在储浆池中膨化，通过送浆管输送至防渗墙各槽段中使用，通过抽渣、携渣方式连同碎渣一起排出槽孔。排出槽孔的泥浆通过多级沉淀池沉淀、净化，将合格的泥浆回收至回浆池中，进行二次利用；而沉淀下来的废浆、废渣，通过自卸车装运处理。泥浆固壁施工现场如图 5-20 所示。

（2）膨润土泥浆净化与回收。泥浆回收利用包括正常抽砂排出浆液与浇筑过程中回收的浆液，本工程施工场地宽阔，成自然坡度流向下游。故本工程因地制宜，创造性地设置

图5-20 泥浆固壁施工现场图

了6级沉淀池法。在第3级沉淀池回收泥浆，将性能好的泥浆通过泥浆泵输送至回浆池中，再通过送浆管输送至各槽孔。而剩下的废浆通过后3级沉淀池净化后排出，沉淀下来的废渣由自卸车装运至晾晒场。

5.4.2.6 超深防渗墙清孔技术

1. 清孔施工特点、重点、难点

超过100m的深孔孔底沉淀多，清孔困难较大，对设备要求较高，同时又不能轻易地提高抽吸功率，以免对槽孔壁的稳定构成威胁。同时下设灌浆预埋管、导管等，时间大幅延长，下设过程极易发生预埋管或定位架对墙壁的扰动，致使孔底泥皮、大块泥渣结合物增多，加大二次清孔的难度。

浇筑过程中清孔需要结合现场施工条件对清孔管具及设备进行改良，同时清孔过程需持续性地测量混凝土面的深度，保证清孔效果，避免出现排渣管堵管等情况。

2. 清孔方法

随着水利工程规模的逐步扩增，要求大坝整体防渗效果同步提升，导致防渗墙成墙深度的不断加深。防渗墙主要有成槽、清孔、下导管、接头管起拔、浇筑等几个工序，一般工程只注重成槽和浇筑两个关键工序，而忽视了清孔环节。其实，清孔也是防渗墙的一个重要环节，清孔质量的好坏，直接影响防渗墙成墙质量，尤其在超深防渗墙清孔环节更为重要。

清孔的目的是通过抽、换原槽孔内的泥浆，使孔底泥浆的密度、黏度、含砂率等指标满足设计及规范要求；清除钻渣，减少孔底沉淀厚度，防止孔内存留废渣而影响整体浇筑成墙质量。特别是随着施工深度的增加，在施工中彻底清除孔底废渣为水下浇筑混凝土创造良好条件，使测深正确、灌注顺利，确保混凝土质量，避免出现夹层之类的重大工程质量事故。

(1) 筒法。利用造孔钻具中的抽筒进行槽孔清孔的方法。该抽筒底部设有活门，在槽孔内向下放置时抽筒底部活门打开，向上提升抽筒时抽筒底部活门关闭，将钻渣协同泥浆同时带至孔口。

该方法多适用于防渗墙较浅槽孔，孔深一般不超过50m，由于本工程槽孔深度大多为100m左右，达到泥浆与淤积验收合格标准花费时间比较长。经初步现场试验，待槽孔清孔达到合格标准后，清孔时间高达4～6d，并且需要换掉槽孔容积一半的泥浆，对生产成本的降低和工期的保证都有极大的影响，且清孔后的指标多数接近规范要求指标的临界值，影响后序的混凝土浇筑施工质量，因此本工程不宜采用此清孔方法。

(2) 泵吸法。泵吸法清槽是利用砂石泵，通过泵吸反循环抽排含渣泥浆至孔口泥浆净化机的清孔方法。

鉴于泵吸法施工具有局限性，即底部泥浆较为黏稠，清孔前孔底淤积均在3m左右；槽孔深度较深，砂石泵向上抽渣的功率需求超过额定的最大功率。因此本工程也不宜采用泵吸法。

(3) 气举反循环法。气举反循环清孔是利用空压机的压缩空气，通过安装在导管内的风管送至槽孔内，高压气与泥浆混合，在导管内形成一种密度小于泥浆的浆气混合物，浆气混合物因其比重小而上升，在导管内混合器底端形成负压，下面的泥浆在负压的作用下上升，并不断补浆，从而形成流动。因为导管内断面面积远大于导管外壁与桩壁间的环状断面面积，便形成了流速、流量极大的反循环，携带沉渣从导管内反出，排出槽孔以外。

此方法和上述两种方法比较，气举反循环方法的可行性及优越性较高，对于深墙清孔而言，施工效率及清孔质量都得到了保证。因此，根据本工程的特殊性，以及借鉴以往经验所取得的良好的效果，本工程采用了抽筒法与气举反循环法相结合的清孔施工措施。

3. 清孔步骤

(1) 第一次清孔。防渗墙槽段清孔主要包括冲击钻抽砂桶清渣与气举法清孔结合进行。冲击钻抽砂桶清渣主要在防渗墙槽孔施工完毕后，由机组施工人员采用CZ-6A冲击钻套挂抽砂筒[尺寸为2.5m（高）×0.5m（直径）与2.0m（高）×0.6m（直径）]进行孔底沉渣清理，按照前期施工经验，深度180m的槽段采用抽砂筒清渣历时一般为15～21h。主要清理对象为：小粒径试块、粗砂砾、大尺寸黏结泥块、浓浆、超浓浆。经抽砂筒清理后，可有效减少空压机与泥浆净化器的负荷，保证后续气举法清孔过程中机械设备的施工效率。

待抽渣桶清孔结束后，冲击钻钻头底部绑扎成袋纯碱下设至孔底后进行冲砸，使纯碱与槽孔底部浆液充分接触，提高孔底泥浆的充分自膨化，在减少换浆量的同时可提高后续气举法的清孔质量。

气举法是借助空压机输出的高压风进入排渣管经混合器将液气混合，利用排渣管内外的密度差及气压来升扬排出泥浆并携带出孔底的沉渣，风管下设深度为排砂管的1/3，其主要设备包括空压机、排渣管、风管和泥浆净化机。

将汇浆管与风管下设至孔底，在吊车的辅助下，孔口采用专用固定架，排渣管每根之间用配套的胶垫密封、螺丝连接，待空压机、泥浆净化机就位后，对各种管线进行全面排查，若均正常工作即可开始清孔。

(2) 第二次清孔。待预埋管、接头管、导管下设完毕后，于浇筑导管内第二次下设清孔管及风管，进行第二次清孔，清理接头管等管具下设过程中剐蹭的泥皮等沉渣。清孔方法、清孔标准及管具与第一次清孔验收相同。进行第二次清孔时由现场试验员根据设计混凝土性能要求进行混凝土配合比的微调整，并下发拌和楼混凝土调整单进行混凝土搅拌。根据已完工槽段，该工艺有效保证了各工序的紧密衔接与浇筑的有序进行。清孔施工现场如图5-21所示。

(3) 清孔验收。清孔换浆1h后应达到如下标准：①槽底淤积厚度不大于10cm；②槽内泥浆密度不大于1.15g/cm^3；③马氏漏斗黏度32～50s；④含砂量不大于1%。

5.4.2.7 超深防渗墙墙段连接

1. 国内拔管机类型及机械参数

防渗墙墙段连接质量的优劣直接影响防渗墙的整体性和抗渗性。目前，深厚覆盖层超深防渗墙（大于100m）墙段连接大都采用接头管法，接头管起拔工序是施工中控制难度最大、最为重要的环节。国内研制的拔管机主要有：ZBG100自动拔管机、往复式液压驱动套管拔管机、YBG系列拔管机、BJ-1200型拔管机等，各种拔管机的主要机械参数见

(a) 导管安装施工现场图

(b) 槽孔沉渣排出

图5-21　气举反循环法清孔施工现场图

表5-18～表5-21。大型全液压自动拔管机如图5-22所示。

表5-18　　ZBG100自动拔管机的主要机械参数

项　目	内　容	机　械　参　数	备　注
接头管	接头连接型式	插销式	—
	分段长度/m	4，6	—
拔管架	最大起拔力/kN	5000	行程0.8m
	外形尺寸/(m×m×m)	2×2×1.85	—
	质量/t	9.5	不包括油缸
液压泵站	系统压力/MPa	16，32	—
	系统流量/(m^3/s)	7.2，92	—
	电动机功率/kW	4，55	—
	外形尺寸/(m×m×m)	1.5×1.3×1.15	—
	质量/t	2.7	—
油缸	主油缸尺寸/mm	ϕ250/160×800	系统压力32MPa
	上抱紧尺寸/mm	ϕ50/25×160	系统压力16MPa
	舌头板尺寸/mm	ϕ50/25×160	系统压力16MPa
	下抱紧尺寸/mm	ϕ50/25×320	系统压力16MPa

表5-19　　往复式液压驱动套管拔管机的主要机械参数

项　目	机械参数	项　目	机械参数
最大起拔力/kN	105000	油泵排量/(mL/r)	71
正常提升力/kN	5000	液压泵公称压力/MPa	2.7
强力顶升速度/(m/min)	0.32	增压缸活塞增压比	2.1
快速顶升速度/(m/min)	0.66	夹具器开口度	1.25
下降速度/(m/min)	1.1	顶升液压缸直径×行程/(mm×mm)	ϕ50/25×160
整机功率/kW	55	夹持液压缸直径×行程/(mm×mm)	ϕ50/25×320

表 5-20 YBG 系列拔管机的主要机械参数

机械参数	YBG45	YBG60
系统额定压力/MPa	25	25
额定起拔力/kN	450	600
油缸行程/mm	500	500
油口接头	M18×1.5	M18×1.5
电动机功率/kW	7.5	7.5
整机质量/kg	460	520
最大部件质量/kg	150	150
可选配卡瓦直径/mm	178，168，146，140，127，108，89，73	

表 5-21 BJ-1200 型拔管机的主要机械参数

项目	机械参数	项目	机械参数
最大起拔力/kN	4500	垂直油缸行程/mm	750
正常提升力/kN	3600	电动机功率/kW	45
抱紧力/kN	2300	接头管直径/mm	1200
垂直提升速度/(m/min)	580	拔管机外形尺寸/(m×m×m)	2.2×2.2×1.77（长×宽×高）
垂直下降速度/(m/min)	1100	总重量/t	13.7

2. 防渗墙墙段连接方案比较

墙段连接可采用接头（板）管法、钻凿法、双反弧桩法、切（铣）法等。接头管法是目前混凝土防渗墙施工接头处理的先进技术，其施工有很大的技术难度，但也有着其他接头连接技术无可比拟的优势：首先采用接头管法施工的接头孔孔形质量较好，孔壁光滑，不易在孔端形成较厚的泥皮，同时由于其圆弧规范，也易于接头的刷洗，不留死角，可以确保接头的接缝质量。其次，由于接头管的下设，节约了套打接头混凝土的时间，提高了工效，对缩短工期有着十分重要的作用，但同时加大了施工成本。

图 5-22 大型全液压自动拔管机

3. 接头管下设

(1) 下设前准备。下设前检查接头管底阀开闭是否正常，底管淤积泥沙是否清除，接头管接头的卡块、盖是否齐全，锁块活动是否自如等，并在接头管外表面涂抹脱模剂。

采用吊车起吊接头管，先起吊底节接头管，对准端孔中心，垂直徐徐下放，一直下到 ϕ120mm 销孔位置，用 ϕ108mm 厚壁（18mm）钢管对孔插入接头管，继续将底管放下，使 ϕ108mm 钢管担在拔管机抱紧圈上，松开公接头保护帽固定螺钉，吊起保护帽放在存放处，用清水冲洗接头配合面并涂抹润滑油，然后吊起第二节接头管，卸下母接头保护帽，用清水将接头内圈结合面冲洗干净，对准公接头插入，动作要缓慢，接头之间决不能发生碰撞，否则会造成接头连接困难。

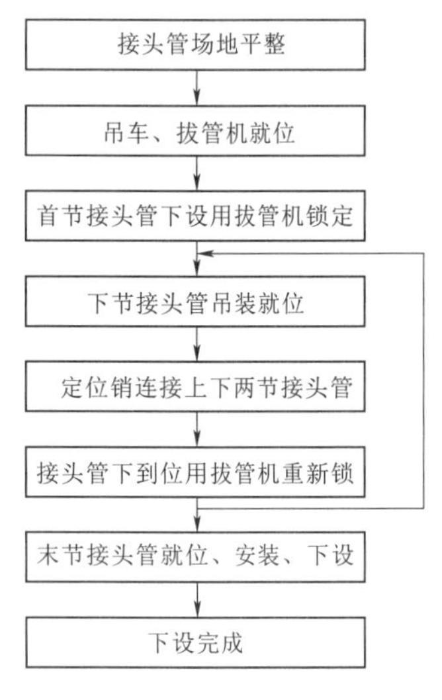

图5-23　接头管安设施工程序图

吊起接头管，抽出 ϕ108mm 钢管，下到第二节接头管销孔处，插入 ϕ108mm 钢管，下放使其担在导墙上，再按上述方法进行第三节接头管的安装。重复上述程序直至全部接头管下放完毕。下设前检查接头管底阀开闭是否正常，底管淤积泥沙是否清除，接头管接头的卡块、盖是否齐全，锁块活动是否自如等，并在接头管外表面涂抹脱模剂。接头管安设施工程序如图5-23所示。接头管下设和连接施工现场如图5-24和图5-25所示。

(2) 接头管下设注意事项。

1) 使用弹力较好的弹簧或橡皮筋，防止底管活门处频繁开张损坏，在接头管下设前应检测弹簧或橡皮筋的拉力是否满足频繁开张要求，需配合拉力计使用。

2) 在活门处接头管底部焊接限位器，活门最大开张不宜大于10cm，防止浇筑过程中混凝土流入接头管，底管被混凝土“铸死”，形成针管效应，导致混凝土坍塌。

图5-24　接头管下设施工现场图

图5-25　接头管连接施工现场图

3) 底部60m的接头管两节接头处下设前要填充胶垫，将缝隙填充满，接头外部需缠透明胶带，在起拔格挡处使用现搅拌膨润土泥浆涂抹，不让混凝土通过缝隙流入接头管内部。

4. 接头管起拔

(1) 采用BG450拔管机进行接头管的起拔。在Ⅰ期槽段混凝土浇筑过程中，根据槽内混凝土初凝情况逐渐起拔接头管。

(2) 起拔时间确定。接头管的起拔时间如何确定是决定接头管法成败的关键。起拔过早，混凝土尚未初凝，会导致底部混凝土坍塌，影响成墙质量。起拔过晚，接头管表面与混凝土的黏聚力和摩擦力增大，增加了接头管的起拔力，容易发生铸管事故，若强行起拔，也会导致施工平台坍塌。因此，终凝后再起拔的做法要坚决禁止。

混凝土的脱管龄期并不等于混凝土的初凝时间，而是混凝土在一定压力作用下能成型的时间。因此在混凝土开浇时必须取样，并观察其凝结及成型情况，当其强度达到了足以承受上部混凝土重量时，可将该试块的龄期定为最小脱管龄期。

为了掌握接头管外各接触部位混凝土的实际龄期，必须详细掌握混凝土的浇筑情况，因此，施工前应绘制能够全面反映混凝土浇筑、导管提升、接头管起拔过程的记录表。该记录表上既有各种施工数据，又有多条过程曲线，能直观地判断各部位混凝土的龄期、应该脱管时间和实际脱管时间。

施工过程中为了确定接头管的拔管时间，获取混凝土丧失流动性或达到稳固状态的时间参数，在掌握实验室内混凝土初、终凝时间的基础上。对浇筑的第一车混凝土取一组（每组 3 块）抗压试块放入实验室，对混凝土的凝结情况进行观察并进行分析。如果不具备实验室条件，亦可在现场进行简易的模拟试验，以准确地掌握水下混凝土的早期特性。最好是将实验室数据与现场试验进行综合分析，确定接头管初拔时间。接头管起拔施工现场如图 5－26 所示。

（3）接头管起拔预防事故措施。影响拔管施工的因素众多，如混凝土原材料的兼容性、混凝土的和易性、孔形、孔斜、混凝土上升速度、混凝土初凝时间的掌握、接头管埋深、起拔压力控制，清孔质量、泥浆质量等。某个细小环节控制不好都有“铸管”或“拔塌”的可能。这是一项风险极大的施工工艺。

图 5－26　接头管起拔施工现场图

拔管法施工的关键是要准确掌握起拔时间，起拔时间过早，混凝土尚未达到一定的强度，就会出现接头孔缩孔和坍塌；起拔时间过晚，接头管表面与混凝土的黏聚力使摩擦力增大，增加了起拔难度，甚至可能出现接头管被铸死拔不出来，造成重大事故。

混凝土正常浇筑时，应仔细地分析浇筑过程是否有意外，并随时从浇筑柱状图上查看混凝土面上升速度的情况以及接头管的埋深情况。

由于混凝土强度发展越快，与管壁的黏聚力增长越快，其起拔力增长的也越快。因此，必须准确地检测并确定出混凝土的初、终凝时间，尽量减小人为配料误差。浇筑混凝土时，随着混凝土面的不断上升，分阶段做混凝土试件，从而更精确地掌握混凝土的初、终凝时间。

发生接头管偏斜主要是两方面原因：①由于端孔造孔时，孔形不规则，下设接头管时，容易使其偏斜；②浇筑混凝土时，受到混凝土的侧向挤压，使其偏斜。一旦发生接头管偏斜，应立即采取纠偏措施，即在混凝土尚未全凝结之前通过垂向的起拔力重塑孔型，使接头管尽可能地垂直或顺直。

安排专职人员负责接头管起拔，随时观察接头管的起拔力，避免人为因素发生铸管事故。

接头管全部拔出混凝土后，应对其新形成的接头孔及时进行检测、处理和保护。

5. 接头管起拔成果

未采取措施之前，接头管出现底管进入混凝土、接头孔起拔后坍塌等现象，通过采取上述措施，接头孔最大拔管深度达到176m，具体拔管深度见表5-22。

表5-22　　　　大河沿项目接头管拔管深度表

序号	槽孔号	接头孔深/m	接头管深度/m	接头管下设成功率/%	备注
1	Y5	102.00	99.4	97.45	—
2	Y7	160.50	157.9	98.38	—
3	Y2	42.00	39.4	93.81	—
4	Y9	215.50	212.9	98.79	—
5	Y6	134.50	134.5	100.00	—
6	Y11	272.00	272.0	100.00	—
7	Y10	250.00	247.4	98.96	—
8	Y3	60.00	57.5	95.83	—
9	Y8	191.10	181.0	94.71	—
10	Y1	26.50	26.5	100.00	—
11	Y4	78.00	76.5	98.08	—
12	E1	5.00	5.0	100.00	单孔
13	Y13	350.00	320.0	91.43	—
14	Y12	308.50	300.0	97.2	—
15	Y22	75.20	60.0	79.79	—
16	Y24	14.50	14.0	96.55	—
17	Y21	106.00	92.0	86.79	—
18	Y23	37.50	29.5	78.67	—
19	Y16	288.50	245.5	85.10	—
20	E21	54.00	48.0	88.89	单孔
21	Y15	320.50	212.0	66.15	—
22	Y14	368.00	340.0	92.39	—
合计		3459.80	3171.0	91.6	—

5.4.2.8　超深防渗墙混凝土浇筑

1. 超深防渗墙浇筑难点

结合项目施工特点总结，孔深超过130m槽段的混凝土浇筑施工主要注意如下方面：

(1) 深槽段浇筑不连续极容易发生堵管现象，影响混凝土成墙质量。

(2) 总体浇筑时间长，混凝土接触面易形成混凝土与泥浆沉淀结块，形成盖帽，增加浇筑难度。

(3) 针对墙段连接采用“接头管法”形式的施工，浇筑速度与混凝土初、终凝时间的准确把握是超深防渗墙浇筑的难点。

(4) 超深防渗墙浇筑施工设备机具的选择与改良也是施工的难点、重点。

2. 施工管具改良

(1) 前期超深防渗墙混凝土浇筑导管为 ϕ250mm 钢管，浇筑过程堵管、混凝土下放困难等问题屡屡发生，易出现以下问题：①浇筑不连续，继续浇筑困难，造成人、材、机的长时间消耗；②出现夹层，影响后期成墙质量；③造成Ⅰ期槽段接头管起拔困难，严重时导致铸管事故；④混凝土的不均匀上升极易导致混凝土对预埋管的扰动，影响后期帷幕灌浆施工。

(2) 后期积极分析原因，及时联系厂家生产口径为 ϕ315mm 的导管，经生产验证，该口径导管可以有效解决超深槽段浇筑堵管、混凝土下放困难等问题，详见表 5-23。

表 5-23　　小口径导管与大口径导管浇筑时间对比表

序号	导管口径/mm	槽孔宽度/m	槽孔深度/m	浇筑历时/h
1	250	6.8	175.6	69
2	315	6.6	186.15	39.5

(3) 浇筑导管注意事项。

1) 深槽段混凝土浇筑导管采用快速丝扣连接的 ϕ315mm 的钢管，内壁应光滑、圆顺，壁厚为 7mm，接口严密，导管接头设有悬挂设施并装配 O 型橡胶密封圈，保证导管接头处不发生水泥浆渗漏。

2) 导管使用前做调直检查、压水试验、圆度检验、磨损度检验和焊接检验。试水压力为 0.6～1.0MPa，导管组装后，轴线偏差不超过 5cm。检验合格的导管做上醒目的标识，不合格的导管不予使用。

3) 导管在孔口的支撑架用型钢制作，其承载力大于混凝土充满导管时总重量的 2.5 倍。

4) 导管下设前根据孔深要求进行配管，导管顶部应视情况配备 0.5m、0.8m、1.0m 的短导管。底管应配置长度不小于 3m 导管。

3. 浇筑过程中清孔

鉴于本工程深度大于 100m 槽段较多，浇筑时间较长，为保证浇筑的顺利进行及浇筑成墙的完整性，采用浇筑过程中排浆方案，清除混凝土面顶部初凝部分。具体以 Y13 槽段为例，见表 5-24。

表 5-24　　Y13 槽段浇筑过程清孔数据表

序号	清孔取样深度	清孔前泥浆性能指标			清孔后泥浆性能指标		
		密度/(g/cm³)	黏度/s	含砂量/%	密度/(g/cm³)	黏度/s	含砂量/%
1	140	1.15	42.55	2.6	1.08	32.1	0.9
2	120	1.16	47.32	5.0	1.06	31.5	0.8
3	100	1.10	33.24	1.0	1.06	32.8	0.8

导管及预埋灌浆管下设完成以后，在导管与导管空隙间下设浇筑过程中排浆排渣管具（Ⅰ期槽段下设一根排渣管、Ⅱ期槽段下设两根排渣管）。排渣管下设深度距混凝土面1～2m，风管下设深度为排渣管1/3，排渣管与风管用铅丝绑扎牢固。清孔过程中浇筑正常进行，清孔随着混凝土面上升持续实施。现场技术质检人员及时取样分析排渣管排出沉渣成分及浆液性能，根据检测结果及时控制现场混凝土浇筑速度（Ⅰ期槽段须考虑接头管压力），保证浇筑的顺利进行。

在浇筑过程中加入清孔程序，可将砂浆与浆液絮凝部分清除，亦可将随着管具下设挂掉的泥皮及浇筑过程中沉淀的浓浆清除，减轻混凝土上升压力。

4. 混凝土配合比研究

（1）混凝土设计指标。

强度等级：$f_{28d}\geqslant$30MPa，$f_{180d}\geqslant$35MPa；抗渗等级W10；弹性模量28GPa。入槽坍落度18～22cm；扩散度30～40cm；坍落度保持15cm以上，时间应不小于1h；初凝时间不小于6h；终凝时间不大于24h；混凝土密度不小于2100kg/m³；胶凝材料用量不少于350kg/m³；水胶比小于0.60；砂率不宜小于40%。

（2）原材料情况。

1）水泥。选用距离工程较近的新疆东湖水泥厂七泉湖分厂生产的42.5普通硅酸盐水泥，其物理技术性质和化学成分的测定结果见表5-25。

表5-25　新疆东湖42.5普通硅酸盐水泥的技术性质表

试样名称	密度/(g/cm³)	比表面积/(m²/kg)	标准稠度用水量/%	硬结时间/min		安定性	强度/MPa			
				初凝	终凝		抗折强度		抗压强度	
							3d	28d	3d	28d
42.5普通水泥	3.08	381	25.7	152	207	合格	6.4	8.8	25.1	47.8
GB 175—2007要求	—	≥300	—	≥45	≤600	合格	≥3.5	≥6.5	≥17.0	≥42.5

该水泥经检验，所检项目符合《通用硅酸盐水泥》（GB 175—2007）中42.5普通硅酸盐水泥的技术要求。

2）掺合料。在防渗墙混凝土中，掺入适量的粉煤灰可适当降低混凝土的弹性模量，减少墙体刚度，增加其柔性，使之变形性能与周围介质的变形相适应，地基受一定扰动时，墙体也不至于开裂。混凝土中掺入粉煤灰，还会使混凝土拌和物在具有较大流动性时，黏聚性仍较好，不发生骨料离析现象，以利于防渗墙混凝土浇筑施工。本工程采用距离较近且产量满足工程需要的玛纳斯发电有限公司生产的Ⅱ级粉煤灰，其检测结果见表5-26。

表5-26　粉煤灰理化性能检测表

检测指标	密度/(g/cm³)	细度/%	需水量比/%	烧失量/%	SO_3/%	安定性/mm	放射性
粉煤灰	2.20	2.3	91	3.6	1.8	1.1	合格
GB/T 1596中Ⅰ级粉煤灰要求	—	≤12.0	≤95	≤5.0	≤3.0	≤5.0	合格

该样品经检验，所检项目符合《用于水泥和混凝土中的粉煤灰》(GB/T 1596—2017) 中规定的Ⅱ级F类粉煤灰技术要求。粉煤灰放射性检测结果为合格。

3) 骨料。本工程骨料为下游河道内自行筛分的骨料，筛分系统布设在左岸河床下游侧。砂的技术性质见表5-27、砂的颗粒级配见表5-28、粗骨料的技术性质见表5-29、粗骨料5～20mm连续粒级级配见表5-30、粗骨料20～40mm连续粒级级配见表5-31。

表5-27　砂的技术性质表

砂样品种	饱和面干密度/(kg/m³)	堆积密度/(kg/m³)	细度模数	吸水率/%	硫化物及硫酸盐/%	坚固性	云母含量/%	有机质含量
河砂	2680	1680	3.0（中砂）	1.2	0.3	0.2	0	浅于标准色
SL 677—2014要求	≥2500	—	2.3～3.7	—	≤1	≤8	≤2	浅于标准色

表5-28　砂的颗粒级配表

筛孔尺寸/mm	10.0	5.00	2.50	1.25	0.63	0.315	0.16	<0.16
累计筛余百分数/%	0	0	19	40	60	83	93	100
混凝土用砂级配标准（Ⅱ区）	0	10～0	25～0	10～50	70～41	70～92	100～90	—

表5-29　粗骨料的技术性质表

骨料品种	饱和面干密度/(kg/m³)	吸水率/%	堆积密度/(kg/m³)	硫化物及硫酸盐/%	坚固性/%	针片状颗粒含量/%	压碎指标/%	有机质含量
5～20mm	2720	0.8	1560	0.2	0	2.7	3.0	浅于标准色
20～40mm	2760	0.4	1520	0.2	0	2.2		浅于标准色
SL 677—2014要求	≥2550	≤1.5	—	≤0.5	≤5	≤15	≤12	浅于标准色

表5-30　粗骨料5～20mm连续粒级级配表

筛孔尺寸/mm	25	20	10	5	2.5
累计筛余百分数/%	0	0	61	91.6	100
标准级配范围/%	0	0～10	40～70	90～100	95～100

表5-31　粗骨料20～40mm连续粒级级配表

筛孔尺寸/mm	50	40	20	10
累计筛余百分数/%	0	0	93	100
标准级配范围/%	0	0～10	80～100	95～100

综上可知，粗、细骨料经检测，除堆积密度为实测值，其余所检项目均符合《水工混凝土施工规范》(SL 677—2014) 的要求。

4) 外加剂。外加剂不仅方便混凝土施工，还可以有效地改善混凝土的性能，有的外加剂还能显著减少水泥用量而降低混凝土成本。经过现场试验配制，本工程选用上海三瑞高分子材料股份有限公司生产的聚羧酸系高性能减水剂及引气剂。

(3) 混凝土配合比的确定。经过现场试拌及浇筑过程不断调整，选用的防渗墙混凝土配比见表5-32～表5-37。

表 5-32　　二级配混凝土防渗墙推荐配合比表

试验编号	水胶比	粉煤灰掺量/%	砂率/%	$1m^3$ 混凝土各项材料用量											
				普通水泥/kg	玛电粉煤灰/kg	水/kg	砂/kg	石子/kg		高性能减水剂		引气剂（液体掺量）		柠檬酸钠	
								5～20mm	20～40mm	%	kg	1/万	kg	1/万	kg
A2	0.38	40	50	224	149	142	905	490	490	1.0	3.74	0.7	2.62	8	0.30

表 5-33　　二级配混凝土防渗墙推荐配合比拌和物技术性质测定结果

试验编号	水胶比	粉煤灰掺量/%	砂率/%	混凝土拌和物各项技术指标										
				入孔坍落度/mm	入孔扩展度/mm	入孔含气量/%	0.5h坍落度/mm	0.5h扩展度/mm	0.5h含气量/%	黏聚性	保水性	凝结时间/(h：min)		实测表观密度/(kg/m^3)
												初凝	终凝	
A2	0.38	40	50	225	475	4.8	197	410	4.2	好	好	10：52	14：38	2401

表 5-34　　二级配混凝土防渗墙推荐配合比硬化后混凝土物理、力学性能测定结果

试验编号	水胶比	粉煤灰掺量/%	砂率/%	各龄期抗压强度/MPa					28d劈裂强度/MPa	28d弹性模量/万MPa	抗渗等级
				3d	7d	28d	90d	180d			
A2	0.38	40	50	15.1	19.4	30.5	36.7	—	2.81	2.80	W10

表 5-35　　一级配混凝土防渗墙推荐配合比表

试验编号	水胶比	粉煤灰掺量/%	砂率/%	$1m^3$ 混凝土各项材料用量											
				普通水泥/kg	玛电粉煤灰/kg	水/kg	砂/kg	石子/kg		高性能减水剂		引气剂（液体掺量）		柠檬酸钠	
								5～20mm	20～40mm	%	kg	1/万	kg	1/万	kg
B2	0.38	40	50	229	153	145	915	915	—	1.0	3.82	0.6	2.29	8	0.31

表 5-36　　一级配混凝土防渗墙推荐配合比拌和物技术性质测定结果

试验编号	水胶比	粉煤灰掺量/%	砂率%	混凝土拌和物各项技术指标										
				入孔坍落度/mm	入孔扩展度/mm	入孔含气量/%	0.5h坍落度/mm	0.5h扩展度/mm	0.5h含气量/%	黏聚性	保水性	凝结时间/(h：min)		实测表观密度/(kg/m^3)
												初凝	终凝	
B2	0.38	40	50	230	510	5.7	212	493	5.3	好	好	13：54	17：42	2357

表 5-37　　一级配混凝土防渗墙推荐配合比硬化后混凝土物理、力学性能测定结果

试验编号	水胶比	粉煤灰掺量/%	砂率/%	各龄期抗压强度/MPa					28d劈裂强度/MPa	28d弹性模量/万MPa	抗渗等级
				3d	7d	28d	90d	180d			
B2	0.38	40	50	16.8	21.5	33.3	37.4	—	3.22	2.87	W10

5. 混凝土浇筑

超深防渗墙混凝土浇筑对浇筑工艺、人员配置分工、浇筑设备、浇筑混凝土性能、导管尺寸及浇筑过程控制等因素要求非常严格，做到认真分析工程信息及现场条件是先决因素，浇筑过程不断完善设备器具是保证混凝土浇筑质量的重要因素。混凝土浇筑施工现场如图 5－27 所示，浇筑完成的混凝土防渗墙如图 5－28 所示。

(a) 日间混凝土浇筑

(b) 夜间混凝土浇筑

图 5－27　混凝土浇筑施工现场图

根据前期浇筑深槽段信息汇总，针对混凝土浇筑堵管及常见问题解决方案如下：

(1) 更换导管，导管直径由 250mm 更换为 315mm，可以有效解决浇筑堵管事故。

(2) 保证混凝土连续浇筑，连续浇筑 20m 不起拔导管，只进行活动，可以有效减少因浇筑中断而引起的新入仓混凝土堵管事故，也可最大限度减少混凝土夹层的出现。

(3) 浇筑混凝土时要连续快速放料，保证导管内混凝土有连续冲击力。

图 5－28　浇筑完成的混凝土防渗墙

(4) 浇筑过程中增加过程清孔施工，及时将混凝土上层泥皮及浆液沉淀排除，保证混凝土匀速上升。

5.4.2.9　防渗墙闭气

大河沿基础处理防渗墙是在 V 形河谷中建造，河床中间覆盖层较深，两侧越来越浅，现场施工中的进度计划要考虑合拢槽段的位置，合拢槽段不宜过深，因合拢部位是最后浇筑的一个槽段，其余槽段已经闭气，地下水全部通过合拢槽段过流，对槽段的稳定性提出更高的要求。合拢段施工要快，施工过程中固壁泥浆要保证质量，保证槽孔的稳定性，大河沿防渗墙合拢段选择在 0＋56.00 处，此处墙段较浅，便于快速施工成槽。防渗墙合拢示意如图 5－29 所示。

5.4.2.10　特殊处理方案

1. 针对强漏失地层的对策

(1) 投置堵漏材料。造孔时发生漏浆，迅速组织人力、设备向槽内投入黏土、碎石土、

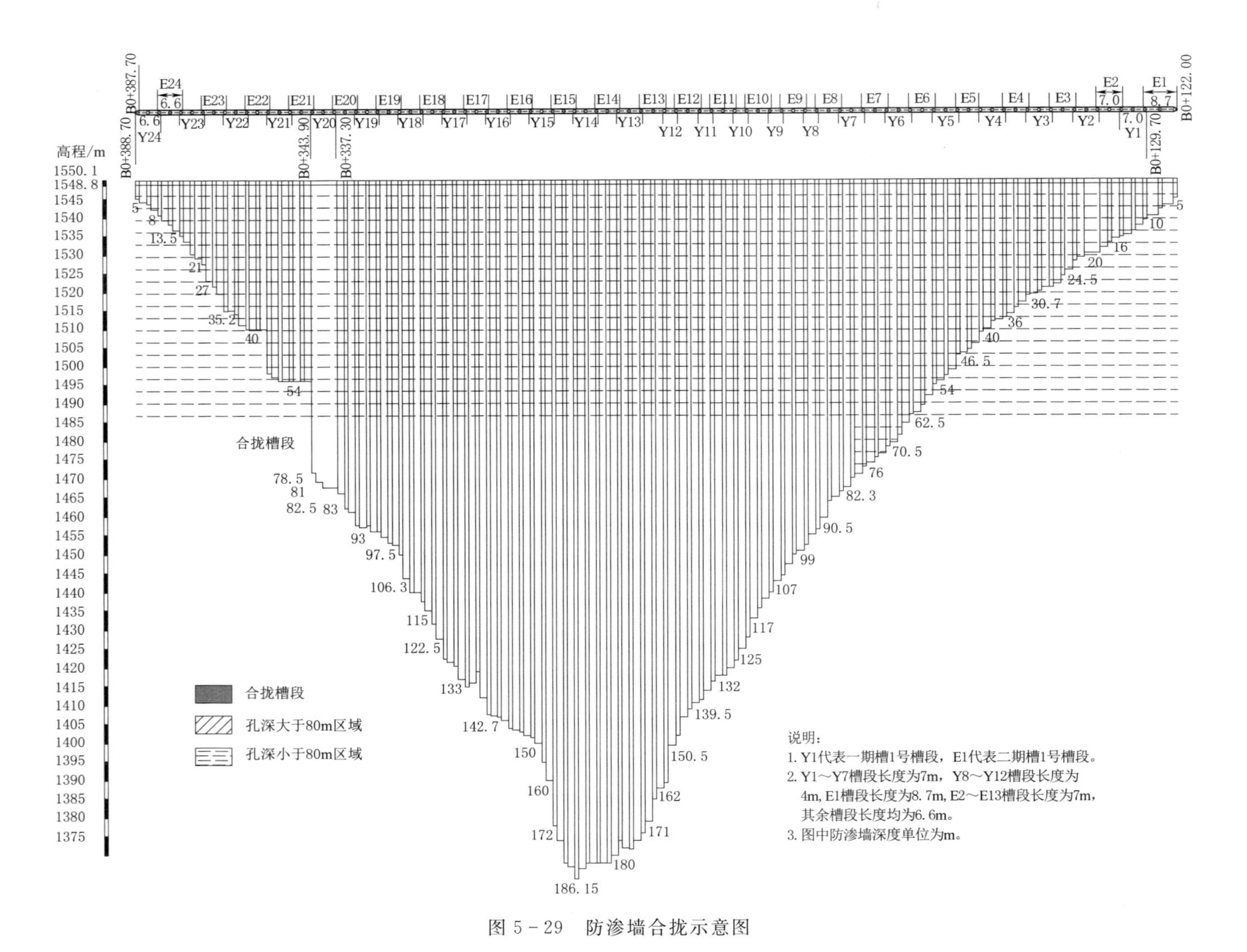

图 5-29　防渗墙合拢示意图

锯末、水泥等堵漏材料，并及时向槽内补浆，以避免塌槽事故的发生。

(2) 采用单向压力封闭剂。单向压力封闭剂是经特别工艺处理的多种天然纤维与填充粒子及添加剂，按适当的级配和一定的工艺复合而成的灰黄色粉末状产品。产品在钻井中加入后，在单向压力差作用下，对地层的各种渗漏能起到良好的封堵效果，使用方便，配伍性好，不影响泥浆性能。

单向压力封闭剂主要有以下特征：对孔隙及微裂漏失、堵漏速度快、效果好；能迅速形成具有一定强度的非渗透性带阻止工作液中的液、固相侵入储层，使储层免遭损害；能显著降低泥浆的滤失量，又不影响泥浆的流变性能，耐温性能优良；不受电解质污染影响，无毒、无害。

单向压力封闭剂使用方法如下：预防渗漏用量1%～2%；封堵砂层孔隙和微裂隙、保护储层，用量2%～4%；封堵严重漏失层，用量4%～6%。

2. 针对承压水地层的措施

(1) 预防措施。在施工前应详细查看勘察报告，进行现场踏勘查访，熟悉地层及施工环境，对含有承压水的情况应了解其水头高度、涌水量等情况。

防止承压水对槽孔造成危害的主要方法是平衡其水头压力，使槽孔内泥浆性能稳定，避免造成塌孔现象。具体方法有以下三种：①提高防渗墙施工平台，即适当填高防渗墙施工平台，使槽孔内泥浆面高程升高，争取接近或者高于承压水水头高度。②泥浆平衡法，即使用泥浆钻孔，并且在泥浆中添加重晶石粉，重晶石粉能够增强泥浆相对强度，并且具有较强的封闭孔壁功能，而且不易发生沉淀。③设备选择，在钻机选择上应尽可能避免使用抓斗而选择冲击钻机，因为冲击钻机是靠钻头本身的重量切入并破碎地层，对槽孔四周的地层形成挤压，配合泥浆护壁，能对承压水层起到隔离及稳定作用。

(2) 处理措施。

1) 钻进时发现承压水涌出的处理。当钻孔过程中发现承压水从槽孔内浆液面上升时，应立即停止钻进，并且及时回填黏土，随后查明承压水层位置、水头高度及涌水量等情况，若当时为抓斗施工，待回填黏土后，更换为冲击钻继续造孔。

2) 同一槽孔内承压水层处理。对于同一槽孔内的承压水层位置，应选用冲击钻进行造孔。并且钻进至该层后，应回填黏土，反复钻进，将承压水层封闭。

5.4.2.11 施工关键技术及保障措施

经过细致研究、分析，制定了一系列保证造孔、挖掘成槽、清孔、混凝土浇筑、墙段连接等措施，通过先导试验段摸索出成套技术，一举解决了186m防渗墙施工难题，创造了多项第一。施工关键环节、难点及对策见表5-38。

表5-38　超深防渗墙施工关键环节、难点及对策

序号	关键环节	施工难点	解决对策及措施	主要效果
1	施工平台	河床纵坡较大，平均纵坡31.4‰，地下水位较高	采用强夯进行基础处理，防渗墙轴线上下游各10m。单击夯击能为2000kN·m，单点夯击次数为12击，完成后用震动碾压8遍，有效加固深度为4～5m	地层密实度均达到0.85以上，部分0.9以上，提升了防渗墙施工平台稳定性

续表

序号	关键环节	施工难点	解决对策及措施	主要效果
2	槽段划分	合理划分槽段，保证防渗墙稳定施工，不出现坍塌事故，又满足工期	防渗墙成槽采用“两钻一抓”法，槽孔长度6.6m	满足“三孔两抓”
			为保证槽孔造孔安全和接头管起拔承载力，导墙采用现浇L形钢筋混凝土导墙结构	设计时考虑了拔管时对导墙的压力，保证拔管安全
3	关键设备	主副孔造孔、拔管设备功率大、精度要求高	主孔CZ-6A型冲击钻，副孔利勃海尔HS875HD重型机械抓斗，底部基岩CZ-6A型冲击钻，接头管起拔BG450型大口径液压拔管机	最深防渗墙槽段E15造孔历时120d
4	孔斜控制	槽孔太深，成槽工艺难度大，控制要求高	按现行规范，孔斜不大于4‰（特殊6‰），但极限偏差较大，可达74cm，相邻段可能出现“劈叉”，不利于坝基防渗。经试验孔斜率控制在1‰	结合先导试验段情况提出孔斜控制要求，墙段平顺，国内首创
			每钻进3～5m测量一次孔斜，软岩层每钻进1～3m测量一次孔斜，发现偏斜，及时修正	孔斜控制好，墙段连接平顺
5	特殊泥浆	护壁泥浆，泥浆净化，废浆处理与排放	调整膨润土、水、纯碱泥浆的配置，使用多级沉淀池，可保证回浆满足使用要求，排放的废弃浆液又能达到环保要求。红黏土配合膨润土使用，大大节约了工程成本	膨润土泥浆主要性能指标：密度$1.04g/cm^3$、马氏漏斗黏度41～50s、表观黏度16～20mPa·s、塑性黏度7～8.5mPa·s、pH值9.5
6	陡岩段	钻头在斜面上受力不均，导致钻孔偏斜	试验研究确定槽孔挖掘工艺、方法与抑制孔斜和塌孔的技术手段；墙体底部高陡坡（基岩面坡度为55°～60°）嵌岩方法与措施	及时进行基岩面鉴定，预防孔内事故发生
			优化孔内定位器和爆破筒，设置定位管和定位器，回转钻机施工爆破孔，下置爆破筒	爆破后用冲击钻机进行冲击破碎，直至终孔，效果好
7	清孔技术	槽段较深，下设管具时间较长，易发生堵管事故	气举法清孔与抽桶抽渣相互配合提高清孔效率和质量；风管下设深度宜为排渣管下设深度的30%，提高风压、增加风量、空气提升器等均可增加清孔效率；避免堵管现象发生	二次清孔风管为同心式，浇筑过程为并列式。增加浇筑过程排浆工艺，可减少浇筑过程中浆液对混凝土压力
			清孔换浆1h后应达到确定标准，底淤积厚度不大于10cm	泥浆密度不大于$1.15g/cm^3$；马氏漏斗黏度32～50s；含砂量不大于1%
8	墙段连接	超深墙段连接控制难题	实现接头管法在超深防渗墙墙段连接中的应用技术突破（拔管深度、成孔率）	零风险拔管，最大限度压缩钻凿接头量
9	混凝土浇筑	超深墙体混凝土性能及与浇筑、接头施工技术协调的难题	浇筑导管口径采用315mm，有效解决堵管事故。连续快速放料，保证浇筑连续冲击力。增加过程中清孔施工，混凝土匀速上升，同时可减少因沉渣太厚造成的浇筑困难或接头管铸管事故	浇筑历时33.5h，混凝土平均上升速度为5.6m/h。连续均匀

续表

序号	关键环节	施工难点	解决对策及措施	主 要 效 果
10	防渗墙闭气	闭气槽段的槽孔稳定性容易被破坏，攻克合拢槽段的选择难题	随时关注混凝土初凝，有效控制接头管起拔时间，采用 YBJ - 1000 管机进行接头管的起拔	混凝土初凝状态下，起拔压力在 7～17MPa 为宜
			接头管埋管深度不超过 30m。合拢段选择在防渗墙 56m 处	合拢段选择合适，未造成合拢压力过大问题

5.4.3 若干施工经验

5.4.3.1 槽孔挖掘工艺方法、措施

（1）砂卵砾石层建造防渗墙，施工平台进行强夯处理可增加地基承载力，保证施工时槽孔安全。

（2）导墙根据槽孔深度进行设计，设计时考虑拔管时对导墙的压力，保证拔管安全。

（3）施工前若无进行试验槽段，对地质情况不了解，槽段划分宜划分大槽段，即可减少接头孔数量，如地质情况不良，可缩短槽长即可。

（4）抓斗配合冲击钻施工可大大增加施工工效。

5.4.3.2 护壁泥浆、泥浆净化、废浆处理与排放

（1）使用品质优秀的膨润土，能保证槽孔安全。

（2）红黏土配合膨润土使用，大大节约工程成本。

（3）使用多级沉淀池，既可保证回浆满足使用要求，排放的废弃浆液又能达到环保要求。

5.4.3.3 超深防渗墙清孔技术

（1）气举法清孔与抽桶抽渣相互配合可以提高清孔效率，提高清孔质量。

（2）气举法清孔的效率与空压机风压、风量、空气提升器的形式及排渣管、风管下设深度有关，风管下设深度宜为排渣管下设深度的 30%，提高风压、风量、空气提升器形式均可增加清孔效率。本工程二次清孔风管安装方式为同心式，浇筑过程清孔风管安装方式为并列式。混合管具的淹没深度不得超过空气压缩机的额定风压，避免设备出现长时间超负荷施工。

（3）砂卵石地层超深防渗墙宜采用气举法清孔，整体清孔速度快、效率高，减少了施工成本。同时缩短了后续浇筑时间，保证了浇筑施工的连续性，对混凝土浇筑质量起到关键性作用。

（4）增加浇筑过程中排浆工艺，可减少浇筑过程中浆液对混凝土压力，避免堵管现象发生。

（5）工程通过逐层沉淀池进行泥浆的回收利用，减少了材料费用和拉渣清运费用，同时减少了对水域的污染。

5.4.3.4 混凝土及浇筑工艺技术

（1）混凝土原材料要进行检测，配合比要进行外加剂与水泥的适应性的试验。

（2）浇筑导管宜采用 ϕ315mm，可以有效解决浇筑堵管事故。

（3）结合施工场地布置，配置适当混凝土罐车数量，确保混凝土的连续浇筑，可以有效减少因浇筑中断而引起的新入仓混凝土堵管事故，也可最大限度减少混凝土夹层的出现。

（4）超深防渗墙浇筑混凝土时要连续快速放料，保证导管内混凝土有连续冲击力。

（5）超深防渗墙浇筑过程中增加过程清孔施工，可保证混凝土匀速上升，同时可减少因沉渣太厚造成的浇筑困难或接头管铸管事故。

（6）合拢槽段选取不宜过深，具体根据实际情况来定。

5.4.3.5　墙段连接方法

（1）底管加限位器，防止活门开张过大，可有效防止混凝土流入接头管内。

（2）下部60m接头管管与管之间加胶垫及使用透明胶带防护，可有效防止混凝土流入接头管。

（3）浇筑第一盘立即取混凝土试块，随时关注混凝土初凝时间，可有效控制接头管起拔时间。

（4）浇筑过程中密切关注拔管机压力，在混凝土初凝状态下，起拔压力在7～17MPa为宜。

（5）接头管埋管深度宜为30m，如浇筑速度过快，要限速，保证埋深不超过30m。

第6章 大河沿水库防渗墙质量控制

6.1 防渗墙施工质量控制及质量检测技术进展

6.1.1 防渗墙施工质量控制技术进展

防渗墙施工质量控制极为重要，将直接决定其防渗效果。其施工质量控制贯穿于施工准备阶段、施工实施阶段、施工验收阶段，内容主要包括：导墙质量控制，泥浆系统质量控制，造孔质量控制，清孔换浆及接头孔刷洗质量控制，接头管下设及起拔质量控制，混凝土浇筑质量控制，质量检测等。

我国在水库大坝防渗墙施工质量控制技术方面已经比较成熟。早在1998年，三峡二期土石围堰防渗墙工程，在施工过程中监理工程师就对其施工工序、施工质量进行了严格控制，有效地保证了防渗墙施工质量，控制项目包括：槽孔深度、槽形（槽长、槽宽、槽孔偏斜率及套接厚度）、槽段接头刷洗、清孔换浆、预埋件置放、混凝土浇筑等。施工中为做好槽形质量控制，施工单位首先采用重锤法或超声波测井仪量测孔形，并计算孔斜率和套接厚度，在自测合格的基础上报请监理工程师验收，监理工程师推算出相应槽孔孔口允许施工偏差值，制定控制数据表，用于现场跟踪检查控制槽形质量，确保防渗墙槽形质量满足设计要求。乌东德水电站上下游围堰防渗墙最大深度达97.3m，因地质条件复杂，施工难度大，施工中采用超深钻孔技术、陡倾岸坡嵌岩技术、接头管拔管工艺、槽型检测装置、预埋管接头套筒箍接工艺等先进施工技术，采用QC小组（提高防渗墙接头孔拔管成孔率、防渗墙预埋管成活率、防渗墙造孔偏斜一检合格率等）、质量控制制度（内部质量“三检制”、隐蔽工程“专业联检制”）、施工过程控制（严把图纸关、测量关、材料质量关及工序质量关），成功保证了防渗墙施工质量，工程运行中防渗墙防渗效果良好。向家坝电站廊道坝基混凝土防渗墙最大深度达62m，由于施工作业面狭窄，地下水位高，在施工中进行了严密的施工组织和管理。成槽施工中，对槽孔位置、槽宽、槽深、槽孔垂直度、槽底淤泥厚度等进行严格控制；混凝土浇筑过程中，监理人员通过抽检、旁站等方式，对原材料、混凝土配合比、拌和物性能、墙体上升速度、导管埋深及进料间断时间等进行严格监管；通过钻孔取芯、压水检查、预埋管扫孔孔内录像等对防渗墙施工质量进行了评定；结果表明墙体总体质量良好。瀑布沟水电站坝基防渗墙最大深度达76.85m，施工过程中从固壁泥浆（原材料、泥浆密度）、造孔施工（孔深、嵌岩深度）、清孔换浆（孔内泥浆质量、孔底淤积厚度）、混凝土浇筑（混凝土拌和质量、浇筑方法、相邻混凝土面高差、混凝土面上升速度、导管埋深及终浇高程）等方面进行质量控制；通过分析钻孔取芯检查、孔内压水试验、钻孔电视录像、超声波测试和超声波CT检测的结果，评定防渗墙造孔、预埋件下设和墙体混凝土浇筑等工序施工质量优良，满足设计及规范要求，防渗效果良好。

直孔水电站建在高海拔地区，坝基混凝土防渗墙最大深度达79m，为保证施工质量，在槽孔开挖阶段针对不同墙段、不同地质条件、不同造孔深度的槽孔配套使用施工方法，并对技术难点和突发情况制定相应应对措施，对孔位、孔径、孔深、嵌入基岩深度、孔斜率、清孔换浆等进行严格控制；混凝土浇筑过程中，不同墙段也使用了不同浇筑方法，对原材料、混凝土性能、导管间距与埋深、混凝土面上升速度、终浇高程等进行严格控制，监理全程旁站；冬季施工制定了专项施工方案，采取一切措施保证施工中的泥浆温度、混凝土温度等，确保施工质量达标；超声波无损检测与钻孔取芯压水试验结果均表明，墙体混凝土均匀性、完整性较好，防渗效果良好。冶勒水电站右岸深厚覆盖层厚达400m，设计上墙下幕防渗处理深度达220m，防渗墙深度达140m；在施工准备阶段的质量控制措施主要有：技术交底和图纸审查、实施性施工方案审查、混凝土原材料及配合比审批、试验设备检查等；施工实施阶段，对造孔过程（孔位、孔斜、泥浆、异常情况处理）、混凝土生产及浇筑过程（原材料、混凝土性能、导管上升速度、导管埋深、中断时间、终浇高程）等进行严格控制；墙体质量检测通过出机口取样检查、钻孔取芯检查、钻孔压水试验、芯样室内试验等进行综合评定，结果表明防渗墙的施工质量总体上满足设计要求和规范要求。老虎嘴水电站左岸覆盖层最厚达206.5m，砂砾石坝基垂直防渗墙采用入岩式和悬挂式两种，成墙最大深度80m；施工过程中，对成槽质量（槽长、槽宽、槽深、孔斜率）、槽孔清孔、接头孔刷洗、槽段连接、槽孔混凝土浇筑过程进行了严格的控制，钻孔取芯及注水试验结果表明：防渗墙施工质量满足设计要求，单元工程合格率100%，优良率96.2%，工程施工质量优良。

综上所述，水库大坝防渗墙在施工中，通过多种方法对施工各环节均进行了严格的质量控制，并采用多种检测方法（有损检测和无损检测）对施工质量进行评定。国内部分水库大坝防渗墙工程施工控制项目及施工质量评价情况见表6-1。

表6-1　　国内部分水库大坝防渗墙工程施工控制项目及施工质量评价情况

序号	工程名称	防渗墙类型	防渗墙深度/m	施工质量控制项目	防渗墙质量检测项目及方法	防渗墙施工质量评价
1	三峡二期土石围堰防渗墙工程	塑性混凝土防渗墙	73.5	槽孔深度、槽形（槽长、槽宽、槽孔偏斜度及套接厚度）、槽段接头刷洗、清孔换浆、预埋件置放、混凝土浇筑	重锤法量测孔斜率，辅以超声波测井仪校测；控制数据表	防渗墙质量满足设计要求，墙体运行正常
2	云南澜沧江大华桥水电站上下游围堰防渗墙工程	混凝土防渗墙	—	导墙和施工平台、泥浆系统（密度、浓度、胶体率等）、混凝土浇筑、造孔质量、清孔换浆及接头孔刷洗、导管下设及起拔	钻孔取芯及注水试验	防渗墙施工质量良好，防渗效果良好

续表

序号	工程名称	防渗墙类型	防渗墙深度/m	施工质量控制项目	防渗墙质量检测项目及方法	防渗墙施工质量评价
3	乌东德水电站大坝围堰防渗墙工程	塑性混凝土防渗墙	97.3	QC小组（提高防渗墙接头孔拔管成孔率、防渗墙预埋管成活率等）、质量控制制度（质量“三检制”、隐蔽工程“专业联检制”）、施工过程控制（图纸关、测量关、材料质量关及工序质量关）	槽型检测装置，成立QC小组	防渗墙施工质量良好，防渗效果良好
4	加查水电站左岸坝肩防渗墙工程	混凝土防渗墙	—	造孔孔深和偏斜率、清孔换浆及接头孔刷洗质量、预埋灌浆管与浇筑导管下设质量、混凝土浇筑	钻孔取芯及注水试验	单元工程优良率达到90%，原材料及中间产品检验合格，分部工程评定为优良
5	双王城水库防渗墙工程	混凝土防渗墙	28.0	泥浆质量、成槽过程、槽形（槽深、槽宽、垂直度）、接头处理、导管锁扣、混凝土浇筑（原材料、配料、成品混凝土和易性、槽内浇筑面变化）、锁扣管起拔	—	防渗墙施工质量良好，防渗效果待检验
6	大岗山水电站上、下游围堰基础防渗墙	混凝土防渗墙	25.23	嵌岩深度、严格混凝土配合比设计、确保浇筑连续性、	—	上下游围堰防渗墙施工质量优良，防渗效果良好
7	向家坝电站廊道坝基防渗墙工程	混凝土防渗墙	62.0	成槽施工（造孔、孔斜、嵌岩深度、清孔）、混凝土质量（配合比、原材料性能、强度）、浇筑过程控制（开仓准备、混凝土性能、导管密闭承压、浇筑作业）	钻孔取芯及压水试验、预埋管扫孔孔内录像	墙体质量满足规范和设计要求，墙体总体质量良好
8	枕头坝二期围堰防渗墙工程	塑性混凝土防渗墙	62.7	导墙和施工平台质量、成槽施工、泥浆固壁、清孔质量、墙体材料质量、浇筑过程	钻孔取芯及压水试验，声波CT（层析成像）法，单孔声波法和混凝土检测	防渗墙横向连续性好
9	色尔古水电站防渗墙工程	混凝土防渗墙	36.8	施工平台及导向槽布置、孔形（孔位、孔宽、孔深、孔斜）、泥浆制备、造孔及清孔、原材料质量控制、墙体混凝土浇筑	钻孔取芯检测，钻孔注水试验	混凝土密实，防渗墙成墙质量较好
10	瀑布沟水电站大坝防渗墙工程	混凝土防渗墙	76.85	固壁泥浆、造孔（孔深和嵌岩深度）、清孔换浆、混凝土浇筑（混凝土拌和、浇筑方法、相邻混凝土面高差、混凝土面上升速度、导管埋深及终浇高程等）	检查孔压水试验、钻孔电视录像、声波测试和声波CT	防渗墙施工质量优良，防渗效果良好

续表

序号	工程名称	防渗墙类型	防渗墙深度/m	施工质量控制项目	防渗墙质量检测项目及方法	防渗墙施工质量评价
11	锦屏一级水电站下游围堰防渗墙工程	塑性混凝土防渗墙	57.13	施工方法、混凝土配合比、施工质量控制点（造孔、清孔、埋管、浇筑、拔管等）	钻孔取芯、注水试验，混凝土抗压、抗拉、弹模试验	防渗墙施工质量良好
12	直孔水电站混凝土防渗墙工程	悬挂式混凝土防渗墙	79.0	槽孔开挖（孔位、孔径、孔深、嵌入基岩深度、孔斜率、清孔换浆）、混凝土浇筑（混凝土拌和物和易性、导管间距与埋深、混凝土面上升速度、终浇高程）、冬季施工保证	超声波无损检测，钻孔取芯压水试验	防渗墙质量优良
13	西藏满拉堆石坝防渗墙工程	混凝土防渗墙	—	造孔质量（孔深、孔斜率，嵌岩深度）、清孔换浆、混凝土浇筑、墙段搭接	岩芯钻孔检查，压水试验	墙体混凝土结合紧密，搭接质量良好，质量优良
14	新疆吉音混凝土面板坝防渗墙工程	混凝土防渗墙	28.4	施工准备、施工测量、导向槽（宽度、深度）、槽孔（孔位、孔宽、孔斜度、孔深）、孔底沉渣厚度、接头孔涮刷、混凝土浇筑（原材料、浇筑过程）	孔内取芯注水检验，超声波检测，钻孔光学成像仪检测，墙体混凝土强度试验	防渗墙整体质量可靠，达到设计要求
15	锦凌水库土石坝基础防渗墙工程	塑性混凝土防渗墙	15.5	原材料、造孔尺寸（孔位、孔径、孔深、孔距、排距、孔斜及孔向偏差）、混凝土灌注	超声波透射法	111个单元工程全部合格，优良率94.4%
16	丹江口左岸土石坝防渗墙工程	混凝土防渗墙	61.0	施工准备：技术交底、监理细则、方案审查、混凝土配合比审核等；施工实施：造孔（孔位、孔斜度、孔深）、清孔换浆和接头混凝土刷洗、混凝土（拌和物、混凝土浇筑）	弹性波CT法（无损检测），钻孔取芯注水检测，孔内电视录像检测	混凝土质量符合要求，防渗墙混凝土质量良好
17	老虎嘴水电站左岸砂砾石坝基垂直防渗墙工程	入岩式/悬挂式混凝土防渗墙	80.0	槽型（槽孔长度、宽度、深度、孔斜率）、槽孔清孔、接头孔刷洗、槽段链接、槽孔混凝土浇筑	钻孔取芯及注水试验	防渗墙施工质量满足设计要求，工程施工质量优良
18	福庆水库防渗墙工程	塑性混凝土防渗墙	42.5	施工平台及导向槽、造孔质量（孔位、孔斜度、孔深、孔形）、嵌岩深度、清孔及接头孔刷洗、泥浆生产及使用、槽孔混凝土浇筑	钻孔取芯及注水试验（墙段之间套接质量、成墙防渗效率、墙底与基岩接合质量），小应变检测（墙身混凝土完整性）	防渗墙连续的和完整性较好，墙底与基岩结合紧密

续表

序号	工程名称	防渗墙类型	防渗墙深度/m	施工质量控制项目	防渗墙质量检测项目及方法	防渗墙施工质量评价
19	大河水库防渗墙工程	黏土塑性混凝土防渗墙	62.7	造孔（造孔顺序）、混凝土浇筑（原材料、拌和物性能、电子秤的率定和砂、石骨料的称量调整，动态控制防渗混凝土配合比，泥浆掺量）、施工取样自检、建设方机口取样抽检	钻孔取芯检测，钻孔注水试验	防渗效果良好
20	黄壁庄水库副坝防渗墙工程	混凝土防渗墙	68.0	固壁泥浆、造孔（孔位、孔斜、入岩深度）、清孔换浆、混凝土浇筑（混凝土面上升速度、导管埋深）	钻孔取芯检测，钻孔注水试验	墙体质量及防渗均符合设计要求
21	山西省张峰水库大坝防渗墙工程	塑性混凝土防渗墙	33.0	混凝土导墙、造孔（槽孔平整垂直度、孔斜度）、清孔、混凝土浇筑（混凝土拌和质量及性能）	钻孔取芯及注水试验，墙体开挖	防渗墙完整、连续，接头质量良好
22	冶勒水电站坝基防渗墙工程	混凝土防渗墙	140.0	施工准备：技术交底和图纸审查、实施性施工方案审查、混凝土原材料及配合比审批、试验设备检查等；施工实施：造孔过程（孔位、孔斜、泥浆、异常情况处理）、混凝土生产及浇筑过程（原材料、混凝土性能、导管上升速度、导管埋深、终浇高程）	出机口取样检查、钻孔取芯检查、钻孔压水试验、芯样室内试验	施工质量满足设计和规范要求

我国部分水库大坝因施工质量把控不严格，经长时间运行后必须进行除险加固，除险加固工程在防渗墙施工中也格外重视对施工质量的控制以及成墙质量的检测。2015年，广西澄碧河水库防渗加固工程采用塑性混凝土防渗墙，墙深为11.3～75.2m，该防渗墙质量控制贯穿于施工准备阶段、施工实施阶段及成墙质量检查阶段。在施工准备阶段优选了施工方案、施工程序及工艺流程，对原材料及中间产品进行严格检验，进行混凝土配合比试验及生产性试验，确定有关施工参数；在施工实施阶段严格按照施工方案进行施工，重点对槽孔建造施工（孔位、孔深、孔斜率、嵌岩深度、清孔换浆和接头孔刷洗质量等）和混凝土浇筑施工过程（浇筑导管定期密闭性校核、浇筑连续性、导管埋深、混凝土面上升速度、入槽混凝土温度）进行严格控制；在成墙质量检查时，采用钻孔取芯检验、钻孔注水试验、防渗墙接头开挖检查等方法，对防渗墙质量进行全面综合评估，结果表明防渗墙成墙效果显著，工程质量符合规范和设计要求。国内部分水库大坝除险加固防渗墙施工质量控制项目及施工质量评价情况见表6-2。

6.1.2 防渗墙质量检测技术进展

防渗墙是大坝坝基隐蔽的防渗、截水结构，为确保其发挥有效的防渗作用，对防渗墙质量进行检测并做出相应评价是十分重要的。防渗墙由于施工过程复杂，质量影响因素众

表6-2 国内部分水库大坝除险加固防渗墙施工质量控制及施工质量评价情况

序号	工程名称	防渗墙类型	防渗墙深度/m	施工质量控制项目	防渗墙质量检测项目及方法	防渗墙施工质量评价
1	石屏县大寨水库大坝除险加固工程	塑性混凝土防渗墙	—	孔位、槽孔垂直度及深度、泥浆质量、清孔换浆质量、混凝土浇筑、墙段连接	—	有效控制了坝基渗漏，防渗效果明显
2	哈尔滨市西泉眼水库应急维修加固工程	塑性混凝土防渗墙	—	混凝土配合比、槽孔垂直度及深度、清孔换浆及接头孔刷洗、混凝土浇筑、混凝土质量	入槽口混凝土取样检测	保证了防渗墙的施工质量
3	托海龙川水库坝体防渗加固工程	塑性混凝土防渗墙	—	固壁泥浆、槽孔位置、垂直度及深度、清孔换浆	墙体开挖法，钻孔注水试验	防渗墙接头、缝面接合处紧密，防渗效果好，质量优良
4	方洲水库除险加固工程	混凝土防渗墙	—	泥浆拌制（搅拌时间、配合比）、成槽施工（导向槽位置）、混凝土浇筑（连续性、混凝土面高差、导管埋深、接头处理）	钻孔取芯检查，高密度电法，地震影响法，钻孔压水试验	墙体整体连续，较均匀，防渗效果良好，实际运行情况正常
5	广西澄碧河水库防渗加固工程	塑性混凝土防渗墙	75.2	施工准备阶段（施工方案、流程、工艺流程）：原材料及中间产品、混凝土配合比；施工阶段：孔形、孔斜度、嵌岩深度、清孔换浆及接头孔涮刷、混凝土浇筑（导管埋深、入槽混凝土温度等）	钻孔取芯检查，钻孔注水试验，防渗墙接头开挖法检查	工程质量符合规范和设计要求，防渗墙成墙效果显著
6	城头水库除险加固工程	低弹模混凝土防渗墙	40.0	槽孔建造（孔位、孔深、孔斜度、孔宽）、嵌岩深度、清孔质量、混凝土浇筑、原材料质量	钻孔取芯检查，超声波检测	混凝土满足设计要求，防渗墙墙体均质性、密实性好
7	青山水库除险加固工程	塑性混凝土防渗墙	—	原材料、混凝土配合比、混凝土生产（计量、拌和、运输、浇筑）	钻孔取芯检查	混凝土抗压强度和弹性模量满足要求
8	西苇水库防渗加固工程	混凝土防渗墙	—	孔位、孔斜度、嵌岩深度、清孔质量	机口取样检查、墙体开挖检查、钻孔取芯检查	墙体连续性、整体性较好，工程质量符合要求

多，易出现各种质量缺陷，如成墙深度不足、墙底沉渣、墙体夹泥、断墙、空洞和开叉。检测防渗墙均匀连续性、成墙深度、墙体强度、渗透系数、破坏比降等非常重要且存在一定的技术难度，防渗墙质量传统检测方法有：钻孔取芯法、墙体开挖法、注水试验法等。

近年来，随着防渗墙施工技术日趋完善，其在水电工程中的应用越来越广泛，混凝土防渗墙质量检测技术也随之不断发展，无损检测方法（地球物理方法）在混凝土防渗墙质量检测中的应用日益广泛，取得较好的效果，如超声波对穿法、弹性波CT法、地质雷达法。总的来说，用于混凝土防渗墙完整性检测的方法有：高密度电阻率法、电磁法［地质雷达法和可控源音频大地电磁测深（CSAMT）法］、瑞典面波法、层析成像法（弹性波

CT、电磁波 CT、电阻率 CT）等；用于抗渗性能检测的方法有：钻孔常水头法、钻孔降水头法、围井法、测压管检测法等。

6.1.2.1 传统类检测方法

1. 钻孔取芯法

钻孔取芯法利用地质钻机钻孔连续取出芯样，芯样切割加工后进行室内试验，通过分析芯样的完整性和连续性，进而评定墙体质量的方法。此方法较为简单，结构信息直观真实，试验结果可信度较高；但检测成本较高，检测效率低，仅适用于浅层墙体；同时，仅能在保证取芯率前提下反映墙体质量，墙体强度较低时易出现取芯率低而无法判定质量的情况。云南澜沧江大华桥水电站上下游围堰防渗墙工程、加查水电站左岸坝肩防渗墙工程、老虎嘴水电站左岸砂砾石坝基垂直防渗墙工程等，均采用此方法对防渗墙的质量进行检测，并取得了较好的效果。

2. 墙体开挖法

墙体开挖法是在墙体两侧进行开挖，通过外观检查来判断墙体质量情况的方法；此方法能直观准确地反映出开挖段墙体质量，适用于墙段连接质量检测，但施工成本较高，效率低，并可能对墙体造成破坏，仅适用于浅层墙体。在工程检测应用中常结合无损检测技术进行综合检查，也常作为检测结果的验证和辅助手段。山西省张峰水库大坝防渗墙工程、托海龙川水库坝体防渗加固工程、西苇水库防渗加固工程等，均采用此方法对混凝土防渗墙施工质量及墙段连接质量进行检查，取得了较好的效果。

3. 注水试验法

注水试验法是向钻孔内持续注入一定体积的水，通过孔内水位与注水量之间的函数关系，根据墙体稳定的渗透量数值大小来判断墙体的渗透性能，并进一步实现对防渗墙的完整性特征进行检测与评价的方法。直孔水电站混凝土防渗墙工程、瀑布沟水电站大坝防渗墙工程、冶勒水电站坝基防渗墙工程等，均采用此方法对防渗墙的抗渗性进行检测，取得的检测成果较好地反映出防渗墙的质量。已有的工程应用实例证明，使用注水试验法能进一步检验和佐证超声波法的检测结果，提高探测结果精度；注水试验法在防渗墙完整性检测中的应用是可行的；注水试验法在混凝土防渗墙渗透系数测定方面应用效果较好。

综上所述，传统类检测方法原理简单、技术难度较低、成果较为直观可靠，但在代表性和检测效率上存在明显不足。这些检测方法发展较为成熟，是大多数混凝土防渗墙工程质量检测的首选方法，适用于防渗墙深度不大的工程，但工程实践中应尽量结合无损检测技术，提高检测效率及准确性。

6.1.2.2 无损检测方法（地球物理方法）

传统检测方法基本都会对墙体造成一定的破坏和损伤，相对而言，无损检测方法不会对墙体本身造成破坏，具有快速、高效的特点，主要包括电阻率法、反射波法、表面波法、井间成像法、地质雷达法等。由于技术原理不同，各种检测方法均有不同的特点、适用性和局限性。

1. 高密度电阻率法

高密度电阻率法是一种集电测深法和电剖面法于一身的阵列点勘探方法，是基于地层内的目标体与围岩存在电性差异的探测方法，使用这种方法进行检测分为集中式探测方法和分布式探测方法，在探测剖面上布置几十个至上百个电极，将外部直流电垂直供入地下，在地下一定深度内形成电流场，通过地表的测量电极捕获防渗墙与围岩存在的电性差异，得出防渗墙在横、纵方向上的电阻率值变化信息，从而反映地下防渗墙的变化情况。

国内一些学者使用此方法对水库坝基塑性混凝土防渗墙进行检测，能准确发现防渗墙中的低电阻异常区。该方法虽然能够发现墙体内的一些质量缺陷，但异常部位的分布范围较广，不能做到精确、全面地检测。

2. 地质雷达法

地质雷达法是利用高频带短脉冲电磁波在地下介质中的传播规律，从而确定地下防渗墙缺陷分布的一种方法。当地下防渗墙有缺陷时，根据缺陷的不同会显现出不同的电性特征，当仪器发射的电磁波在地下防渗墙中传播时，遇到缺陷部位电磁波便会发生反射，缺陷部位和周围介质差异越大，反射就会越强烈。根据对雷达图像和波形图的分析，就可以推断地下防渗墙的结构与分布。地质雷达法具有全面、快速、有效的特点，但检测过程受干扰因素较多，同时由于分辨率的影响，检测深度不宜过大。

魏春风等利用地质雷达检测 8～16m 埋深的塑性混凝土防渗墙的质量，依据反馈信号的连续性，较为准确地判断出防渗墙是否连续，墙体内是否有裂缝、裂隙和空洞等不均匀现象；同时也发现防渗墙深度越大，检测判断难度越大。董延朋等应用地质雷达法检测了水库防渗墙质量，虽然检测中的干扰因素众多，如墙体钢筋、电线、预埋件等，但总体上能够发现整个墙体相对薄弱的部位，可以缩小范围后再次进行针对性检测，是一种较为有效的检测方法。白玉慧等为了对比不同检测方法的效果，同时采用地质雷达、高密度电阻率法、瑞利波法对防渗墙进行无损检测，综合评价认为地质雷达法和高密度电阻率法能够有效、准确地对防渗墙进行快速无损检测。丁凯等应用地质雷达法检测防渗墙的外观尺寸，认为该方法能较好地检测出墙体厚度；同时发现雷达波频率和分辨率越高，其探测有效深度受干扰影响越大；使用低频率探测深度较深，但分辨率不足；针对不同深度防渗墙选择合适的探测频率较为重要。郑军亮采用地质雷达法对塑性混凝土防渗墙进行检测时，发现地质雷达法仅能有效反映墙体浅层缺陷的范围和位置，对于深层缺陷，由于分辨率下降，效果很难达到检测要求。新疆巴州希尼尔水库坝基塑性混凝土防渗墙应用地质雷达法检测其是否具有错开裂缝等缺陷，通过分析准确判断出埋深 10m 内墙体的缺陷位置；同时发现防渗墙中的预埋件和不同材质墙体的接头等也会造成地质雷达影像出现异常，从而影响判断准确性，检测时应对异常部位进行仔细校核。

3. 瑞典面波法

瑞典面波法是利用地震波能量强、频率低的频散特性，通过处理分析采集的面波信号得到面波频散曲线的一种方法，由于频散曲线的变化规律与被测物内部结构分布密切相关，因此可以判断测试地层的分层情况和异常体的顶底边界，进而分析墙体质量。目前瑞利面波法已在防渗墙工程的无损检测中得到了广泛的应用。

夏唐代等发现瑞典面波法和超声波跨孔法相结合进行防渗墙检测，不仅检测效果好、精度高，而且能够节约检测费用。王家毕应用瑞典面波法对坝基塑性混凝土防渗墙质量进行了检测，通过分析生成的剪切波速等值线图及规律，准确、快速地判断出墙体质量情况；同时与高密度地震映像法、垂直反射法、弹性波透射层析成像法等检测结果进行对比分析，发现单独一种无损检测方法很难全面透彻掌握防渗墙的质量缺陷，需同时应用多种方法进行检测才能较为全面准确地评价防渗墙质量。

4. 层析成像法

层析成像法在防渗墙质量检测中的应用较为普遍，包括弹性波 CT、电磁波 CT 和电阻率 CT 等，其中弹性波 CT 应用范围较广。弹性波 CT 利用防渗墙两端的钻孔，一端激发弹性波，一端接收弹性波信号，弹性波在激发点和接收点之间沿射线路径传播，形成密集的射线扇形交叉网络；通过对接收数据文件进行运算得到速度剖面图像，进而分析判断两钻孔之间的墙体连续性及缺陷位置。

1994 年，黄河委员会冷元宝、朱文仲等将弹性波层析成像（CT）应用到小浪底水利枢纽防渗墙质量检测中，并取得了较好的检测效果。2000 年，黄河委员会对黄壁庄水库副坝防渗墙（墙长 4858.8m，墙深 40～68m）采用多种方法进行质量检测，优选垂直反射法和瞬变电磁法对防渗墙质量进行普查，然后对查出异常的地段做跨孔弹性波 CT 详查，进而确定异常位置，最后进行钻孔取芯检查，使防渗墙质量得到了有效保证。丹江口左岸土石坝坝基混凝土防渗墙工程对 7 号槽段进行了弹性波 CT 检测，判断出墙体中存在混浆、夹泥现象，表明弹性波 CT 检测的应用是准确有效的。

5. 钻孔超声波法（超声波对穿法）

钻孔超声波法是利用声波参数（声速、振幅、频率等）与墙体材料性能的相关关系，分析声波传播过程中发生的透射、反射、折射和散射等信息，从而判断墙体材料性能、内部结构连续性及质量缺陷位置的方法。钻孔超声波法在大河沿水库超深防渗墙质量检测中得到了很好的运用，经检测，混凝土防渗墙主体纵波波速为 4000～4500m/s，最低波速在 3600m/s 以上，检测结果表明混凝土防渗墙质量良好。

苏全等利用超声波双孔单发单收、单孔一发双收、双孔层析成像等检测技术进行防渗墙检测，发现钻孔超声波法能够准确可靠地检测出墙体内部质量、孔底沉渣厚度、防渗墙与基础结合面质量、基础破碎程度等，是一种较为有效的检测方法。邓中俊等在此方法基础上进行改进，利用墙体中预埋的灌浆管，应用跨孔超声波法、单孔超声波法和超声波 CT 法等对 150m 的深基础混凝土防渗墙进行综合检测，对比发现钻孔超声波法的检测准确度高、可靠性好。钻孔超声波法能够较为准确地反映各种墙体的质量缺陷和强度，检测成果可靠性高，是一种全面、准确、有效的检测方法。尽管钻孔超声波法需要进行钻孔，但这并不能否认该方法的优势，特别是对于在墙体预埋灌浆孔内（或钻孔）进行坝基灌浆的防渗墙工程或是需要钻孔取芯检查的防渗墙工程，可以利用已有的灌浆孔或钻孔对墙体进行全面、有效、准确的检测，真正实现某种意义上的无损检测。

综上所述，各种检测方法均有各自特点和适用范围，且都有应用于防渗墙工程质量检测的成功实例。由于不同的检测方法都存在一定局限性，在实际混凝土防渗墙工程检测中，应尽可能应用多种方法进行综合检测；或是根据各类检测方法的特点及适用范围，针对性地选取部分方法先进行普查，确定异常区域后，应用精确度较高的检测方法进行详查，进而确定异常或缺陷的准确位置。

6.2 防渗墙施工质量管理

6.2.1 施工质量保证体系及实施情况

1. 质量管理机构

为确保工程施工质量，项目部组建以项目经理为组长的质量管理小组，负责整个项目的质量管理。项目经理为工程项目质量管理第一负责人，对工程质量负全面的领导责任，项目总工是质量技术措施主要管理者，负责施工技术措施和质量保证措施的审查，下设工程管理部。

2. 质量保证体系在本工程的实施情况

在施工过程中，严格按照质量保证体系进行组织施工，认真贯彻“百年大计、质量第一”的管理方针，全面推行质量管理，建立健全质量保证体系，制定和完善质量责任及考核办法，落实质量责任制，层层把好质量关。首先严把材料采购质量关，所购材料均有出厂质量证明或合格证，材料运到工地后复检，合格后方可使用。其次是各施工工序和单元工程坚持执行“三检制”，先由各施工班组自检合格后，再由项目部技术人员复检，最后由专职质检员终检，合格后报请监理工程师检验，进行下一工序施工。单元工程施工完毕后，及时按有关规范会同监理进行质量评定，加强对施工工程的质量控制，对不合格的单元工程坚决进行返工处理，直至达到质量标准要求为止，以确保工程施工质量。从单元工程质量到分部工程质量控制，再到单位工程质量控制，从而达到单位工程质量的预期目标。

6.2.2 质量管理措施

工程自开工以来便研究制定、出台了一系列有针对性、可操作性强的质量管理制度，形成了整套严格的质量管理制度体系。同时，高度重视对已有制度的修订、完善和对新制度的补充、更新，保证施工过程质量完全受控。

1. 质量责任落实制度

执行“质量责任落实制度”，在合同中明确各施工单位的质量责任，项目经理和各单位负责人签字确认，实行“质量责任制”，明确了各自的质量责任。根据业主、监理质量工作要求，建立了项目部工程质量终身责任制档案并上报监理部，“质量责任终身制”，明确了项目部班子成员、部门负责人相应的质量责任。继续加强过程质量控制，在关键工序、重要部位执行“专人盯控”制度，确保做到责任到人、责任到岗、责任到工序，切实将质量责任落到了实处。

2. 质量一票否决制度

执行“质量一票否决制度”，质量管理部对未经验收或验收不合格的施工项目，有权利进行一票否决。质量管理部通过对工程量报表的审核，对验收资料提交不全或未提交的，在报表上签署意见，暂停对相应工程量的结算，有效地杜绝了工程施工质量未验收合格先行结算的现象。

3. 技术、质量交底制度

执行“技术、质量交底制度”，由工程管理部在施工现场和后方会议室不定期进行各施工工序的技术、质量交底工作，将重点工序技术要求、施工工艺及质量控制标准直接交底给一线作业人员，使一线作业人员的施工技能、质量意识得到了全面提高和强化，确保了工程施工质量。

4. “三检”验收制度

现场质量管理过程中执行“三检”制度，具体规定如下：单元工程验收实行“三检制”，即施工机组设置初检，值班技术员设置复检，质量管理部设置终检。值班技术员向质量管理部提出验收申请前，须初检、复检验收合格、达到验收标准后，填写相关验收资料一并送至质量管理部终检处进行报验，在终检确认资料无误且现场验收合格后，报请监理进行验收，单元工程验收必须确保一次验收合格，如由于工作疏漏、技术要求混淆造成单元工程二次或多次验收才达合格标准的，将根据项目部质量奖罚办法对相关质检人员进行处罚。

5. 质量监督交接班制度

执行质量监督交接班制度，严格质量值班，确保有效发挥现场质量检查、监督作用。这就要求质检人员每班做好施工记录，详细记录当班施工作业中存在的质量问题及质量验收情况，并跟下一班人员进行签字交接。对施工过程中出现的问题特别说明，分析查找原因，及时上报领导并协助相关部门妥善处理施工中存在的问题。另外，开工以来质量管理部加强了对施工日志的审查工作，质量管理部主任每月对现场施工日志进行抽查，对检查出的问题进行通报、纠改，不断规范和提高了施工日志填写质量。

6. 质量奖励考核制度

执行质量奖励考核制度，开展质量考核奖励工作，每月由质量管理部对各部门、厂队进行质量考核并发放质量奖金；通过引进奖金激励机制，切实达到激发参建单位和人员参与质量、重视质量热情的目的。

6.2.3 质量管理成果

6.2.3.1 原材料检测

1. 水泥检测

防渗墙工程共检测新疆天山水泥和东湖水泥组共 65 组，其中天山水泥 45 组，东湖水泥 20 组，检测结果见表 6-3，检测结果均满足规范要求。

表 6-3　　水泥原材料检测结果统计表

使用部位	项目	厂家：新疆东湖水泥、天山水泥品种：P.O 42.5								
		抗折强度/MPa		抗压强度/MPa		标准稠度/%	凝结时间/min		细度/%	安定性（试饼法）
		3d	28d	3d	28d		初凝	终凝	—	
东湖	规定值	≥3.5	≥6.5	≥17	≥42.5	—	≥45	≤600	—	合格
	最大值	6.0	9.1	31.2	45.2	28.1	218	278	—	合格
	最小值	4.0	6.8	20.2	43.3	27.2	148	216	—	
	平均值	4.8	7.8	24.4	44.0	27.6	167	241	—	

续表

使用部位	项目	厂家：新疆东湖水泥、天山水泥品种：P.O 42.5								
		抗折强度/MPa		抗压强度/MPa		标准稠度/%	凝结时间/min		细度/%	安定性（试饼法）
		3d	28d	3d	28d		初凝	终凝	—	
天山	最大值	6.4	9.2	35.8	50.6	29.3	178	258	—	合格
	最小值	4.1	7.2	18.8	44.1	28.2	134	183	—	
	平均值	5.3	8.1	22.6	45.6	28.6	144	207	—	

2. 骨料检测

防渗墙工程共检测细骨料34组，粗骨料58组，不同材料规格各29组，细骨料检测结果见表6-4，粗骨料检测结果见表6-5。所检测结果均满足《水工混凝土施工规范》(SL 677—2014)的要求。

表6-4　　细骨料检测结果统计表

样品名称	统计项目	超径	吸水率/%	含泥量/%	细度模数（F.M）	表观密度/(kg/m³)
砂	最大值	5	1.7	2.5	3.14	2680
	最小值	3	0.7	0.9	2.89	2560
	平均值	4	1.5	1.6	2.97	2620
规定值		无	无	≤3	无	≥2500
依据规范		《水工混凝土施工规范》(SL 677—2014)				
结论		细骨料检验项目满足SL 677—2014规范要求；合格				

表6-5　　粗骨料检测结果统计表

材料规格/mm	统计项目	吸水率/%	针、片状颗粒含量/%	超径含量/%	逊径含量/%	含泥量/%	松堆密度/(kg/m³)	表观密度/(kg/m³)	压碎指标/%
5～20	最大值	1.5	10	5	9	0.7	1780	2760	6.3
	最小值	0.5	0.7	0	4	0.2	1500	2640	2.8
	平均值	0.8	7	2	6	0.5	1610	2690	5.5
20～40	最大值	1.2	9	4	7	0.6	1690	2760	—
	最小值	0.5	2.2	0	2	0.1	1500	2690	—
	平均值	0.7	6	2	4	0.3	1580	2720	—
规范名称/要求	《水工混凝土施工规范》(SL 677—2014)	≤1.5	≤15	≤5	≤10	≤1	—	饱和≥2550	≤16

3. 粉煤灰检测

防渗墙工程检测玛电粉煤灰49组，检测结果见表6-6，检测结果满足《用于水泥和混凝土中的粉煤灰》(GB/T 1596—2005)规范要求。

表 6-6　　粉煤灰原材料检测结果统计表

使用部位	项目	厂家：新疆玛电级粉煤灰品种Ⅰ级			
		细度/%	需水量比/%	烧失量/%	含水量/%
玛电	规定值	≤12.0，≥6.5	≤95，≥42.5	≤5.0	≤1.0，≤600
	最大值	9.1	92	3.8	0.4
	最小值	2.2	85	0.1	0.1
	平均值	5.4	89	2.8	0.2
规范		《用于水泥和混凝土中的粉煤灰》(GB/T 1596—2005)			

4. 外加剂检测

防渗墙工程共检测外加剂17组，检测结果见表6-7和表6-8，检测结果表明：所检测项目均符合《混凝土外加剂》(GB 8076—2008)的要求。

表 6-7　　混凝土外加剂性能检测结果统计表

试验编号	材料名称	生产厂家	产品批号	试验日期	减水率/%	含气量/%	泌水率比/%	凝结时间差/min		抗压强度比/%			评定结果
								初凝	终凝	3d	7d	28d	符合规范要求
1	聚羧酸高性能减水剂	建宝天化	—	2016-06-15	29	3.5	45	120	127	—	146	130	合格
2	聚羧酸高性能减水剂	建宝天化	—	2016-07-03	27	3.5	48	117	118	—	144	135	合格
规范名称/要求		《混凝土外加剂》(GB 8076—2008)			≥25	<6.0	≤70	≥90	—	—	≥140	≥130	—

表 6-8　　混凝土外加剂性能检测结果统计表

试验编号	材料名称	生产厂家	产品批号	试验日期	减水率/%	含气量/%	泌水率比/%	凝结时间差/min		抗压强度比/%			1h经时变化量/%	评定结果
								初凝	终凝	3d	7d	28d	—	符合规范要求
1	聚羧酸高效减水剂	上海三瑞	—	2016-07-01	23	2.8	66	78	50	138	128	124	—	合格
2	聚羧酸高效减水剂	上海三瑞	—	2016-07-01	23	2.8	66	65	57	140	128	124	—	合格
3	聚羧酸高效减水剂	上海三瑞	—	2016-07-20	24	2.9	67	72	57	144	132	127	—	合格
4	聚羧酸高效减水剂	上海三瑞	—	2016-07-20	22	2.8	55	62	70	140	128	128	—	合格
5	聚羧酸高效减水剂	上海三瑞	—	2016-08-12	23	2.4	62	53	27	138	131	126	—	合格
6	聚羧酸高效减水剂	上海三瑞	—	2016-09-07	24	2.8	56	72	32	137	132	130	—	合格

续表

试验编号	材料名称	生产厂家	产品批号	试验日期	减水率/%	含气量/%	泌水率比/%	凝结时间差/min		抗压强度比/%			1h经时变化量/%	评定结果
								初凝	终凝	3d	7d	28d	—	符合规范要求
7	聚羧酸高效减水剂	上海三瑞	—	2016-10-03	21	2.8	55	63	20	137	126	125	—	合格
8	聚羧酸高效减水剂	上海三瑞	—	2016-10-03	23	2.5	59	85	68	142	128	126	—	合格
9	聚羧酸高效减水剂	上海三瑞	—	2016-10-31	21	2.9	58	50	57	143	131	127	—	合格
10	聚羧酸高效减水剂	上海三瑞	—	2016-11-01	24	2.7	55	63	58	146	132	124	—	合格
11	聚羧酸高效减水剂	上海三瑞	—	2017-04-15	23	2.7	30	+30	−9	144	145	148	—	合格
12	聚羧酸高效减水剂	上海三瑞	—	2017-05-01	24	2.8	30	+30	−10	145	145	146	—	合格
13	引气剂	建宝天化	—	2016-05-30	7	4.6	48	37	37	103	100	98	0.4	合格
14	引气剂	上海三瑞	—	2016-09-07	7	4.6	31	45	43	95	96	98	0.4	合格
15	引气剂	上海三瑞	—	2017-05-01	11	4.6	30	+20	+15	98	98	95	−1.0	合格
规范名称/要求		《混凝土外加剂》(GB 8076—2008)			≥14/≥6	≤3.0/≥3.0	≤90/≥70	−90～120		≥130/≥95	≥125/≥95	≥120/≥90	−1.5～1.5	

5. 钢筋原材及焊接件检测

防渗墙工程共检测钢筋原材共3组，检测结果见表6-9，检测结果表明：所检测项目均符合《钢筋混凝土用钢 第二部分：热轧带肋钢筋》(GB 1499.2—2007)。

表6-9　　钢筋原材检测结果统计表

	规格	屈服强度/MPa	抗拉强度/MPa	伸长率/%	屈服强度比/%	
钢筋原材	C16 螺纹钢	430	575	29	1.340	1.080
		435	585	27	1.340	1.090
	C25 螺纹钢	445	615	26	1.380	1.110
		440	615	25	1.400	1.100
	C25 螺纹钢	450	615	30	1.370	1.120
		455	605	31	1.330	1.140
规定值		≥400	≥540	≥16	—	
依据规范		《钢筋混凝土用钢 第二部分：热轧带肋钢筋》(GB 1499.2—2007)				
结论		钢筋原材及焊接件检验项目满足《钢筋混凝土用钢 第二部分：热轧带肋钢筋》(GB 1499.2—2007)；合格				

6.2.3.2 室内混凝土试验

防渗墙工程共计混凝土方量 22505.18m^3，现场混凝土 28d 抗压试件共取样 72 组，其中抗渗共取样 6 组，弹性模量共取样 5 组，混凝土抗压、抗渗弹性模量检测情况见表 6-10 和表 6-11。

表 6-10　　混凝土检测结果统计表（抗压、抗渗）

混凝土标号	龄期/d	抽检组数	检测组数	最大值/MPa	最小值/MPa	平均值/MPa	标准差/MPa	离差系数	保证率/%
C30W10	28	72	72	37.7	30.3	32.5	1.58	—	95
C30W10	28	6	6	经试验抗渗等级均满足设计要求					

表 6-11　　混凝土检测结果统计表（弹性模量）

混凝土标号	龄期/d	抽检组数	检测组数	最大值/GPa	最小值/GPa	平均值/GPa	标准差/MPa	离差系数	保证率/%
C30W10	28	5	5	2.7	2.67	2.68	—	—	—

6.2.3.3 防渗墙墙体检测

根据《水利水电工程混凝土防渗墙施工技术规范》（SL 174—2014）要求，墙体质量检查应在成墙后 28d 进行，根据规范要求并结合本工程具体情况制定以下具体检查技术要求。

（1）全墙进行超声波法进行检测（均匀布置），共检测 20 组，其中两岸预留帷幕灌浆管段检测 15 组，深槽段检测 5 组，检测完成后预埋管内回填 C30 微膨胀混凝土。对岸坡段桩号 B0+180.00、B0+350.00 进行钻孔取芯与注水试验相结合的方法检测。

（2）本次防渗墙墙体质量检查采用超声波检测、钻孔取芯与注水实验相结合的检查方法。岸坡段桩号 B0+180.00、B0+350.00 钻孔取芯芯样表面光滑、混凝土密实、骨料均匀，总体混凝土质量良好，如图 6-1 和图 6-2 所示。

图 6-1　B0+180.00 防渗墙钻孔取芯图

图 6-2　B0+350.00 防渗墙钻孔取芯图

注水试验依据《水利水电工程注水试验规程》（SL 345—2007），采用钻孔常水头注水试验法，监理单位在场见证。岸坡段桩号 B0+180.00、B0+350.00 两个孔做注水试验，防渗墙超声波检测孔布置参数见表 6-12，防渗墙超声波检测成果见表 6-13，其结果均满足设计要求。

通过超声波检测最终结论：混凝土防渗墙主体纵波速为 4000～4500m/s，最低波速在 3600m/s 以上，墙体质量良好，满足设计规范要求。

表 6-12　　防渗墙超声波检测孔布置参数表

序号	部位	单元号	槽孔号	孔号	桩号(B0+)	孔口高程/m	防渗墙深度/m	预埋管深度/m
1	右岸河床(9组)	ACb20	E24	W201	380.00	1550.1	15.15	15.15
2				W200	378.00	1550.1	17.50	17.50
3			E23	W196	370.00	1550.1	28.50	28.50
4				W195	368.00	1550.1	33.60	33.60
5				W194	366.00	1550.1	35.25	35.25
6			Y22	W193	364.00	1550.1	38.16	38.16
7				W192	362.00	1550.1	40.59	40.59
8		ACb19	E22	W190	358.00	1550.1	43.50	43.50
9				W189	356.00	1550.1	45.26	45.26
10			Y20	W182	342.00	1550.1	67.20	67.20
11				W181	340.00	1550.1	70.98	70.98
12		ACb18	Y19	W177	332.00	1550.1	84.24	84.24
13				W176	330.00	1550.1	89.92	89.92
14				W175	328.00	1550.1	93.30	93.30
15			E19	W173	324.00	1550.1	100.14	100.14
16				W172	322.00	1550.1	103.8	103.80
17	深槽段(5组)		E16		291.20	1550.1	100.00	100.00
18					289.20	1550.1	100.00	100.00
19			E15		281.00	1550.1	100.00	100.00
20					279.00	1550.1	100.00	100.00
21					277.00	1550.1	100.00	100.00
22			E14		268.80	1550.1	100.00	100.00
23					266.80	1550.1	100.00	100.00
24			E13		257.20	1550.1	100.00	100.00
25					255.20	1550.1	100.00	100.00
26	左岸河床(6组)	ACb17	E8	W171	211.28	1550.1	86.55	86.55
27				W170	209.28	1550.1	84.48	84.48
28			E7	W165	199.28	1550.1	74.59	74.59
29				W164	197.28	1550.1	72.60	72.60
30		ACb16	E6	W159	187.28	1550.1	60.63	60.63
31				W158	185.28	1550.1	57.19	57.19
32		ACb15	E4	W147	163.28	1550.1	34.59	34.59
33				W146	161.28	1550.1	32.46	32.46
34		ACb14	Y2	W138	145.28	1550.1	20.00	20.00
35				W137	143.28	1550.1	20.00	20.00
36			Y1	W133	135.28	1550.1	15.19	15.19
37				W132	133.28	1550.1	14.06	14.06

表 6-13　　防渗墙超声波检测成果

槽孔号	孔号	桩号（B0+）	测试组	测试深度/m	平均波速/(m/s)
E24	W201	380.00	W200～W201	15.0	4371
	W200	378.00			
E23	W196	370.00	W195～W196	28.4	4416
	W195	368.00			
	W195	368.00	W194～W195	33.6	4510
	W194	366.00			
Y22	W193	364.00	W192～W193	38.0	4343
	W192	362.00			
E22	W190	358.00	W189～190	43.4	4546
	W189	356.00			
Y20	W182	342.00	W181～W182	67.2	4344
	W181	340.00			
Y19	W177	332.00	W176～W177	84.2	4314
	W176	330.00			
	W176	330.00	W175～W176	89.8	4911
	W175	328.00			
E19	W173	324.00	W172～W173	100.0	4915
	W172	322.00			
E16	E16-2	291.20	E16-1～E16-2	100.0	4400
	E16-1	289.20			
E15	E15-3	281.00	E15-2～E15-3	100.0	4468
	E15-2	279.00			
	E15-2	279.00	E15-1～E15-2	100.0	4394
	E15-1	277.00			
E14	E14-2	268.80	E14-1～E14-2	100.0	4493
	E14-1	266.80			
E13	E13-2	257.20	E13-1～E13-2	100.0	4310
	E13-1	255.20			
E8	W171	211.28	W170～W172	84.4	4320
	W170	209.28			
E7	W165	199.28	W164～W165	72.6	4393
	W164	197.28			
E6	W159	187.28	W158～W159	57.0	4435
	W158	185.28			

续表

槽孔号	孔号	桩号（B0＋）	测试组	测试深度/m	平均波速/(m/s)
E4	W147	163.28	W146～W147	32.4	4378
	W146	161.28			
Y2	W138	145.28	W137～W138	20.0	4360
	W137	143.28			
Y1	W133	135.28	W132～W133	14.0	4225
	W132	133.28			

6.2.4 验收情况

6.2.4.1 单元工程评定情况

经过综合评定，工程验收单元评定统计见表6-14。

表6-14 工程验收单元评定统计

编号	分部工程名称	单元工程验收评定情况							分部工程优良率/%	备注
		单元工程名称	单元数量	评定数量	合格数量	合格率/%	优良数量	优良率/%		
1	混凝土防渗墙工程	▲混凝土防渗墙	48	48	48	100	45	93.75	93.75	
2	坝基坝肩开挖与处理工程	基础强夯	3	3	3	100	3	100	97.06	
		基础碾压	7	7	7	100	7	100		
		土方开挖	21	21	21	100	21	100		
		▲石方明挖	14	14	14	100	14	100		
		石方洞挖	7	7	7	100	7	100		
		锚喷支护	9	9	9	100	9	100		
		混凝土工程	75	75	75	100	71	94.67		

根据《水利水电建设工程验收规程》（SL 223—2008），混凝土防渗墙工程与坝基坝肩开挖与处理工程分部工程已具备验收评定条件。

6.2.4.2 分部工程验收情况

2017年10月6日，项目法人委托新疆昆仑工程监理有限责任公司吐鲁番市高昌区吐鲁番大河沿水库项目监理部，主持对混凝土防渗墙工程分部工程进行验收，验收评定情况见表6-15。

根据《水利水电建设工程验收规程》（SL 223—2008），验收组通过现场查看、核查资料后一致认为，该分部工程已按设计要求全部完成施工，验收资料齐备，施工中未发生质

表 6-15　　混凝土防渗墙工程分部工程验收评定明细

<table>
<tr><th rowspan="2">分部工程名称及编码</th><th rowspan="2" colspan="2">单元工程类别级编码</th><th colspan="3">分部工程质量评定</th></tr>
<tr><th>单元工程优良率/%</th><th>重要隐蔽单元工程优良率/%</th><th>分部工程质量等级</th></tr>
<tr><td>混凝土防渗墙工程（AA）</td><td>▲混凝土防渗墙</td><td>AAa</td><td>93.75</td><td>93.75</td><td>优良</td></tr>
<tr><td rowspan="7">坝基坝肩开挖与处理工程（AB）</td><td>基础强夯</td><td>ABa</td><td>100</td><td>—</td><td rowspan="7">优良</td></tr>
<tr><td>基础碾压</td><td>ABb</td><td>100</td><td>—</td></tr>
<tr><td>土方开挖</td><td>ABc</td><td>100</td><td>—</td></tr>
<tr><td>▲石方明挖</td><td>ABd</td><td>100</td><td>100</td></tr>
<tr><td>石方洞挖</td><td>ABe</td><td>100</td><td>—</td></tr>
<tr><td>锚喷支护</td><td>ABf</td><td>100</td><td>—</td></tr>
<tr><td>混凝土工程</td><td>ABg</td><td>94.67</td><td>—</td></tr>
</table>

量和安全事故。混凝土防渗墙工程分部工程的 48 个单元工程质量全部合格，合格率 100%，其中优良 45 个，优良率 93.75%；重要隐蔽单元工程 48 个，优良率 93.75%；坝基坝肩开挖与处理工程分部工程的 136 个单元工程质量全部合格，合格率 100%，其中优良 132 个，优良率 97.06%；重要隐蔽单元工程 14 个，优良率 100%；原材料及中间产品质量合格。根据《水利水电建设工程验收规程》（SL 223—2008），上述分部工程质量等级评定均为优良。

6.3 防渗墙质量控制难点

1. 槽孔稳定质量控制

大河沿水库防渗墙桩号为 B0+129.70～B0+367.10，轴线长度为 237.4m。基础防渗墙的结构型式为 C30 混凝土防渗墙，防渗墙厚 1.0m，R180 强度大于 35MPa，墙体嵌入基岩 1～2m，最大墙深 186.15m。根据勘探孔记录，在勘探孔施工过程中，存在漏浆地层，分析其渗透系数为 1.0m/s 左右。在该地层中建造混凝土防渗墙极易产生严重的漏浆继而发生塌孔现象，因此槽孔稳定极具挑战性。

2. 孔斜率质量控制

孔斜率的控制是深墙防渗质量的关键所在，《水利水电工程混凝土防渗墙施工技术规范》（SL 174—2014）中明确规定了孔斜率的范围，即成槽施工时不应大于 4‰，遇含孤石地层及基岩斗坡等特殊情况，应控制在 6‰以内；采用钻劈法时，接头套接孔的两次孔位中心在任一深度的偏差值，不应大于设计墙厚的 1/3。

大河沿水库坝基混凝土防渗墙最大深度为 186.15m，按规范要求计算，最大孔位偏差将达到 0.74m，占到防渗墙厚度的 70%以上，孔斜率控制不严格将会严重影响防渗墙质量。采用冲击钻造孔施工时，每次冲击点位的精准度，冲击能量是否会对施工机械稳定产生影响，孔斜率变化监管和及时纠偏等，这些因素都会对孔斜率产生影响，因此孔斜率的控制是造孔技术上的难点。

3. 接头管起拔质量控制

由于墙体采用C30混凝土，强度较高，接头管起拔技术难度较大，必须把握深部槽孔的混凝土流动与初凝规律，同时对起拔的地基承载力提出更高要求，稍有不慎就会酿成事故，给整个工程带来较为严重的影响。

4. 清孔质量控制

清孔质量一定程度上决定了防渗墙与基岩结合的紧密性，也决定着防渗墙防渗性能的好坏。坝址区深厚覆盖层地层较为复杂，超深孔深度达到186.15m，虽然采用泥浆进行固壁，但槽孔下部的淤泥或不稳定地层可能在不断坍塌，致使超深孔孔底沉渣较多，清孔难度较大，对设备要求较高。

采用气举法清孔时，较低的抽吸功率不能保证清孔质量，又不能轻易提高抽吸功率，以免对槽孔壁的稳定构成威胁。采用冲击钻抽砂桶清渣时，因槽孔深度达到186.15m，从抽砂筒下放至孔底清渣完毕，至抽砂筒提升至地表，需要较长的时间。因此，如何提高清渣工作效率及清渣质量也是施工质量控制的一大难题。

6.4 施工准备期质量控制

6.4.1 施工准备期质量控制原则

（1）在施工前，聘请施工资深专家对业主、监理、设计单位以及承包单位相关人员就规范、施工要点及突发事件处理进行培训，让管理人员掌握施工要领，做到忙而不乱。设计交底会扩大到每一位施工现场人员，使每一位施工人员对防渗墙处的工程地质情况、水文地质情况、防渗墙类型、结构特征、工程规模、质量工期要求、防渗墙与其他枢纽建筑物的关系、施工地点各种可资利用的条件有充分地认识和了解，以便在重点部位精心施工。

（2）对承包人的防渗墙施工组织设计或单项施工措施进行审查，重点审查如下内容：①防渗墙导墙的类型和施工平台设计是否合理，高程是否满足有关要求；②槽孔划分及施工程序；③造孔的施工方法和造孔机械的类型和数量；④制浆材料的性能、固壁泥浆的性能、泥浆系统及泥浆回收处理措施，混凝土配合比设计，混凝土搅拌运输系统和浇筑方法；⑤埋管及固定材料吊运下设措施；⑥槽段的接头方式及接头的施工方法；⑦供电系统、供水系统、排污措施；⑧特殊情况的处理和事故防治措施；⑨质量检测及质量管理；⑩安全及环保措施；⑪施工总平面布置图及其他生产生活临建设施；⑫各种资源配置计划；⑬施工进度计划。

（3）施工准备阶段主要是控制导墙和施工平台的质量、泥浆系统的施工、混凝土系统的施工。虽然导墙、施工平台、泥浆系统属于施工临时工程，但其本身质量的好坏将对防渗墙的施工质量、施工进度造成较大的影响。

（4）导墙和施工平台在防渗墙施工中起着标定防渗墙位置、钻孔导向、锁固槽口、保持泥浆压力、防止槽孔坍塌、用作吊放钢筋笼和安置导管的定位与支撑、用作混凝土浇筑场地等作用。导墙的好坏将直接关系防渗墙施工的成败，为此在导墙的施工监理过程中应重点关注导墙地基的加固措施、导墙的结构型式和断面尺寸、导墙的分缝位置。防渗墙施工中孔口坍塌事故时有发生，且处理事故费工费时，而发生事故的原因就是由于导墙的地基土没有进行加密，再加上孔口部分泥浆压力低，造孔时长时间受到钻机的振动和泥浆的冲刷，致使土体失稳而发生坍塌。因此在导墙施工前，监理工程师根据现场的地质条件，将重点选择合适的地基加固措施。另外也将根据地质条件、施工方法、施工荷载、槽孔深度、施工工期等因素对导墙的结构型式、断面尺寸、导墙的分缝进行审查和批准。在导墙的施工过程中，特别是混凝土导墙的施工中，虽然是临时工程，但仍将严格按照主体混凝土的质量要求进行全过程的监理，即在浇筑前进行仓面检查验收，浇筑过程中进行跟踪监理。

6.4.2 导墙、施工平台质量控制

（1）导墙基础应坚实，如地基土较松散或较弱时，修筑前应采取加固措施，本工程采取强夯法，强夯法是以8～12t（甚至20t）的重锤，8～20m落距（最高达40m），夯锤直径为2.5m，同排夯点中心距4m，相邻排距4m，呈梅花形布置；根据规范，强夯四周边界需超出要求3m，优先施工上下游区再施工轴线开挖区，进行强力夯击，利用冲击波和动应力达到加固的目的。

（2）施工平台与导墙为钢筋混凝土结构，混凝土标号为C25。根据设计要求及现场水文地质条件，防渗墙导墙墙顶高程均为1550.1m，包括钻机平台、倒渣平台、排浆沟、抓斗施工平台和道路。钻机平台位于轴线上游侧，顶部高程和导墙顶高程一致。倒渣平台混凝土浇筑厚度30cm，坡度为6%，倾向下游侧，以利于废浆液的排放。平台与导墙相接的部位应低于导墙墙顶5cm。倒浆平台外侧分布有排浆沟，排浆沟做法与倒渣平台相同。排浆沟外侧为抓斗施工平台和施工道路，宽度为15m，先行整平，而后铺50cm左右碎石垫层，碾压密实平整。

（3）导墙采用L形断面，以防渗墙轴线为中心线，间距1.15m，竖向混凝土高2m，底宽1.8m，导墙顶宽0.6m。主筋采用ϕ25mm螺纹钢筋，连接方式为绑扎方式，搭接长度不少于$20d$，交错搭接；导墙底层7根主筋，顶层均匀分布3根主筋，钢筋保护层厚度10cm；箍筋采用ϕ12mm钢筋，孔深大于100m时箍筋间距30cm，孔深小于100m时箍筋间距50cm。要求混凝土坍落度为2～8cm，混凝土料入仓时，必须分层振捣密实，不得出现蜂窝、麻面、狗洞等现象，内侧面要求垂直、光滑。混凝土浇捣时随时检查模板位置，如发现移位，及时进行纠正。浇筑成型后，要求混凝土墙顶高差不大于3cm，导墙顶部高程根据现场实际地形，本着挖填平衡的原则确定。

（4）导墙轴线宜与防渗墙轴线重合，允许偏差±15mm，导墙内侧应保证竖直，墙顶高程允许偏差±20mm。

（5）防渗墙施工平台坚固、平整，适合于重型设备和运输车辆行走，宽度满足施工要求，施工平台高于地下水位2m以上，且高于导墙顶面0.2～0.5m。

6.4.3 造孔设备及固壁材料

大河沿水库防渗墙施工采取的方法为钻凿法与抓斗施工法。防渗墙成槽开挖采用抓斗与冲击钻机联合施工的“钻抓”法，即主孔由冲击钻机钻凿成孔，副孔由抓斗直接抓取成槽，基岩部分由冲击钻机钻凿成槽。

在砂砾石地层中造孔成墙，孔壁稳定是关键，根据现场地层情况，本项目将使用一种新型浆液——MMH正电胶，以提高固壁效果，保证深墙的顺利施工。MMH正电胶、优质Ⅱ级钙基膨润土、烧碱、纯碱等复合泥浆护壁。降失水增粘剂为中黏类羧甲基纤维素钠CMC，配制泥浆用水从河内抽取，使用前将水样送有关部门进行水质分析，以免对泥浆性能产生不利。在其实施过程中，监理工程师采取抽查检验的方式进行质量管理，其具体的泥浆性能指标要求详见表6-16。

表6-16　新制膨润土泥浆性能指标

项　目	性能指标	试　验　仪　器	备　注
浓度/%	>4.5	—	100mL水所用膨润土重量（g）
密度/(g/cm^3)	<1.1	泥浆比重秤	—
漏斗黏度/s	30～90	946/1500mL马氏漏斗	—
塑性黏度/(MPa·s)	<20	旋转黏度计	—
10min静切力/(N/m^2)	1.4～10	静切力计	—
pH值	9.5～12	pH试纸或电子pH计	—

鉴于泥浆性能主要满足施工期间的槽孔固壁要求，因此，中间过程的抽检重点针对其比重、黏度、含砂量等进行检测。一旦发现其不能满足要求，立即要求进行调整。配合比确定之前先按表6-16中规定的检测项目进行膨润土性能测定，然后通过现场试验确定具体的配合比。

6.4.4 泥浆净化及回收

1. 施工废水的形成

施工泥浆为膨润土或黏土颗粒分散在水中所形成的悬浮液，在建造防渗墙时起固壁、冷却钻具、悬浮及携带钻渣等作用。随着造孔的不断深入，部分泥浆携带施工钻渣被抽筒抽出槽孔排入排渣沟，形成施工废水。同时槽段成槽施工完成后，进行混凝土浇筑时，伴随着浇筑混凝土面的不断抬升，固壁泥浆携带钻渣被排挤出槽流入排渣沟形成施工废水。

2. 施工废水的处理

为避免施工废水造成污染，同时也为了避免制浆原料的大量浪费，施工现场建造回浆池，施工废水通过排渣沟自流至回浆池。回浆池通过中间矮墙分割成两个浆池，连接排渣沟的浆池为进浆池，矮墙另一侧为去浆池。中间矮墙比回浆池周边墙体矮1.0～1.5m，其作用为拦截进浆池中沉淀的砂子及小石，经浇筑后的泥浆其上部可漫过矮墙自流入去浆池。同时在进浆池一侧设泥浆净化器一台，用来净化排入进浆池的废浆，筛分泥浆和砂石后将处理好的泥浆直接排入去浆池。在去浆池设泥浆泵一台，并设分浆阀分别连接至槽孔的去浆管道及至制浆站的回浆管道，如果经检验，去浆池的泥浆各项指标满足重复利用的标准，则通过去浆管道直接排入槽孔，如不满足标准则通过回浆管道打回制浆站作相应处理。

3. 施工废渣的处理

施工废水通过排渣沟排至回浆池，但伴随着钻渣不断沉淀于排渣沟底部，形成厚厚的砂石层即为废渣，同时回浆池的进浆池也会由于钻渣沉淀形成废渣。利用反铲将废渣排出排渣沟及进浆池，然后将废渣统一堆放，并安排自卸汽车运至业主指定弃渣场。

6.5 造孔成槽的质量控制

6.5.1 槽孔位置、厚度及孔深质量控制

槽孔的位置和厚度开工前，在槽孔两端设置测量标桩，根据标桩确定槽孔中心线并且始终用该中心线校核、检验所成墙体中心线的误差。孔位在设计混凝土防渗墙中心线上下游方向的允许偏差不得大于 3cm，在不同方向都应满足此要求。钻头的直径和抓斗的宽度决定了墙的厚度，所以，每一槽段终孔时钻头直径及抓斗宽度均不得小于墙的设计厚度，在槽孔内任一部位均可顺利下放钻头，并且可在槽孔内自由横向移动。

孔深必须达到设计要求，吐鲁番大河沿水库要求深基岩不小于 2m，遇到断层或破碎带则加大孔深；对此必须严格执行进入基岩深度时取土样，土样如不符合要求需继续下挖，直至符合设计要求，并记录深度，对于孔深控制和基岩鉴定孔深验收，应在现场监理的监督下使用专用的孔深测绳进行测量，且使用前应对测绳进行检查较准。在造孔质量控制过程中，监理工程师应重点抓主孔的单孔、小墙的验收。在施工单位三级检查制度的验收基础上，对主孔分段进行验收，对孔位、孔斜、孔深进行复核检测；对小墙采取的是按设计墙厚的钻头能顺利放至孔底进行复核。

6.5.2 基岩鉴定

基岩鉴定包括岩面鉴定和岩性鉴定。通过岩面鉴定确定入岩深度的计算起点；通过岩性鉴定确定入岩深度和终孔深度。

有勘探孔的部位根据该勘探孔资料确定岩面深度和入岩深度。当钻孔感觉与勘探资料明显不符时，需查明原因，验证勘探资料的正确性。大多数没有勘探孔的部位须在钻进的过程中取样鉴定基岩面。在鉴别岩样的同时，综合考虑勘探孔岩面线、相邻主孔岩面、钻进感觉、钻进速度、钻具磨损情况等因素。

取样鉴定的方法是：当孔深接近预计基岩面时，即开始取样，每钻进 10～20cm 取样一次，并对取样深度、钻进感觉等情况做记录，由现场地质工程师对所取岩样的岩性和含

量逐一进行鉴定。当某一深度岩样的岩性与基岩岩性一致、含量超过70%，且与钻进情况和相邻孔的岩面高程不相矛盾时，即可确定该深度为岩面深度。当上述方法难以确定基岩面，或对基岩面发生怀疑时，采用岩芯钻机钻取岩样，加以验证和确定。

每个鉴定部位（单孔）在终孔前均须填写基岩鉴定表，注明孔位、取样深度、岩性、确定的岩面高程和终孔深度等内容，由监理工程师和地质工程师签字确认后作为检查入岩深度和工程验收的依据。自基岩顶面至终孔所取的岩样应完好保存在岩样箱中，以备验收时检查。

采用抽筒法抽取岩渣的取样方法是：岩样经过设计地质工程师、现场监理工程师和值班技术员共同旁站现场抽取，根据地质勘探孔资料及地质剖面图初步确定基岩面后，当孔深接近预计基岩面后每间隔10～20cm取一个岩样，所取岩样装袋，填写岩样标签，以单孔为编号，依孔深顺序存放于岩样箱内。设计地质工程师根据所取岩样，鉴定基岩面及岩性，确定终孔深度，确保入岩深度，副孔的深度依据相邻主孔基岩面深度来确定。

6.5.3　造孔质量控制

防渗墙施工分两期进行，先施工Ⅰ期槽孔，后施工Ⅱ期槽孔。结合地层、施工强度、设备能力等综合考虑，本工程防渗墙成槽采用“两钻一抓”法。主孔：采用CZ-6A型冲击钻机钻凿成孔；副孔：覆盖层采用抓斗抓取，底部基岩采用CZ-6A型冲击钻机钻凿。

孔型即孔径宽度、孔位偏差、孔斜率，孔位偏差即建造孔轴心与导墙轴心的偏差，允许偏差±30mm，施工过程中严格控制孔斜率不大于4‰，遇有含孤石、漂石的地层及基岩面倾斜度较大等特殊情况时，孔斜率控制在6‰以内。为了保证孔型质量，建槽开始时必须精确抓斗下抓位置，使抓斗在平行于防渗墙轴线方向和垂直于防渗墙轴线方向偏差都在允许范围内，开始下抓的上部10m是关键，此过程中须有专人时刻观察指挥调整抓斗下抓位置，以保证孔位偏差、孔斜率不超允许范围，勤进行孔斜测量，出现偏差立即纠正。深度超过10m后每隔2h要检测钢丝绳在孔内居中的位置，如有偏差需调整到范围内，施工中在钻进到20m后采用孔口放纠偏器的办法纠偏。终孔后需检测孔位偏差、孔斜率，检测方法如下：①孔位偏差测定是利用钢丝绳悬吊抓斗，在自重作用下，沿钻孔中心线每5m测定抓斗偏离中心距离的平均值；②孔斜率测定是某一孔深处的孔位中心相对于孔口处的孔位中心偏差值与该处孔深的比值。

6.5.4　造孔过程中泥浆性能的检查

造孔过程中，监理工程师主要从泥浆的三项指标进行检查：①泥浆的黏度；②泥浆的含沙量；③泥浆的比重。另外，在拌制泥浆前，分别对黏土和膨润土浆液的其他性能进行相应检测，如：失水量、泥饼厚、pH值、胶体率、稳定性、静切力等。施工过程中，随时观察槽孔内液面下降情况。尽管采取了上述有效措施，但在实际施工过程中，由于地层原因，仍有可能引起孔内坍塌。可采取预灌浓浆、抛填黏土、投入木屑、泥浆中掺加外加剂等多种措施，最后有效完成终孔、清孔以及混凝土浇筑。

6.5.5 清孔验收及混凝土浇筑前的准备措施

本工程清孔方案为气举反循环法。气举反循环是借助空压机输出的高压风进入排渣管经混合器将液气混合，利用排渣管内外的密度差及气压来升扬排出泥浆并携带出孔底的沉渣。主要设备是空压机、排渣管、风管和泥浆净化机。

(1) 清孔时按照施工步骤，由钻机或吊车提升排渣管在槽孔主孔位、副孔位依次进行，若槽底沉淀过多，则反复清孔。槽底含砂量较高的泥浆经泥浆净化机处理后返回槽孔，直到净化机的出渣口不再筛分出砂粒为止。槽底高差较大时，清孔应由高端向低端推进。

(2) 清孔结束前在回浆管口取样，测试泥浆的全性能，其结果作为换浆指标的依据。

(3) 根据清孔结束前泥浆取样的测试结果，确定需换泥浆的性能指标和换浆量。用膨润土泥浆置换槽内的混合浆，换浆量一般为槽孔容积的 1/3～1/2。

(4) 换浆量根据成槽方量、槽内泥浆性能和新制泥浆性能综合确定。换浆在槽孔的主孔位、副孔位依次进行，钻机的移动方向从远离回浆管的一端至靠近回浆管的一端，并通过 4 根输浆管向槽孔输送新鲜泥浆。槽底抽出的泥浆通过回浆沟进入回浆池，成槽时再作为护壁浆液循环使用。

接头孔的刷洗采用具有一定重量的圆形钢丝刷子，通过调整钢丝绳位置的方法使刷子对接头孔孔壁进行施压。在此过程中，利用钻机带动刷子自上至下刷洗，从而达到对孔壁进行清洗的目的，结束的标准是刷子钻头基本不带泥屑，并且孔底淤积不再增加。清孔换浆完成 1h 后在槽孔内取样进行泥浆试验，如果达到结束标准，即可结束清孔换浆的工作。

6.5.6 清孔换浆质量控制

6.5.6.1 一期槽清孔验收

清孔验收时组织建设单位代表、设计代表、施工单位、监理单位等四方进行联合验收。联合验收是清孔换浆完成后，在施工单位三级检查制度的验收基础上，按技术要求对孔内淤积深度及时进行检测验收，重点对接头混凝土孔壁刷洗质量进行复核检测。

清孔验收主要从孔底淤积、泥浆黏度、含砂量、比重等方面进行检查，孔内泥浆性能指标使用取浆器从孔内取试验泥浆，试验仪器有泥浆比重秤、马氏漏斗、量杯、秒表、含沙量测量瓶等。槽孔清孔换浆结束后 1h，孔内泥浆应达到下列标准：泥浆比重不大于 1.15g/cm^3；泥浆黏度（马氏漏斗）不小于 32s；泥浆含砂量不大于 4%。孔底淤积厚度采用测饼进行测量，测量结果应达到小于 10cm 的标准。

浆液的取样位置距孔底 50cm 左右，孔内淤积采用测饼、测针的方式进行，测饼直径为 120mm，厚度为 20mm，中间开有直径 30mm 的出浆孔；测针可用直径 25～30mm、长 400～500mm 的钢筋制作；淤积厚度等于测针的测深减去测饼的测深。在进行淤积厚度测量时，为保证测量的准确性，应将测点尽量控制在固定的位置，此外，下测饼时应缓慢下放，而不能反复提落。本工程采用拔管法施工，先对二期槽的接头孔位置处淤积厚度进行验收，验收完毕，再下接头管并进行其余槽孔的清孔换浆工作。

6.5.6.2　二期槽清孔验收

进行二期槽槽段清孔验收时，除按照上述一期槽清孔验收的步骤进行外，尤其要对一期和二期槽接头孔的位置进行检查。一期槽和二期槽接头位置由于附着有泥皮、泥屑，若清刷不干净，将成为薄弱环节，直接影响到整个防渗墙的防渗效果。首先使用特制钢丝刷（钢丝刷直径和大小应与槽孔规格一致，并能保证钢丝刷与接头孔位置紧密接触），下钢丝刷前，先对接头孔进行淤积测量，当淤积厚度满足要求时，再下钢丝刷。下钢丝刷时，通过工具（如钢管等）将钢丝刷尽量向相邻一期槽方向抵住，并徐徐用吊绳将钢丝绳下入槽孔底部，再徐徐将钢丝刷吊上，检查钢丝绳上有无泥皮、泥屑；如有则表明接头孔清刷未净，需继续采取上述步骤反复清刷，直至钢刷上不再有泥皮、泥屑为止。当钢丝刷上没有泥皮、泥屑时，再对接头孔的游积厚度进行二次测量，并与下钢丝刷前的第一次测量结果进行比较，看淤积有无明显增加；若存在明显增加，则验收不合格，需继续清孔换浆，直至验收合格为准。清孔验收完毕后，混凝土浇筑应在4h内进行，否则将重新进行清孔验收。

6.6　混凝土浇筑质量控制

6.6.1　浇筑前质量控制

混凝土质量主要是从两方面进行现场质量控制，一是混凝土拌和物的拌和质量，二是混凝土的浇筑质量。混凝土拌和物的拌和质量控制中，监理工程师重点对进场原材料、设备完好率、称量系统精度、水灰比、掺土量、外加剂掺量、出机口混凝土的取样检测等进行控制。

墙体材料是防渗墙施工的重要组成部分。鉴于混凝土抗压、抗渗等技术要求高、拔管所余混凝土难以施工等特点，混凝土力求达到高强低弹、早期强度低后期强度高等目的。墙体材料的主要力学指标为：采用C30普通混凝土，28d抗压强度不小于30MPa，180d抗压强度不小于35MPa，抗渗等级W10，渗透系数不大于1×10^{-7}cm/s，弹性模量28GPa。混凝土物理特性指标要求具体如下，分别为：①入槽坍落度18～22cm；②扩散度30～40cm；③坍落度保持15cm以上，时间应不小于1h；④初凝时间不小于6h，终凝时间不大于24h；⑤混凝土密度不小于2100kg/m^3；⑥胶凝材料用量不小于350kg/m^3；⑦水胶比小于0.60；⑧砂率不宜小于40%。

6.6.1.1　原材料要求

（1）水泥。采用普通硅酸盐水泥，水泥强度等级应不低于42.5。

（2）粉煤灰。为抑制骨料的碱活性反应，提高混凝土抗硫酸盐侵蚀能力，在混凝土中掺入粉煤灰。

（3）粗骨料。应优先选用天然卵石、砾石，其最大粒径应小于40mm，含泥量应不大于1.0%，泥块含量应不大于0.5%。

（4）细骨料。应选用细度模数2.4～3.0范围的中细砂，其含泥量应不大于3%，黏粒含量应不大于1.0%。

（5）外加剂。减水剂、防水剂和引气剂等的质量和掺量应经试验，并参照《水工混凝土外加剂技术规程》(DL/T 5100—2014) 的有关规定执行。

(6) 水。参照《混凝土用水标准》(JGJ 63—2006) 的有关规定执行。

6.6.1.2 对混凝土生产过程进行跟踪控制

除做好上述准备工作外，还应配备相应的导管提升设备，并应保证一台设备控制一根导管的提升。导管的配备应根据孔深情况进行，同时当防渗墙混凝土快浇筑完毕时，导管内的混凝土压力小，不易浇筑，故应在底部适当多增加一些 3m 的短管，以便于快浇筑完毕时拆卸。另外，对浇筑用的导管应进行外观变形检查，若发现明显存在变形的情况，浇筑前应进行处理，或检查内径是否能正常通过隔离球，若不能通过，在浇筑前也应及时进行处理。此外，还应确保浇筑前拌和楼、骨料、水泥、膨润土等材料的准备以及混凝土运输车辆准备充分等。

6.6.2 混凝土浇筑导管及接头管下设

6.6.2.1 浇筑导管下设

混凝土浇筑质量控制由监理工程师对导管的配管、导管的下设、导管间距以及导管与槽端距离等在施工自检的基础上进行复核。浇筑导管混凝土浇筑导管采用快速丝扣连接的 ϕ250mm 钢管，导管接头设有悬挂设施。导管使用前做调直检查、压水试验、圆度检验、磨损度检验和焊接检验，检验合格的导管做上醒目的标识，不合格的导管不予使用。导管在孔口的支撑架用型钢制作，其承载力大于混凝土充满导管时总重量的 2.5 倍以上。导管按照配管图依次下设，每个槽段布设 2～3 根导管，导管安装应满足如下要求：①导管距孔端或接头管距离 1.0～1.5m；②导管之间中心距不大于 3.5m；③当孔底高差大于 50cm 时，导管中心置放在该导管控制范围内的最深处。

6.6.2.2 接头管下设

(1) 下设前检查接头管底阀开闭是否正常，底管淤积泥沙是否清除，接头管接头的卡块、卡盖是否齐全，锁块活动是否自如等，并在接头管外表面涂抹脱模剂。

(2) 采用吊车起吊接头管，先起吊底节接头管，对准端孔中心，垂直徐徐下放，一直下到 ϕ120mm 销孔位置，用 ϕ108mm 厚壁 (18mm) 钢管对孔插入接头管，继续将底管放下，使 ϕ108mm 钢管担在拔管机抱紧圈上，松开公接头保护帽固定螺钉，吊起保护帽放在存放处，用清水冲洗接头配合面并涂抹润滑油，然后吊起第二节接头管，卸下母接头保护帽，用清水将接头内圈结合面冲洗干净，对准公接头插入，动作要缓慢，接头之间决不能发生碰撞，否则会造成接头连接困难。

(3) 吊起接头管，抽出 ϕ108mm 钢管，下到第二节接头管销孔处，插入 ϕ108mm 钢管，下放使其担在导墙上，再按上述方法进行第三节接头管的安装。

(4) 重复上述程序直至全部接头管下放完毕。

6.6.3 混凝土浇筑质量控制

混凝土浇筑参数控制，主要包括以下方面：

(1) 浇筑导管在槽孔的形态、导管口距槽底最佳距离。为了确保后续混凝土浇筑，开浇后首批混凝土须将导管下口埋住一定深度（至少 30cm），导管埋深则需根据槽孔深度、导管口距槽底距离等来控制。

（2）混凝土在导管内下降形态。受浇筑下料方式和导管侧壁阻力作用，混凝土在导管内下降将出现脱开现象，即混凝土不是连续到达浇筑面，而可能出现间断现象，间断会造成成墙质量下降和下料不畅。

（3）混凝土下降速度与孔深的关系。对于超深防渗墙浇筑而言，超长的混凝土浇筑距离易造成混凝土粗细骨料和水泥砂浆发生离析，即较大粒径骨料最先到达浇筑面，而水泥砂浆在骨料之上，进而造成混凝土防渗墙成墙质量下降，甚至不能成墙。保证混凝土浇筑质量，须根据浇筑深度，通过控制混凝土浇筑速度等实现。

（4）导管在混凝土中的埋深。导管埋入混凝土内的深度保持在1～6m，特别是要防止导管提出混凝土面，造成断墙事故。埋深过小容易混浆，1m是最低要求；当采用接头直径较小的导管或浇筑速度较快时，最大埋深可适当放宽。

（5）导管内混凝土与槽内泥浆的高差。导管内混凝土与槽内泥浆高差是保证浇筑面上升的关键，尤其在终浇阶段，由于内外压力差减小，导管内的混凝土面越来越高，经常满管，下料不畅，保证浇筑顺利进行需通过控制导管内混凝土槽内泥浆高差来进行。

（6）混凝土与泥浆界面分析。在混凝土与泥浆交接界面，由于水泥砂浆、泥浆浆液相互作用，容易引起板结、泥浆絮凝等现象，影响施工进度和施工质量，要控制混凝土浇筑质量，需对混凝土与泥浆界面进行机理分析，确定引起上述现象的根本原因。

6.7　混凝土浇筑过程质量控制

6.7.1　混凝土浇筑

（1）混凝土搅拌车运送混凝土通过马道进槽口储料罐，再分流到各溜槽进入导管。混凝土开浇时采用压球法开浇，每个导管均下入隔离塞球。开始浇筑混凝土前，先在导管内注入适量的水泥砂浆，并准备好足够数量的混凝土，以使隔离的球塞被挤出后，能将导管底端埋入混凝土内。混凝土必须连续浇筑，槽孔内混凝土上升速度不得小于2m/h，并连续上升至高于设计规定的墙顶高程500mm以上。导管埋入混凝土内的深度保持在1～6m之间，以免泥浆进入导管内。槽孔内混凝土面应均匀上升，其高差控制在500mm以内。每30min测量一次混凝土面，每2h测定一次导管内混凝土面，在开浇和结尾时适当增加测量次数，严禁不合格的混凝土进入槽孔内。浇筑混凝土时，孔口设置盖板，防止混凝土散落槽孔内。槽孔底部高低不平时，从低处浇起。混凝土浇筑时，在出机口或槽孔口入口处随机取样，检验混凝土的物理力学性能指标。

（2）混凝土拌和运输应保证浇筑连续，如因故中断，时间应控制在40min之内。

（3）全过程监测槽内混凝土面上升情况，每小时测量一次混凝土面的上升情况并与所浇入的混凝土量相核对，其结果填入“浇筑指示图”。

（4）专人负责导管的下设长度、下设深度及拆卸导管（包括拔管）的详细记录，即“导管拆卸记录表”。

（5）混凝土在出机后1h之内必须浇入槽孔中。因故停等过久，应重新测量坍落度，若不符合规范要求，禁止入槽。混凝土开浇情况、槽内混凝土浇筑上升速度、槽内混凝土上升的均匀性等在施工自检的基础上进行复核，并详细做好隐蔽工程旁站记录。

6.7.2　接头管起拔

拔管法施工关键是要准确掌握起拔时间，起拔时间过早，混凝土尚未达到一定强度，可能出现接头孔缩孔和垮塌现象；起拔时间过晚，接头管表面与混凝土的黏结力使摩擦力增大，增加了起拔难度，甚至接头管被铸死拔不出来，造成孔内事故。为了防止接头孔缩孔、垮孔和铸死接头管现象发生，采取如下技术措施：

（1）接头管起拔时间在管底部混凝土浇筑20h后开始。

（2）随着接头管起拔，及时向接头孔补充泥浆。

（3）在底部混凝土浇筑6～8h后，槽内混凝土上升过程中，经常向上微动接头管。

（4）控制槽内混凝土上升速度，混凝土上升速度控制在3m/h左右。

6.7.3　混凝土取样及性能检测

对砂、石、水泥等原材料抽检比例按常态混凝土进行；混凝土的取样：在拌和楼出机口进行防渗墙混凝土的取样，正常情况下要求每班2次检测，每次应检测混凝土温度、含气量、坍落度及扩散度等。抗压强度试件按规范要求成型，每个墙段至少成型一组，抗渗性能试件每3个墙段成型一组；弹性模量试件每10个墙段成型一组（监理每4个槽段取一组，并建立表格形成自己的取样序列）。混凝土试块按要求制作、养护，及时送检，以便对混凝土质量进行综合评价。同时，在混凝土浇筑现场，也应对混凝土进行取样，检测温度、含气量、坍落度（18～22cm）及扩散度（34～40cm），坍落度保持在15cm以上的时间不小于1h，初凝时间不小于6h，终凝时间不宜大于24h，混凝土的密度不宜小于2100kg/m^3。

6.8　防渗墙混凝土质量检测

6.8.1　检测孔布置、要求与方法

采用钻孔超声波法（声波对穿法）对大河沿水库坝基防渗墙进行质量检测，检测设备为RS-ST01C非金属声波检测仪，本次检测孔位置由设计施工人员现场确定，具体布置见表6-17，对穿检测布置示意图如图6-3所示。

表6-17　　大河沿引水工程水库大坝混凝土防渗墙对穿检测桩号位置表

<table>
<tr><th>组号</th><th>部位</th><th>槽孔号</th><th>测试组</th><th>孔号</th><th>桩号（B0+）</th></tr>
<tr><td rowspan="2">1</td><td rowspan="4">右岸河床</td><td rowspan="2">E24</td><td rowspan="2">W200～W201</td><td>W201</td><td>380.00</td></tr>
<tr><td>W200</td><td>378.00</td></tr>
<tr><td rowspan="2">2</td><td rowspan="2">E23</td><td rowspan="2">W195～W196</td><td>W196</td><td>370.00</td></tr>
<tr><td>W195</td><td>368.00</td></tr>
</table>

续表

组号	部位	槽孔号	测试组	孔号	桩号（B0+）
3	右岸河床	E23	W194～W195	W195	368.00
				W194	366.00
4		Y22	W192～W193	W193	364.00
				W192	362.00
5		E22	W189～190	W190	358.00
				W189	356.00
6		Y20	W181～W182	W182	342.00
				W181	340.00
7		Y19	W176～W177	W177	332.00
				W176	330.00
8			W175～W176	W176	330.00
				W175	328.00
9		E19	W172～W173	W173	324.00
				W172	322.00
10	深槽段	E16	E16-1～E16-2	E16-2	291.20
				E16-1	289.20
11		E15	E15-2～E15-3	E15-3	281.00
				E15-2	279.00
12			E15-1～E15-2	E15-2	279.00
				E15-1	277.00
13		E14	E14-1～E14-2	E14-2	268.80
				E14-1	266.80
14		E13	E13-1～E13-2	E13-2	257.20
				E13-1	255.20
15	左岸河床	E8	W170～W171	W171	211.28
				W170	209.28
16		E7	W164～W165	W165	199.28
				W164	197.28
17		E6	W158～W159	W159	187.28
				W158	185.28
18		E4	W146～W147	W147	163.28
				W146	161.28
19		Y2	W137～W138	W138	145.28
				W137	143.28
20		Y1	W132～W133	W133	135.28
				W132	133.28

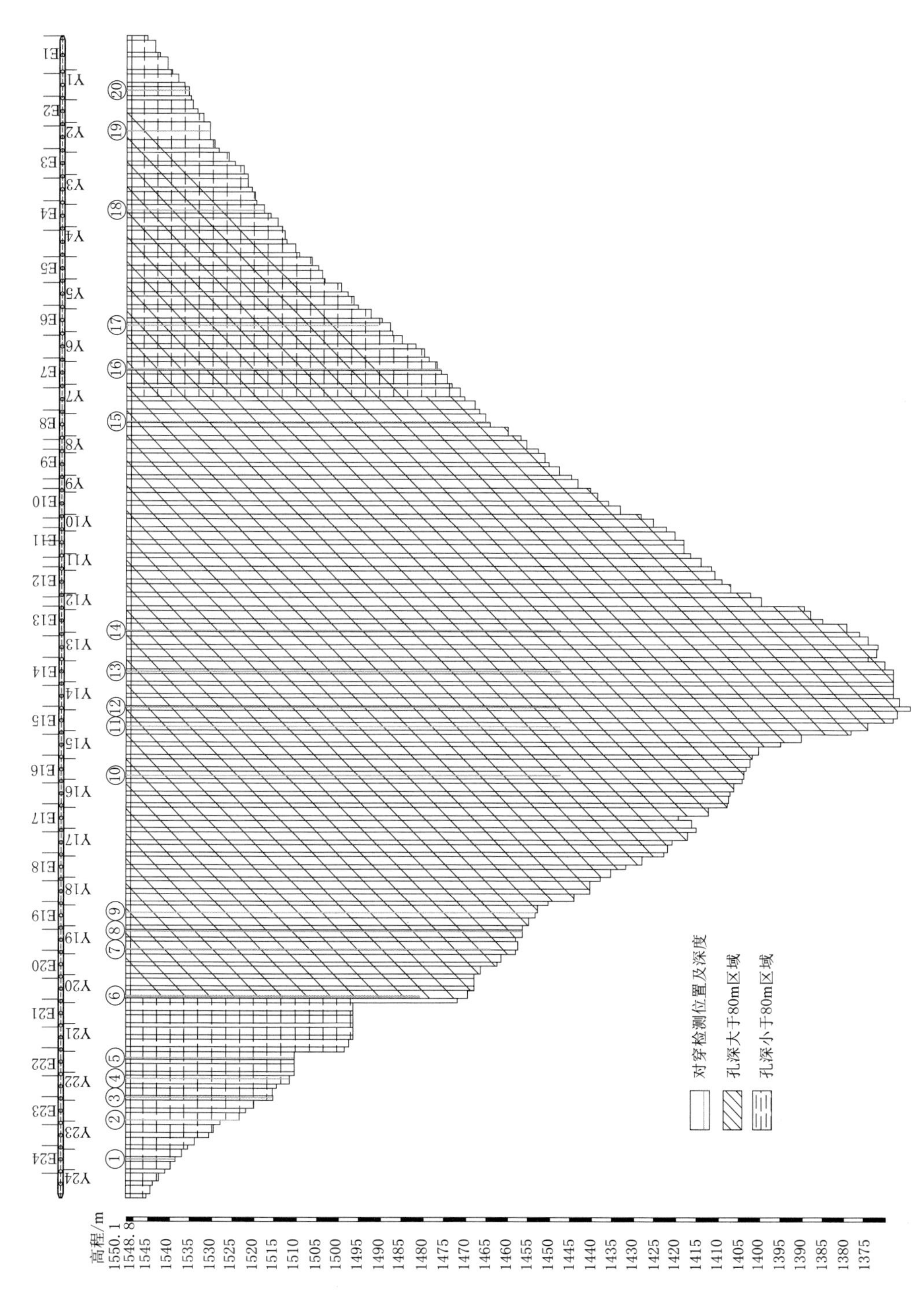

图 6-3 大河沿引水工程水库大坝混凝土防渗墙对穿检测布置示意图

声波检测具体要求如下：①由设计施工人员现场确定出测试孔的位置、测试孔的编号、测试孔的孔深；②测试孔内预埋管要尽量保证铅直，垂直偏差小于3%，并保证管内壁光洁平直，孔径不小于75mm；③检测点间距0.20m，原始资料质量目标尽量符合《水利水电工程物探规程》(SL 326—2005）之相关规定；④防渗墙待凝结时间应不小于28d。

跨孔声波检测方法，是在一对预留的间距为2m的墙体预埋管中注满清水，同一深度，一孔放置发射换能器，另一孔放置接收换能器，两孔同时自孔底向上逐点连续测试的方法，检测点间距0.20m。检测进行了不小于10%的检查观测，均方相对误差小于5%，检测方法与技术符合《水利水电工程物探规程》(SL 326—2005)。

6.8.2 质量评定指标

根据《超声法检测混凝土缺陷技术规程》(CECS 21：2000)《建筑基桩检测技术规范》(JGJ 106—2014）及“第二届应力波在桩基工程中的应用”国际专业会议中提出的标准来判别桩基混凝土质量类别，通过波速临界值和波幅临界值判定桩身缺陷质量。波速与桩身质量关系见表6-18。

表6-18 波速与桩身质量关系表

桩基质量类别	V_p/(m/s)	相当混凝土强度参数/(kgf/cm^2)
优质	＞4120	＞250
良好	3300～4120	200～250
一般	2750～3300	100～150
较差	1920～2750	＞100
劣质	＜1920	＜100

6.8.3 检测成果及分析

大河沿水库大坝混凝土防渗墙对穿检测成果见表6-19，各测试组波速段占整孔百分比、最低波速和最低波速所在钻孔深度带（点）见表6-20。

表6-19 大河沿水库大坝混凝土防渗墙对穿检测成果

组号	测试组	测试段/m	波速/(m/s)	平均波速/(m/s)
1	W200～W201	1.0～15.0	3900～4700	4371
2	W195～W196	1.0～28.4	4200～4700	4416
3	W194～W195	1.0～33.6	4000～4800	4510
4	W192～W193	0.8～38.0	4000～4600	4343
5	W189～190	1.0～8.0	4200～4400	4546
		8.0～43.4	4400～4800	
6	W181～W182	1.0～10.2	3850～4200	4344
		10.2～59.4	4200～4500	
		59.4～62.6	3750～4100	
		62.6～67.2	4200～4500	

续表

组号	测 试 组	测试段/m	波速/(m/s)	平均波速/(m/s)
7	W176～W177	1.0～84.2	4000～4500	4314
8	W175～W176	1.0～6.8	4350～4800	4911
		6.8～35.6	3900～4250	
		35.6～63.6	4200～4900	
		63.6～71.0	5000～5800	
		71.0～89.8	6000～6600	
9	W172～W173	1.0～6.8	3650～4000	3915
		6.8～100.0	3800～4200	
10	E16-1～E16-2	1.0～8.0	3900～4150	4400
		8.0～100.0	4200～4700	
11	E15-2～E15-3	0.2～100.0	4000～4800	4394
12	E15-1～E15-2	1.0～6.6	3900～4100	4468
		6.6～100.0	4000～4600	
13	E14-1～E14-2	0.2～100.0	4100～4800	4493
14	E13-1～E13-2	0.4～100.0	4000～4400	4310
15	W170～W171	1.0～84.4	4100～4500	4320
16	W164～W165	1.0～72.6	4100～4700	4393
17	W158～W159	1.0～44.8	4100～4700	4435
		44.8～49.2	3800～4100	
		49.2～57	4500～4700	
18	W146～W147	1.0～8.2	4100～4500	4378
		8.2～9.6	3800～3900	
		9.6～32.2	4300～4700	
19	W137～W138	1.0～8.0	4000～4600	4360
		8.0～9.6	3800～4000	
		9.6～20.0	4300～4650	
20	W132～W133	1.0～2.0	3800～4000	4225
		2.0～14.0	4000～4450	
		2.0～14.0	4000～4450	

表 6-20　　　　大河沿水库大坝混凝土防渗墙波速统计表

序号	测试孔组	$3600 \leqslant V_p <$ 4000/%	$4000 \leqslant V_p <$ 4500/%	$V_p \geqslant 4500$ /%	最低波速 /(m/s)	最低波速段(点)/m
1	W200～W201	2.47	72.84	24.69	3948	12.2
2	W195～W196	1.45	69.57	28.99	3902	1.2～1.4
3	W194～W195	1.22	46.34	52.44	3926	1.6～1.8

续表

序号	测试孔组	$3600 \leqslant V_p <$ 4000/%	$4000 \leqslant V_p <$ 4500/%	$V_p \geqslant 4500$ /%	最低波速 /(m/s)	最低波速段 (点)/m
4	W192～W193	3.74	84.00	12.30	3821	31.6～32.4
5	W189～190	0	48.13	51.87	4198	1.2
6	W181～W182	3.31	85.54	11.14	3954	1.0～4.5
7	W176～W177	0.24	90.65	9.11	3938	12.4
8	W175～W176	10.11	42.02	47.87	3801	29.0～30.2
9	W172～W173	74.19	25.80	0	3603	73.0～74.4
10	E16-1～E16-2	2.82	75.40	21.77	3720	71.8～72.4
11	E15-2～E15-3	0.60	56.8	42.60	3926	60.4～60.8
12	E15-1～E15-2	3.40	72.00	24.60	3722	71.0～72.4
13	E14-1～E14-2	0.20	47.40	52.20	3875	20.2
14	E13-1～E13-2	2.00	96.19	1.80	3825	25.4
15	W170～W171	1.20	96.65	2.15	3859	24.8～25.2
16	W164～W165	1.67	65.46	32.87	3683	45.0～46.0
17	W158～W159	2.14	59.07	38.79	3683	24.8～25.8
18	W146～W147	3.82	68.79	27.39	3810	8.0～9.2
19	W137～W138	6.25	66.67	27.08	3812	8.2～9.0
20	W132～W133	7.58	92.42	0	3802	1.0～1.8

表6-19中测试组平均波速为3915～4911m/s，表6-20中最低波速为3603m/s，防渗墙混凝土波速在3600m/s≤V_p<4000m/s占整体8.15%，4000m/s≤V_p<4500m/s占整体66.85%，V_p≥4500m/s占整体25.01%，如图6-4所示。

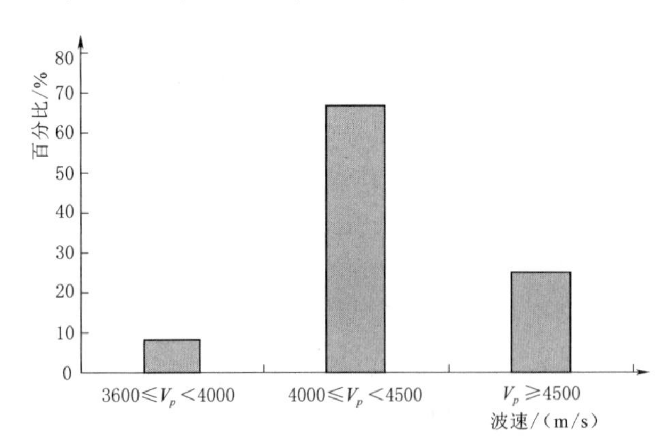

图6-4 大河沿水库大坝混凝土防渗墙整体波速统计对比分析图

为便于检测，将大河沿超深防渗墙分为右岸河床段、深槽段及左岸河床段，其中右岸河床段共选取了9个典型断面，深槽段共选取了5个典型断面，左岸河床段共选取了6个典型断面，总共20个典型断面。利用声波对穿法对上述20个典型防渗墙混凝土断面均进行了质量检测，并绘制了对穿声波测孔曲线图，右岸河床段W177～W176、深槽段E15-1～E15-2以及左岸河床段W164～W165的对穿声波测孔曲线图如图6-5～图6-7所示。

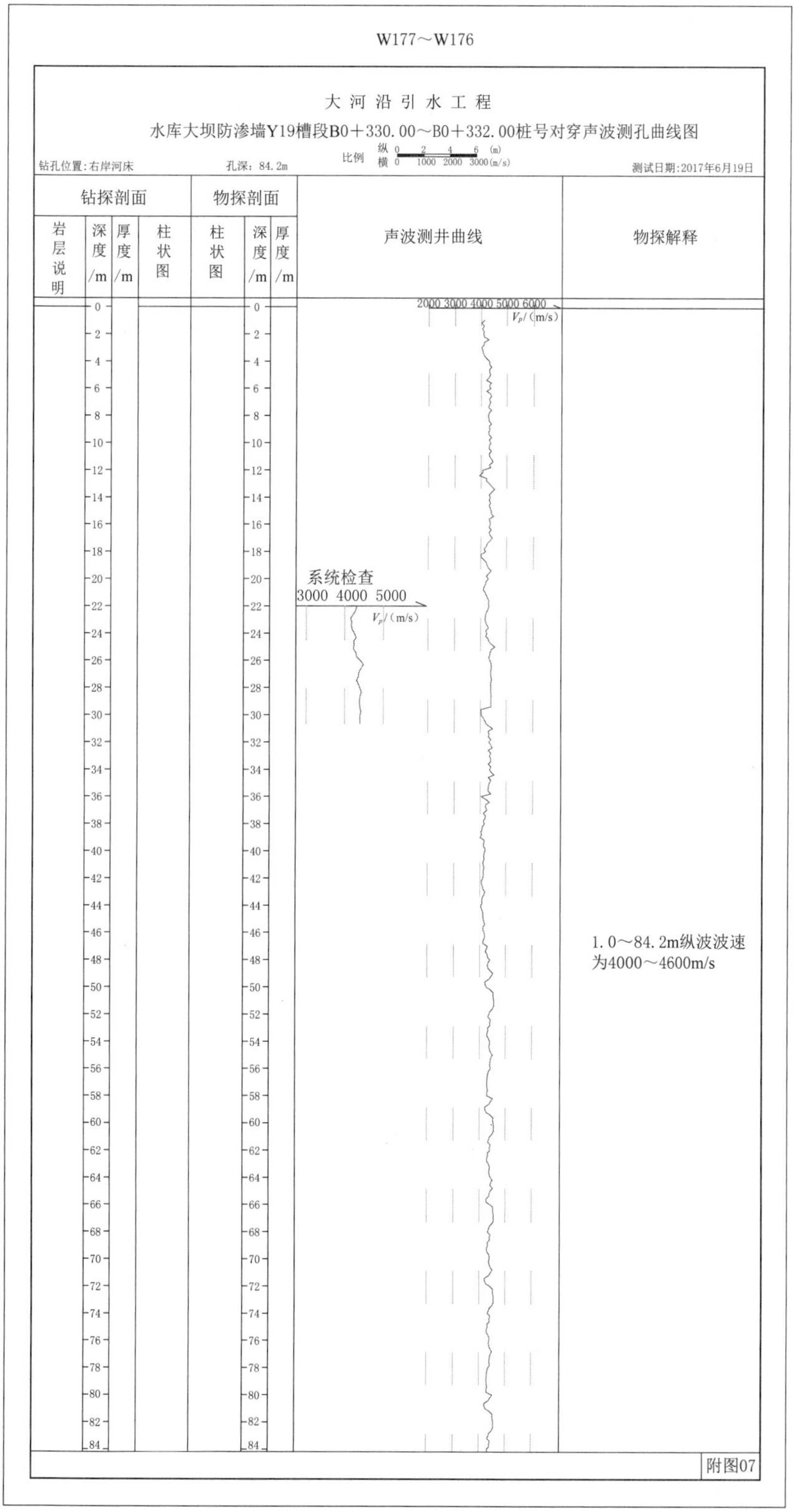

W177～W176

大 河 沿 引 水 工 程

水库大坝防渗墙Y19槽段B0+330.00～B0+332.00桩号对穿声波测孔曲线图

钻孔位置：右岸河床　孔深：84.2m　比例 纵 0 2 4 6 (m) 横 0 1000 2000 3000(m/s)　测试日期：2017年6月19日

钻探剖面				物探剖面			声波测井曲线	物探解释
岩层说明	深度/m	厚度/m	柱状图	柱状图	深度/m	厚度/m		
	0～84				0～84		2000 3000 4000 5000 6000 V_P/(m/s) 系统检查 3000 4000 5000 V_P/(m/s)	1.0～84.2m纵波波速为4000～4600m/s

附图07

图 6-5　右岸河床段 W177～W176 对穿声波测孔曲线图

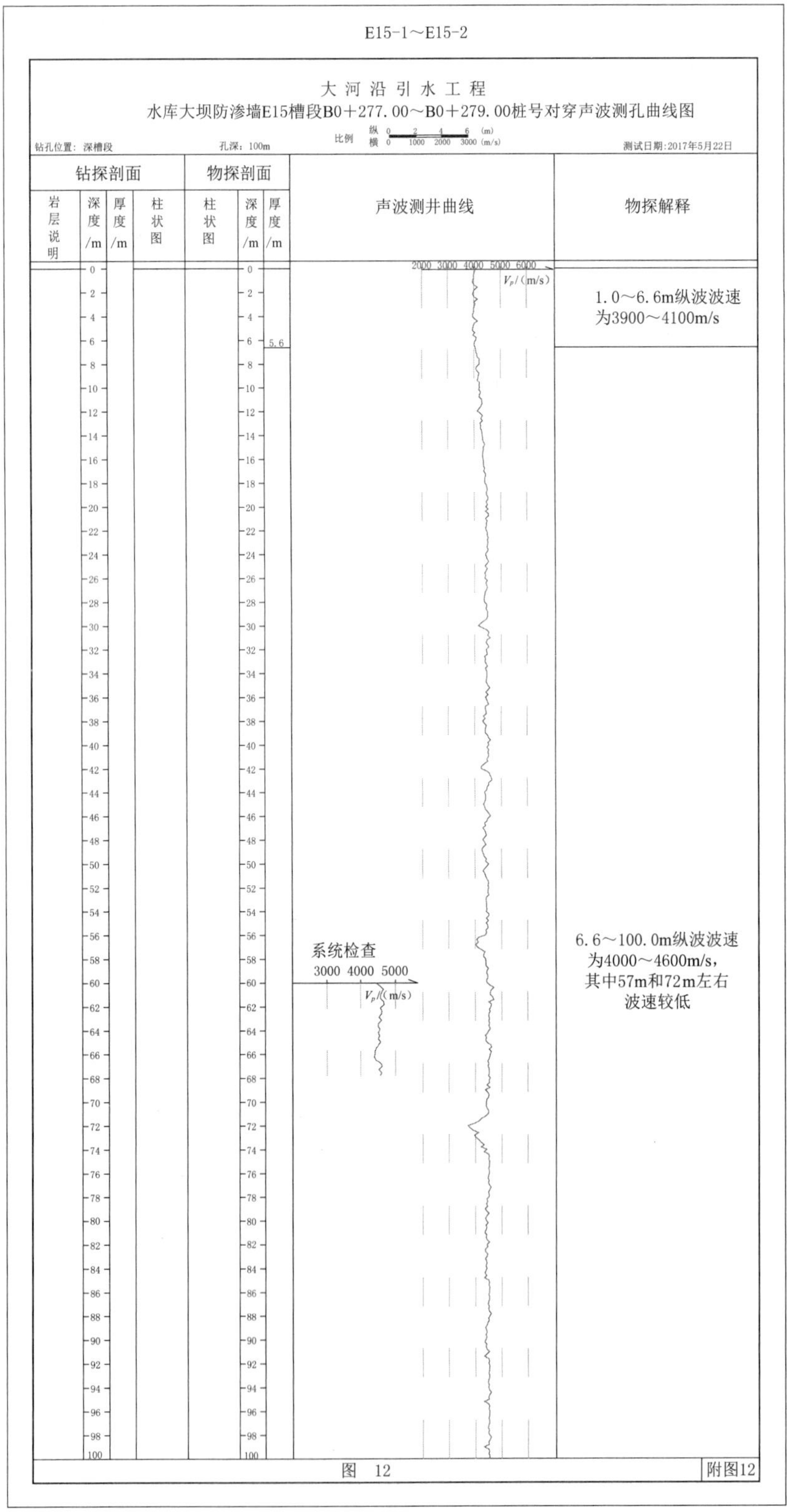

E15-1～E15-2

大 河 沿 引 水 工 程

水库大坝防渗墙E15槽段B0+277.00～B0+279.00桩号对穿声波测孔曲线图

钻孔位置：深槽段　孔深：100m　比例 纵 0 2 4 6 (m) 横 0 1000 2000 3000 (m/s)　测试日期：2017年5月22日

钻探剖面				物探剖面			声波测井曲线	物探解释
岩层说明	深度/m	厚度/m	柱状图	柱状图	深度/m	厚度/m		
	0～100				0～100	5.6	2000 3000 4000 5000 6000 V_p/(m/s)	1.0～6.6m纵波波速为3900～4100m/s
							系统检查 3000 4000 5000 V_p/(m/s)	6.6～100.0m纵波波速为4000～4600m/s，其中57m和72m左右波速较低

图 12　附图12

图6-6　深槽段E15-1～E15-2对穿声波测孔曲线图

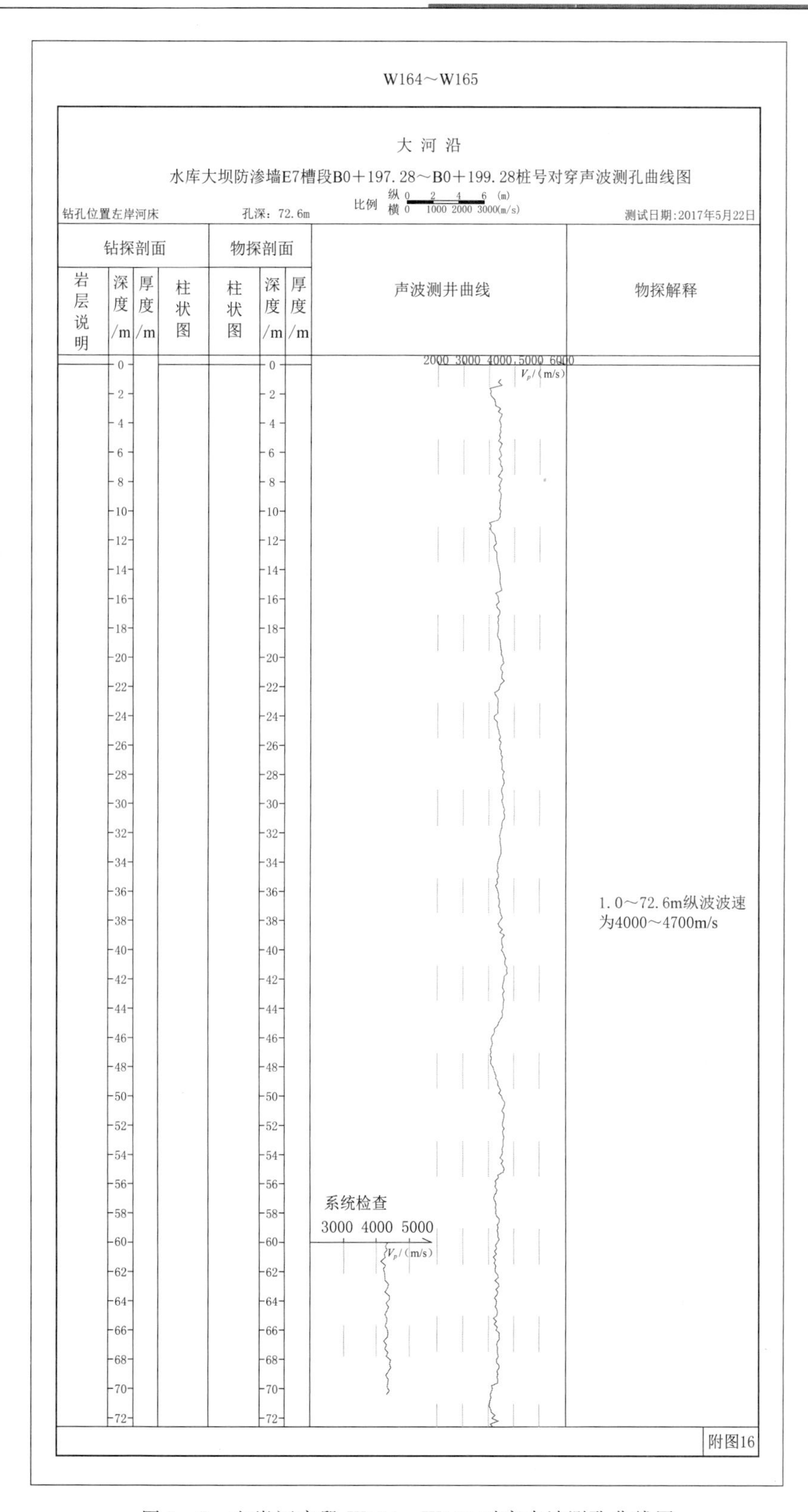

图 6-7 左岸河床段 W164～W165 对穿声波测孔曲线图

6.8.4 检测结论及评定

大河沿水库混凝土防渗墙主体纵波波速为4000～4500m/s，最低波速在3600m/s以上。检测结果表明，混凝土防渗墙质量良好。

6.9 防渗墙质量检测与总结

大河沿水库防渗墙工程于2016年4月5日正式开钻，于2017年5月24日全部施工完成。此工程针对防渗墙质量控制难点，在施工准备阶段严格制定质量控制原则，明确各方职责，规范施工流程；在施工阶段对造孔成槽过程和混凝土浇筑过程进行了严格规范地监督和控制。施工质量控制原则与措施相比国内外已建工程防渗墙施工质量控制有过之而无不及，有效保证了超深防渗墙的最终质量。

根据目前大坝监测数据分析，声波质量检查孔现场检查情况，结果表明防渗墙混凝土质量满足要求，防渗墙混凝土总体质量良好。大河沿水库防渗墙施工质量控制上，施工质量控制要点明确、控制方法合理，在监理质量控制方面起到了良好的效果。通过二检检测结果可以看出，一共50份报告，原料21组，其中水泥3组、粉煤灰1组、减水剂1组、钢筋12组、引气剂1组、砂石骨料2组、铜止水带1组；混凝土防渗墙抗压16组，抗渗4组；心墙基座抗渗3组，抗压6组，全部合格，具体见表6-21～表6-25。说明现场原材料和中间产品均能够按规范要求进行严格的质量控制，确保工程质量符合规范要求。

表6-21　　水库大坝基础处理工程原材料检验统计表

	材　料	组　数	备　注
水库大坝基础处理工程	水泥	3	合格
	粉煤灰	1	合格
	减水剂	1	合格
	引气剂	1	合格
	钢筋	12	合格
	砂石骨料	2	合格
	铜止水带	1	合格

表6-22　　大坝基础防渗墙抗压检测成墙混凝土成果统计表

抽检部位	检测日期	报告编号	抗压强度/MPa	达到设计强度/%	备注
基础防渗墙Y9槽	2016-07-10	R20160596	33.8	113	合格
基础防渗墙Y4槽	2016-07-28	R20160597	33.1	110	合格
基础防渗墙E2槽	2016-08-06	DHY20160001	37.2	124	合格
基础防渗墙Y13槽	2016-08-26	R20160939	37.6	125	合格
基础防渗墙E5槽	2016-09-02	R20160940	36.4	121	合格
防渗墙Y21槽	2016-10-28	R20161312	35.7	119	合格
防渗墙E11槽	2016-11-04	R20161313	33.9	113	合格

续表

抽检部位	检测日期	报告编号	抗压强度/MPa	达到设计强度/%	备注
防渗墙 E22 槽	2016-11-13	R20161314	32.3	107	合格
防渗墙 Y16 槽	2016-11-16	R20161315	33.7	112	合格
防渗墙 Y18	2017-04-29	DHY20170001	34.0	113	合格
防渗墙 Y17	2017-05-09	DHY20170002	33.0	110	合格
防渗墙 E13	2017-05-18	DHY20170004	32.9	110	合格
防渗墙 E16	2017-05-29	DHY20170005	31.8	106	合格
防渗墙 E19	2017-06-06	DHY20170006	32.7	109	合格
防渗墙 Y20	2017-06-21	DHY20170010	31.7	106	合格
防渗墙 E13 槽	2017-05-18	R20170510	34.5	115	合格

表 6-23　大坝基础防渗墙混凝土抗渗检测成果统计表

抽检部位	抽检内容	报告编号	质量指标	检测结果	评定
基础防渗墙 Y11 槽	混凝土抗渗试件 W10	R20160598	水压力为 1.1MPa 时，至少 4 个试件未出现渗水	水压力为 1.1MPa 时，至少 5 个试件未出现渗水	合格
基础防渗墙 Y13 槽	混凝土抗渗试件 W10	R20160938	水压力为 1.1MPa 时，至少 4 个试件未出现渗水	水压力为 1.1MPa 时，至少 5 个试件未出现渗水	合格
基础防渗墙 E5 槽	混凝土抗渗试件 W10	R20160940	水压力为 1.1MPa 时，至少 4 个试件未出现渗水	水压力为 1.1MPa 时，至少 5 个试件未出现渗水	合格
基础防渗墙 E16 槽	混凝土抗渗试件 W10	R20170509	水压力为 1.1MPa 时，至少 4 个试件未出现渗水	水压力为 1.1MPa 时，至少 5 个试件未出现渗水	合格

表 6-24　大坝心墙基座混凝土抗渗检测成果统计表

抽检部位	抽检内容	报告编号	质量指标	检测结果	评定
JZ8 B0+45.63～B0+50.34	混凝土抗渗试件 W6	R20170673	水压力为 0.7MPa 时，至少 4 个试件未出现渗水	水压力为 1.1MPa 时，至少 6 个试件未出现渗水	合格
40JZ B0+277.5～B0+286.5	混凝土抗渗试件 W6	R20170918	水压力为 0.7MPa 时，至少 4 个试件未出现渗水	水压力为 1.1MPa 时，至少 6 个试件未出现渗水	合格
B0+349.5～B0+358.5	混凝土抗渗试件 W6	R20171164	水压力为 0.7MPa 时，至少 4 个试件未出现渗水	水压力为 0.7MPa 时，至少 5 个试件未出现渗水	合格

表 6-25　心墙基座混凝土抗压检测成果统计表

抽检部位	检测日期	报告编号	抗压强度/MPa	达到设计强度/%	备注
JZ8 B0+45～B0+50.34	2017-06-09	DHY20170009	27.3	109	合格
28JZ B0+169.5～B0+178.5	2017-07-05	DHY20170013	26.8	107	合格
40JZ B0+27.5～B0+286.5	2017-07-24	DHY20170017	26.8	107	合格
B0+349.5～B0+358.5	2017-10-07	DHY20170085	26.5	106	合格
防渗墙基座	2017-04-06	R2170085	25.5	102	合格
防渗墙基座	2017-06-06	R20170512	29.9	120	合格

第7章　深厚覆盖层超深防渗墙监测

7.1　国内外超深防渗墙监测研究现状及发展动态分析

7.1.1　防渗墙监测研究现状

防渗墙因其具有防渗效果好、适应性强和运行安全可靠等优点，已成为土石坝及水库围堰防渗系统的重要形式。防渗墙工程是地下隐蔽工程，为达到预期的防渗效果和使用寿命，不仅需要精密的设计和规范化的施工，还需要准确有效的监测手段来保证其功能。根据工程结构型式和工程要求的不同，防渗墙监测通常采用内埋仪器和外部测量相结合的方式进行。20世纪50年代末我国开始了对防渗墙的监测工作，最初的监测设备是国外的差动电阻式仪器。随着科学技术的进步，监测仪器的种类逐渐增多，监测仪器精度和质量水平越来越高，检测方法也日益完善，近年来更是得到了普遍应用，并取得了大量的研究成果。

1996年，三峡工程开始对一期土石围堰的柔性混凝土防渗墙进行应力应变监测，本着精而少的原则，在墙体两面布置了3个代表性的监测断面，每个断面的应变计与应力计配套布置，通过分析应力应变监测数据评价防渗墙的稳定性与安全性。二期围堰于1998年建成，防渗墙监测仪器埋设过程中创新性地使用了测斜管拔管成孔、液压平衡式应变计、挂布法埋设土压力计和渗压计等新技术；监测数据分析表明，防渗墙的变形、应力应变和渗漏量均在允许范围内；2002年围堰拆除时，防渗墙混凝土结构密实，各项力学性能指标均满足力学要求，表明防渗墙监测具有较好的科学性和精确性。

为了解仁宗海水库坝体填筑对坝基悬挂式混凝土防渗墙变形、应力应变和渗透压力的影响，监测单位在81m深的混凝土防渗墙上布置了固定测斜仪、钻孔渗压计、单向应变计和无应力计对其进行监测，监测结果表明：①堆石坝体填筑主要影响防渗墙的水平位移，位移方向和位移量与坝体填筑部位及填筑高程有关；②防渗墙的自重和墙侧的摩擦阻力共同影响其应变状态，相同高程上游、下游侧防渗墙混凝土的应变状态趋势相同。燕山水库大坝基础混凝土防渗墙施工中采用钢架法埋设应变计、无应力计和钢筋计，采用自行研发的钢架弹出机构法安装土压力计，确保了监测仪器的完好率，提高了监测仪器的成活率，4种监测仪器观测资料的变化规律均在正常范围内，吻合度较高，说明防渗墙运行正常，工作状态良好。为研究青海省纳子峡混凝土面板砂砾石坝坝基钢筋混凝土防渗墙，在施工期及运行初期的应力变形和渗透压力变化情况，在墙体上布置了10个测点，应用钢筋计、固定式测斜仪和渗压计对其进行应力、应变和渗流监测；监测结果表明，虽然在施工期和运行初期防渗墙的应力和应变情况有所差异，但均较为稳定，防渗效果良好。乌东德水电站上游围堰堰基采用塑性混凝土防渗墙，最大深度90.5m，厚度1.2m，根据主体工程进度在墙体的3个主监测断面共布设7支渗压计、6根测压管、16支单向应变计和3支无应力计；监测结果显示防渗墙状态稳定，防渗效果良好。特吾勒水库在坝基混凝土防渗墙上布设了10支应变计和5支无应力计，用以监测防渗墙的应力状态；监测结果表明：从防渗墙浇筑完毕至坝体填筑完成期间，在混凝土温度、水位和墙体自重等作用下，防渗墙的应力应变变幅有所增加，但均在合理允许范围内。西藏旁多水利枢纽工程为了掌握坝基防渗墙的防渗效果和受力状态，在防渗墙下游侧布置渗压计监测防渗效果，在防渗墙内布置应变计和无应力计监测防渗墙受力状况。施工中采用固定钢架法安装应变计、无应力计，采用柔性弹簧杆法安装渗压计，从而确保了安装仪器的成活率及监测效果。已有的监测资料分析结果表明，各监测资料均正确反映了混凝土防渗墙的工作性态与大坝填筑、库区水位的关系，监测效果良好。

此外，在部分水库的除险加固工程中也开始重视对防渗墙的监测工作。1980年，邱庄水库因坝基渗漏严重，采用混凝土防渗墙进行扩建加固，最大墙深58.63m；为监测新建防渗墙的应力应变情况，施工过程中在墙体上埋设了差动式应变计，实测资料显示，防渗墙在多因素综合作用下的变形均在规范允许范围内，说明防渗墙运行状态是安全可靠的。澄碧河水库大坝除险加固工程在原有防渗墙下游侧4m处，新建墙厚0.8m，最大墙深75.2m的混凝土防渗墙，通过分析布设的测压管的监测成果，得出新加固的超深防渗墙质量和防渗效果良好，增加了大坝渗流安全稳定性。2005年，黄壁庄水库完成副坝的除险加固工程，新建的混凝土防渗墙最大墙深66.5m，施工中在墙体的6个断面上游侧、下游侧对称布设了多组应变计、无应力计和土压力计，监测过程中使用了自动化监测系统，提高了监测的质量和效率；监测结果表明，正常蓄水位情况下，防渗墙运行是安全可靠的。2009年，祖妈林水库在大坝防渗加固工程中重新浇筑了13952.63m^{2}的低塑性混凝土防渗墙，最大墙深54.0m；施工中采用施工平台控制、镀锌钢管分段埋设法在防渗墙内部预埋了46支应变计和11支无应力计，同时在墙体上、下游侧布置了测压管，各点观测资料均显示防渗墙运行正常，工作状态良好。天津市于桥水库大坝在桩号0+830.00～1+250.00坝段采用混凝土防渗墙进行加固处理，防渗墙最大深度60.0m，厚度0.6m，在高程16.00m以下采用普通混凝土，在16.00m高程以上采用塑性混凝土；为了监测桩号0+830.00～1+250.00坝段混凝土防渗墙的运行状态及其变化规律，验证防渗墙结构设计合理性，在桩号0+953.00断面和桩号1+150.00断面安装应变计、无应力计和测斜仪监测防渗墙的应力应变和水平位移，施工过程中采用沉重块法安装埋设应变计、无应力计和测斜仪，保证了所安装仪器的成活率、准确性和监测效果。

随着西部水电开发进程的加快，新疆已建或正在修建一批国家及自治区重点工程，新疆由于地形、地质条件复杂，均涉及深厚覆盖层上修建土石坝的问题，应对已建于深厚覆盖层上的土石坝工程经验及性状进行分析总结，为将来修建类似工程提供科学经验和技术支持。

大河沿水库深厚覆盖层混凝土防渗墙是当今世界上已建及在建同类工程中，防渗墙深度最深（186m）、工作水头最大（250m）、难度最高的水利工程，具有典型的“三超一全”特点（超深、超高水头、超难度、全封闭）。另外，下坂地水利枢纽工程坝基深厚覆盖层垂直防渗设计和施工在国内未有先例，在地质条件极为复杂的深厚覆盖层上建成了150m深的垂直防渗墙（上墙下幕），坝基防渗难度在国内外罕见。深入研究这些典型工程深厚覆盖层防渗墙的工作性状，不仅可以为工程建设提供科学数据支撑和理论依据，而且对于我国乃至世界的深厚覆盖层防渗墙建设都具有重大指导意义。

7.1.2 防渗墙监测仪器选型与布置

7.1.2.1 防渗墙监测仪器选型

混凝土防渗墙是修建于河床覆盖层中起防渗作用的地下连续墙，属于地下隐蔽工程，运行情况的好坏直接关系到水利枢纽工程的安危。因此，国内外在建造永久性防渗墙时大都会埋设观测仪器进行原型观测，用以掌握防渗墙的防渗效果和应力状态，为验证设计成果、施工成果、提高设计水平提供宝贵的经验。

防渗墙监测仪器从结构原理上主要分为差动电阻式和振弦式两种，差动电阻式仪器具有：①长期稳定性好、使用寿命长，具有较高的抗感应雷电流的能力，价格低廉；②仪器本身可监测环境温度；③国内安装埋设经验丰富，监测自动化设备国产化生产工艺成熟，可提供监测数据分析服务，仪器成活率较高，据不完全统计，目前仪器成活率为94.8%～98.0%。长期以来，国产差动电阻式仪器的长期稳定性得到了工程界的认可。在丹江口水库、葛洲坝水利枢纽等大坝中埋设的差动电阻式仪器，长期稳定工作的时间已超过30年。振弦式仪器具有：①结构简单、性能稳定、灵敏度高；②测值不受电容、电感等电器参数变化的影响；③适用于远距离自动监测，因此应用越来越广泛。

防渗墙原型观测的项目主要有：墙体应力、变形、钢筋计、土压力及渗压计等。监测仪器主要有：无应力计、钢筋计、应变计、土压力计、渗压计和倾斜计（测斜仪）等。其中，无应力计、钢筋计、应变计和土压力计用以监测防渗墙的受力状态（应力和应变），渗压计用以监测防渗墙的防渗效果，倾斜计用以监测防渗墙的变形或位移大小。当工程枢纽地处高海拔、高寒地区，防渗墙深度较大时，监测仪器一般选择应用较为广泛且性能稳定的“BGK”和“Sinco”监测仪。

7.1.2.2 防渗墙监测仪器布置

防渗墙监测仪器在使用前应进行重新率定和检查，同时校核出场时厂家提供的仪器特性参数的可靠性和准确性，主要包括力学特性参数、温度特性参数和密封绝缘特性等方面的检验。墙身内观测仪器布置工作包括：观测断面的选择、仪器种类的选用、仪器埋设高程的确定、仪器的率定、仪器的检查以及埋设前的各项准备工作等。设计观测断面在仪器埋设时可做适当调整，一般应布置在两根混凝土浇筑导管的中央，以保证监测仪器受到的混凝土冲力和压力是均匀的。仪器埋设工作应在槽段清孔验收合格后，浇筑混凝土前2～3h内完成。防渗墙监测仪器的安装相比于其他建筑物更为复杂，难度较大，仪器成活率较低。目前，常用方法有：吊索法、挂布法、推顶法、套管法、钻孔法、预埋导管法、加压法、沉重块法、绳索法和钢架固定法等，当超深、全素混凝土防渗墙无法采用常规方法进行仪器埋设时，也可采用改进型钢架固定法。

土压力计一直是防渗墙监测仪器安装的难点，仪器成活率较低。土压力计布置于防渗墙上下游面，通常采用挂布法。挂布法的关键是：①保证混凝土不流入土压力计的承压面上，因此尼龙布必须有足够的宽度，采用两根导管浇筑时，挂布宽度为槽段长度的2/3，且不应小于导管间距；②土压力计至尼龙布的上沿距离大于2.5m，至尼龙布的下沿距离大于6m。采用挂布法时，土压力计受力板易被槽内混凝土浆体封死，造成监测效果不太理想。燕山水库坝基防渗墙施工中，为确保监测仪器安装到位，提高成活率，土压力计的安装经调研和反复实践，研发出了钢架弹出机构法，大幅提高了土压力计的成活率。此方法需先焊制一弹出装置，再用角钢焊制一导轨，将弹出装置与导轨连接，弹出装置两端分别安装一支土压力计和与土压力计截面相同的钢板，确保两侧受力均匀；弹出长度主要取决于防渗墙的宽度。

应变计、无应力计布置于防渗墙上下游面，通常采用垂直吊装埋设法或沉重块法布设。应变计在埋设之前要进行力学性能、温度性能和防水性能的检验，即在0.5MPa水压力作用下，其绝缘电阻应不小于50MΩ。采用沉重块法安装布设应变计和无应力计的关键是：①在仪器埋设2d前，应按防渗墙所采用的混凝土配合比预制无应力计，安装用的尼龙绳预先浸水1d后进行适当预拉，以消除部分塑性变形；②当槽孔验收合格后，将4根等长标记好的钢丝绳与铸铁沉重块固定，2根等长标记好的尼龙绳系于铸铁沉重块吊耳上，尼龙绳上端通过槽孔口上支撑横梁的滑轮将两根尼龙绳送至上下游侧；③检查确定钢丝绳与尼龙绳固定无误后，利用吊车下放沉重块，钢丝绳与尼龙绳要同步下放，下放时应保持沉重块水平；④当下放至应变计布设位置时开始绑扎仪器，仪器的电缆端朝下绑于尼龙绳上，并用铅丝在与仪器上下端各绑牢一个保护框，最后用布带将仪器电缆绑在钢丝上；⑤下放至无应力计布设位置时，将预制成型的无应力计用细钢丝绳与钢丝绳固定牢固；⑥应变计与无应力计的电缆沿钢丝绳分段绑扎，上游、下游仪器的电缆分别系于不同的钢丝绳上；⑦整个槽孔的仪器按要求埋设至设计位置后，将钢丝绳和尼龙绳拉紧固定在定位架上。应注意在仪器埋设后沉重块在槽底应处于悬浮状态，以保持吊绳受力而铅直，仪器安装完毕后进行测量，检查其是否正常。当使用的应变计为表面型时，因其无法承受较高的混凝土压力，需在仪器埋设前1～2d内将率定好的应变计和无应力计按防渗墙采用的混凝土配合比进行预制。

测斜仪主要有伺服加速度计式和电阻应变片式两种，伺服加速度计式测斜仪测量范围大、灵敏度高、长期稳定性好，适用于长期监测。测斜管主要有聚氯乙烯管和铝管两种，聚氯乙烯管抗腐蚀性强，适用于建筑物内部水平位移的长期监测。测斜管在安装前应进行质量检查，测斜管埋设与应变计埋设同步进行，测斜管下端堵头固定在沉重块上，沉重块下放过程中在孔口逐节连接测斜管，应保持对齐、位置准确，并用胶带封住。测斜管在充满水和泥浆的槽孔中会受到浮力作用，因此需在管内灌满水，管上端用夹具夹持固定，并利用测斜管四周的钢丝进行固定，尽量避免测斜管产生扭曲变形。测斜管全部安装以后，安装成功的判定标准为：用测斜仪模拟探头试着从上到下下放一次，未出现沉放不下或跳出导槽等现象，上下移动自如。测斜管两侧混凝土在浇筑过程中应同步上升，匀速进行浇筑，待混凝土固化后经3次以上的稳定监测，在精度误差范围内取其平均值作为基准值。管式测斜仪需先在墙体内钻孔或在墙体内起拔钢管形成预留孔，然后采用沉重块法将测斜仪下放至孔内。因为孔深较大时不易保证钻孔垂直，所以实际埋设时一般以墙体内预留孔较为常见；钢管管模一般采用直径为146～163mm的厚壁无缝钢管。我国混凝土防渗墙工程采用倾斜计对其进行位移观测开始于1987年四川铜街子水电站的混凝土防渗墙工程。

渗压计一般布置于防渗墙上下游侧的覆盖层中，对于新建工程可在坝体中直接埋设，对于加固工程则需在钻孔中埋设。应注意不论采用哪种钻进方式，钻孔时都不得使用泥浆作为护壁、循环液，可采用含水层保护剂AR-1作为钻孔浆液，此浆液不但不堵塞透水层，还可自行降解破壁。检测合格的渗压计在埋设前24h应用清水将其浸泡，使其处于饱水状态。渗压计的埋设应与应变计、无应力计同步进行，施工现场一般用土工布将处于饱水状态的渗压计进行包裹（包裹厚度应大于20mm，长度外延至透水端150mm），包裹过程中将渗压计置于内、外弹簧之间。安装时注意将渗压计电缆端穿过装置的出线孔，并预留一定长度的电缆，透水石一端连接外弹簧，采用无纺土工布包裹，确保渗压计埋设后能与地下水连通。用扎带将渗压计、应变计和无应力计电缆同时绑扎牵引，检查无误后，将仪器缓慢下放至泥浆槽中，当导管下放至下一监测仪器安装高度时，及时准确进行安装固定，而后依次进行安装，直至最顶层的监测仪器入槽。在导管和渗压计同步下放安装过程中应每隔一段时间进行校准测量，确保仪器完好。当遇到需在一个断面埋设多种仪器时，应选择更为简单可靠的“钢构架法”进行安装埋设。

7.1.3　混凝土内部湿度变化的研究

混凝土水化过程会消耗一定的湿度，在20℃条件下养护28d或40℃条件下养护7d，混凝土内部相对湿度可以降到75%左右。对于高水灰比混凝土，由于其密实性相对较差，湿度扩散系数大，其内部湿度受环境湿度条件影响较为明显；低水灰比混凝土则相反，由于其自身的致密性，湿度扩散作用较小。

混凝土是一种渗透性极低的多孔介质，其饱和渗透率通常为$1\times10^{-14}\sim1\times10^{-12}$m/s，通常的环境水仅能影响到混凝土表层十分有限的深度范围。混凝土的润湿过程可分为快速毛细吸附阶段和扩散阶段，在润湿初期，快速毛细吸附阶段所需时间较短，吸水速率大，在20～60℃时，20mm处达到饱和仅需0.5h，30mm处达到饱和需2.0～10.0h，而在润湿后期，水分扩散缓慢。混凝土在湿润过程中，湿润前锋将不断深入混凝土内部，而影响深度将由干燥时间决定；干燥混凝土内孔隙水扩散系数为$1\times10^{-12}\sim1\times10^{-10}$m^2/s；饱和（水压力下）混凝土中孔隙水的扩散系数为$1\times10^{-8}\sim1\times10^{-4}$m^2/s，比非饱和混凝土正常扩散系数高几个数量级，当混凝土完全处于水压力的情况下，水分迁移为典型的水分渗透情形；长期在水环境中工作的混凝土，局部会承受较高的水头。由于混凝土是一种多孔介质材料，以及混凝土内部不可避免地存在着许多微观的孔隙和裂纹等缺陷，当它受到外围高压水作用时，水会沿着混凝土表层的微观裂纹逐渐渗入到混凝土内部，从而使得混凝土经常处于饱和或自然湿度状态。王海龙、李庆斌及胡海蛟利用Mori-Tanaka方法对饱和混凝土的弹性模量进行预测，结果表明，由于孔隙水的力学作用，饱和混凝土的体积模量和弹性模量与自然湿度混凝土相比均有所提高。

在饱和混凝土中，由于空隙结构中毛细作用力的消失，水分的传输主要由空隙内部的压力梯度或重力作用牵引，然而，当混凝土受到静水压力作用时，特别是对于江底和海底隧道等处于水面以下的混凝土结构来说，水压的存在势必对混凝土基体中的水分产生一定的影响，进而影响其长期服役能力。相关研究表明，水压力作用下的渗透作用只影响地下结构混凝土迎水面很薄的一层，但在高压水头作用下混凝土渗透及湿度变化仍未有明确的结论。采用静水压力 0MPa、0.3MPa 和 0.7MPa，恒压持续时间为 5d 和 10d 的试验研究表明：①压力条件下水灰比仍是影响混凝土渗水性能的重要参数，水灰比为 0.5 的混凝土渗水深度约为水灰比为 0.4 的 1.3 倍；②静水压力持续时间越长，混凝土中的水分渗透深度越大，10d 恒压后的渗水深度与 5d 下相比并未呈开方倍数增长，增长幅度仅为 14%～30%；③静水压力越大，渗透深度越深；④抗压强度越大，渗透深度越小。通过试验进一步表明：在水分侵入的初始阶段，水渗透系数为常数，吸水超过 4h 后，渗透系数则按指数函数衰减。巴明芳的研究成果表明：①在距离蒸发面较近的 100mm 位置处，含湿量变化受扩散过程影响较大，在距离蒸发面较远的位置处含湿量时变主要是胶凝材料水化耗水所致；②模型还预测了隧道衬砌服役 10 年时，距离蒸发面 100mm 以内的部分湿度均与环境湿度达到平衡；③随着地下衬砌混凝土服役年限的延长，其内部湿度梯度逐渐向饱水面推进。混凝土内水分的影响深度与润湿时间的平方根间呈线性关系。

关于水分在混凝土中的运移：张苑竹认为水下隧道混凝土中水分受外水压力和毛细吸力共同驱动；外水压力越大、初始饱和度越小，水分运移速度越快、水分运移深度越大；随着饱和度提高，水分润湿锋面前移，混凝土内完全饱和区域逐渐扩大，压力差逐渐取代毛细吸力成为水分运移的控制因素；水在混凝土内的渗流并不满足线性达西定律，而是存在着明显的启动压力梯度。同时，由于启动压力梯度的存在，水在渗透过程中存在一个渗透平衡深度，而渗透达到平衡的时间受水压、渗透系数、启动压力梯度等因素影响，同时实验数据表明：在静水压力为 2.5MPa 时，经过 75d 左右，混凝土渗透深度约为 270mm。

施工工艺对混凝土湿度的影响：随浇筑龄期的增长，混凝土内湿度逐渐降低，早龄期混凝土内水分含量沿高度分布不均，存在明显的湿度梯度。

7.1.4 关于混凝土自生体积变形的计算问题

囿于对薄壁高水压作用下混凝土内部湿度变化的认识，现有的计算混凝土自生体积变形时，均假定大体积混凝土中湿度不变，无应力计所测得的无应力应变变形中基本只有混凝土温度变形和自生体积变形两个部分，而忽略了湿度变形对于混凝土无应力应变的影响。

早期的研究表明：混凝土早期热膨胀系数并非定值，但这一研究成果并未引起足够的重视。黄杰的研究进一步表明：混凝土的早期热膨胀系数在实际初凝至实际终凝时快速下降，而后缓慢回升并逐渐趋于稳定，并提出了考虑粗骨料种类影响的混凝土早期热膨胀系数的计算方法。因此不同的温降时段反演获得的热膨胀系数略有差异。

混凝土内部相对湿度和收缩具有较好的同步性，混凝土内部湿度变化可以看作是其自收缩变化的驱动力。

水化热初期混凝土自生体积变形变化较大，随后呈单调变化趋势，直至最终稳定，自生体积变形的月变幅一般不超过 1$\mu\varepsilon$，水荷载影响下变形增量一般小于 3$\mu\varepsilon$，变幅超过上述规定的则视为仪器异常。混凝土的自生体积变形主要与水泥水化过程中，水泥晶体成分的体积变化和水化胶状生成物与晶体生成物的体积变化有关。它不包含混凝土的碱活性反应引起的体积变化，温度、湿度所引起的变化，以及由于外部荷载或约束应力引起的变形，它是在水泥水化结晶过程中产生的，主要与水泥品种有关。一般硅酸盐水泥的自生体积变形多数是收缩的，只有水泥成分中含有钙矾石、氧化钙、氧化镁等的水泥，才能产生膨胀型体积变形。膨胀量大小、膨胀速度以及膨胀过程的形态，对于大体积混凝土温度收缩补偿作用影响很大。钙矾石型膨胀水泥，膨胀发生在早龄期，混凝土浇筑 7d 以内膨胀基本结束；氧化镁型膨胀水泥为晚龄期膨胀水泥，由于水泥中方镁石结构致密，延迟了反应时间，因此膨胀较迟缓。自生体积变形和温度、湿度变形不同，其只受化学反应和历时的影响，没有传导或扩散作用，在常温的情况下水泥的化学反应是不可逆的，因而，水工混凝土的自生体积变形过程是单调变化的。陈昌礼的研究表明：自生体积变形差值相对稳定，随龄期的波动不大，尤其是 3 年以上龄期的波动更小。自生体积变形基准值的确定在自生体积变形的试验中具有举足轻重的作用，根据细观试验研究认为，以混凝土晶体构架形成初应力累计开始的时间作为自生体积变形测量的基准值较为合理。

目前，主要采用最小二乘法及逐步回归法计算分析混凝土自生体积变形及混凝土热膨胀系数，采取上述方法，在通过无应力计实测自生体积变形的计算方面，王志远从小湾和拉西瓦两座高拱坝实测资料出发，论证了部分无应力计异常的判断方法、标准、成因及资料处理意见，然而该方法只适用于大体积混凝土湿度不变的情况下。其次还有人认为，应力计实测应力中包含有作用于混凝土骨架的有效应力和部分孔隙水压力。

从以上的分析过程来看，对于薄壁结构且处于高压水作用下的混凝土防渗墙而言，采用上述方法则显得不适用。如果不采用合适的计算及分离方法，准确计算和分离出温度变形、湿度变形及自生体积变形，则在混凝土防渗墙内安装无应力计没有任何意义，且对于混凝土防渗墙变形性状的分析也无法提供合理科学的判断依据。

7.1.5　深厚覆盖层防渗墙受力及变形特性的研究

张小平根据实际观测资料，分析了三峡二期上游围堰双墙的变形机理，又通过各种情况的有限元计算，包括墙体不同龄期、上游水位变动、墙间水位变动及改变堰体材料参数对上下游防渗墙位移及应力的影响。陈科文从监测角度分析了防渗墙应变主要与所受的竖向荷载有关，墙体与两侧覆盖层间的不均匀沉降所产生的摩阻力对其应变空间分布特征具有较大影响。但上述开展的研究工作，仅限于墙体深度在 100m 以内，对于百米级，尤其是 180m 深度的防渗墙受力及变形特性目前尚缺乏研究。

7.2　大河沿超深防渗墙性状研究的难题

目前，已建工程防渗墙在混凝土的湿度变化、混凝土自生体积变形及温度膨胀系数方面取得了丰硕的研究成果。下坂地水库深厚覆盖层防渗墙（深 80m）已积累了一定时间的应力应变、变形及渗流监测数据，在此基础上，进一步推进超特深、高水头及全封闭混凝土防渗墙的性状研究工作很有必要。与其他已建工程相比，大河沿防渗墙所面临的工作环境主要有以下特点。

7.2.1 工作环境水荷载很大

浇筑完成之后的混凝土防渗墙迎水面直接与覆盖层的饱和水土层接触，承受高压水头的直接作用，施工期高压水头为0～180m，运行期其高压水头可达80～250m，背水面深层部位长期处于饱和水环境之中，浅层部位则处于自然干燥的砂砾石环境之中。

7.2.2 防渗墙湿度变形不容忽视

在防渗墙混凝土浇筑过程中，底部混凝土的内部湿度最大，而顶部混凝土的内部湿度最小，且长期处于富含水分的护壁泥浆的养护中，其顶部湿度变化量可忽略不计。刚性混凝土是多孔的非均质材料，浇筑完成后在高压水头的作用下，水分会沿着内部空隙和不可避免存在的微裂隙向防渗墙内部渗透，从防渗墙上游表面到墙体内部产生一定的水力梯度的分布，造成渗流场，且随着时间的延长，水力梯度会逐步向墙体下游移动，造成墙体的底部和顶部湿度变形差进一步增大。因此不同深度的混凝土防渗墙内部湿度分布严重不均，由此造成的防渗墙的顶部及底部的湿度变形不容忽视。

7.2.3 超高深防渗墙与深厚覆盖层之间的变形协调性

混凝土防渗墙墙体较深、墙体自重荷载较大，混凝土防渗墙的刚度较之覆盖层要大许多，覆盖层的压缩沉降也要比防渗墙大得多，且上部坝体的部分自重应力会由防渗墙与覆盖层之间的接触而以剪应力的形式传递到防渗墙内，防渗墙与覆盖层在垂直方向上的变形差别也将在防渗墙侧面产生较大的摩擦力。此外，水库蓄水后，水压力作用于防渗墙上，将会使防渗墙受弯，防渗墙内部有可能出现较大的应力。

7.2.4 监测设计主要解决问题

大河沿水库深厚覆盖层防渗墙混凝土配合比见表7-1，混凝土标号C30（高强低弹），墙体厚度1m，最大孔隙率0.2%。

表7-1 大河沿水库深厚覆盖层防渗墙混凝土配合比

水胶比	1m³混凝土各项材料用量/kg								抗压强度/MPa		弹性模量/MPa	渗透系数/(cm/s)	抗渗等级(P)
	水	水泥	粉煤灰	砂	小石	中石	减水剂	引气剂	7d	28d			
0.38	147	271	116	779	484	593	3.87	0.019	29.6	40.1	29100	9.5×10^{-8}	>12

大河沿水库超深防渗墙监测研究主要解决以下问题：

（1）研究在2.5MPa工作水头下的混凝土防渗墙内部渗透的变化规律。

（2）研究从无应力应变中提取超深薄壁塑性混凝土防渗墙温度变形、湿度变形及自生体积变形的计算理论及计算方法。

（3）研究高水头作用下超深薄壁塑性混凝土防渗墙的应力应变特性。

（4）研究深厚覆盖层防渗墙变形监测仪器及方法。

7.2.5　超深防渗墙监测研究技术路线

大河沿水库超深防渗墙监测研究技术路线如图7-1所示。

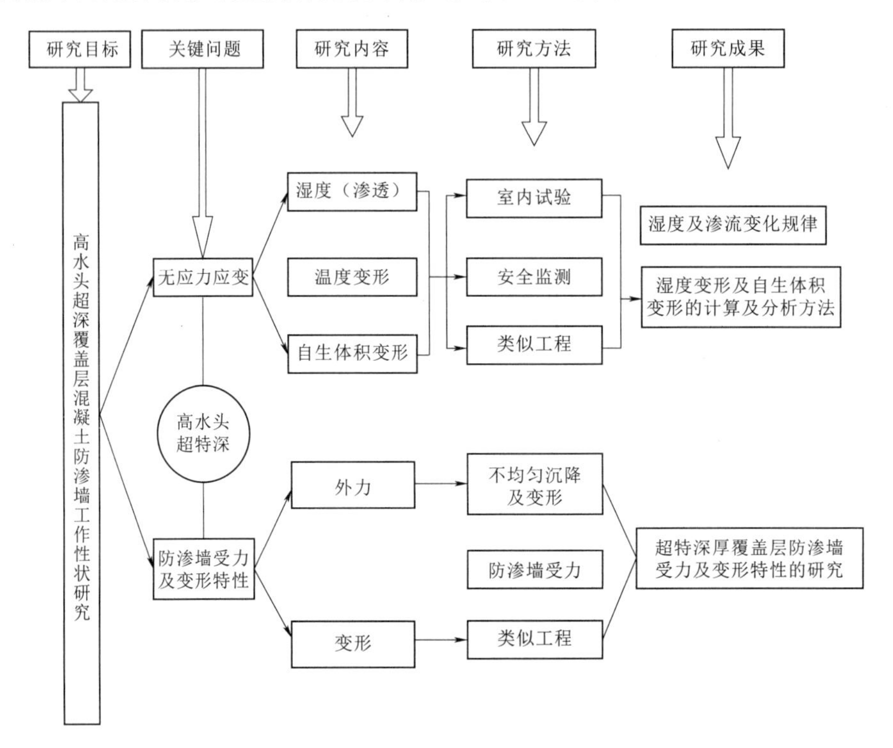

图7-1　超深防渗墙监测研究技术路线

7.3　大河沿水库防渗墙安全监测设计

目前，针对超深防渗墙的监测还没有明确的技术要求，下坂地水利枢纽工程通过布设应变计、无应力计、固定式测斜仪、渗压计及四测点式水管沉降仪，以此来全面了解混凝土防渗墙、深厚覆盖层在施工及运行期间的工作性状。旁多水库坝基防渗墙工程则开展了提高埋设仪器成活率的研究。大河沿水库深厚覆盖层混凝土防渗墙是当今已建与在建同类工程中，防渗墙深度最深、工作水头最大、难度最高的水利工程。与其他工程相比，大河沿水库坝基防渗墙所面临的工作环境水荷载很大，运行期高压水头可达80～250m，刚性防渗墙与深厚覆盖层之间的变形协调至关重要。蓄水后，防渗墙内部可能出现较大的应力，因此，大河沿水库坝基防渗墙根据工作环境，布置了若干监测断面，开展了渗压、温度变形、湿度变形、自生体积变形、底部压力、应力应变、挠度等监测项目。

7.3.1　防渗墙挠度变形监测

在0+187.00、0+255.00、0+270.00 3个断面混凝土防渗墙内部沿高程方向分别布设固定式测斜仪，共计 23 个测点。其中，0+187.00 断面的 5 支固定式测斜仪分别布设在高程 1485m、1494m、1510m、1524m、1539m；0+255.00 断面高程 1377.30～1547.30m 除底部外，测点间隔为 10m，计 9 支仪器；0 + 270.00 断面则是高程 1361.30～1547.30m，其测点间隔为 10m，计有 9 支仪器。防渗墙固定式测倾仪布置图如图 7-2 所示。

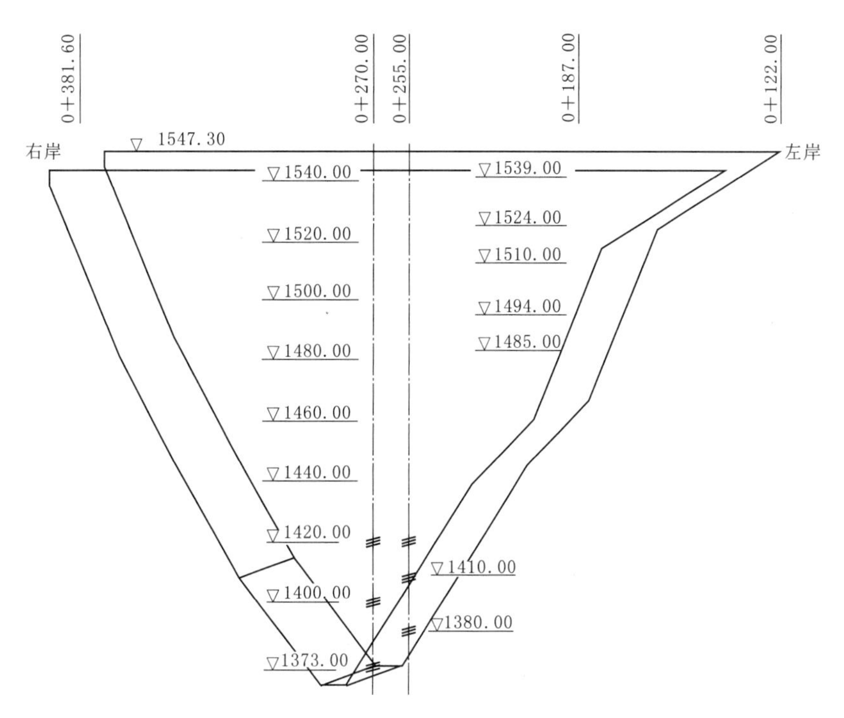

图 7-2 大河沿防渗墙固定式测斜仪布置图

7.3.2 防渗墙应力应变监测

1. 应力应变监测

以 0+187.00、0+255.00、0+270.00 3 个断面作为防渗墙混凝土应力应变的监测断面，其中槽深 75m 的 0+187.00 断面设置 3 个高程，槽深分别是 164m、175m 的 0+255.00、0+270.00 断面则设置 7 个高程。在每个监测高程中，分别在防渗墙上下游面约 10cm 处布设两向应变计组，墙体中轴线处布设无应力计。3 个监测断面共布设应变计 38 支，无应力计 19 支。0+187.00、0+255.00、0+270.00 断面应变计及无应力计布置图如图 7-3～图 7-5 所示。

2. 防渗墙土体压力监测

分别在 0+255.00、0+270.00、0+340.00 3 个断面混凝土的顶部和底部设置有土压力计，共计有 6 支。

7.3.3 防渗墙渗流监测

大河沿水库工程除在大坝建基面及坝体内部布设有渗压计以外，另在 0+255.00、0+

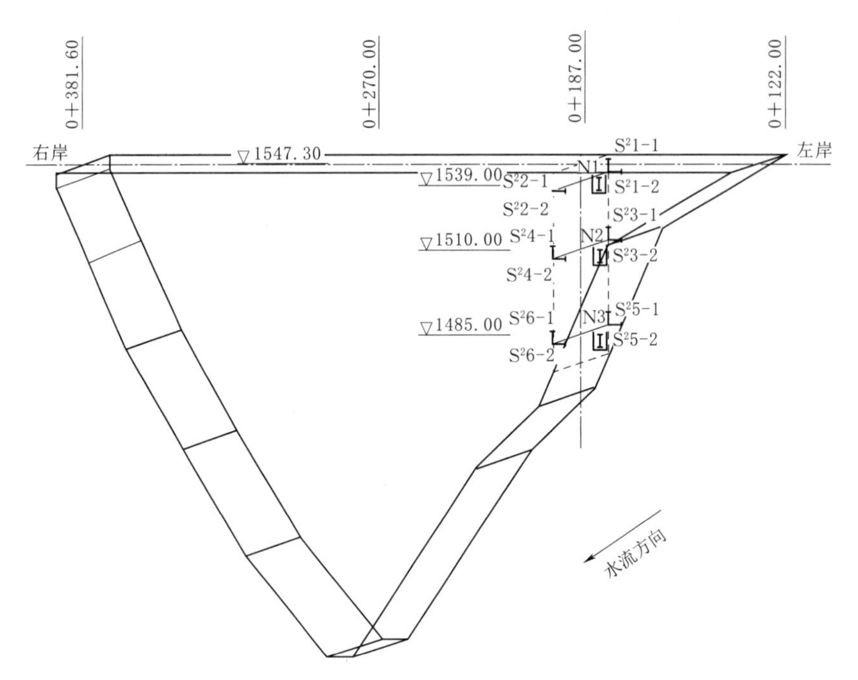

图 7-3　防渗墙 0+187.00 断面应变计及无应力计布置图

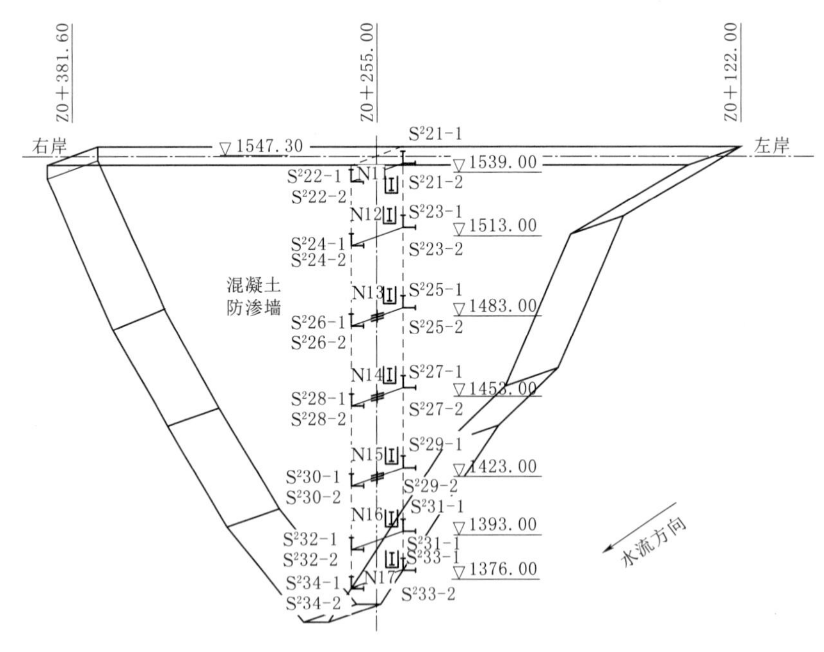

图 7-4　防渗墙 0+255.00 断面应变计及无应力计布置图

270.00、0+340.00 3 个断面的混凝土防渗墙上游侧、下游侧沿不同高程方向分别布设渗压计，3 个断面共布设 19 支渗压计。0+255.00、0+270.00 断面基础防渗墙上游侧、下游侧渗压计布置如图 7-6 和图 7-7 所示。

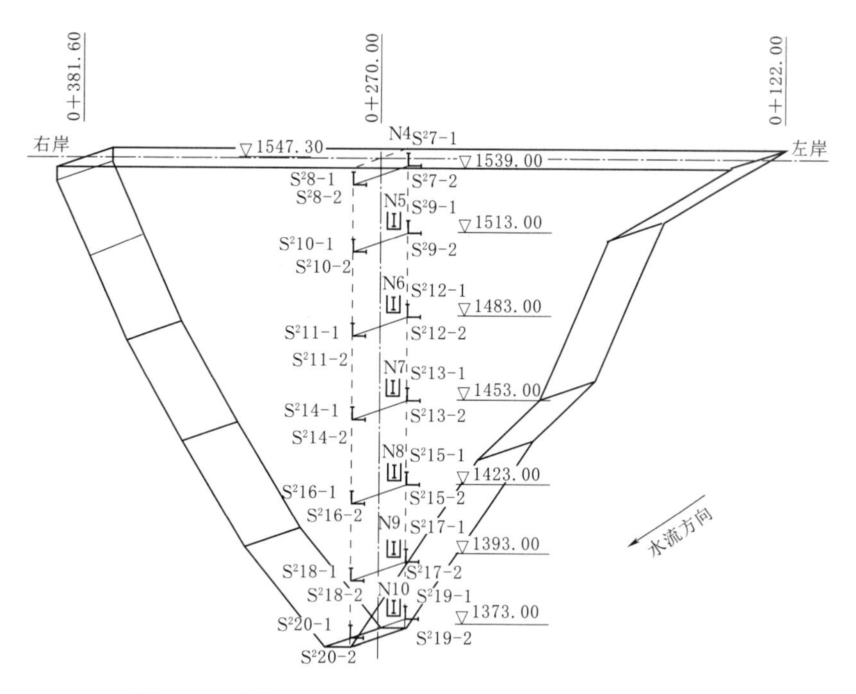

图 7-5 防渗墙 0+270.00 断面应变计及无应力计布置图

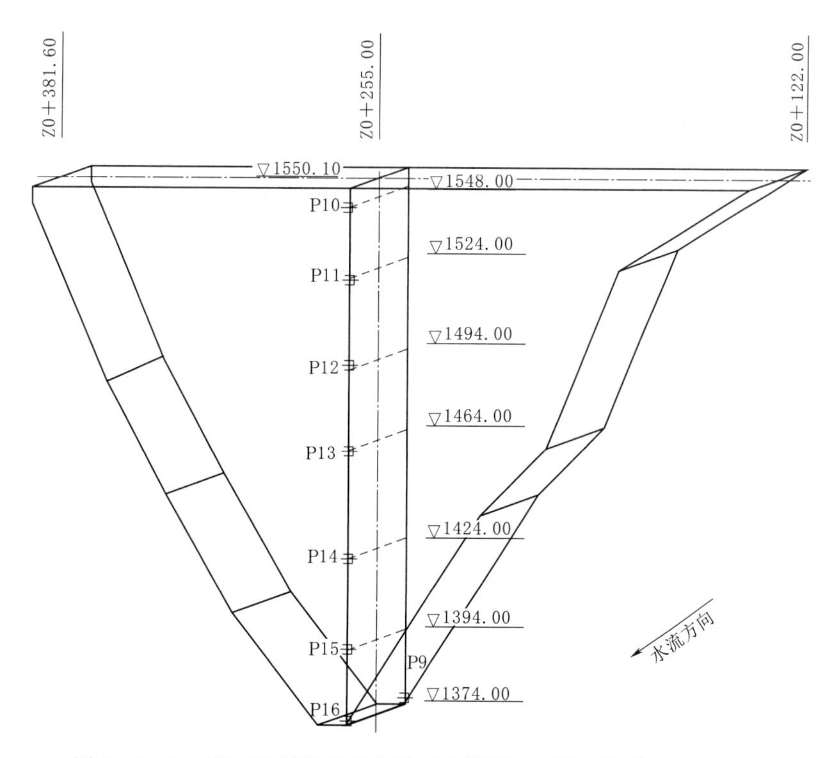

图 7-6 0+255.00 断面基础防渗墙上游侧、下游两侧渗压计布置图

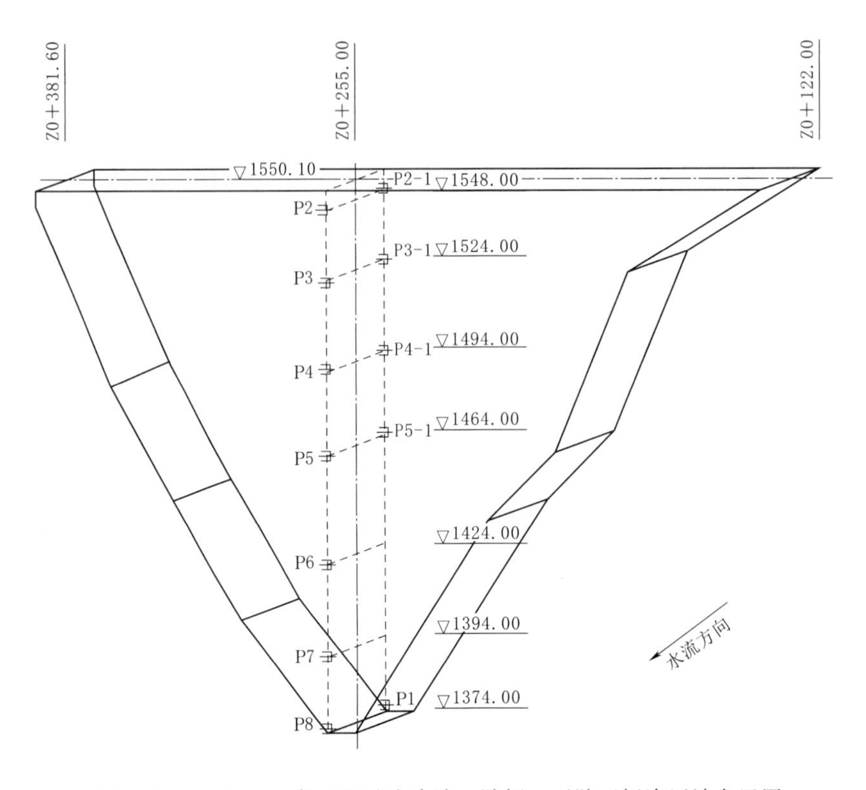

图7-7　0+270.00断面基础防渗墙上游侧、下游两侧渗压计布置图

7.4　大河沿水库防渗墙监测成果

7.4.1　防渗墙前后渗压水位监测

大河沿水库深厚覆盖层建基面以下3.5～102.6m范围内的渗透系数为1.2×10^{-3}～8.7×10^{-2}cm/s，基础102.6m以下的渗透系数为1.7×10^{-3}～1.9×10^{-2}cm/s，可知覆盖层属于中等～强透水层。

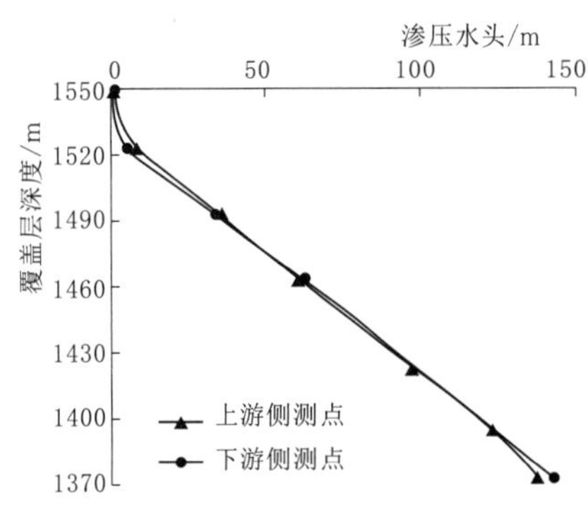

图7-8　大河沿截流前0+270.00断面防渗墙上游侧、下游侧渗压水位分布图

以典型监测断面0+270.00断面为例，防渗墙上游侧、下游侧与深厚覆盖层接触面处布设的渗压计监测数据可知：在槽孔中沿不同高程埋设的测点在墙体浇筑前，渗压水位均反映为浇筑前槽孔水位。墙体浇筑完成混凝土终凝后，不同高程埋设的测点逐渐反映为不同地层的渗压水位。防渗墙上游侧、下游侧渗压水位分布图如图7-8所示，可以看出截流前后防渗墙上下游不同地层的渗压计水位相差不大，因为渗压水头仅受上游围堰挡水水头的影响。

7.4.2 防渗墙混凝土应力应变监测

7.4.2.1 自生体积变形

1. 防渗墙混凝土配合比

大河沿防渗墙混凝土采用 P.O 42.5 水泥；粗骨料粒径为 5～20mm，细骨料为中砂，细度模数为 2.6；粉煤灰为Ⅰ级粉煤灰；外加剂采用高性能减水剂（缓凝型）JB-Ⅱ型。其混凝土配合比见表 7-2。

表 7-2 大河沿防渗墙混凝土配合比

施工部位	设计指标	水胶比	$1m^3$ 混凝土各项材料用量/kg								抗压强度/MPa	
			水	水泥	粉煤灰	砂	小石	中石	减水剂	引气剂	7d	28d
防渗墙	C30W10	0.38	147	271	116	779	484	593	3.87	0.019	29.6	40.1

2. 自生体积变形

为了测量并计算出混凝土的自生体积变形需获得混凝土的热膨胀系数。在计算混凝土热膨胀系数时，可采用 3 种计算方法，分别为：①常规法；②朱伯芳院士提出的混凝土热学力学性能随龄期变化的组合指数公式；③在考虑无应力计的应力变形主要受测点部位温度、自生体积及湿度变化的影响的统计模型方程。

常规法通常采用降温时段内短间隔应变变化量与相应温度变化量的比值求得热膨胀系数。但算法假设降温时段内混凝土湿度变形与自生体积变形趋近于零，无应力计实测应变约等于温度应变，部分工程实践表明，混凝土前期湿度变形确实较小，但自生体积变形却需要较长时间才能稳定。同时，选取的降温时段不同，计算得到的热膨胀系数波动也较大，因此常规法计算所得热膨胀系数与实际存在差异。

通过在大河沿防渗墙内埋设无应力计，并用其余两种算法的演算获知：在演算成果中，这两种算法拟合效果均较好。一般而言，混凝土热膨胀系数处于 $(8\sim12)\times10^{-6}$/℃区间内，但算法 2 计算得出热膨胀系数偏大，多数不在常规范围内，其原因可能是由湿胀引起的。相关研究表明，水下混凝土在水中的变形性能早期呈收缩状态，不掺入粉煤灰的水下混凝土 3d 后便开始膨胀，掺入粉煤灰的混凝土在 14～28d 开始膨胀，90d 后膨胀趋于稳定，180d 后略有下降。由于计算数值偏大，无应力计多埋设在混凝土防渗墙的中底部，不同高程埋设的无应力计开始产生湿胀的时间很难确定，因此在计算过程中应酌情加入湿胀分量。

追加湿胀分量后，计算得出混凝土热膨胀系数见表 7-3，可以看出：同一监测断面中随着测点埋设高程降低，出现热膨胀系数逐渐增大的现象。线膨胀系数存在着较大的差异，可知外水压力越大的部位，线膨胀系数越大，而受外水压力及墙体自重影响小的防渗墙，其顶部部位的线膨胀系数计算结果接近。影响因素可能来自自身受力问题，如墙体自重、外水压力及渗透压力，而随着外水压力向墙体内渗透，湿胀变形起到了很大与所处环境的作用，因此，改进后的算法，更加符合工程实际。实测应变与算法 3 拟合过程线如图 7-9 所示。

根据表 7-3 可知：墙体顶部计算出的热膨胀系数分别为 6.913$\mu\varepsilon$/℃、7.676$\mu\varepsilon$/℃、

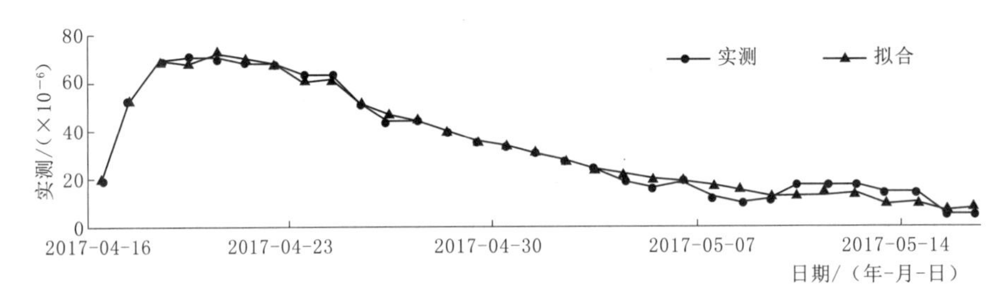

图7-9 大河沿N9测点应变实测与算法3拟合过程线

8.752με/℃，量值较为接近，均值为7.780με/℃，此部位受水荷载的影响较小，仅有混凝土水化引起混凝土内部湿度的变化，可基本代表混凝土的热膨胀系数，与下坂地的防渗墙混凝土平均热膨胀系数7.89με/℃接近。因此，基本可确定大河沿防渗墙混凝土的热膨胀系数为7.780με/℃左右。

表7-3　　0+187.00与0+270.00断面各测点热膨胀系数统计

测点	埋设部位		热膨胀系数α/(με/℃)		
	桩号	高程/m	算法1	算法2	算法3
N1	0+187.00	1539	7.130	7.015	6.913
N2		1510	6.014	10.306	7.676
N3		1485	5.632	10.363	8.752
N4	0+270.00	1539	16.892	20.911	5.505
N5		1513	17.556	19.296	7.881
N6		1483	15.700	12.489	8.863
N7		1453	15.865	28.224	11.671
N8		1423	5.073	36.477	10.304
N9		1393	11.928	28.521	13.554

在确定混凝土热膨胀系数后，通过埋设于防渗墙混凝土内的17支无应力计计算获得的混凝土自生体积变形，由图7-10～图7-13可知：0+187.00断面防渗墙顶底部混凝土自生体积变形为膨胀型，中间部位为收缩型，顶部处于微膨胀；0+270.00和0+255.00断面混凝土防渗墙深174m左右，顶部一般处于微膨胀或收缩状态，中底部处于膨胀状态；截至2020年8月9日，0+187.00、0+270.00和0+255.00断面混凝土防渗墙自生体积变形分别为－89～107με、－114～219με、－330～211με。

部分无应力计测点受墙体拉压影响，其无应力计桶无法起到隔离状态，导致0+270.00断面的N4、N5、N7和0+255.00断面的N11、N13在坝体填筑期间测值表现为工作应变状态，对相应两向应变计组的单轴应变值产生较大影响。

7.4.2.2 混凝土应力应变监测

从埋设于防渗墙0+187.00、0+255.00、0+270.00 3个断面不同高程墙体上游侧、下游侧的两向应变计组的观测数据可知墙体的应力应变分布及变化过程规律主要有以下几点：

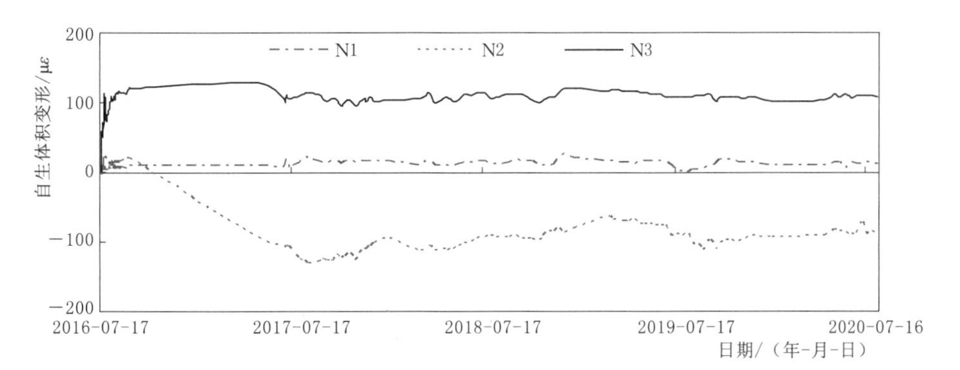

图 7-10 大河沿 0+187.00 断面防渗墙混凝土自生体积变形过程线

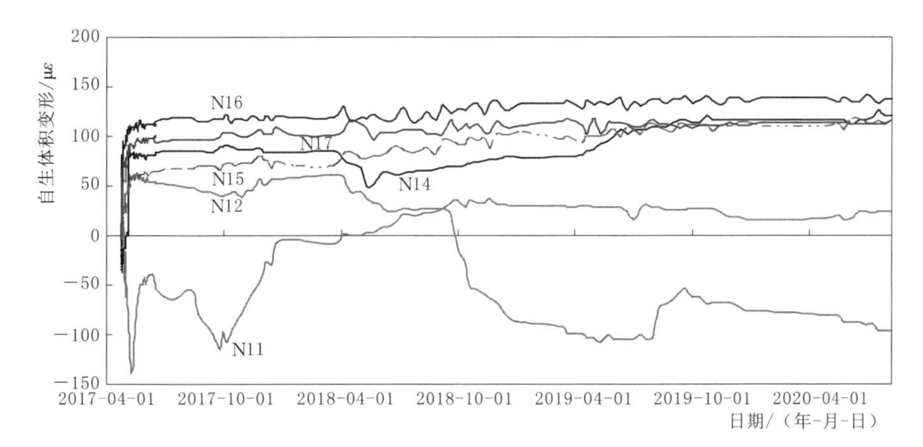

图 7-11 大河沿 0+255.00 断面防渗墙混凝土自生体积变形过程线

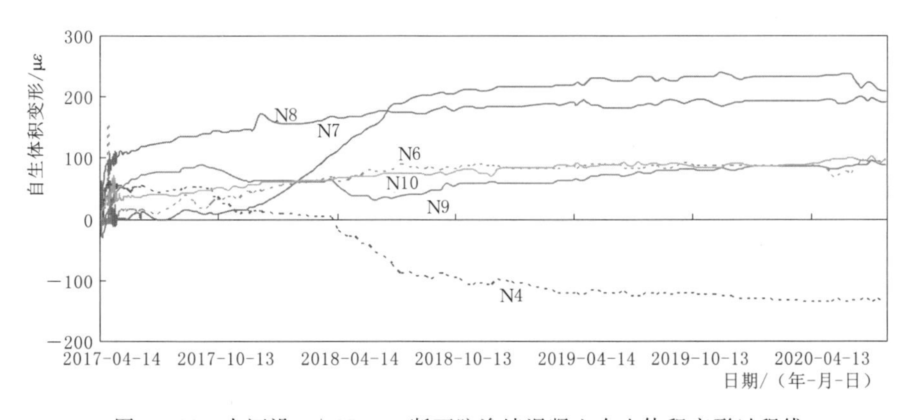

图 7-12 大河沿 0+270.00 断面防渗墙混凝土自生体积变形过程线

1. 0+187.00 断面

上下游面顶部及中间部位的竖向单轴应变均处于拉应变状态，底部处于压应变状态，最大拉应变为 1539m 高程上游面的 S21-1，量值为 33$\mu\varepsilon$；顶部及底部左右岸方向单轴应变均处于压应变状态，最大压应变为 1485m 高程下游面的 S25-2，量值为 712$\mu\varepsilon$。0+187.00 断面防渗墙混凝土单轴应变特征值见表 7-4，防渗墙上游侧、下游侧混凝土左右岸方向单轴应变过程线及竖直方向单轴应变过程线如图 7-14、图 7-15 所示。

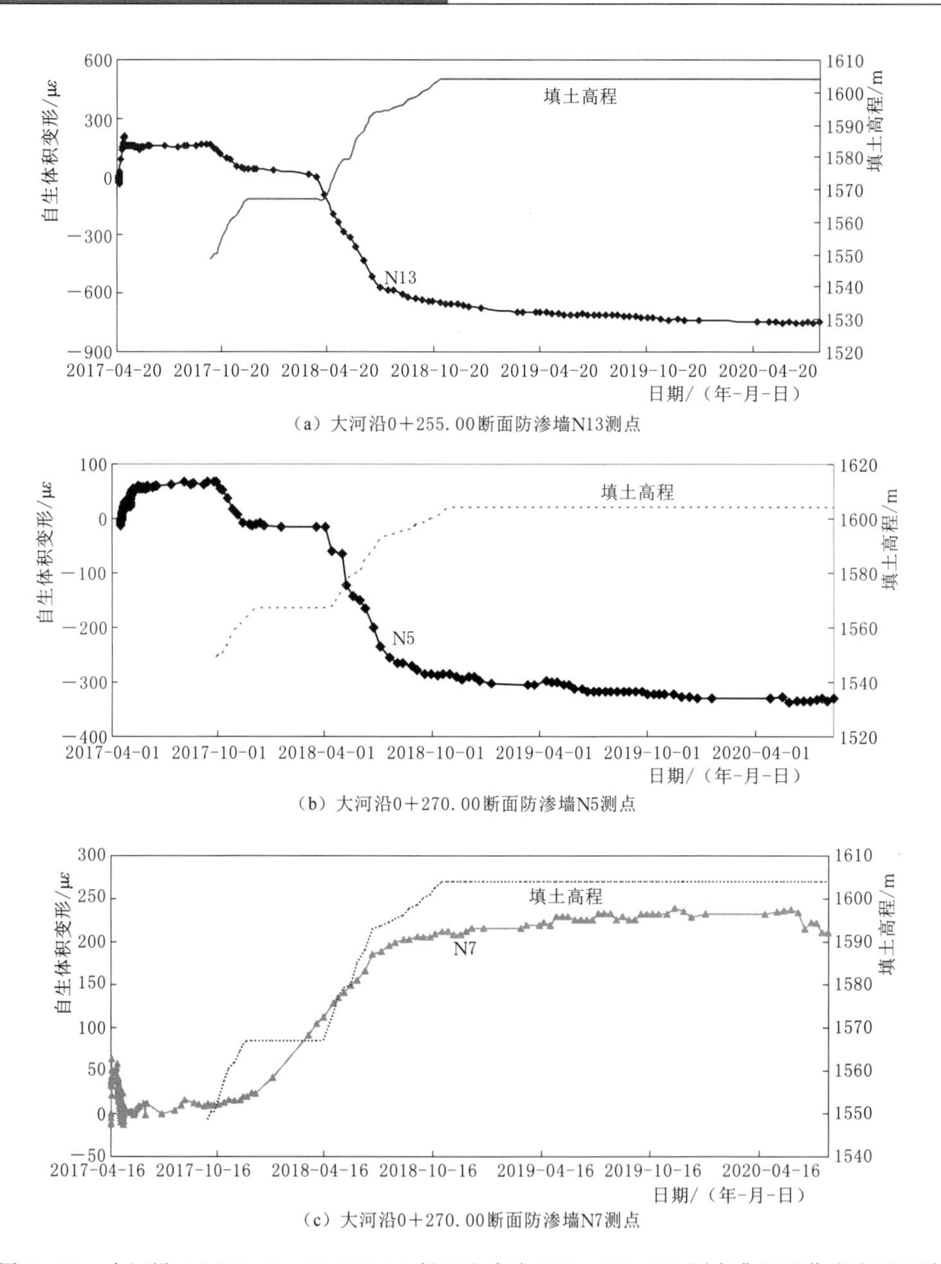

（a）大河沿0+255.00断面防渗墙N13测点

（b）大河沿0+270.00断面防渗墙N5测点

（c）大河沿0+270.00断面防渗墙N7测点

图7-13　大河沿0+255.00、0+270.00断面防渗墙N13、N5、N7测点典型工作应变过程线

表7-4　　大河沿0+187.00断面防渗墙混凝土单轴应变特征值表　　单位：με

测点编号	埋设部位			最大值	最大值日期	最小值	最小值日期	当前值（2020-08-09）
	高程/m	位置	埋设方向					
S1-1	1539	上游侧	竖直	39	2019-04-30	-47	2016-09-06	33
S1-2			左右岸	0	2016-07-19	-297	2019-10-10	-286
S2-1		下游侧	竖直	26	2019-08-10	-67	2017-07-05	7
S2-2			左右岸	16	2017-09-13	-128	2019-06-20	-108

续表

测点编号	埋设部位			最大值	最大值日期	最小值	最小值日期	当前值(2020-08-09)
	高程/m	位置	埋设方向					
S5-1	1485	上游侧	竖直	0	2016-07-19	-260	2017-05-14	-239
S5-2			左右岸	0	2016-07-19	-722	2019-09-10	-712
S6-1		下游侧	竖直	125	2016-07-29	-62	2019-08-30	-60
S6-2			左右岸	0	2016-07-19	-424	2019-09-20	-420

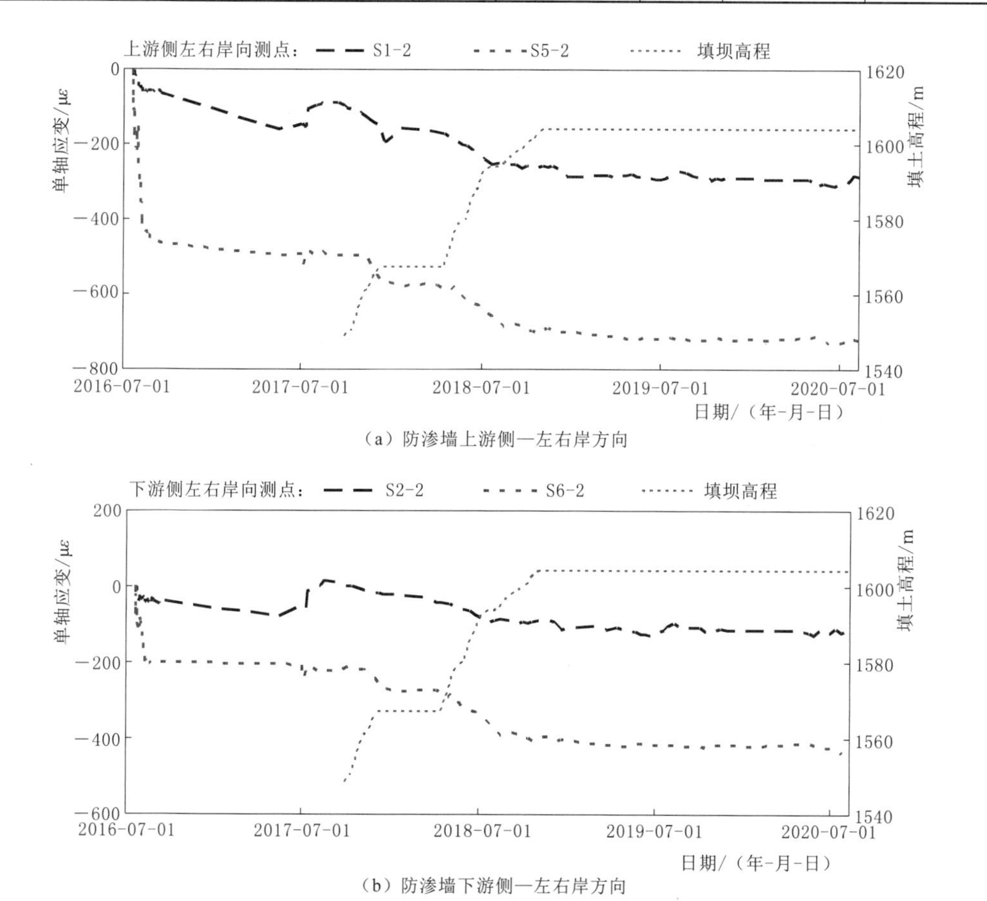

（a）防渗墙上游侧—左右岸方向

（b）防渗墙下游侧—左右岸方向

图 7-14 0+187.00 断面防渗墙上游侧、下游侧混凝土左右岸方向单轴应变过程线

2. 0+255.00 断面

（1）2017 年 9 月 6 日在大坝填筑前，0+255.00 断面墙体上下游两面竖向测点的单轴拉应变位于 1453～1513m 高程之间，拉应变为 2～49με，其余部位受压，压应变为 42～300με；墙体上下游两面左右岸向测点的单轴拉应变基本位于 1453m 和 1529m 高程，拉应变为 22～102με，其余部位单轴应变表现为受压，压应变为 48～116με。

（2）坝体填筑期间，0+255.00 断面墙体底部竖向和左右岸向的测点与坝体填高密切相关，且随上部覆土荷载增大其压应变增大，其余部位的大部分测点受坝体填筑影响不大，测值变化较平稳。

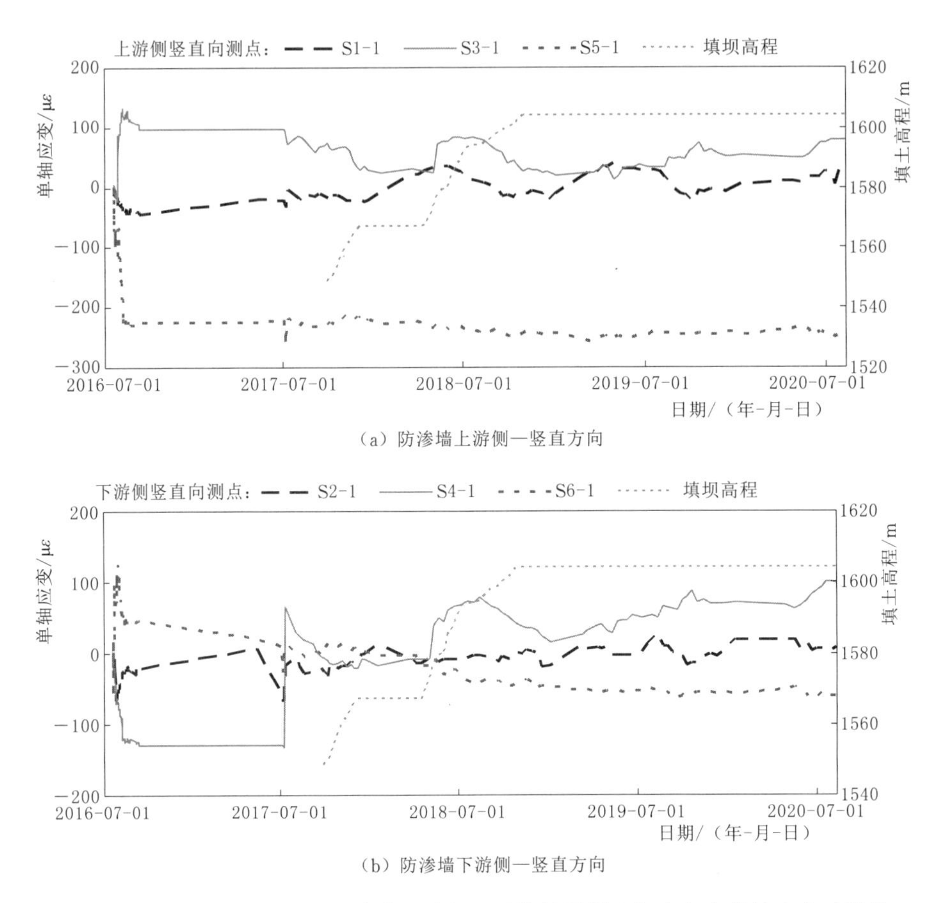

（a）防渗墙上游侧—竖直方向

（b）防渗墙下游侧—竖直方向

图 7-15　0+187.00 断面防渗墙上游侧、下游侧混凝土竖直方向单轴应变过程线

（3）2018 年 8 月 31 日大坝填筑到顶，在 2019 年 3 月—2020 年 1 月的休筑期里，1453m、1483m、1513m 3 个高程的竖直和左右岸两个方向的测点大都出现拉应变减小或压应变增大的变化过程，且变化量较大，变幅为 129～730$\mu\varepsilon$。

（4）截至 2020 年 8 月 9 日，仍呈拉应变的竖向测点为 S29-1、S30-1，左右岸向测点为 S30-2，最大拉应变发生在 1423m 高程下游面，最大值为 111$\mu\varepsilon$。最大压应变值位于墙体底部，最大值为 740$\mu\varepsilon$。0+255.00 断面防渗墙混凝土应力应变特征值见表 7-5，防渗墙上游侧、下游侧混凝土左右岸方向单轴应变过程线及竖直方向单轴应变过程线如图 7-16、图 7-17 所示，防渗墙混凝土竖直方向应变分布以及左右岸方向应变分布如图 7-18、图 7-19 所示。

表 7-5　　大河沿 0+255.00 断面防渗墙混凝土应力应变特征值表　　单位：$\mu\varepsilon$

测点编号	埋设部位			最大值	最大值日期	最小值	最小值日期	当前值（2020-08-09）
	高程/m	位置	埋设方向					
S21-1	1529	上游侧	竖直	0	2017-04-23	−297	2018-09-19	−247
S21-2			左右岸	36	2017-05-07	−757	2019-05-29	−740
S22-1		下游侧	竖直	112	2017-05-09	−704	2020-08-09	−706
S22-2			左右岸	103	2017-05-07	−188	2018-09-28	−158

续表

测点编号	埋设部位			最大值	最大值日期	最小值	最小值日期	当前值（2020-08-09）
	高程/m	位置	埋设方向					
S23-1	1513	上游侧	竖直	-94	2018-04-03	503	2019-05-10	-461
S23-2			左右岸	87	2017-04-27	-677	2019-07-30	-654
S24-1		下游侧	竖直	1	2017-04-22	-503	2020-01-17	-496
S24-2			左右岸	85	2017-04-29	-144	2020-01-17	-136
S25-1	1483	上游侧	竖直	80	2017-11-05	-515	2020-05-15	-496
S25-2			左右岸	38	2018-03-20	-248	2019-10-30	-241
S26-1		下游侧	竖直	30	2017-04-23	-320	2017-05-05	-85
S26-2			左右岸	32	2017-04-23	-184	2017-05-05	-138
S28-1	1453	下游侧	竖直	4	2017-09-13	-125	2020-08-09	-118
S28-2			左右岸	104	2017-09-13	-488	2020-08-09	-481
S29-1	1423	上游侧	竖直	16	2019-06-10	-163	2017-05-04	13
S29-2			左右岸	6	2017-04-22	-109	2017-05-04	-26
S30-1		下游侧	竖直	121	2019-12-24	-94	2020-08-09	111
S30-2			左右岸	48	2019-12-24	-81	2017-05-04	53
S31-1	1393	上游侧	竖直	0	2017-04-21	-190	2018-03-20	-156
S31-2			左右岸	0	2017-04-21	-224	2018-12-09	-159
S32-1		下游侧	竖直	0	2017-04-21	-159	2018-03-20	-150
S32-2			左右岸	0	2017-04-21	-271	2019-11-26	-267
S33-1	1373	上游侧	竖直	0	2020-08-09	-312	2019-07-10	-312
S33-2			左右岸	0	2020-08-09	-116	2017-05-05	-116
S34-1		下游侧	竖直	0	2017-04-21	-117	2017-05-05	-12
S34-2			左右岸	0	2017-04-21	-90	2017-05-05	-64

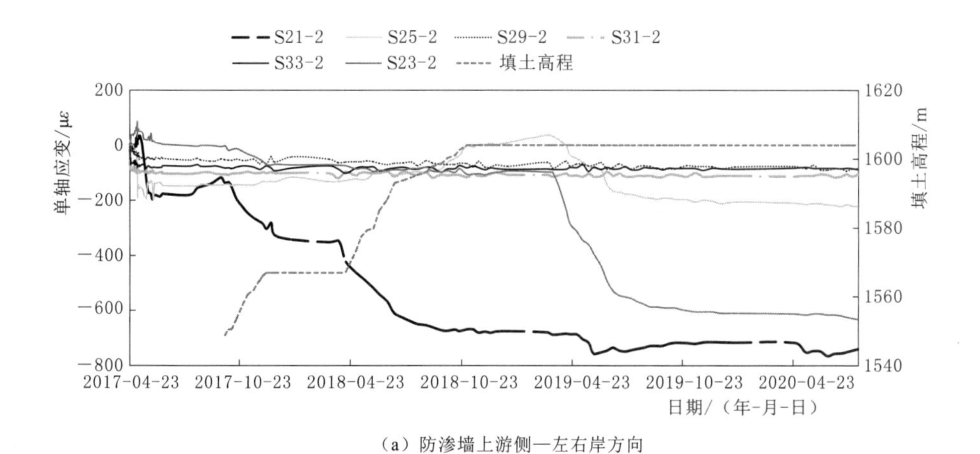

（a）防渗墙上游侧—左右岸方向

图 7-16（一） 0+255.00 断面防渗墙上游侧、下游侧混凝土左右岸方向单轴应变过程线

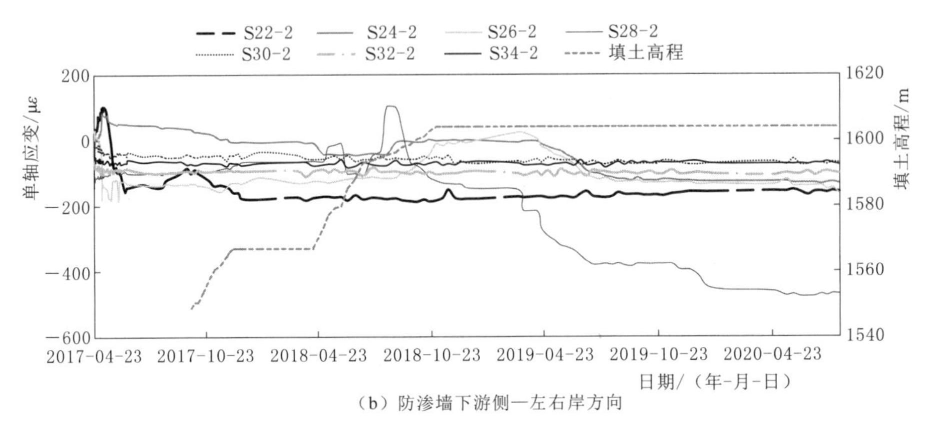

（b）防渗墙下游侧—左右岸方向

图7-16（二） 0+255.00断面防渗墙上游侧、下游侧混凝土左右岸方向单轴应变过程线

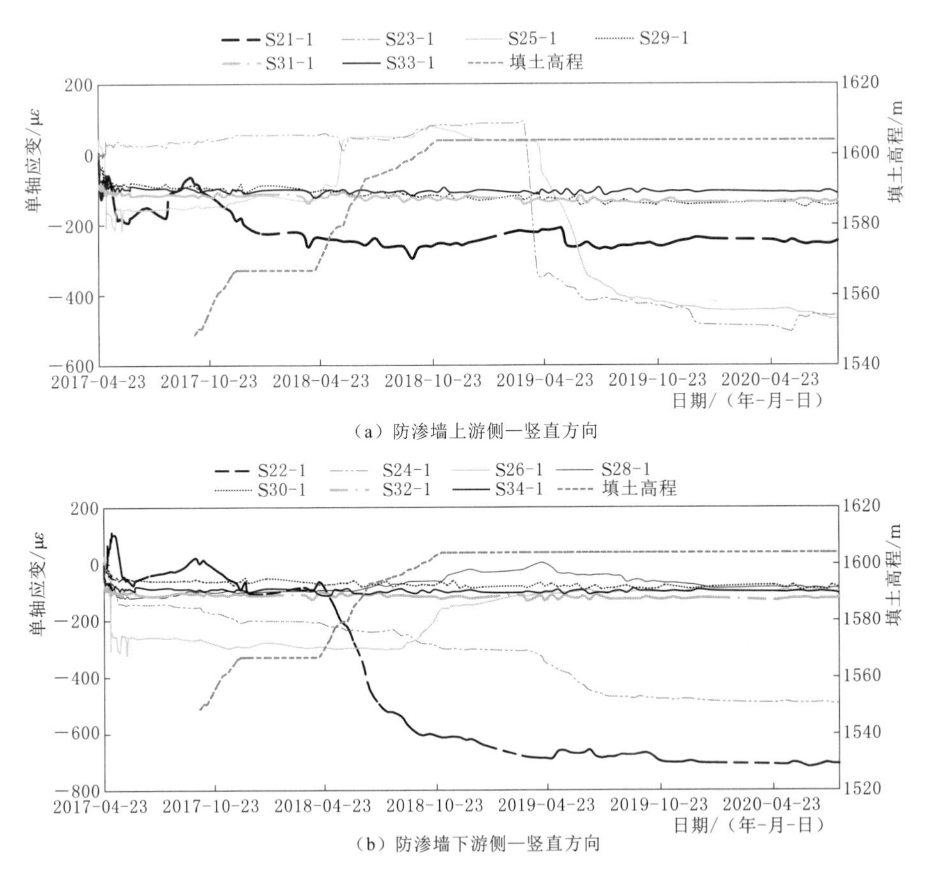

（a）防渗墙上游侧—竖直方向

（b）防渗墙下游侧—竖直方向

图7-17 0+255.00断面防渗墙上游侧、下游侧混凝土竖直方向单轴应变过程线

3. 0+270.00断面

截至2020年8月9日，1373～1423m高程上游面、下游面左右岸方向的单轴应变基本处于受压状态或微拉状态，最大压应变为1423m高程下游面的142με。1453～1513m高程上游面、下游面左右岸方向的单轴应变基本处于受压状态，最大压应变为1513m高程下游面的332με。1539m高程上游面、下游面左右岸方向的单轴应变当前均处于受拉状

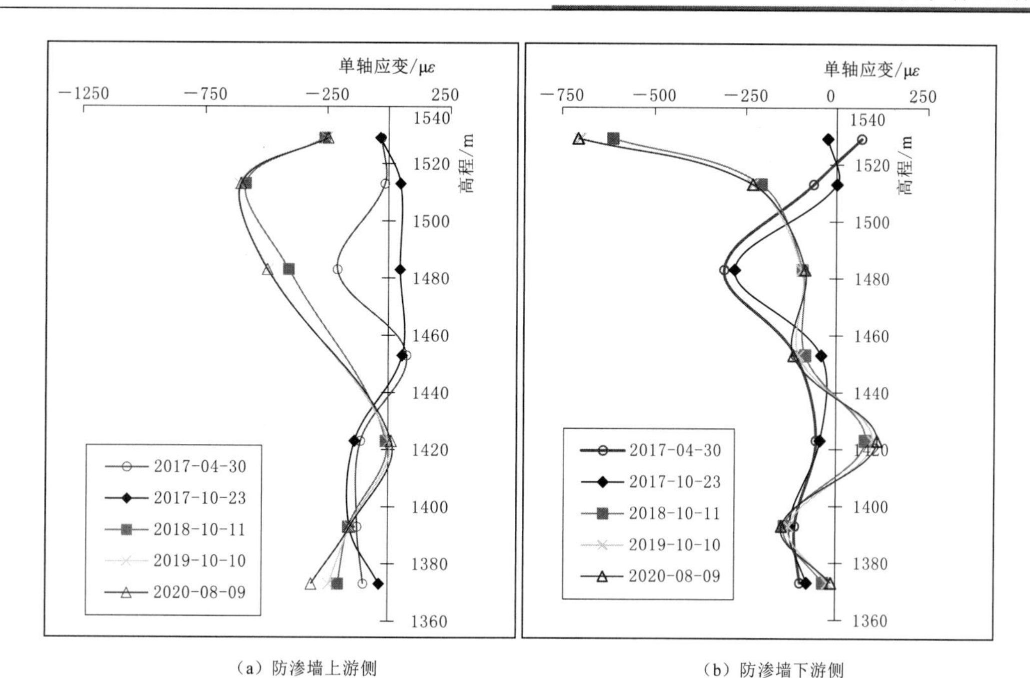

(a) 防渗墙上游侧　　(b) 防渗墙下游侧

图 7-18　大河沿 0+255.00 断面防渗墙混凝土竖直方向应变分布图

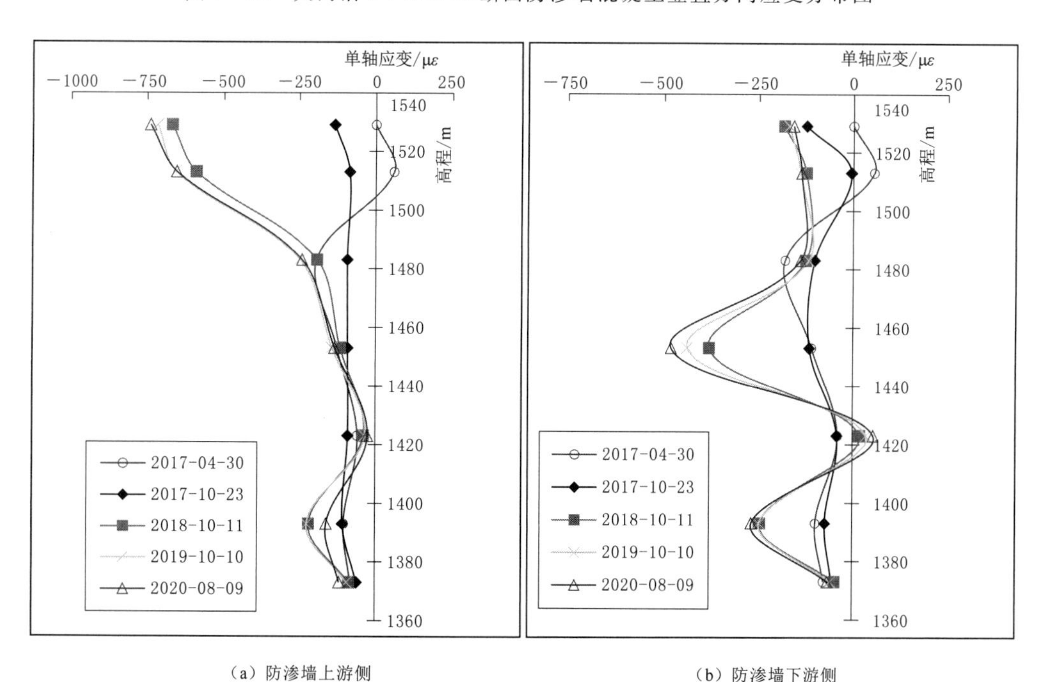

(a) 防渗墙上游侧　　(b) 防渗墙下游侧

图 7-19　大河沿 0+255.00 断面防渗墙混凝土左右岸方向应变分布图

态，当前值为 29～98με。0+270.00 断面防渗墙混凝土应力应变特征值见表 7-6，防渗墙上游侧、下游侧混凝土左右岸方向单轴应变过程线及竖直方向单轴应变过程线如图 7-20～图 7-21 所示，防渗墙混凝土竖直方向应变分布以及左右岸方向应变分布如图 7-22～图 7-23所示。

表7-6 大河沿0+270.00断面防渗墙混凝土应力应变特征值表 单位：με

测点编号	埋设部位			最大值	最大值日期	最小值	最小值日期	当前值(2020-08-09)
	高程/m	位置	埋设方向					
S7-1	1539	上游侧	竖直	98	2019-07-30	-102	2017-04-29	98
S7-2			左右岸	63	2019-12-11	-132	2017-05-18	63
S8-1		下游侧	竖直	90	2019-06-10	-58	2017-09-13	98
S8-2			左右岸	48	2017-07-12	-15	2017-04-24	29
S10-1	1513	下游侧	竖直	-19	2017-12-20	-93	2018-10-19	-66
S10-2			左右岸	9	2017-12-06	-338	2020-07-29	-332
S11-1	1483	上游侧	竖直	73	2017-05-05	-315	2019-06-10	-305
S11-2			左右岸	38	2017-04-17	-287	2019-06-10	-196
S12-1		下游侧	竖直	66	2017-05-05	-42	2018-07-20	-36
S12-2			左右岸	103	2017-05-05	-257	2020-01-17	-262
S14-1	1453	下游侧	竖直	74	2017-04-17	-157	2020-07-11	-154
S14-2			左右岸	87	2017-05-06	-184	2020-07-11	-176
S16-1	1423	下游侧	竖直	0	2017-04-16	-111	2019-04-30	-108
S16-2			左右岸	0	2017-04-16	-215	2019-09-10	-142
S17-1	1393	上游侧	竖直	45	2017-04-17	-70	2017-09-13	3
S17-2			左右岸	106	2018-05-10	-76	2017-07-12	24
S18-1		下游侧	竖直	53	2017-04-20	-45	2017-09-05	-8
S18-2			左右岸	33	2017-04-20	-80	2020-01-17	-82
S20-1	1373	下游侧	竖直	20	2017-04-24	-53	2017-05-06	-29
S20-2			左右岸	10	2017-04-26	-59	2019-12-11	-33

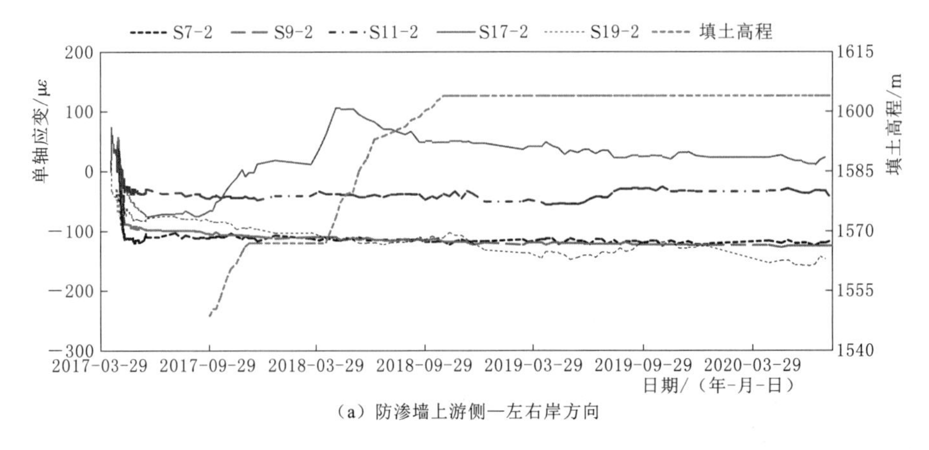

（a）防渗墙上游侧—左右岸方向

图7-20（一） 0+270.00断面防渗墙上游侧、下游侧混凝土左右岸方向单轴应变过程线

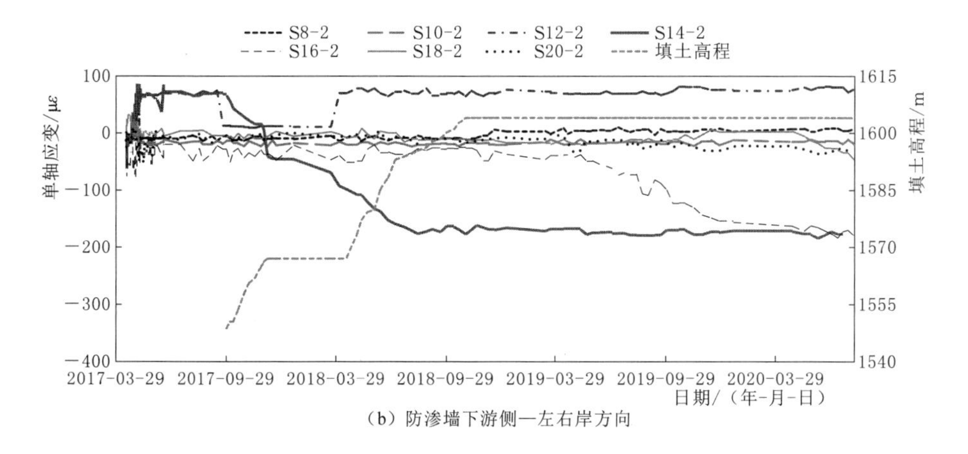

（b）防渗墙下游侧—左右岸方向

图 7-20（二） 0+270.00 断面防渗墙上游侧、下游侧混凝土左右岸方向单轴应变过程线

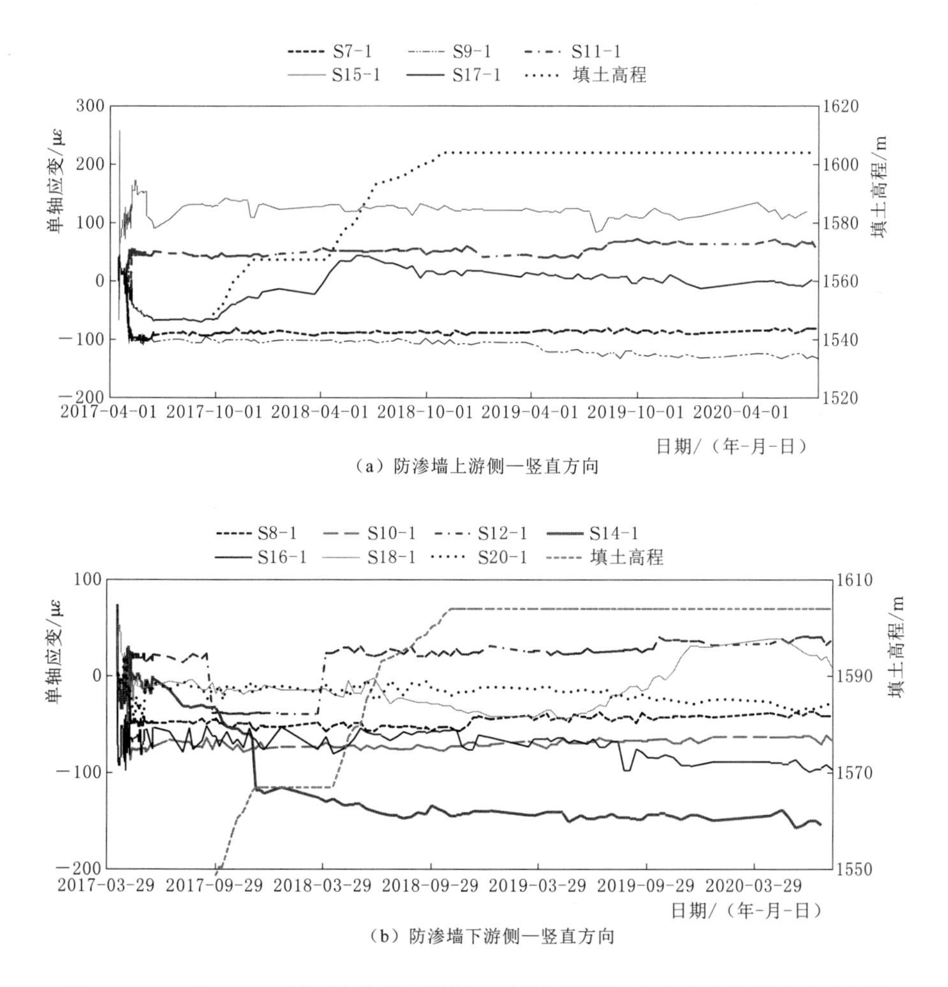

（a）防渗墙上游侧—竖直方向

（b）防渗墙下游侧—竖直方向

图 7-21 0+270.00 断面防渗墙上游侧、下游侧混凝土竖直方向单轴应变过程线

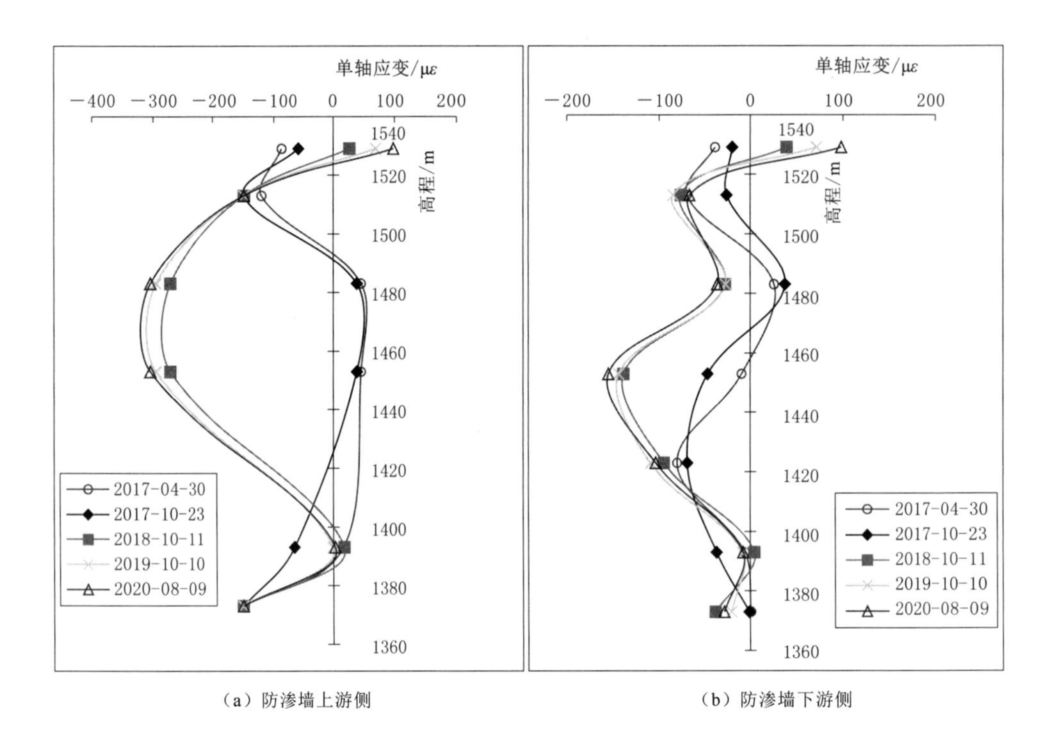

（a）防渗墙上游侧　　（b）防渗墙下游侧

图7-22　大河沿0+270.00断面防渗墙混凝土竖直方向应变分布图

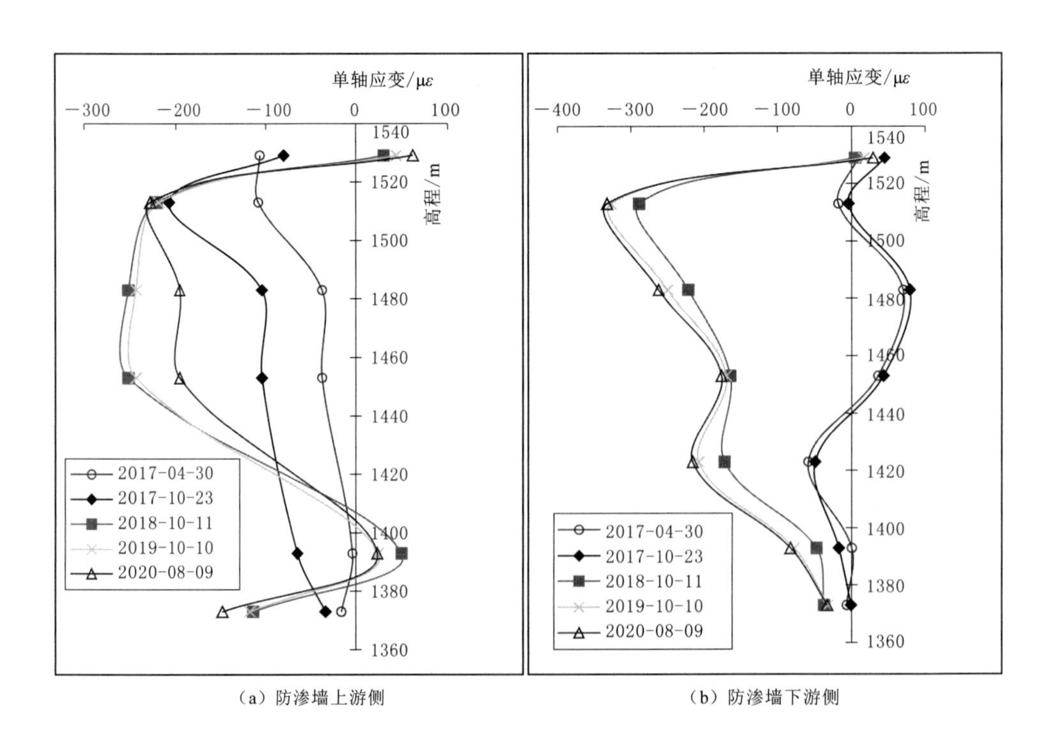

（a）防渗墙上游侧　　（b）防渗墙下游侧

图7-23　大河沿0+270.00断面防渗墙混凝土左右岸方向应变分布图

7.4.3 防渗墙底部压力监测

1. 深厚覆盖层混凝土防渗墙底部压应力

0+255.00、0+270.00 断面混凝土防渗墙底部埋设的 E2、E4 土压力计，在混凝土槽孔浇筑过程前安装完成，主要承受的是防渗墙自重，最大压应力分别为 2.47MPa、3.08MPa。槽孔底部土压力过程线如图 7-24 所示。

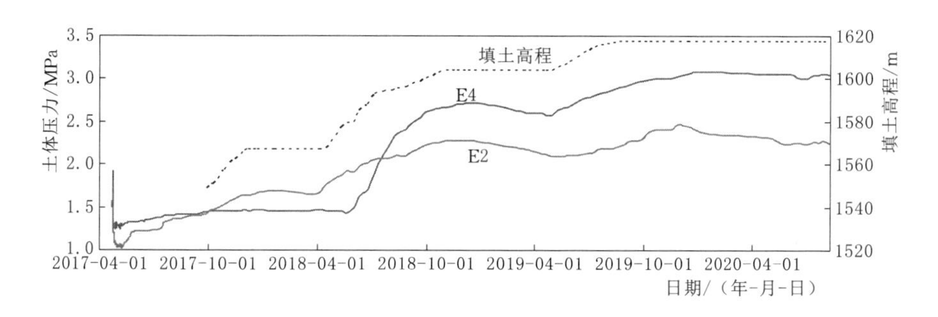

图 7-24 0+255.00 和 0+270.00 断面槽孔底部土压力过程线

随着混凝土防渗墙浇筑完成，水化热消散，混凝土强度增加，上下游覆盖层土体及邻近混凝土防渗墙约束力逐渐增强，混凝土防渗墙底部压应力迅速减小，约 20d 后，压应力达到最小值，最小压应力分别为 1.01MPa、1.24MPa，理论计算混凝土防渗墙底部的压应力约为 4.30MPa，在混凝土防渗墙自重的持续影响下，上下游侧附近土体进一步密实、形体压缩，混凝土防渗墙底部的应力开始增大，测值达 3.29MPa、3.06MPa。坝体填筑期内，防渗墙底部应力变化与坝体填筑高度密切相关，压力呈持续增大状态，在大坝休筑期内，测点的土压力基本无变化。截至 2020 年 10 月 18 日，0+255.00、0+270.00 断面混凝土防渗墙底部压应变分别为 2.24MPa、3.04MPa；压应变相差 0.8MPa，即由于坝体的分期填筑，右岸略滞后左岸 9 个月，右岸 0+270.00 断面（后期填筑）防渗墙底部压力要大于左岸 0+250.00 断面（先期填筑）防渗墙底部压力。

2. 深厚覆盖层混凝土防渗墙顶部压应力

坝体填筑期内，防渗墙底部应力变化与坝体填筑高度密切相关，压力呈持续增大状态。大坝休筑期内，测点的土压力基本无变化。0+255.00、0+270.00 断面混凝土防渗墙顶部压应变分别为 1.18MPa、0.65MPa，左岸（0+255.00 断面）混凝土防渗墙顶部压应变大于右岸（0+270.00 断面）约 0.53MPa；0+255.00 及 0+270.00 断面混凝土防渗墙顶部与底部压力差分别为 1.27MPa、2.55MPa。槽孔顶部土压力过程线如图 7-25 所示。

7.4.4 防渗墙挠度变形分析

典型监测断面 0+270.00 断面埋设的固定式测斜仪监测数据如图 7-26 所示，可知防渗墙墙体主要表现为以下几个主要特点：

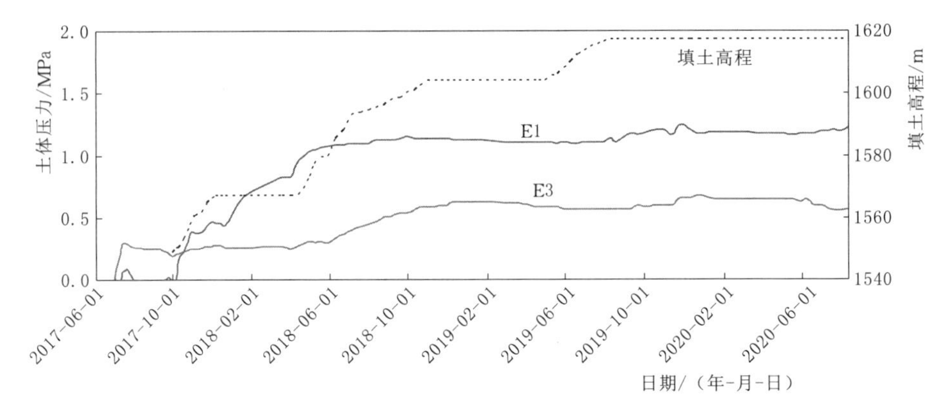

图7-25 0+255.00和0+270.00断面槽孔顶部土压力过程线

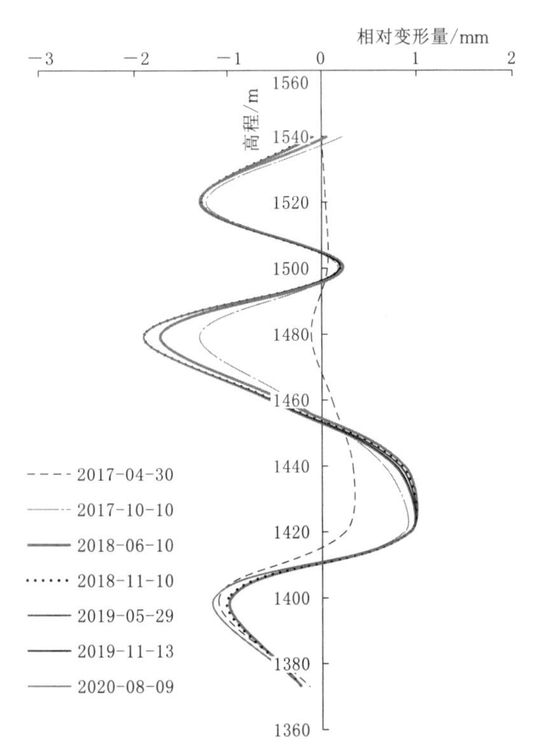

图7-26 大河沿典型断面防渗墙相对变形分布图

(1) 不同高程部位的相对位移呈向上游、向下游变形分布。

(2) 大坝填筑前，向上游最大相对位移值出现在墙体顶部约1/3处，其最大值为1.90mm，向下游最大相对位移则出现在墙体底部约1/3处，其最大值为0.93mm。防渗墙相对位移变化最大位于148.5m高程附近，此处也为压应变最大部位，最大值为711.8$\mu\varepsilon$。大坝填筑后，受大坝上覆土重影响，上述两个部位均表现出相对位移量进一步增大，截至2020年8月9日，两个部位的相对位移增至−0.52mm、0.04mm。

(3) 大坝填筑前，墙体顶部测点表现为向下游位移，埋设初期位移增量相对较大，之后则逐渐呈现出向上游变形趋势；墙体底部测点表现为向上游位移，其相对变形微小。大坝填筑后，坝体盖重对墙体和底部的相对位移量影响不大。

7.5 大河沿水库防渗墙监测成果分析及结论

目前，埋设于防渗墙上游侧、下游侧渗压计基本反映为不同地层的地下水位，其上游、下游水位差不大。防渗墙混凝土基本呈膨胀性。在大坝填筑前，防渗墙上游侧、下游侧的竖直和左右岸两方向的应变变化规律性不强，主要受防渗墙自重影响，处于深厚覆盖层与防渗墙相互约束、相互协调、自我适应的应力应变调整阶段。在筑坝过程中，各槽段墙体两个方向的应变测值不同程度地受到坝体荷载的影响，其中墙体竖直向受筑坝影响相对较小，左右岸向受筑坝影响则相对较大；另外受大坝分区域填筑方式（先左岸再右岸、先上游、下游区域再中间过渡料及沥青心墙部分的填土施工顺序）及各断面覆盖层深度不同等因素影响，0+270.00断面应变测值受坝体荷载影响也明显大于0+187.00和0+255.00断面。其中0+255.00断面竖直向和左右岸两个方向的应变在墙体中上部基本上呈现出拉应变减小或压应变增大的变化过程，中下部相对影响较小；而0+270.00断面在墙体的中上部为竖直方向和左右岸两个方向的应变则呈现出压应变减小或转化为拉应变的变化过程。

7.6　典型工程防渗墙安全监测案例

7.6.1　下坂地水库防渗墙监测案例

7.6.1.1　工程概况

新疆下坂地水利枢纽工程位于新疆塔里木河源流叶尔羌河主要支流之一的塔什库尔干河中下游。该工程是塔里木河流域近期综合治理中唯一的山区水库枢纽工程，是以生态补水及春旱供水任务为主，结合发电任务的综合性Ⅱ等大（2）型工程。水库正常挡水位2960m，总库容8.67亿m^3，电站总装机150MW。枢纽建筑物由拦河坝、导流泄洪洞、引水发电洞和电站厂房4部分组成。大坝为沥青混凝土心墙砂砾石坝，坝顶高程2966.00m，最大坝高78m；导流泄洪洞布置在右岸，引水发电洞布置在左岸，穿越哈木勒提沟拐向正东；电站厂房布置在坝址下游8.5km河道的左岸。

为解决坝基全断面150m深覆盖层防渗，采用“上墙下幕”防渗结构型式，在覆盖层上部浇注深85m，厚1m的悬挂式混凝土防渗墙，左右岸墙体嵌入基岩1m，对于局部强风化基岩墙体的嵌入深度可适当加深，其河槽部位常规混凝土配合比C20，两岸坡为C35；下部接4排帷幕灌浆孔，深入基岩1m，灌浆深度75m；灌浆材料采用水泥黏土浆，水泥黏土比1∶1～1∶0.6，灌浆水泥强度为32.5；墙幕衔接高度5m。

7.6.1.2　防渗墙挠度变形

在0+160.00、0+221.00、0+294.00 3个断面混凝土防渗墙内部埋设测斜管深度分别为90m、90m、75m，沿高程方向分别布置有固定测斜仪，共计21个测点。其中，0+160.00断面的8支固定式测斜仪分别布设在2817m、2828m、2839m、2850m、2861m、2872m、2883m、2894m高程；0+226.00断面2828～2894m高程除底部外，测点间隔为11m，共计6支仪器；0+294.00断面则是在2812～2883m高程，其测点间隔为11m，共计有7支仪器。防渗墙固定式测倾仪布置图如图7-27所示。

7.6.1.3　防渗墙应力应变

0+160.00、0+221.00、0+294.00 3个断面为防渗墙混凝土应力应变监测断面。其中0+160.00和0+294.00断面墙体上游、下游两面布设有单向应变计，共设置5个高程，0+226.00断面墙体上游、下游两面布设有两向应变计组，也设置5个高程，共计埋设40支应变计。在3个断面墙体中轴线处偏顶部位置布设1支无应力计，共计埋设无应力计3支。防渗墙应变计和无应力计布置图如图7-28所示。

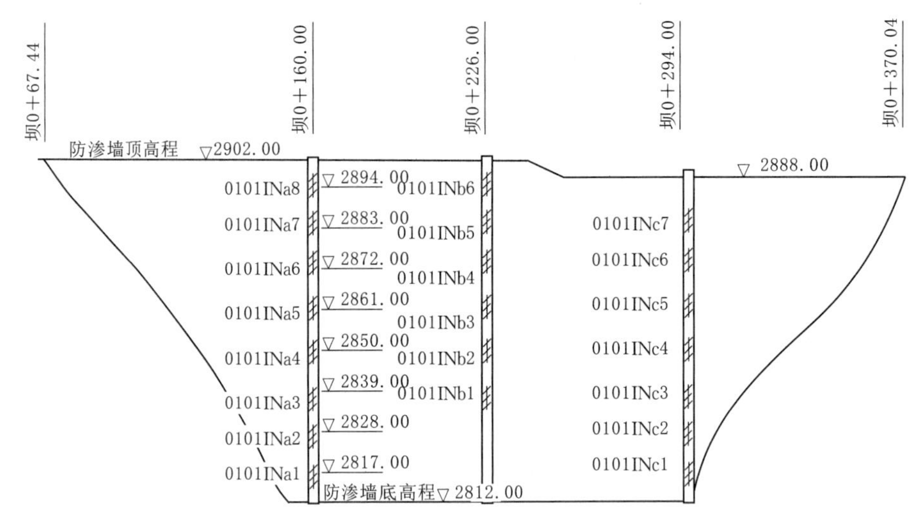

图7-27　防渗墙固定式测倾仪布置图

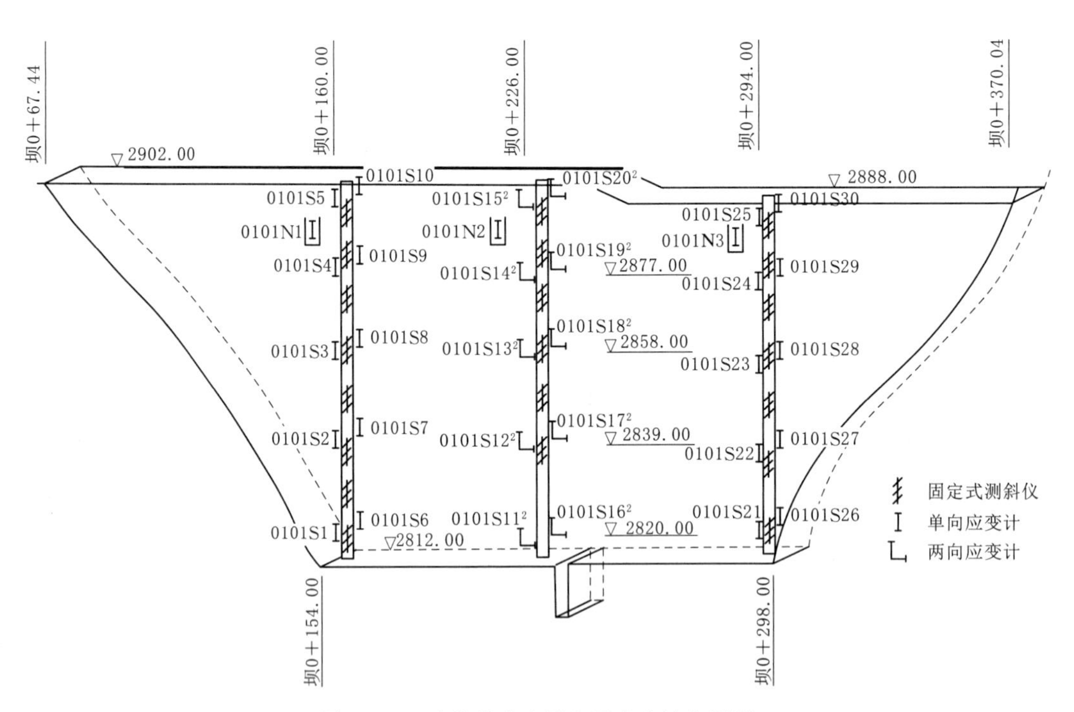

图7-28　防渗墙应变计和无应力计布置图

工程设计单位采用有效应力法计算的三维有限元防渗墙应力结果见表7-7。

表7-7　　防渗墙设计三维应力计算指标　　单位：MPa

心墙方案	竣工期		蓄水期	
	最大压应力	最大拉应力	最大压应力	最大拉应力
沥青混凝土心墙（南水模型）	19.0	0.9	18.5	1.2
沥青混凝土心墙（邓肯模型）	20.2	1.4	19.1	1.8

7.6.1.4 下坂地水库防渗墙监测成果分析

1. 防渗墙前后渗压水位监测

大坝基础主要用于坝基渗流监测的 36 支渗压计埋设在（坝）0＋160.00、0＋221.00、0＋294.00 3 个监测断面，坝上 6m、坝下 10m、70m、140m 各设置 1 个渗压计孔，每孔安装 3 支渗压计。3 个监测断面渗压计布置图如图 7－29～图 7－31 所示。

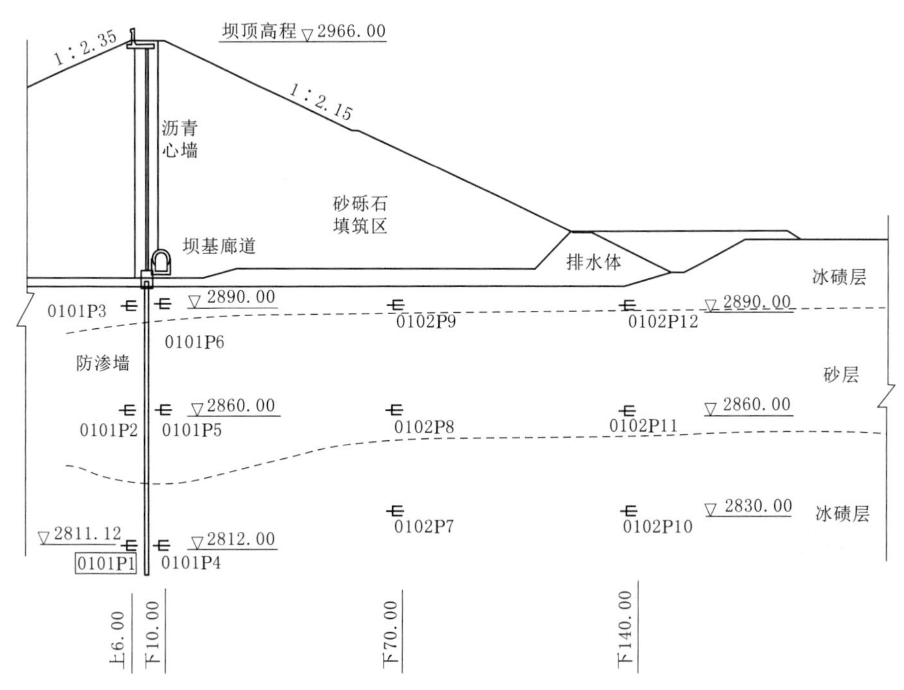

图 7－29　坝基础渗流场 0＋160.00 断面安全监测仪器布置图

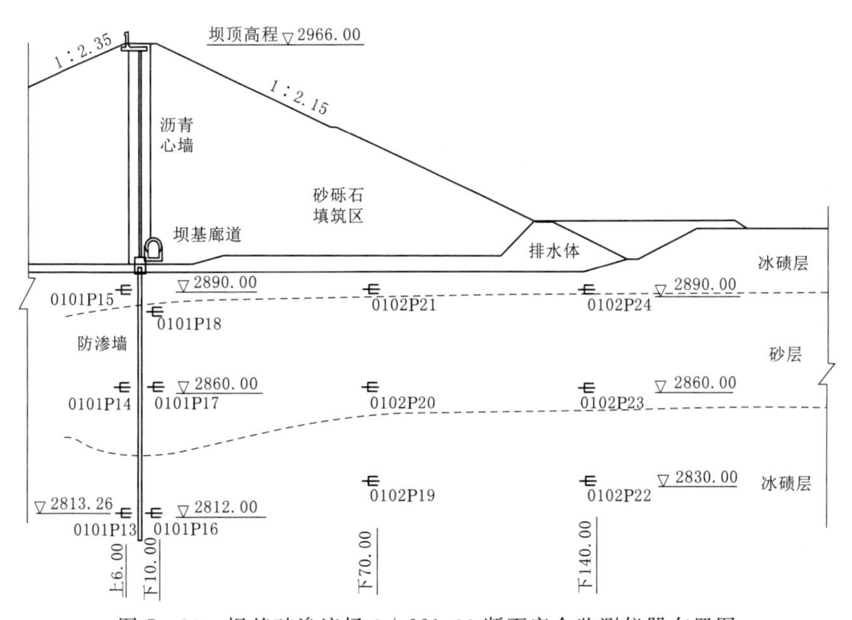

图 7－30　坝基础渗流场 0＋221.00 断面安全监测仪器布置图

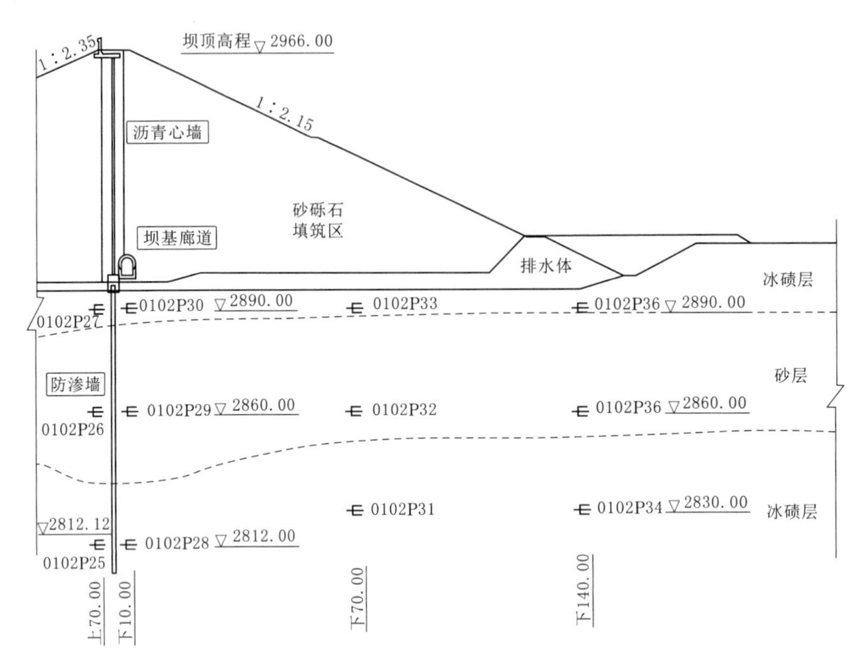

图7-31　坝基础渗流场0+294.00断面安全监测仪器布置图

2010年1月25日至11月1日蓄水期基础渗压计渗压水位过程线如图7-32～图7-34所示。可以看出：

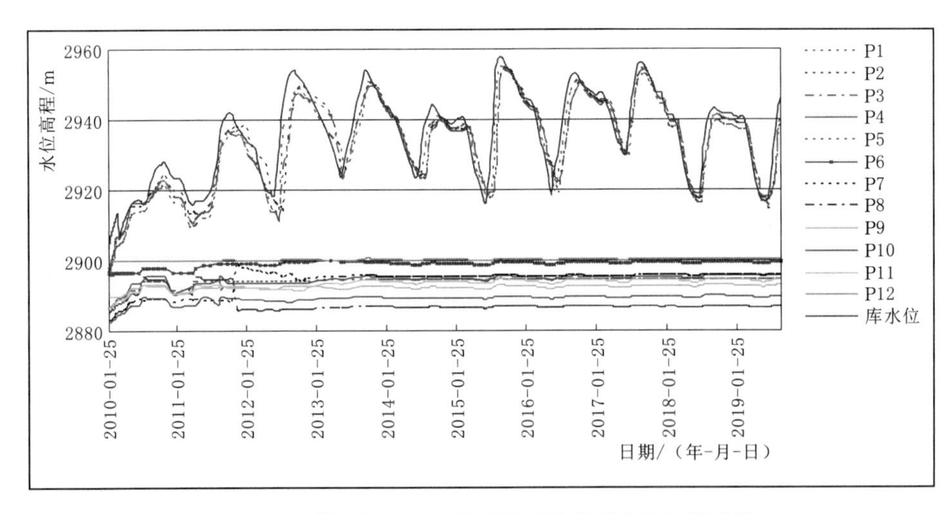

图7-32　坝0+160.00基础渗压计渗压水位过程线图

（1）上游渗压计水头均随上游水位的上升而上升，随上游水位的下降而降低，并具有滞后特性。

（2）大坝基础下游3个监测断面分别距坝轴线10m、70m、140m的渗压计，在蓄水期间随上游水位的上升有小幅上升，其中坝下10m处的2812m高程水位上升速率较快，下游最大渗压变化速率发生在0+294.00断面坝下10m的2812m高程处。

（3）3个监测断面下游基础2890～2896m高程埋设的测点水头变化量较小，分别是：

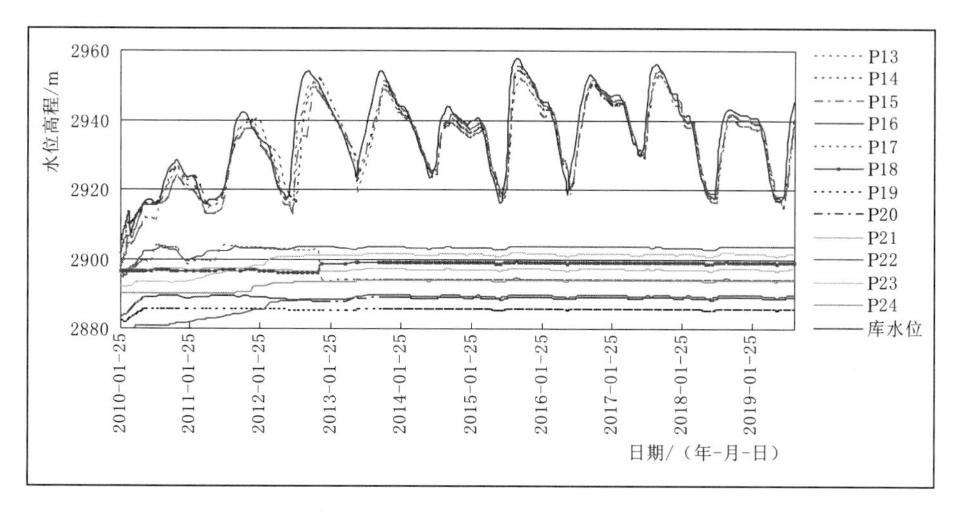

图 7-33 坝 0+220.00 基础渗压计渗压水位过程线图

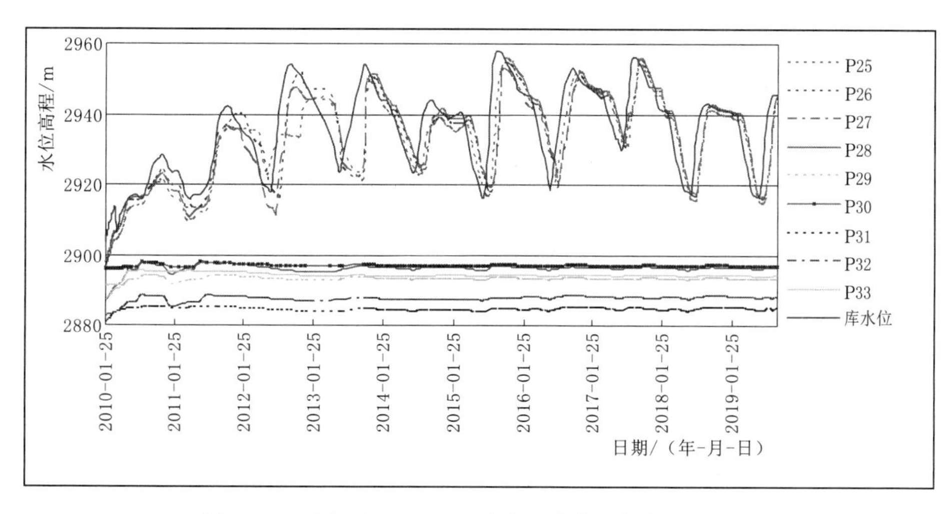

图 7-34 坝 0+294.00 基础渗压计渗压水位过程线图

1.61m、0.004m、1.31m。下游基础 2860m 高程埋设的测点水头变化量为 6.25～8.49m；下游基础 2812m 高埋设的测点水头变化量为 5.87～10.10m。

综上可知：大坝下游基础相同埋高对应的渗压计测点其渗压水位值依次按距坝轴线下游 10m、70m、140m 从大到小分布。近建基面测点测值显示下坂地水库坝体的浸润线较低，且通过换算 3 个监测断面埋设在基础内部位于防渗墙上游 6m 和下游 10m 处测点测值的折减系数可知：沥青心墙防渗墙为 44%～64%，防渗墙的截渗效果尚可。

2. 防渗墙挠度变形监测

在 0+160.00、0+221.00、0+294.00 的 3 个断面防渗墙中安装了共 21 套固定测斜仪，监测防渗墙挠度变形。埋设于防渗墙中的固定式测斜仪监测数据如图 7-35～图 7-38 所示，根据结果可知：

(1) 下闸蓄水前，混凝土防渗墙左右岸中部、下部向上游位移，顶部附近向下游位移，其中 0+294.00 断面 2832m 高程的位移最大，约为 7mm；防渗墙河槽中部 0+220.00

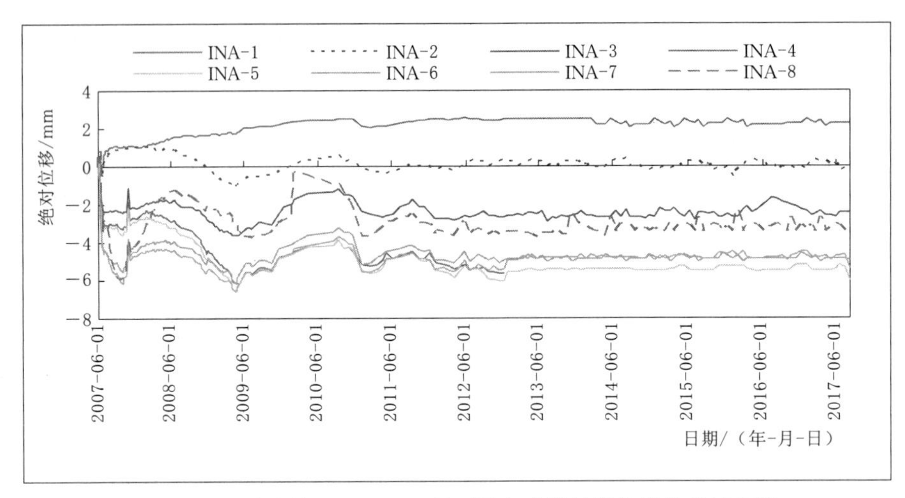

图 7-35　防渗墙 0+160.00 断面固定式测斜仪挠度位移过程线

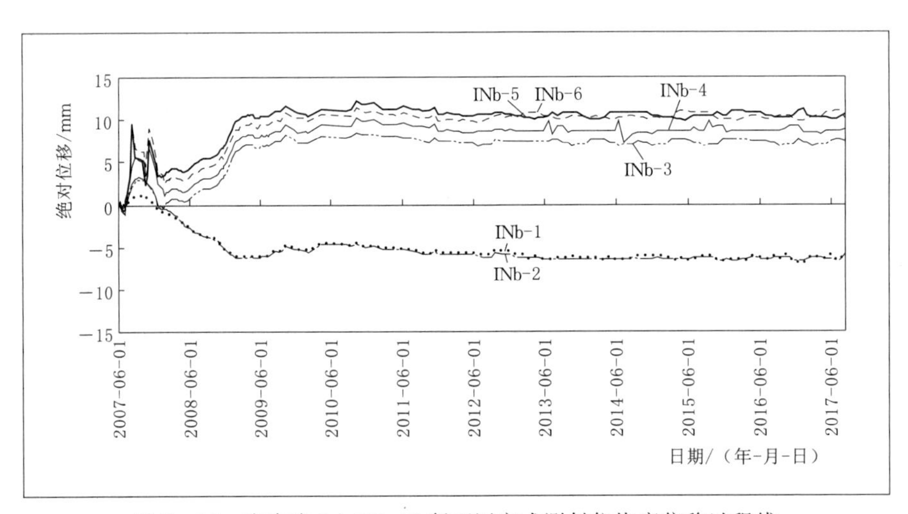

图 7-36　防渗墙 0+221.00 断面固定式测斜仪挠度位移过程线

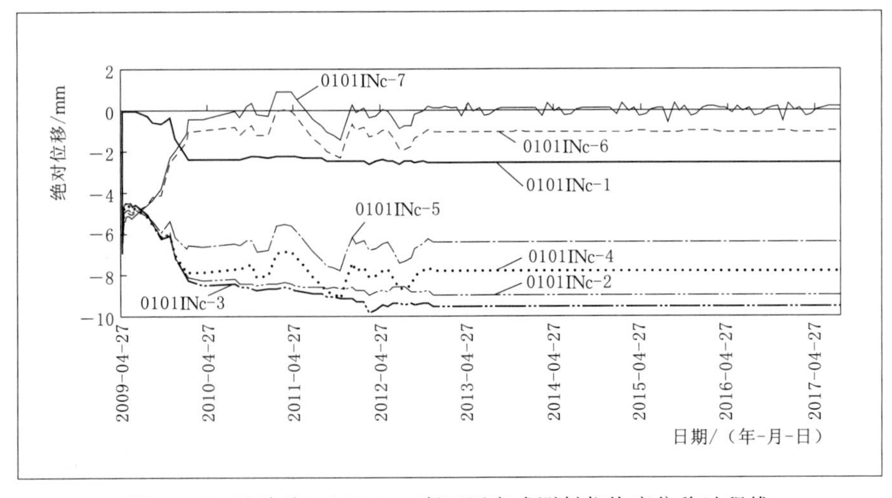

图 7-37　防渗墙 0+294.00 断面固定式测斜仪挠度位移过程线

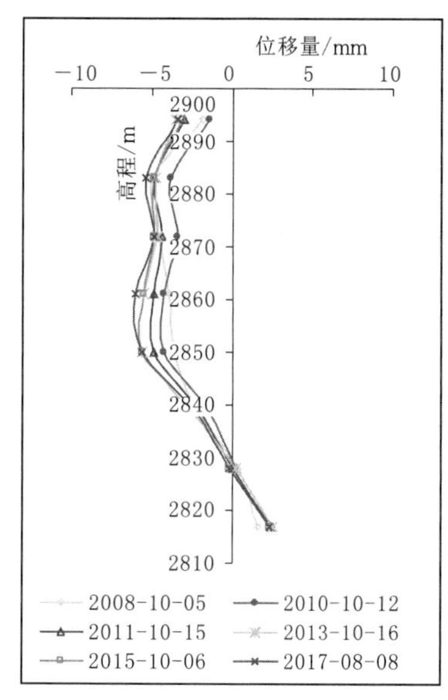

(a) 0+160.00断面

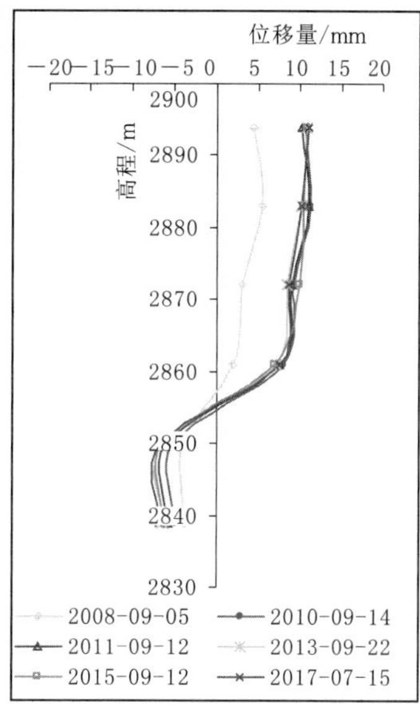

(b) 0+221.00断面

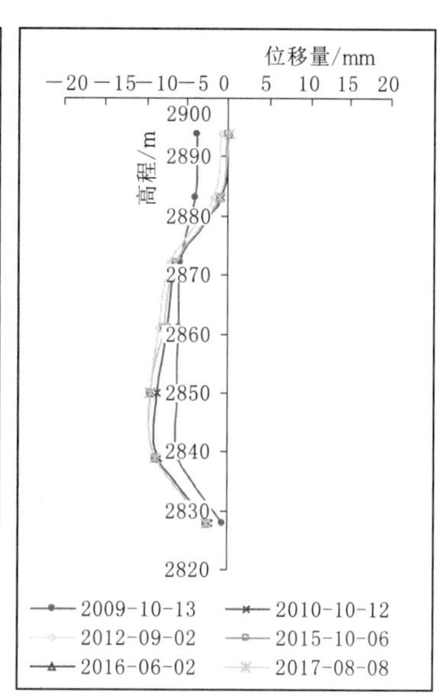

(c) 0+294.00断面

图 7-38 防渗墙 0+160.00、0+221.00、0+294.00 断面挠度变形分布图

断面底部向上游位移，最大位移约 5mm，中部、顶部向下游位移，顶部的最大位移约 12mm。

(2) 2010 年 1 月 5 日开始蓄水至 2017 年 8 月 8 日，防渗墙 0+160.00、0+220.00 断面及 0+294.00 断面的中部、底部整体向下游偏移，变形量最大的部位主要集中在 0+160.00 断面的 2834～2889m 高程；0+294.00 断面中部、顶部向上游变形约 1mm。蓄水期防渗墙承受坝体自重荷载影响的同时，还承受较大水压力的作用，从开始蓄水至今，除个别部位以外，其余部位均呈现向下游位移的趋势，但量值较小。

2017 年 8 月之后，3 个监测断面的固定式测斜仪相继失效。

混凝土防渗墙沿坝轴线方向，墙体中部向下游的位移变形相对较大；沿高程方向，墙体中上部变形较大；基本符合蓄水期间混凝土防渗墙一般的变形规律。自大坝蓄水至仪器失效前的观测数据表明：混凝土防渗墙的挠度变形量变化不大，发生挠曲变形破坏的可能性不大。

3. 防渗墙应力应变监测

防渗墙混凝土线膨胀系数与混凝土自生体积变形见表 7-8，由监测数据可知：0+160.00、0+221.00、0+294.00 3 个断面均为膨胀型。2006 年 10 月—2020 年 11 月，仪器埋设初期自生体积变形增大，之后逐渐趋于稳定。

表 7-8 防渗墙混凝土线膨胀系数与混凝土自生体积变形

测点编号	测点位置		高程/m	测点线性膨胀系数/(με/℃)	自生体积变形范围/με
	横	纵/m			
0101N01	0+160.00	坝下 0.3	2882.00	7.17	0～67
0101N02	0+221.00	坝下 0.3	2882.00	7.80	0～200
0101N03	0+294.00	坝下 0.3	2882.00	8.70	0～146

古河槽大坝中间桩号的典型 0+221.00 监测断面的防渗墙应变监测数据见表 7-9，应变计在竖直向与左右岸向单轴应变过程线如图 7-39～图 7-45，根据结果可知：

表 7-9　0+221.00 断面防渗墙上游侧、下游侧两向应变计组单轴应变特征值表　　单位：$\mu\varepsilon$

测点编号	埋设部位			最大值	最大值日期	最小值	最小值日期	当前值(2020-11-17)
	埋设位置	埋设高程/m	安装方向					
0101S11-1	上游侧	2820	竖直	0	2006-10-23	−560	2019-07-15	−558
0101S11-2			左右岸	0		−299	2018-02-03	−297
0101S12-1		2838	竖直	0		−711	2019-03-17	−691
0101S12-2			左右岸	0		−969	2013-01-25	−916
0101S13-1		2858	竖直	0		−441	2013-03-14	−415
0101S13-2			左右岸	0		−585	2019-09-25	−585
0101S14-1		2877	竖直	0		−628	2012-05-11	−363
0101S14-2			左右岸	0		−441	2016-02-03	−385
0101S15-1		2897	竖直	0		−609	2013-03-14	−531
0101S15-2			左右岸	0		−707	2013-03-14	−638
0101S16-1	下游侧	2820	竖直	0		−555	2012-12-08	−520
0101S16-2			左右岸	0		−332	2013-04-12	−311
0101S17-1		2838	竖直	0		−680	2013-12-03	−588
0101S17-2			左右岸	0		−354	2012-08-28	−332
0101S18-1		2858	竖直	0		−863	2015-03-04	−843
0101S18-2			左右岸	0		−590	2012-07-10	−471
0101S19-1		2877	竖直	0		−895	2017-05-28	−860
0101S19-2			左右岸	0		−889	2016-02-27	−859
0101S20-1		2897	竖直	0		−421	2006-11-05	−249
0101S20-2			左右岸	0		−428	2019-09-01	−409

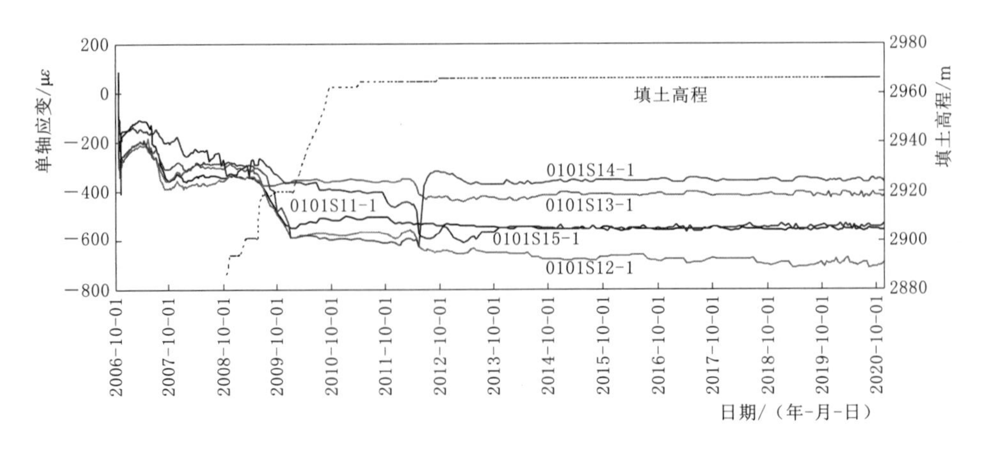

图 7-39　混凝土防渗墙 0+220.00 桩号上游侧应变计竖直向单轴应变过程线

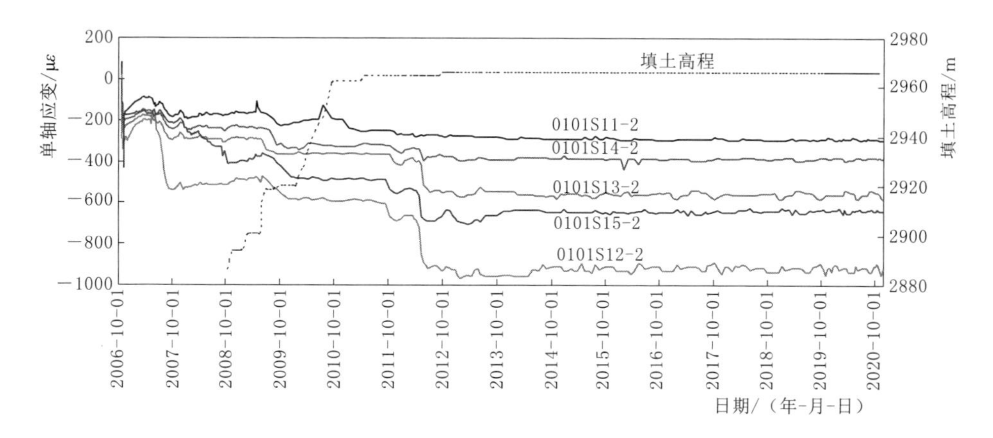

图 7-40 混凝土防渗墙 0+220.00 桩号上游侧应变计左右岸向单轴应变过程线

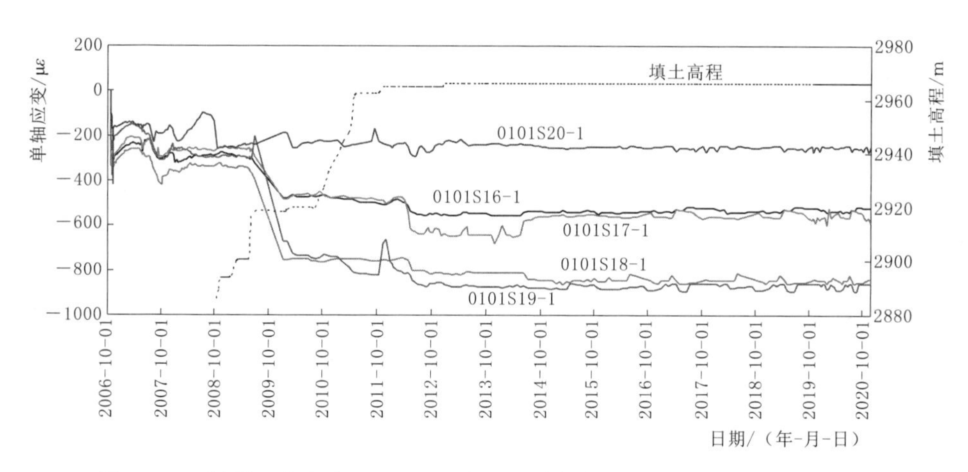

图 7-41 混凝土防渗墙 0+220.00 桩号下游侧应变计竖直向单轴应变过程线

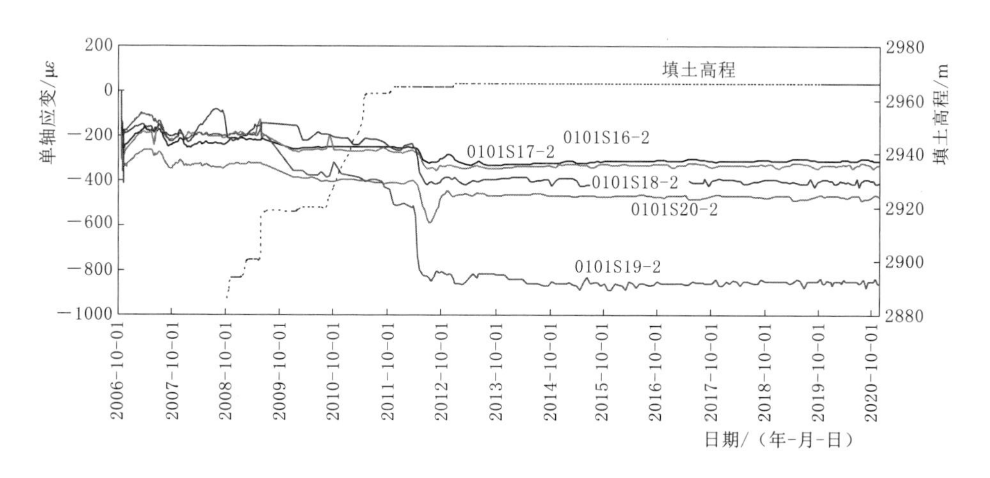

图 7-42 混凝土防渗墙 0+220.00 桩号下游侧应变计左右岸向单轴应变过程线

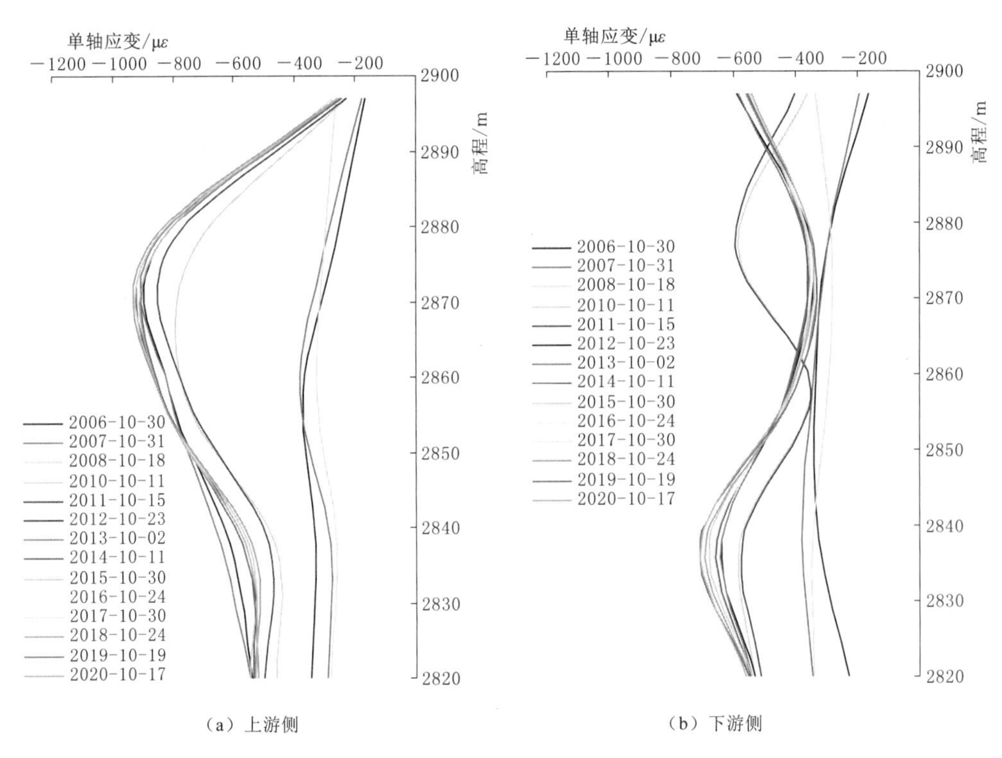

（a）上游侧　　（b）下游侧

图7-43　防渗墙0+160.00断面上、下游两侧墙体竖向应力空间分布图

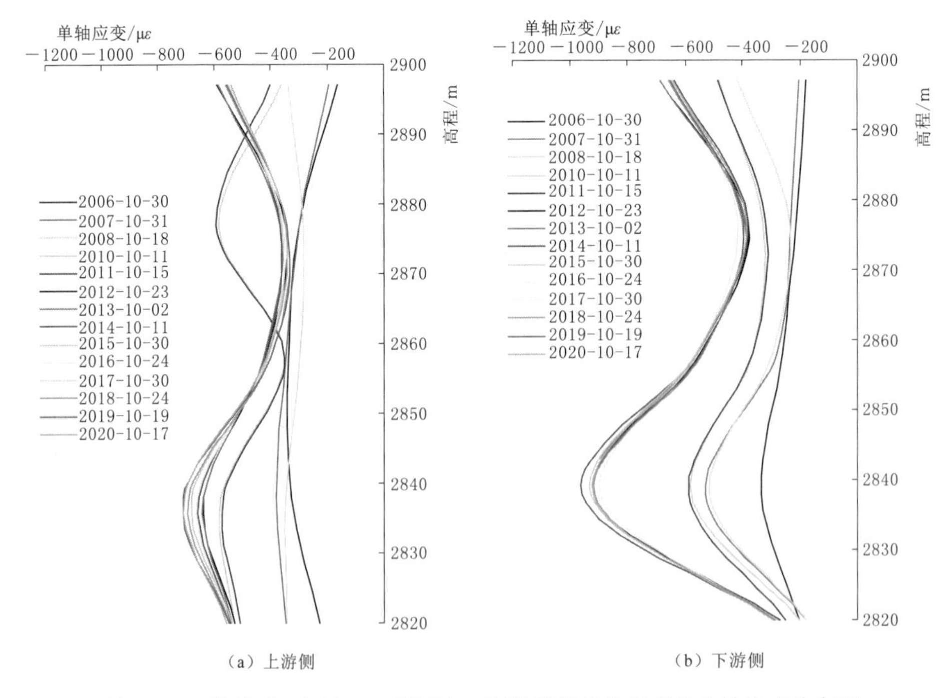

（a）上游侧　　（b）下游侧

图7-44　防渗墙0+220.00断面上、下游两侧墙体竖直向单轴应变分布图

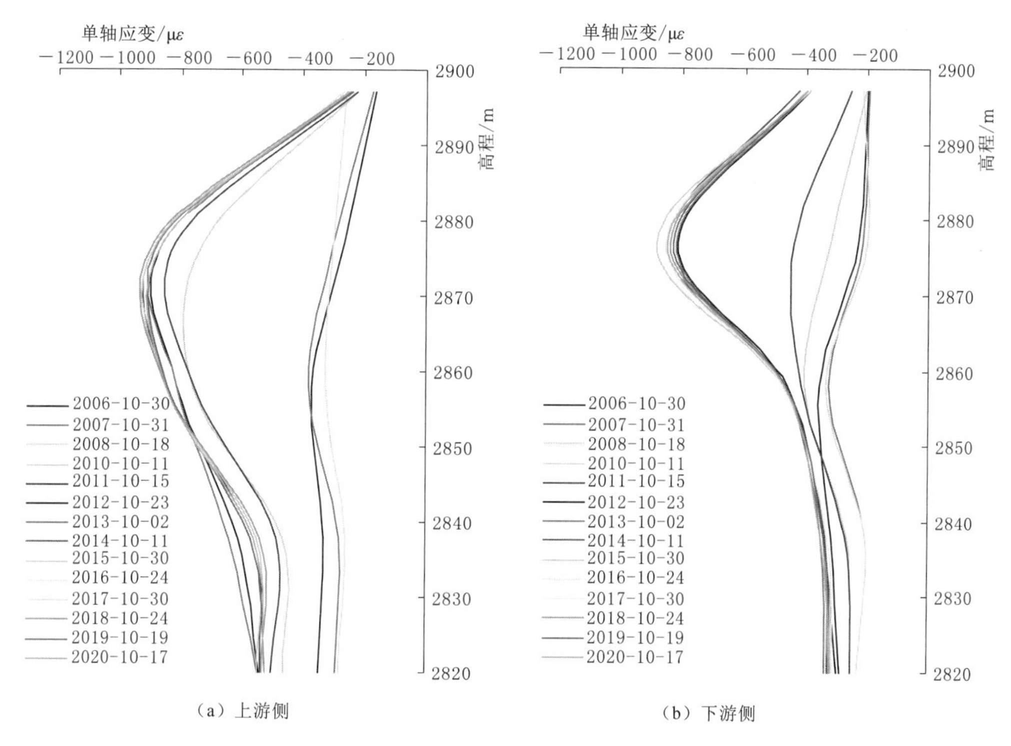

图 7-45 防渗墙 0+220.00 断面上、下游两侧墙体左右岸方向单轴应变分布图

(1) 蓄水前，埋设于 0+221.00 断面墙体上游侧、下游侧的两向应变计组，无论是竖直向，还是左右岸向，自仪器浇筑后测点单轴应变均表现为受压，混凝土凝结后一段时间各测点均有压应变减小的变化。在大坝填筑期间，测点受上部覆盖土重影响，压应变均有增大的变化，其竖直向单轴压应变略大于左右岸向。2010 年 1 月蓄水前，墙体上游、下游两面的竖直向单轴压应变为 188～752με，左右岸向为 156～505με。

(2) 因水库为分期填筑和分期蓄水，2010 年 1 月一期蓄水后，防渗墙的应力应变情况受上游水压力升高和覆盖土重增加两方面因素的影响，随着库水位增高及上部盖重的增加，各测点压应变增大明显，2010 年 10 月大坝剩近 4m 到顶。2012 年 6 月至 10 月期间，库水位首次蓄至 2950m 以上，此期间断面大部分测点的单轴应变响应较明显，单轴压应变增大速率较快。截至 2020 年 11 月 17 日，墙体上游、下游两面的竖直向单轴压应变为 249～860με，左右岸向为 297～859με。

(3) 因下坂地工程未做防渗墙混凝土徐变试验，采用混凝土配合比相类似工程的徐变数据，将应变值转换为应力计算结果表明：①蓄水前，左右岸混凝土防渗墙底部上下游面的竖直方向处于压应力状态，顶部上下游面的应力处于微压或微拉的状态，中部的上下游面处于拉应力状态，最大拉应力 1.3MPa；②蓄水后，水压力以面力的形式作用在混凝土防渗墙的上游面上，左右岸混凝土防渗墙上下游面均处于压应力状态，其中中部的压应力最大，最大压应力达 6.3MPa。

(4) 受坝体填筑荷载及后期蓄水的影响，河槽最深处混凝土防渗墙上游面竖直方向始终处于压应力增加的状态，压应力为 3.7～7.3MPa，底部压应力较大，顶部压应力较小。

下游面的应力变化状态与 0＋160.00 断面的相同，蓄水之后，压应力变化为 3.0～9.3MPa，远小于设计允许的抗压强度 19.1MPa。

综上可知：影响混凝土防渗墙应力的主要因素有深厚覆盖层的材料特性、与基岩的连接方式、施工因素及上游水位等。由于下坂地混凝土防渗墙并未伸入基岩，为悬挂式结构，其受力状态比一般修建于基岩上的混凝土防渗墙（全封闭防渗）复杂，且墙体的受力在河槽中央和两岸坡差别也是很大的；其次深厚覆盖层与防渗墙之间的不均匀沉降也是防渗墙产生拉应力的原因之一，设计初期，考虑结构因素的影响，从最不利的仿真计算结果出发，岸坡段混凝土防渗墙的抗拉强度应不大于 1.8MPa，从目前的监测成果来看，蓄水之前，左右岸混凝土防渗墙上下游面的中部、顶部实测拉应力小于设计值；随着水库开始蓄水，混凝土防渗墙的应力状况得到改善，拉应力区转变为压应力。2012—2019 年两个监测断面各高程测点的应力测值较平稳，未发现突变异常情况。

4. 坝底廊道施工缝变形

为了对大坝廊道 0＋054.00 桩号（左岸灌浆平洞与廊道变形缝）及 0＋384.00 桩号（廊道与右岸交通洞的变形缝）变形进行变形缝相对位移监测，共设置了 6 组 3DM－200 型三向位移计，分别设置在两个部位变形缝的顶拱洞轴线处和上下游两侧拱角线下 50cm 处，通过对三向位移计的观测，就能了解到廊道相对右岸的交通洞和左岸的灌浆平洞的开合、垂线和上下游 3 个方向的错动位移。大坝廊道与山体结合部位混凝土施工缝监测仪器布置图如图 7－46 所示。

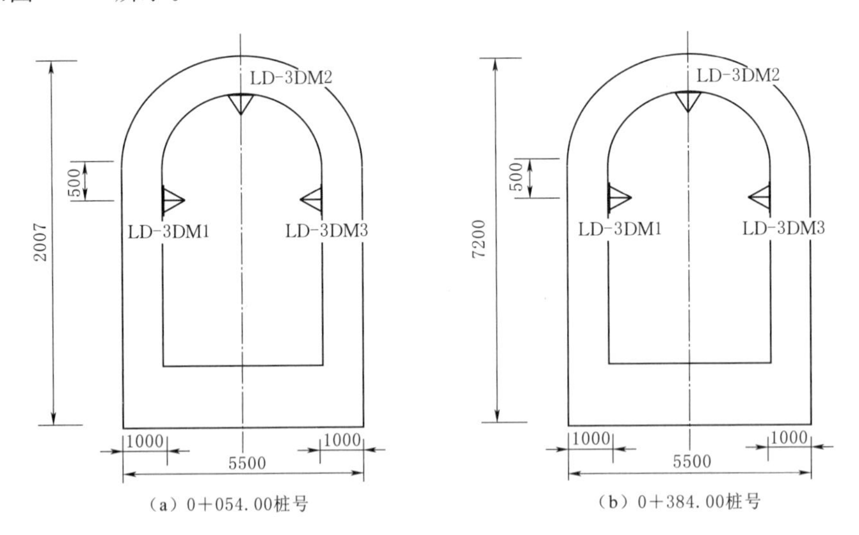

图 7－46 大坝廊道与山体结合部位混凝土施工缝监测仪器布置图

坝底廊道 0＋054.00～0＋384.00 桩号混凝土裂缝上安装 6 组三向位移计，其监测数据见表 7－10。根据结果可以看出：截至 2012 年 3 月 10 日，左岸 0＋054.00 桩号变形缝张开变形为 6.20～8.52mm；坝底廊道相对灌浆平洞向下游切向位移为 9.72～16.78mm；沉降变形为－1.64～9.28mm；其变形趋势如图 7－47（a）所示。至 2012 年 3 月 10 日，右岸 0＋384.00 桩号变形缝张开变形为 11.80～22.32mm；坝底廊道相对交通洞向下游切向位移为 2.44～13.28mm；沉降变形为 2.94～11.24mm；其变形趋势如图 7－47（b）所示。

表 7-10　　大坝廊道施工缝 3DM 三向测缝计监测成果表　　单位：mm

观测日期	测点编号	LD-3DM1	LD-3DM2	LD-3DM3	LD-3DM4	LD-3DM5	LD-3DM6
	变形方向	0+054.00			0+384.00		
2011-01-21	左右岸	2.99	0.99	1.42	3.24	4.07	2.22
	上下游	1.82	5.19	3.36	1.26	1.02	0.21
	沉降	−1.74	−0.75	1.70	1.02	3.24	1.69
2011-04-23	左右岸	5.81	7.05	5.62	15.94	18.31	10.67
	上下游	1.31	1.44	9.09	2.13	4.04	10.22
	沉降	−1.24	9.04	7.74	7.44	3.36	8.10
2011-08-28	左右岸	7.74	7.34	6.00	17.00	20.8	10.92
	上下游	9.66	16.00	10.98	4.78	4.14	12.20
	沉降	−1.64	1.86	8.92	9.36	0.18	11.46
2011-12-27	左右岸	7.83	7.41	6.36	17.63	21.19	10.59
	上下游	10.18	16.41	11.28	6.17	3.94	13.48
	沉降	−1.67	2.22	9.01	9.32	0.17	11.61
2012-03-10	左右岸	8.52	8.12	6.20	17.7	22.32	11.80
	上下游	9.72	16.78	11.56	6.12	2.44	13.28
	沉降	−1.64	2.30	9.28	9.50	2.94	11.24

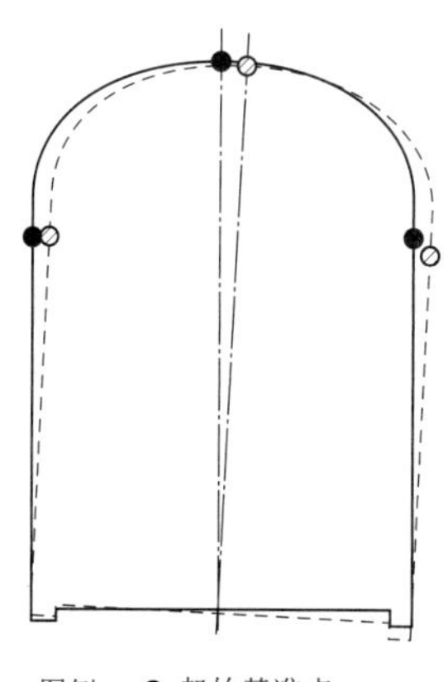

(a) 0+054.00桩号

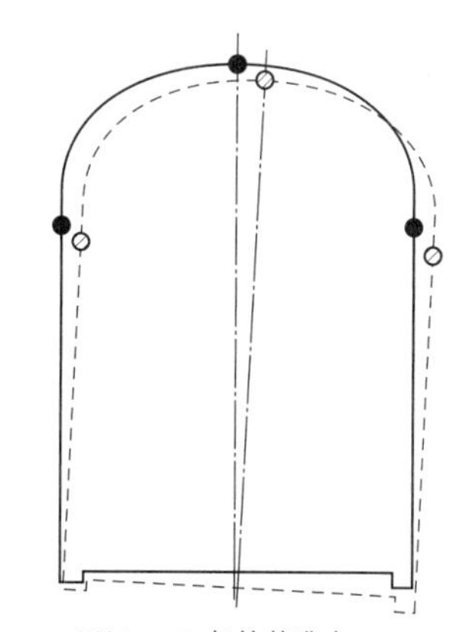

(b) 0+384.00桩号

图 7-47　底廊道相对灌浆平洞位移趋势示意图

右岸变形缝开合、沉降位移变形明显大于左岸变形缝的变形，上下游切向位移左岸略大于右岸。其中，两个部位的最大张开位移发生在右岸拱顶部位，其值为 22.32mm；上下游切向最大位移值发生在左岸拱顶，其值为 16.78mm；沉降最大位移发生在左岸下游侧墙，其值为 11.24mm。而且，从历次的监测数据分析来看，两个监测断面的变形缝变形有逐渐增大的趋势。2012 年之后由于廊道 0+054.00、0+384.00 桩号进行钢梁或混凝土衬砌加固，仪器拆除并停止观测。

7.6.1.5 总结

目前，埋设于坝体3个监测断面的防渗墙上游侧、下游侧渗压计反映出了不同高程处地下水位的变化，其坝下10m、70m、140m处3个高程上的水位变化不大；上游渗压计水位随着上游水位的增加有小幅上升，下游渗压计水位变化也是如此。说明防渗墙防渗效果良好，渗流量变幅较小，控制在合理范围之内。蓄水前，不同监测断面防渗墙位移方向不同，最大位移量约为12mm。蓄水后，除个别部位之外，大部分部位位移均倾向下游，但位移值均较小，在合理范围以内；自大坝蓄水至仪器失效前的观测数据表明：混凝土防渗墙的挠度变形量变化不大，发生挠曲变形破坏的可能性不大。防渗墙应力变化及分布情况与是否蓄水有关，最大拉应力达1.3MPa，最大压应力达6.3MPa。受坝体填筑荷载及后期蓄水的影响，河槽最深处混凝土防渗墙上游面竖直方向始终处于压应力增加的状态，压应力为3.7～7.3MPa，底部较大，顶部较小；蓄水之后，压应力变化为3.0～9.3MPa，远小于设计允许的抗压强度19.1MPa。蓄水之前，左右岸混凝土防渗墙上下游面的中部、顶部实测拉应力小于设计值，但河槽最深处混凝土防渗墙的下游面出现了较大拉应力，但随着水库开始蓄水，混凝土防渗墙的应力状况得到改善，拉应力区转变为压应力。

防渗墙混凝土基本呈膨胀性。从目前应变检测数据可以看出：防渗墙位移变化大的部位通常也是应变变化较大的部位。坝底廊道右岸变形缝开合、沉降位移变形明显大于左岸变形缝的变形，上下游切向位移左岸略大于右岸。其中，两个部位的最大张开位移发生在右岸拱顶部位，其值为22.32mm；上下游切向最大位移值发生在左岸拱顶，其值为16.78mm；沉降最大位移发生在左岸下游侧墙，其值为11.24mm。根据监测数据推断，两个监测断面的变形缝变形有逐渐增大的趋势。

7.6.2 阿尔塔什水利枢纽工程防渗墙监测设计

7.6.2.1 工程概况

阿尔塔什水利枢纽工程位于塔里木河源流之一的叶尔羌河干流山区下游河段的新疆维吾尔自治区克孜勒苏柯尔克孜自治州阿克陶县库斯拉甫乡境内，是一座在保证向塔里木河干流生态供水目标的前提下，承担防洪、灌溉、发电等综合利用任务的大型骨干水利枢纽工程。水库正常蓄水位为1820.0m，设计洪水位为1821.62m，校核洪水位为1823.69m，总库容22.49亿m^3，电站装机容量755MW，阿尔塔什水利枢纽工程为Ⅰ等大（1）型工程。

枢纽工程由拦河坝、1号及2号表孔溢洪洞、中孔泄洪洞、1号及2号深孔放空排沙洞、发电引水系统、电站厂房、生态基流引水洞及其厂房、过鱼建筑物等主要建筑物组成。主河床布置混凝土面板砂砾石堆石坝；左岸往山里依次布置2号深孔放空排沙洞、中孔泄洪洞、1号表孔溢洪洞、2号表孔溢洪洞；右岸布置发电引水系统及1号深孔放空排沙洞；引水式地面厂房位于下游克孜拉孜沟南侧1.8km的右岸；生态基流引水发电洞从2号发电洞引接，生态电站厂房布置在坝下右岸；过鱼设施布置在大坝右岸。阿尔塔什水库混凝土面板砂砾石堆石坝，坝轴线全长795.0m，坝顶高程1825.80m，坝顶宽度12m，最大坝高164.8m，上游坝坡采用1∶1.7，下游坝坡坡度1∶1.6。面板坝直接建造于河床深厚覆盖层上，覆盖层最大厚度94m，地震动峰值加速度为320.6gal。

7.6.2.2 防渗墙监测布置

选择两个断面防0＋185.00及防0＋230.00，在防0＋185.00断面混凝土防渗墙高程

1635.0m、1610.0m、1585.0m距防渗墙上下游面10cm处各埋设一支单向应变计，同高程防渗墙轴线处埋设一支无应力计。防0+230.00断面混凝土防渗墙高程1635.0m、1610.0m距防渗墙上下游面10cm处各埋设一支单向应变计，同高程防渗墙轴线处埋设一支无应力计监测墙体应力计，如图7-48所示。

根据防渗墙应力计算的结果可知：岩石面变化处防渗墙应力偏大。在防渗墙应力最大的断面设置两向应变计及无应力计，选择监测防0+160.00和防0+200.00断面，高程埋设在墙体入岩高程处，距防渗墙上下游面10cm处各埋设一支单向应变计，同高程防渗墙轴线处埋设一支无应力计。

蓄水前，防渗墙内监测仪器损坏了5支应变计，完好率仅达到64.3%。

7.6.2.3 防渗墙监测成果及分析

防渗墙监测成果见表7-11和图7-49，可知：目前大坝防渗墙混凝土内部监测段应变计、无应力计的综合应变多数处于压缩变形状态，只有2支应变计处于拉伸变形状态。混凝土应变值为－679.6～38.8με，基本符合混凝土应变变化的一般规律。

7.6.3 石门水利枢纽工程防渗墙监测设计

7.6.3.1 工程概况

石门水库工程地处新疆维吾尔自治区且末县境内，莫勒切河和喀拉米兰河两河流域下游平原区，东距且末县城150km，西距民丰县城150km，距塔里木中部油田基地直线距离120km。

石门水库为中型Ⅲ等工程，由引水枢纽大坝、溢洪洞、泄洪排沙导流洞、灌溉发电洞、坝后电站及尾水洞等主要建筑物组成。主要建筑物引水枢纽大坝为2级；溢洪道、泄洪排沙导流洞、灌溉发电洞、坝后电站及尾水洞为3级；临时建筑物为5级；引水枢纽大坝最大坝高81.5m、总库容0.6671亿m^3，装机容量8000kW。

大坝采用碾压式沥青混凝土心墙坝，坝顶宽10m，坝顶长565.32m，坝顶高程2398.5m，最大坝高81.5m，坝顶设高度1.2m的防浪墙。上游坝坡采用上缓下陡的设计形式，坝顶高程2398.5～2373m采用1：2.5的边坡，2373m以下采用1：2.25边坡，并在变坡点高程2373m和上游围堰顶高程2348m设两级马道，马道宽度分别为4m和8m，上游平均坝坡1：2.503，采用25cm混凝土护坡；下游坝坡1：2.0，在高程2361m处设有一级马道，坝后坡采用30cm浆砌石护坡加混凝土框格护砌。

坝体采用沥青混凝土防渗墙防渗，墙厚自上至下厚度为0.6～1.0m，沥青混凝土防渗墙与坝基混凝土防渗墙相接；河床坝基防渗处理采用混凝土防渗墙结合帷幕灌浆，防渗墙最大深度111m，防渗墙厚度为1m。

溢洪道布置于右坝肩，平面上呈折线布置，为岸边开敞式侧堰溢洪道，堰型WES堰。溢洪道由侧堰段、控制段、泄槽段（包括缓坡泄槽和陡坡泄槽）、消能段、海漫段、尾水渠段共6部分组成，全长743m，最大泄流量496m^3/s。

泄洪排沙洞布置在大坝左侧，隧洞出口以上布置在岩基内，以下消力池部分布置在砂砾石基础上。纵断面设计为“龙抬头”结构型式，隧洞洞身为无压隧洞，全长842m，由引渠段、闸井段、洞身段、底流消能段、海漫段、出口明渠段等组成，平洞段纵坡1/70。

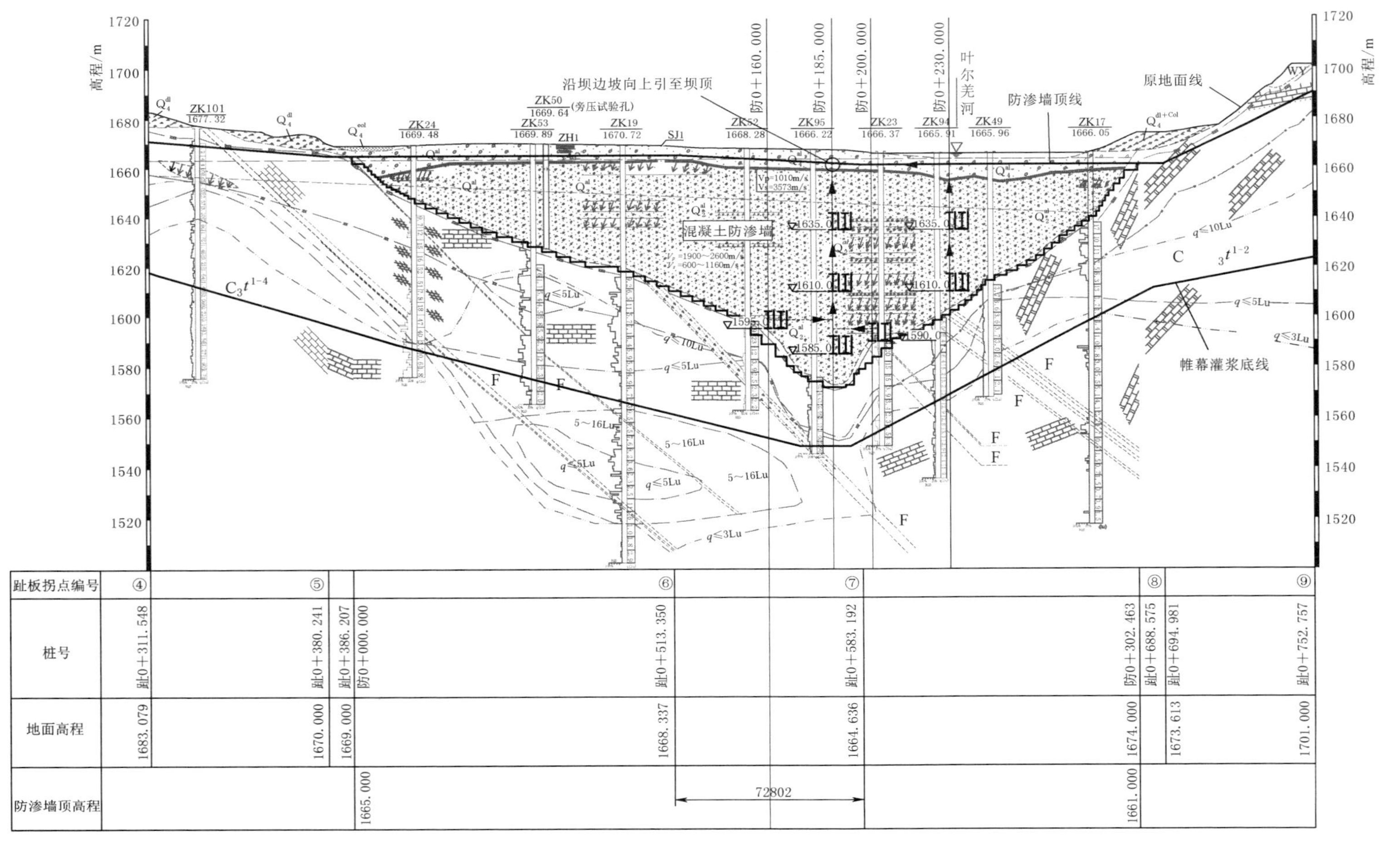

图7-48　阿尔塔什防渗墙监测仪器布置图

表 7-11 大坝防渗墙混凝土应变计特征值统计表

设计编号	安装部位	初值日期	防渗墙混凝土综合应变特征值统计/με						
			最大值	监测日期	最小值	监测日期	变幅	当前值	监测日期
F-S1-1	28号、防渗墙上游侧、防0+160.00、高程1595m	2016-04-18	44.1	2016-04-19	−392.5	2019-10-12	436.6	−392.5	2020-09-02
F-S1-2	28号、防渗墙下游侧、防0+160.00、高程1595m	2016-04-18	5.6	2016-04-18	−606.6	2020-04-26	612.2	−606.6	2020-09-02
F-N01	28号、防渗墙中部、防0+160.00、高程1595m	2016-04-18	425.2	2019-10-07	−118.9	2016-05-12	544.2	6.7	2020-09-02
F-N02	32号、防渗墙中部、防0+185.00、高程1585m	2016-05-03	52.0	2016-05-04	−155.9	2016-06-03	207.9	−75.7	2020-09-02
F-S3-1	32号、防渗墙上游侧、防0+185.00、高程1610m	2016-05-04	72.0	2016-05-20	−88.9	2016-05-06	160.9	−64.5	2020-09-02
F-S3-2	32号、防渗墙下游侧、防0+185.00、高程1610m	2016-05-04	129.5	2017-03-13	0.0	2016-05-04	129.5	38.8	2020-09-02
F-N03	32号、防渗墙中部、防0+185.00、高程1610m	2016-05-03	54.2	2016-05-13	−108.2	2018-01-14	162.4	−60.0	2020-09-02
F-N04	32号、防渗墙中部、防0+185.00、高程1635m	2016-05-04	115.7	2016-05-13	−138.2	2016-09-26	253.9	−98.1	2020-09-02
F-S5-2	34号、防渗墙下游侧、防0+200.00、高程1590m	2016-05-09	33.4	2016-05-09	−714.6	2019-01-16	748.1	−679.6	2020-09-02
F-N05	34号、防渗墙中部、防0+200.00、高程1590m	2016-05-09	200.9	2016-05-10	−252.9	2020-04-26	453.8	−252.9	2020-09-02
F-S6-2	38号、防渗墙下游侧、防0+230.00、高程1610m	2016-04-21	93.2	2016-04-21	−549.9	2019-09-15	643.1	−459.0	2020-09-02
F-N06	38号、防渗墙中部、防0+230.00、高程1610m	2016-04-21	37.3	2016-05-12	−56.0	2016-09-26	93.3	−25.5	2020-09-02
F-S7-1	38号、防渗墙上游侧、防0+230.00、高程1635m	2016-04-21	137.2	2016-04-22	−309.9	2019-10-07	447.0	−305.8	2020-09-02
F-S7-2	38号、防渗墙下游侧、防0+230.00、高程1635m	2016-04-21	26.4	2016-04-22	−602.3	2019-09-15	628.7	−471.0	2020-09-02

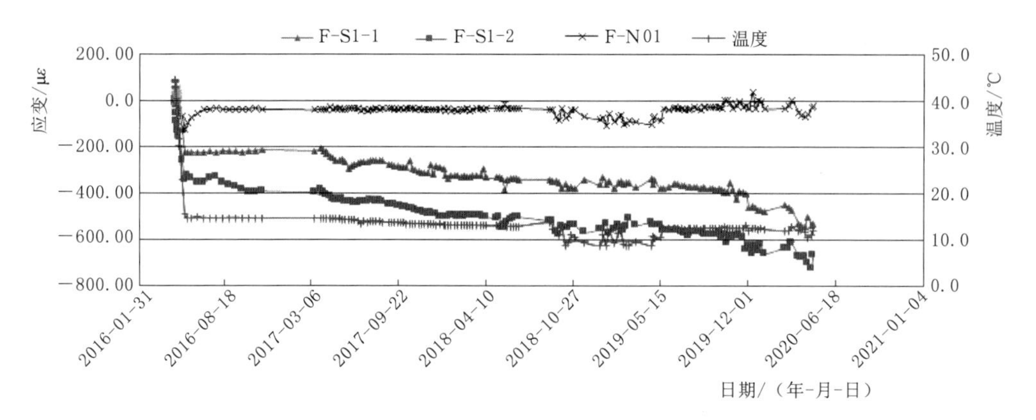

图7-49 应变计F-S1组与无应力计F-N01综合应变变化过程线

在校核洪水位下，最大设计泄流量557m³/s。

灌溉引水发电洞布置于左岸，进水口与泄洪排沙洞进水口联合布置，由引水渠、进水口段、隧洞段、灌溉及发电叉管段等组成。

进水口采用岸塔式进水口，布置于泄洪排沙洞进口左上方，进水口底板高程2358m。灌溉引水发电洞全长441m，洞形为圆形，内径2.8m；引水隧洞出口用压力钢管给发电机组供水，平面上供水叉管采用扫帚形布置形式；在压力钢管末端接灌溉支管。

发电厂房垂直于压力管道布置。选用机型为卧式机组，厂房由主厂房和副厂房组成，主副厂房均为单层；副厂房布置于主厂房上游侧，与主厂房等长；厂房尾水经尾水明渠投入下游渠道。机组的进水管采用单管三机，3台机共用一条尾水渠。2台主变压器布置于户外升压站内；户外升压站位于右侧副厂房上游岸坡上。

电站尾水池后设节制闸和退水闸各2孔，其中节制闸接电站尾水渠，退水闸接电站退水渠，每孔闸门孔口尺寸宽×高为2.5m×2.5m。

尾水渠全长1196.5m，末端接已批复待实施的灌溉隧洞，由矩形渠及隧洞组成，其中矩形明渠长89m，净尺寸宽×高为2.5m×3.0m，隧洞长1107.5m，净宽×高为2.5m×3.25m；设计流量11.0m³/s，加大流量12.60m³/s，设计纵坡均为1/500。

7.6.3.2 防渗墙监测布置

防渗墙监测断面选择坝0+250.00和坝0+300.00两个断面，在坝0+250.00断面沿高程方向布设6支应变计和无应力计，在坝0+300.00断面沿高程方向布设8支应变计、无应力计和固定式测斜仪。在防渗墙顶部上下游侧布置渗压计，在0+145.00、0+220.00、0+300.00断面各布设3支土压力计，防渗墙渗压计、土压力计布置图如图7-50所示，防渗墙应力应变计与无应力计布置图如图7-51所示，防渗墙固定式测倾仪布置图如图7-52所示。

7.6.3.3 防渗墙监测成果及分析

目前，各种监测仪器性态稳定，工作状态正常，监测结果符合一般规律且都在正常范围内。

1. 渗透压力

监测结果显示，心墙前坝基安装埋设的渗压计，其渗透水位随着库水位的变化而变

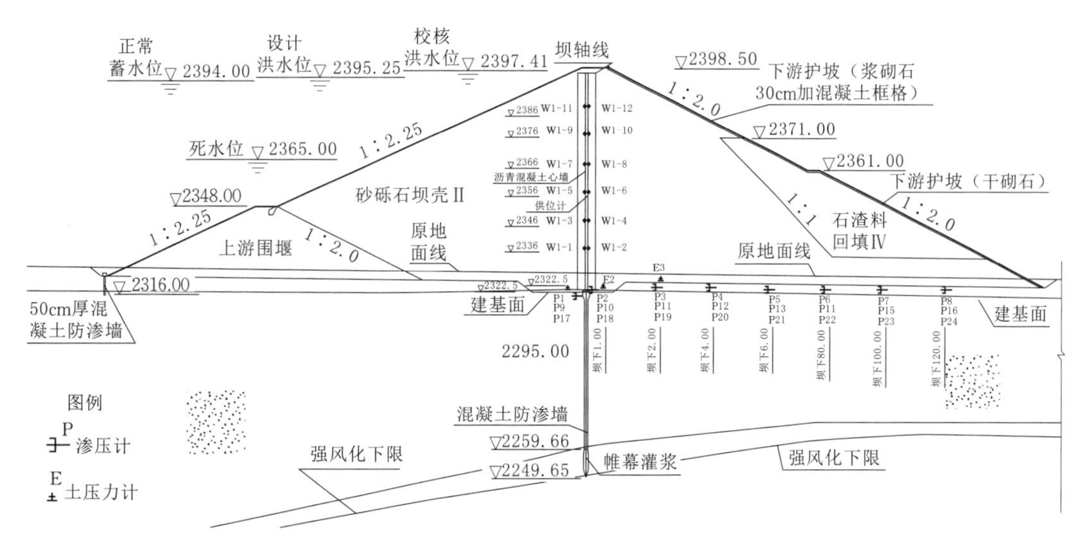

图 7-50 大坝主断面渗压计、土压力计布置图

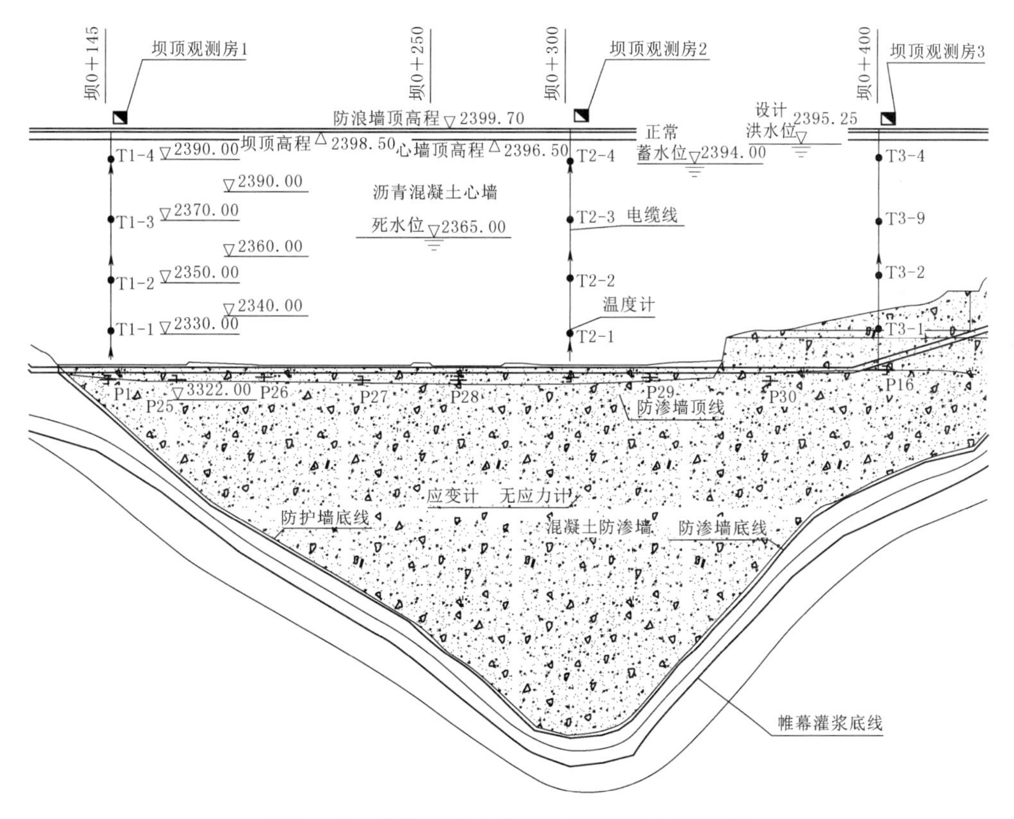

图 7-51 防渗墙应力应变计与无应力计布置图

化，心墙前埋设的渗压计渗透水位为2385.100～2384.750m，目前心墙前渗透水位上升了62.297～62.104m。坝基心墙后安装埋设的渗压计，其渗透水位随库水位的变化而发生微弱变化，从目前库水位及坝后渗透水位情况来看，坝基帷幕防渗良好，沥青心墙防渗良好。防渗墙顶部上下游侧渗透水位过程线如图7-53～图7-55所示。

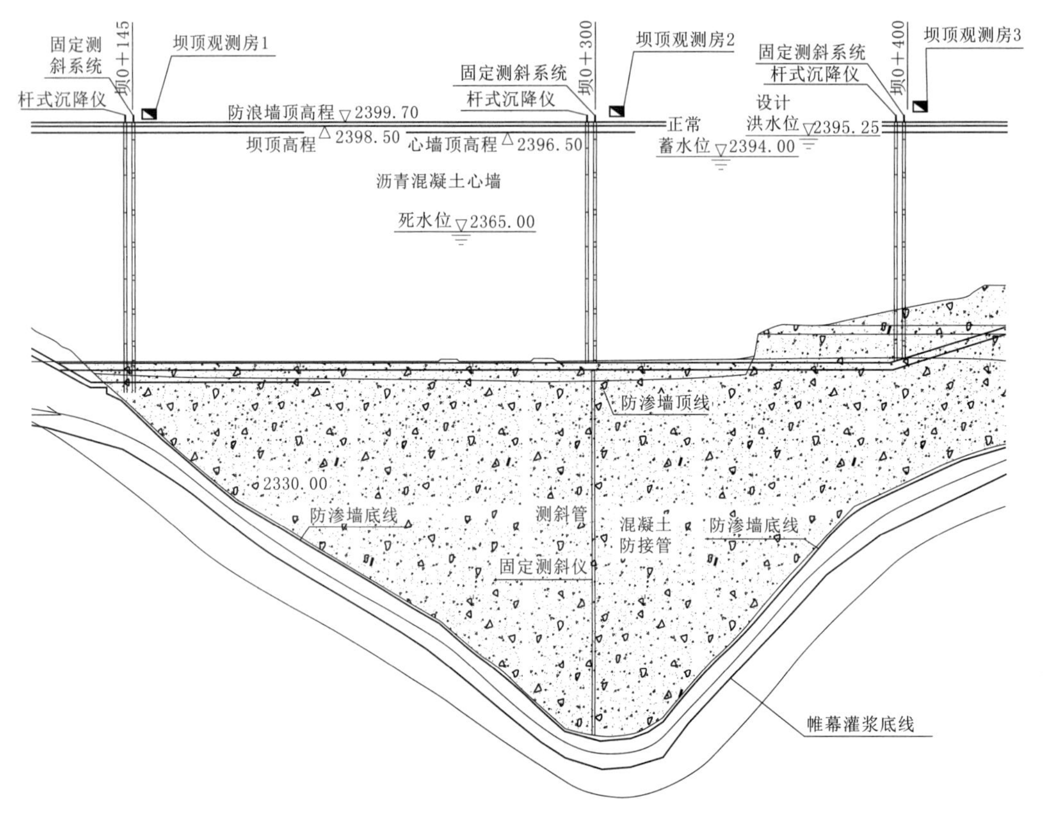

图 7-52　防渗墙固定式测倾仪布置图

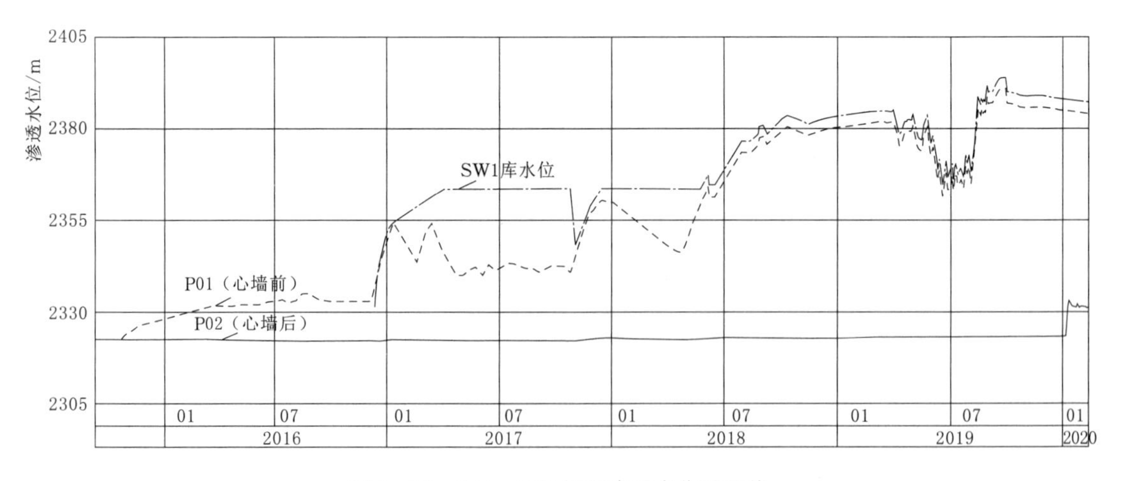

图 7-53　P01、P02 坝基渗透水位过程线

2. 土压力

坝体土压力计安装埋设后，截至 2020 年 8 月 31 日，坝体土压力为 0.035～0.773MPa，变化均在允许范围内，坝体和防渗墙运行安全稳定，防渗墙顶部土压力变化曲线如图 7-56 所示。

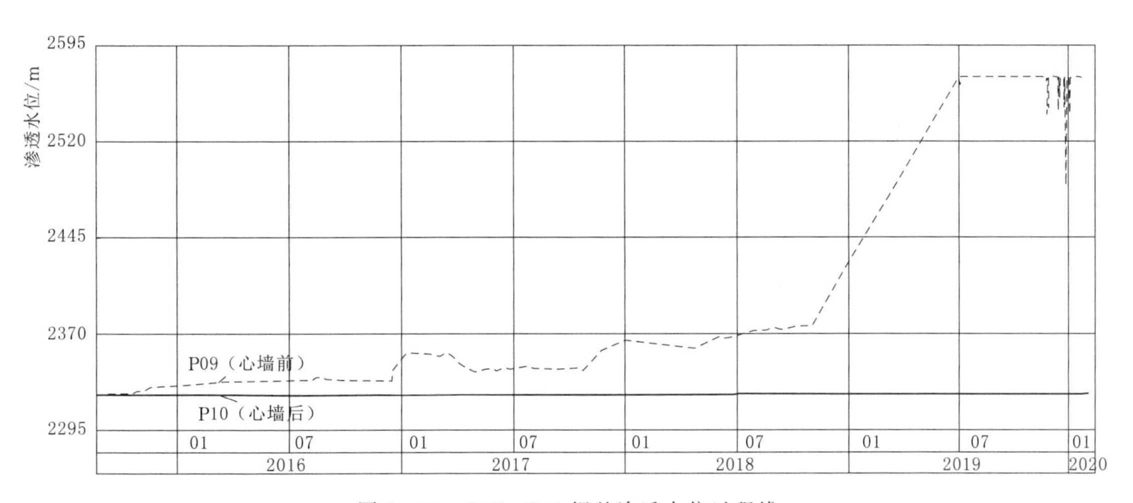

图 7-54 P09、P10 坝基渗透水位过程线

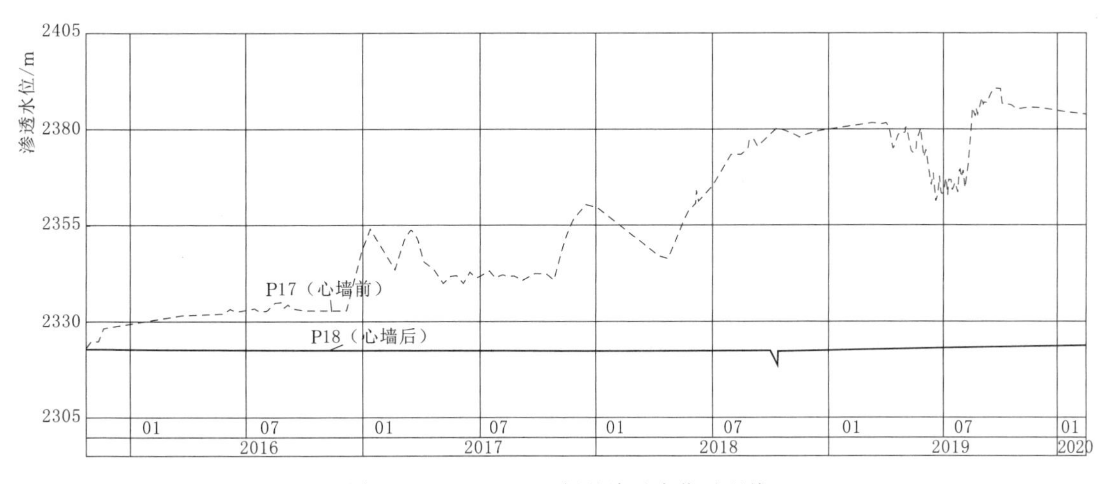

图 7-55 P17、P18 坝基渗透水位过程线

7.6.4 托帕水库防渗墙监测设计

7.6.4.1 工程概况

托帕水库工程位于新疆维吾尔自治区克孜勒苏柯尔克孜自治州乌恰县境内，工程坝址位于恰克玛克河上，距恰克玛克河拦河引水枢纽约 45km，距阿图什市约 92km。

托帕水库工程的建设任务以灌溉、防洪为主。正常蓄水位 2394.50m，对应库容 5709.82 万 m^3，调节库容 3907.69 万 m^3（原始库容，下同）；死水位 2373m，死库容 1802.12 万 m^3；汛限水位 2393.0m，对应库容 5370.44 万 m^3；防洪高水位 2394.50m，对应库容 5709.82 万 m^3；设计洪水位 2394.52m，对应库容 5714.34 万 m^3；校核洪水位 2396.10m，对应库容 6098.93 万 m^3。

7.6.4.2 防渗墙监测布置

托帕水库工程混凝土防渗墙安全监测共布设 51 支（套）监测仪器（含新增），其中钢

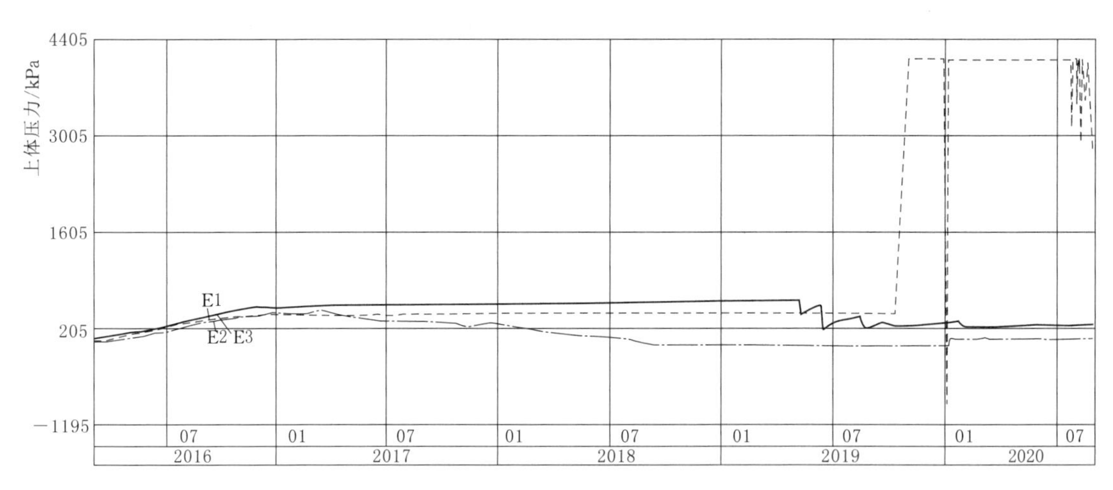

图7-56 E1、E2、E3坝体土压力过程线

筋计6支，应变计30套，无应力计15套。监测仪器埋设完成情况见表7-12，防渗墙检测仪器布置纵剖面图如图7-57所示。

表7-12　　监测仪器埋设完成情况统计表

工程部位	仪　器	单位	设计量	完成量	损坏量	完成情况
混凝土防渗墙	无应力计	套	15	15	0	已完成
	应变计	套	30	30	0	已完成
	钢筋计	支	6	6	0	已完成
合　计			51	51	0	—

7.6.4.3 防渗墙监测成果及分析

目前防渗墙应力监测的监测效应量分布总体符合一般规律，各部位工作现状总体正常。

1. 钢筋计监测成果及分析

分别在0+165.00、0+245.00、0+315.00断面各设置2支钢筋计，主要监测混凝土钢筋应力。防渗墙钢筋计监测结果见表7-13和图7-58，可知：各测点累计最大压应力为−131.776kN（防R1测点），测值较小且变化趋势平稳。

表7-13　　防渗墙钢筋计应力积累变化量统计表

序号	测点编号	安　装　位　置	高程/m	累计变化量/kN
1	防R1	防0+165.00断面，防渗墙中心线上0.45m	2331.000	−131.776
2	防R2	防0+165.00断面，防渗墙中心线下0.45m	2331.000	−28.257
3	防R3	防0+245.00断面，防渗墙中心线上0.45m	2331.000	−28.739
4	防R4	防0+245.00断面，防渗墙中心线下0.45m	2331.000	−12.068
5	防R5	防0+315.00断面，防渗墙中心线下0.45m	2331.00	−33.411
6	防R6	防0+315.00断面，防渗墙中心线下0.45m	2331.00	−21.052

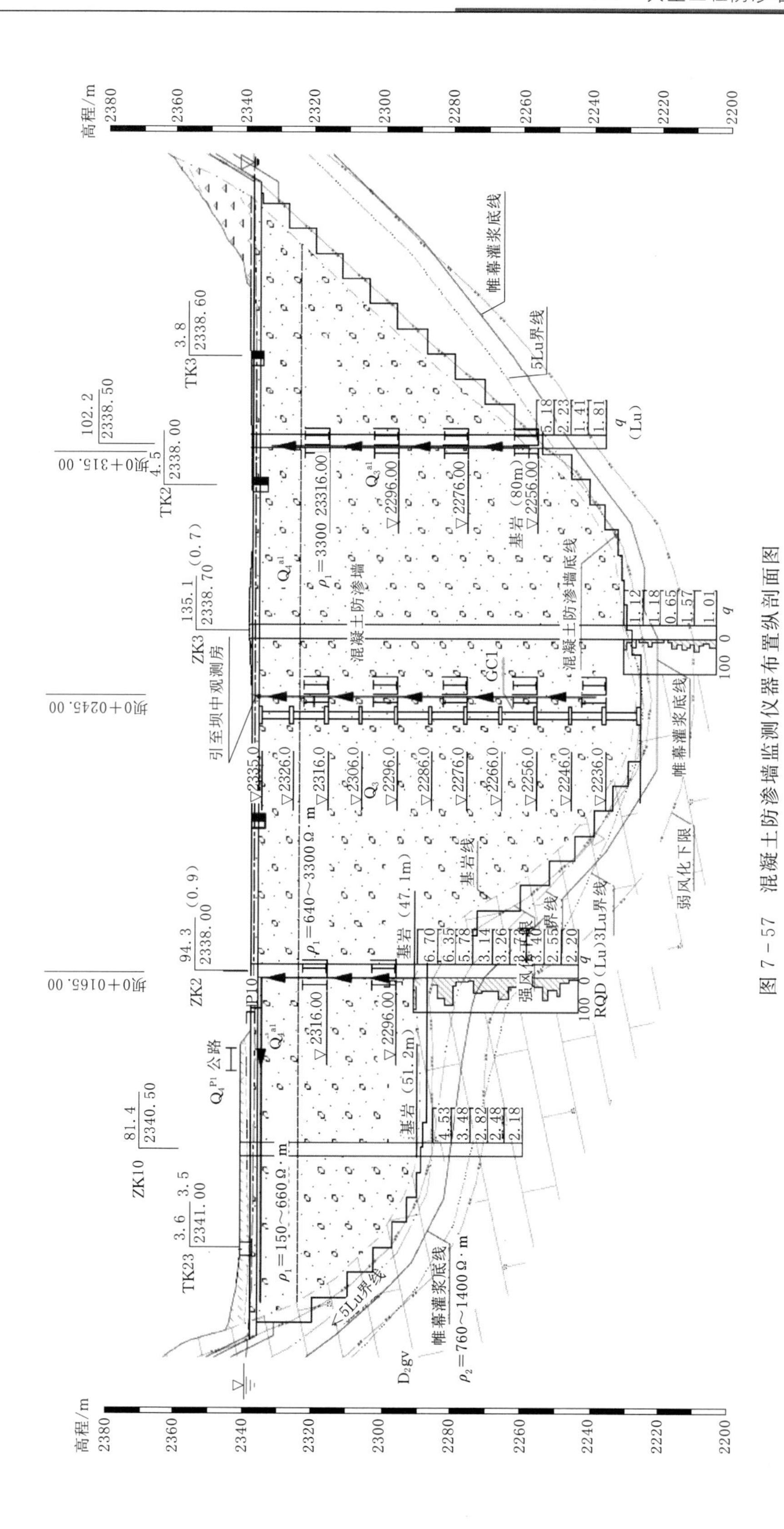

图 7－57 混凝土防渗墙监测仪器布置纵剖面图

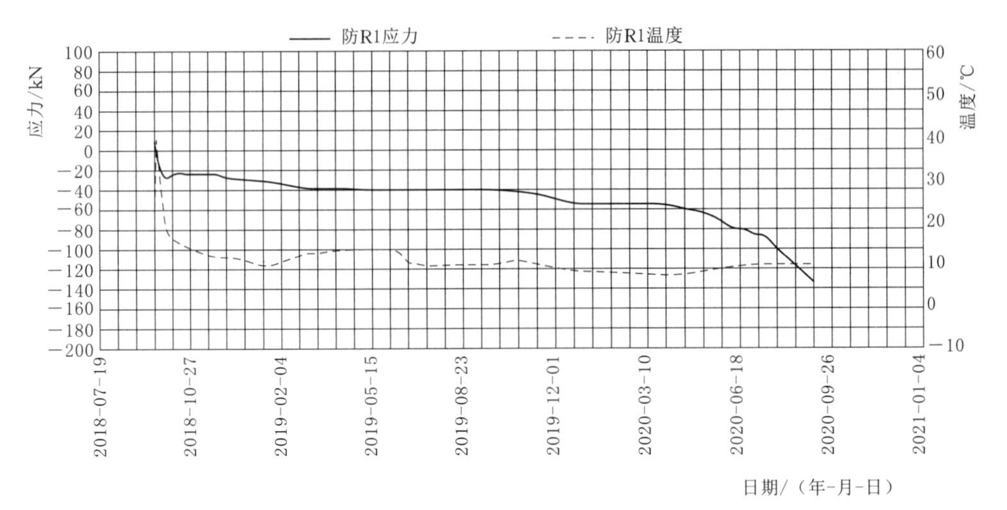

（a）防渗墙防R1钢筋计应力、温度过程线

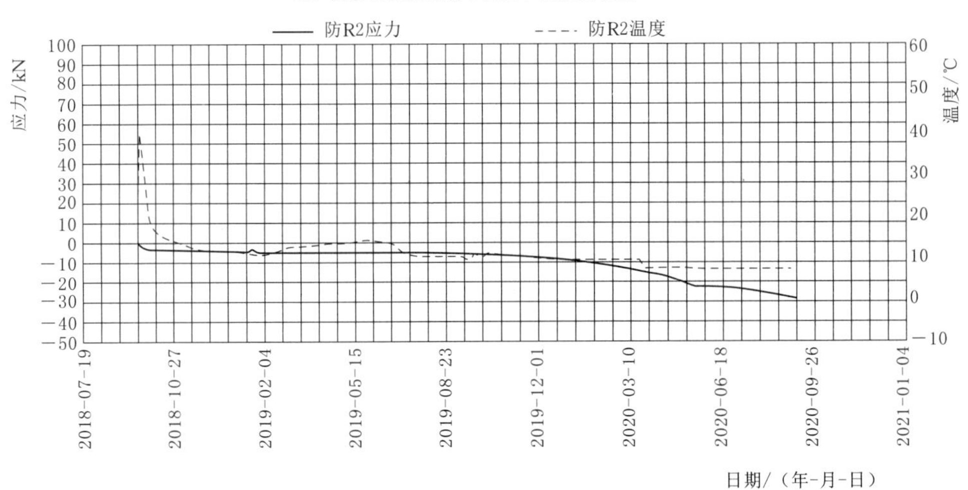

（b）防渗墙防R2钢筋计应力、温度过程线

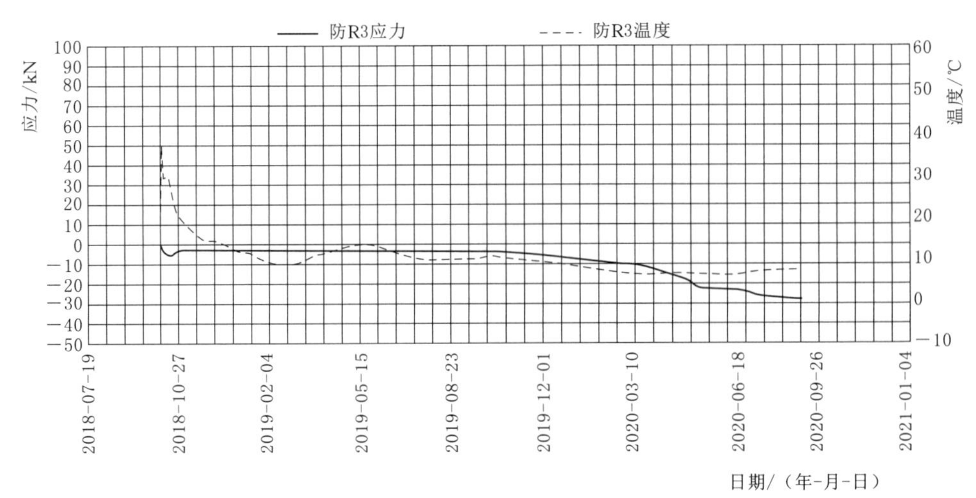

（c）防渗墙防R3钢筋计应力、温度过程线

图7-58（一）　混凝土防渗墙钢筋计（应力、温度）过程线

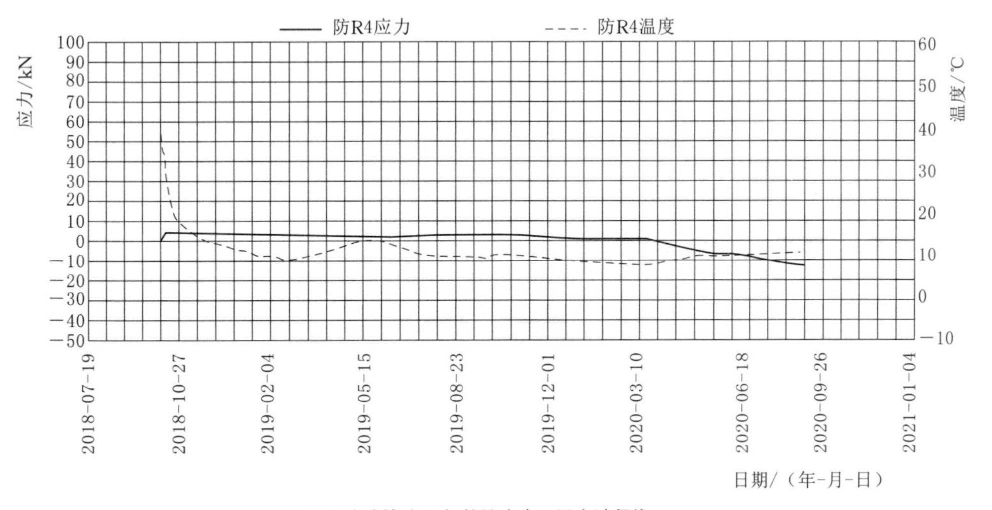

（d）防渗墙防R4钢筋计应力、温度过程线

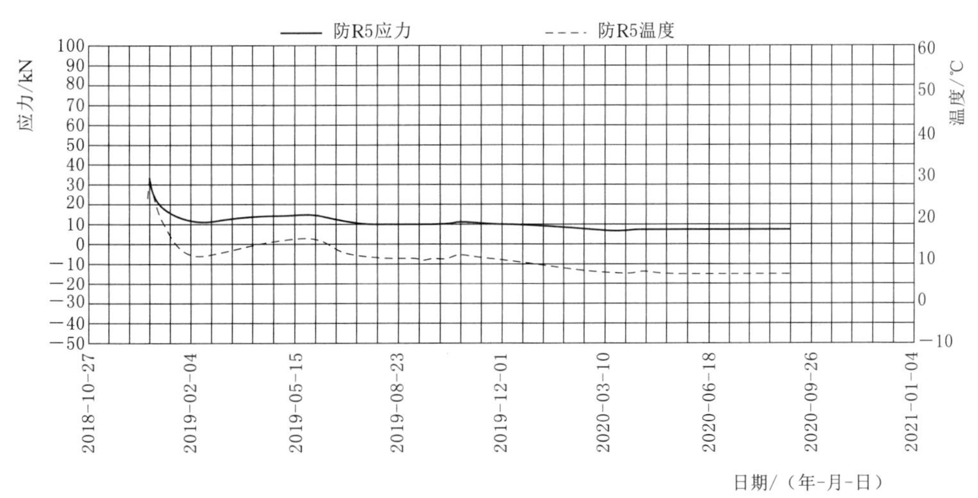

（e）防渗墙防R5钢筋计应力、温度过程线

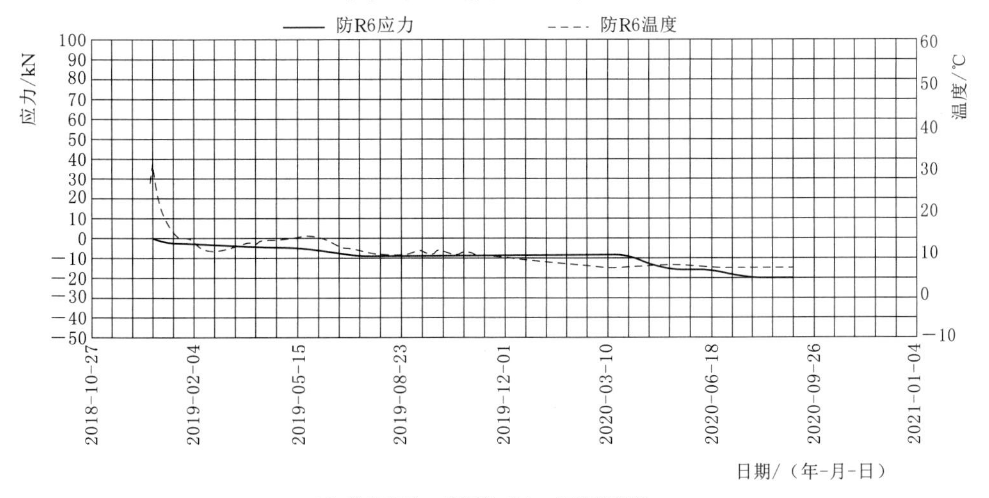

（f）防渗墙防R6钢筋计应力、温度过程线

图 7-58（二） 混凝土防渗墙钢筋计（应力、温度）过程线

2. 混凝土防渗墙温度应力监测

在0+165.00、0+245.00、0+286.50、0+315.00断面防渗墙混凝土中分别布设应变计，主要监测混凝土的应力应变。监测结果见表7-14和图7-59，可知：各测点累计最大拉应力应变为566.138$\mu\varepsilon$（防S22测点），累计最大压应力应变为-404.091$\mu\varepsilon$（防S23测点），测值较小且变化趋势平稳。

表7-14　防渗墙混凝土应力应变累计变化量统计表

序号	测点编号	安　装　位　置	高程/m	累计应力应变/$\mu\varepsilon$
1	防S1	坝0+165.00断面，防渗墙中心线上0.45m	2316.000	259.773
2	防S2	坝0+165.00断面，防渗墙中心线上0.45m	2316.000	212.680
3	防S3	坝0+165.00断面，防渗墙中心线上0.45m	2296.000	398.530
4	防S4	坝0+165.00断面，防渗墙中心线上0.45m	2296.000	231.241
5	防S5	坝0+245.00断面，防渗墙中心线上0.45m	2316.000	-71.878
6	防S6	坝0+245.00断面，防渗墙中心线上0.45m	2316.000	-121.494
7	防S7	坝0+245.00断面，防渗墙中心线上0.45m	2296.000	-14.053
8	防S8	坝0+245.00断面，防渗墙中心线上0.45m	2296.000	-81.987
9	防S9	坝0+245.00断面，防渗墙中心线上0.45m	2276.000	-16.318
10	防S10	坝0+245.00断面，防渗墙中心线上0.45m	2276.000	-119.494
11	防S11	坝0+245.00断面，防渗墙中心线上0.45m	2256.000	-123.842
12	防S12	坝0+245.00断面，防渗墙中心线上0.45m	2256.000	-148.215
13	防S13	坝0+315.00断面，防渗墙中心线上0.45m	2316.000	4.255
14	防S14	坝0+315.00断面，防渗墙中心线上0.45m	2316.000	-228.315
15	防S15	坝0+315.00断面，防渗墙中心线上0.45m	2296.000	145.000
16	防S16	坝0+315.00断面，防渗墙中心线上0.45m	2296.000	-21.086
17	防S17	坝0+315.00断面，防渗墙中心线上0.45m	2276.000	-48.394
18	防S18	坝0+315.00断面，防渗墙中心线上0.45m	2276.000	35.779
19	防S19	坝0+315.00断面，防渗墙中心线上0.45m	2256.00	50.123
20	防S20	坝0+315.00断面，防渗墙中心线上0.45m	2256.00	-154.025
21	防S21	坝0+286.50断面，防渗墙中心线上0.45m	2316.00	309.636
22	防S22	坝0+286.50断面，防渗墙中心线上0.45m	2316.00	566.138
23	防S23	坝0+286.50断面，防渗墙中心线上0.45m	2296.00	-404.091
24	防S24	坝0+286.50断面，防渗墙中心线上0.45m	2296.00	21.665
25	防S25	坝0+286.50断面，防渗墙中心线上0.45m	2276.00	194.035
26	防S26	坝0+286.50断面，防渗墙中心线上0.45m	2276.00	238.733
27	防S27	坝0+286.50断面，防渗墙中心线上0.45m	2256.00	306.769
28	防S28	坝0+286.50断面，防渗墙中心线上0.45m	2256.00	111.902
29	防S29	坝0+286.50断面，防渗墙中心线上0.45m	2236.00	-81.008
30	防S30	坝0+286.50断面，防渗墙中心线上0.45m	2236.00	79.554

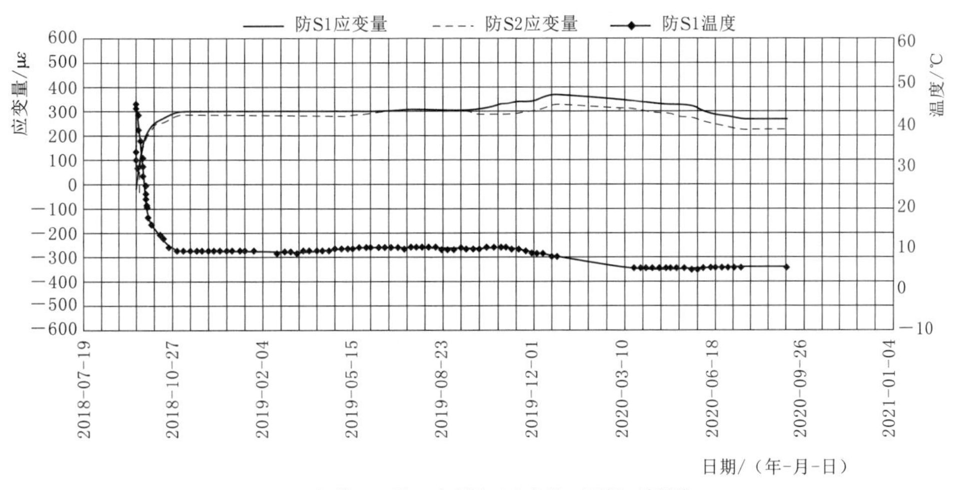

（a）防S1、防S2应变计（应变量、温度）过程线

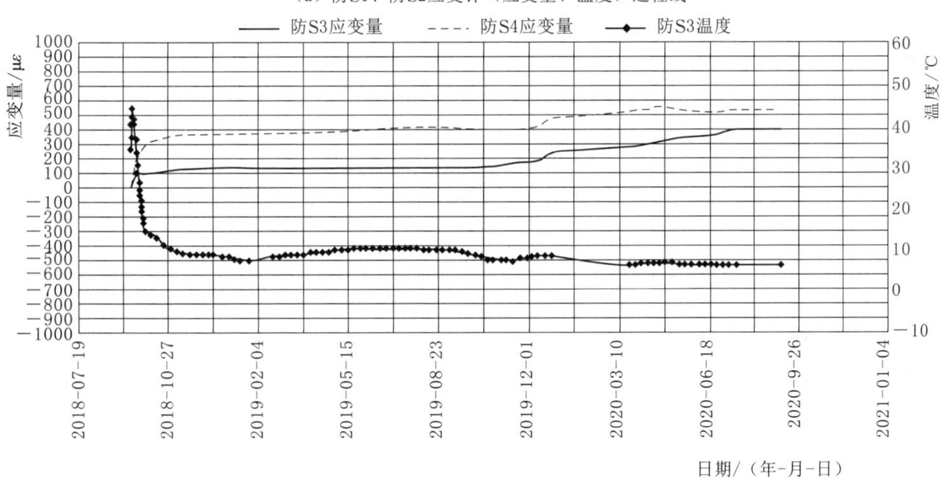

（b）防S3、防S4应变计（应变量、温度）过程线

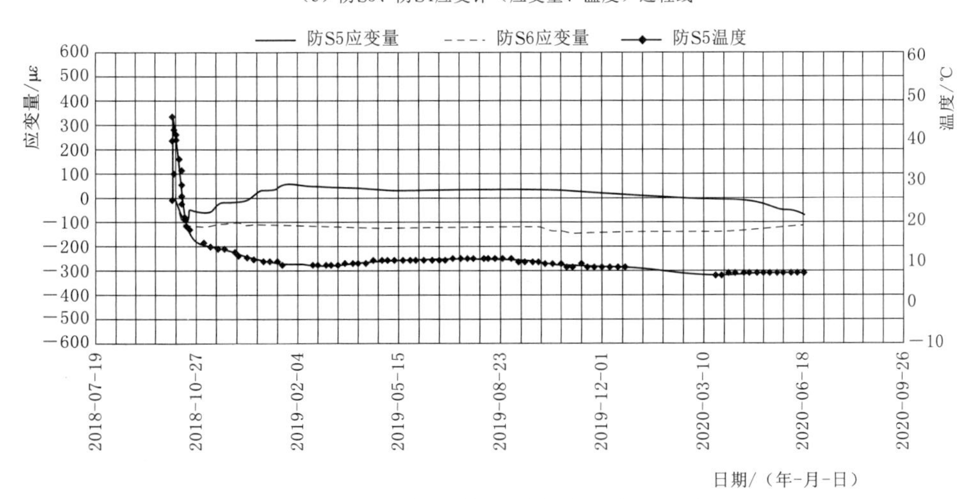

（c）防S5、防S6应变计（应变量、温度）过程线

图7-59（一）　混凝土防渗墙应变计（应变量、温度）过程线

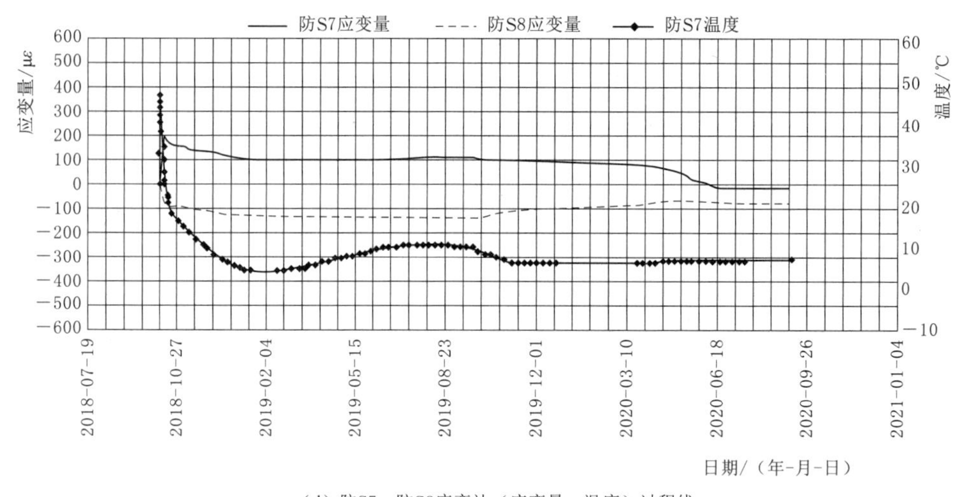

（d）防S7、防S8应变计（应变量、温度）过程线

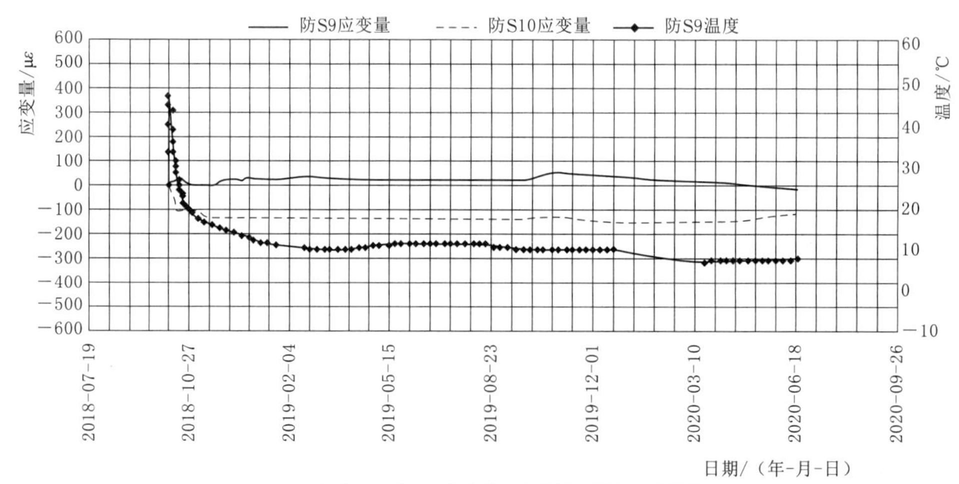

（e）防S9、防S10应变计（应变量、温度）过程线

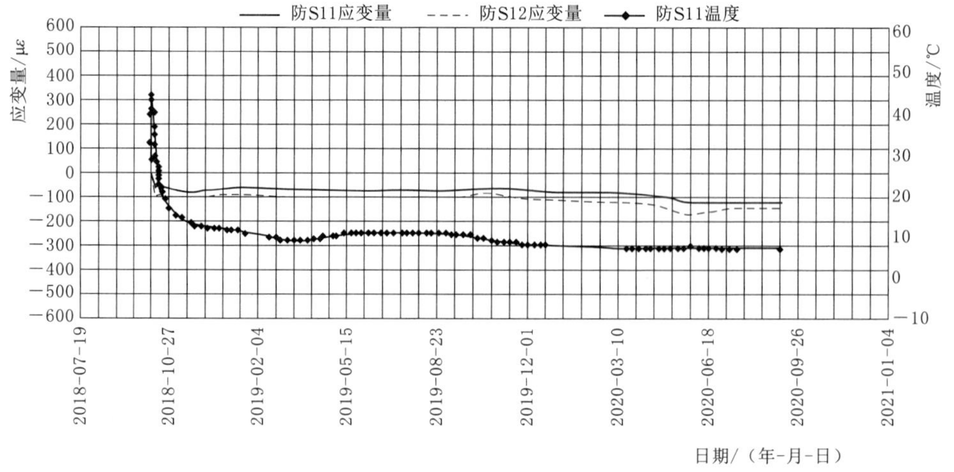

（f）防S11、防S12应变计（应变量、温度）过程线

图 7-59（二）　混凝土防渗墙应变计（应变量、温度）过程线

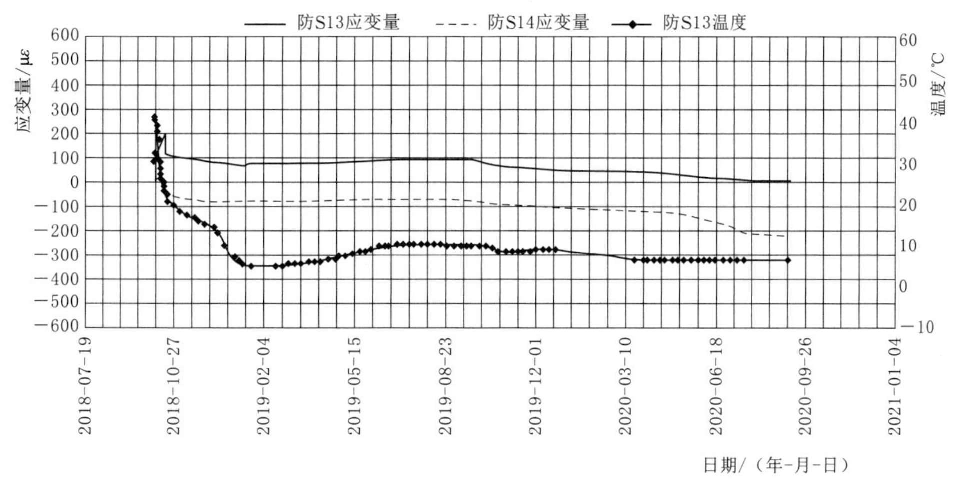

（g）防S13、防S14应变计（应变量、温度）过程线

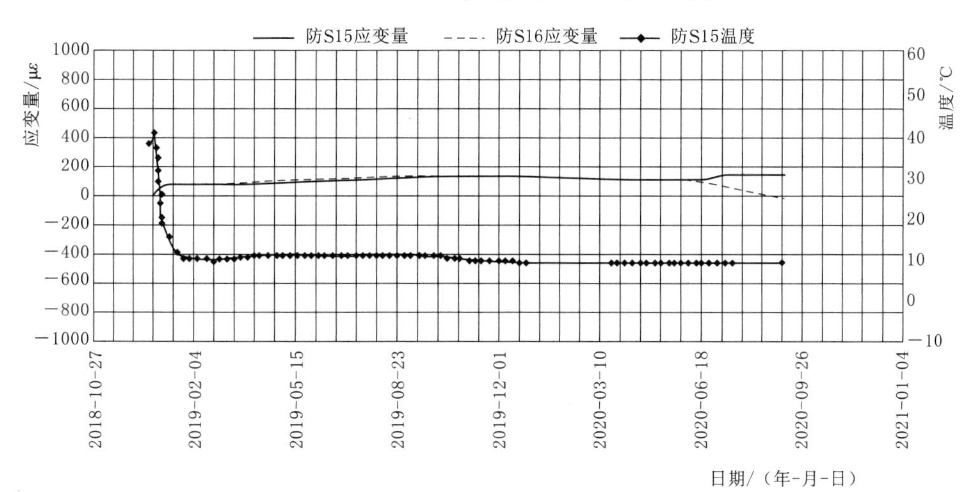

（h）防S15、防S16应变计（应变量、温度）过程线

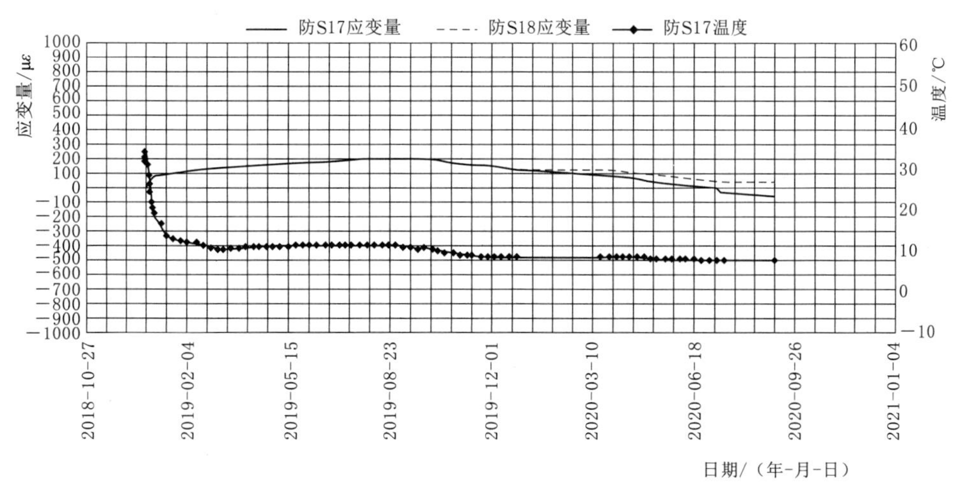

（i）防S17、防S18应变计（应变量、温度）过程线

图7-59（三） 混凝土防渗墙应变计（应变量、温度）过程线

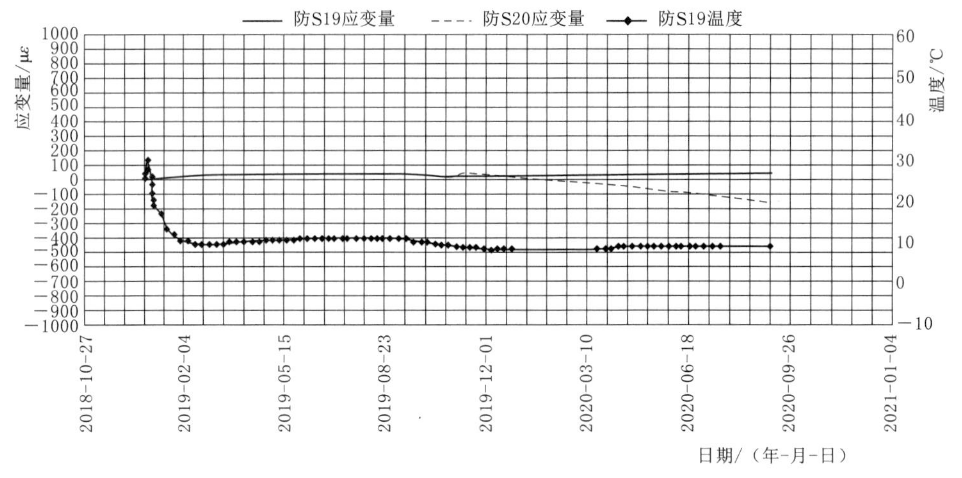

（j）防S19、防S20应变计（应变量、温度）过程线

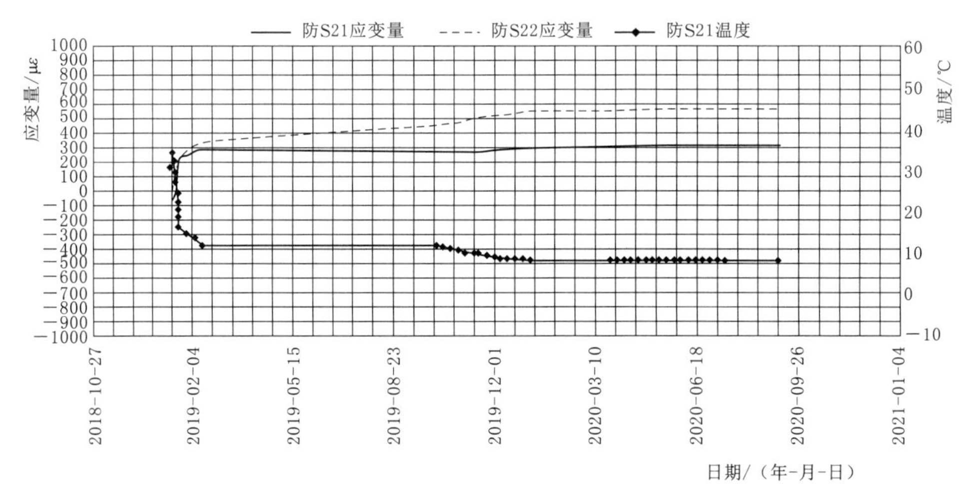

（k）防S21、防S22应变计（应变量、温度）过程线

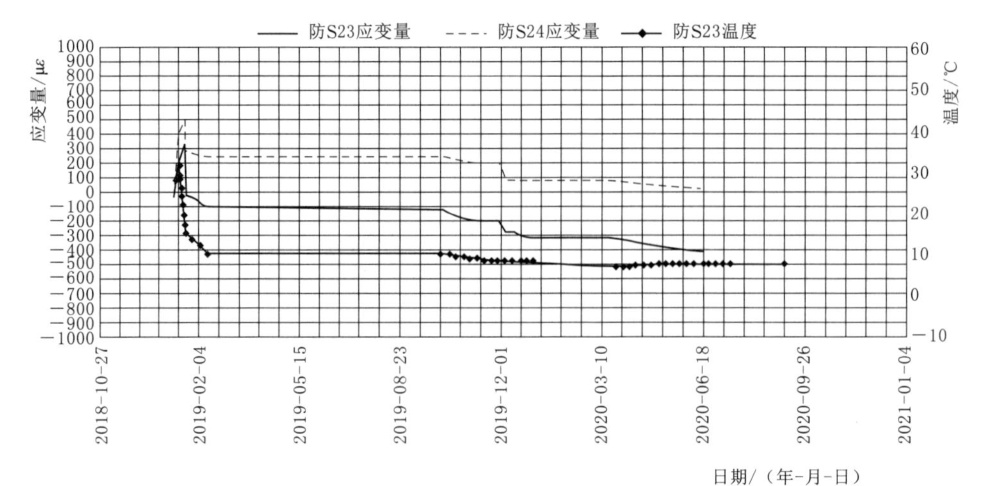

（l）防S23、防S24应变计（应变量、温度）过程线

图7-59（四） 混凝土防渗墙应变计（应变量、温度）过程线

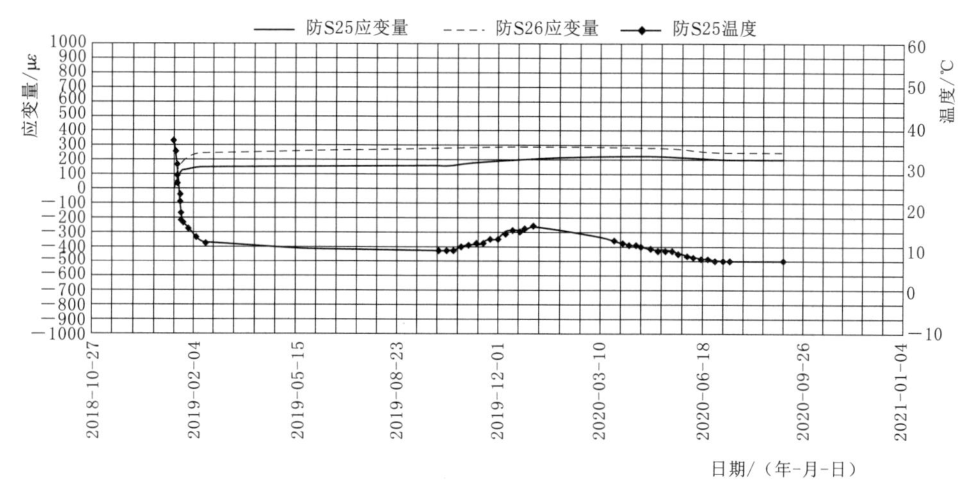

（m）防S25、防S26应变计（应变量、温度）过程线

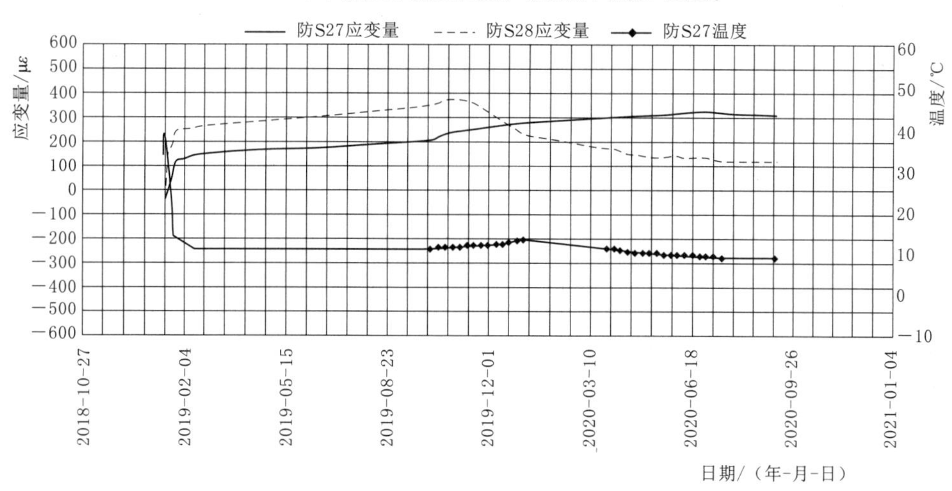

（n）防S27、防S28应变计（应变量、温度）过程线

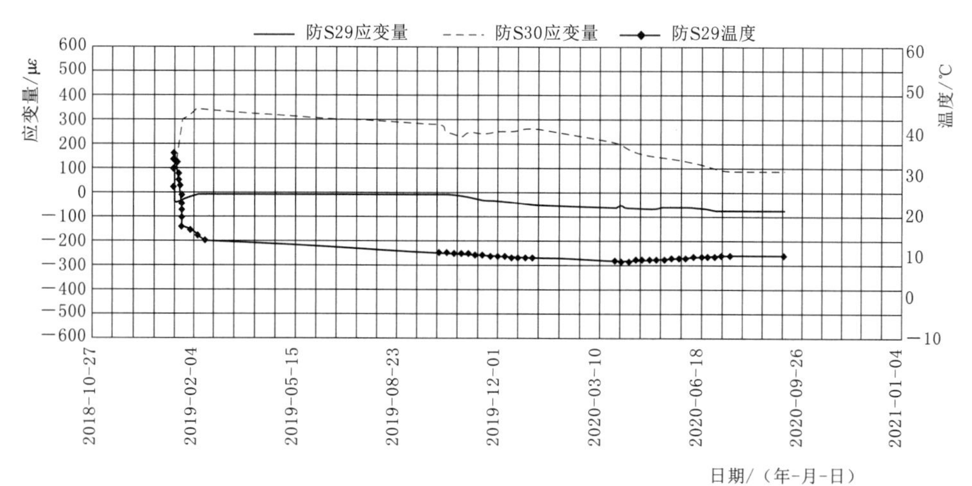

（o）防S29、防S30应变计（应变量、温度）过程线

图 7-59（五） 混凝土防渗墙应变计（应变量、温度）过程线

参考文献

[1] 庞超明，徐剑，王进，等. 混凝土干湿过程及循环制度的研究 [J]. 建筑材料学报，2013，2（16）：315-319.

[2] 王新友，蒋正武，高相东，等. 混凝土中水分迁移机理与模型研究评述 [J]. 建筑材料学报，2002，1（5）：66-71.

[3] 王海龙，李庆斌. 饱和混凝土的弹性模量预测 [J]. 清华大学学报：自然科学版，2005，45（6）：761-763.

[4] Qian C X，Wang Y J，Huang B. Sewage law of water in concrete [J]. Journal of Construction Materials，2009，12（5）：515-518.

[5] Ali Akbar Hekmatzadeh，Farshad Zarei，Ali Johari，Ali Torabi Haghighi. Reliability analysis of stability against piping and sliding in diversion dams，considering four cutoff wall configurations [J]. Computers and Geotechnics，2018，98.

[6] Norris A，Di Emidio G，Malusis M A，et al. Modified bentonites for soil-bentonite cutoff wall applications with hard mix water [J]. Applied Clay Science，2018，158（JUN.）：226-235.

[7] Donatella Sterpi，Adriana Angelotti，Omid Habibzadeh-Bigdarvish，et al. Assessment of thermal behaviour of thermo-active diaphragm walls based on monitoring data [J]. Journal of Rock Mechanics and Geotechnical Engineering，2018，10（6）：141-149.

[8] Barla M，Donna A D，Santi A. Energy and mechanical aspects on the thermal activation of diaphragm walls for heating and cooling [J]. Renewable Energy，2020，147：2654-2663.

[9] Rammal D，Mroueh H，Burlon S. Thermal behaviour of geothermal diaphragm walls：Evaluation of exchanged thermal power [J]. Renewable Energy，2018.

[10] Bahrami M，Khodakarami M I，Haddad A. Seismic behavior and design of strutted diaphragm walls in sand [J]. Computers and Geotechnics，2018，108（APR.）：75-87.

[11] Completing cut-off wall construction [J]. International water power & dam construction，2015.

[12] Dong Xinmei，Wei Zhaozhen，Niu Jingtao，et al. Stress calculation and analysis of cut-off wall in the sand gravel foundation [M] // Green Building，Environment，Energy and Civil Engineering. 2016.

[13] Yu Xiang，Kong Xianjing，Zou Degao. Deformation and stress distribution characteristics of concrete cut-off wall [J]. Journal of Zhejiang University，2017.

[14] Wang J X，Liu X，Liu S，et al. Physical model test of transparent soil on coupling effect of cut-off wall and pumping wells during foundation pit dewatering [J]. Acta Geotechnica，2019，14（1）：141-162.

[15] Caifa P. Discussion of low elastic modulus concrete cut-off wall construction technology [J]. Water Conservancy Construction and Management，2016.

[16] Evelina Fratalocchi，Virginia Brianzoni，Francesco Mazzieri，et al. Durability of Cement-Bentonite Cut-Off Walls in Sulphate Solutions [C]// Geo-chicago. 2016.

[17] Wen Peisung，Xin Meidong，Zhao Zhenwei，et al. Stress calculation and analysis of cut-off wall in

the sand gravel foundation [J]. Green Building, Environment, Energy and Civil Engineering. 2016: 151 - 154.

[18] Ostrowsky J L. A new approach for evaluating the ductility, volumetric stiffness and permeability of cut - off wall backfill materials [J]. Dfi Journal the Journal of the Deep Foundations Institute, 2018, 11 (2 - 3): 109 - 113.

[19] Sivakumar S, Almas B N, Premalatha P V. Numerical study on deformation of diaphragm cut off walls under seepage forces in permeable soils [J]. Computers and Geotechnics, 2018, 102: 155 - 163.

[20] Li Y C, Cleall P J, Wen Y D, et al. Stresses in soil - bentonite slurry trench cut - off walls [J]. Geotechnique, 2015, 65 (10): 843 - 850.

[21] Cui W, Song H. Stop - end method for the panel connection of cut - off walls [J]. Geotechnical Engineering, 2015, 168 (5): 1 - 12.

[22] Franz - Werner Gerressen. Experience for diaphragm and Cut - Off - Walls using trench cutter technology in the Americas [J]. From Fundamentals to Applications in Geotechnics. 2015: 2607 - 2614.

[23] Gazzarrini Paolo, Siu David, Jungaro Stephen. Construction of a Jet - Grouted Backup Seepage Cut - Off Wall in the John Hart North Earthfill Dam [J]. GROUTING 2017: JET GROUTING, DIAPHRAGM WALLS, AND DEEP MIXING. 2017, (289): 92 - 101.

[24] Sukanta Chakraborty, P. E. Simulation of Hydraulic Conductivity For Cut - Off Walls [J]. Electronic Journal of Geotechnical Engineering, 2013.

[25] Katsumi T, Kamon M, Inui T, et al. Hydraulic Barrier Performance of SBM Cut - Off Wall Constructed by the Trench Cutting and Re - Mixing Deep Wall Method [C]//Geocongress. 2008.

[26] Wang S, Chen J, Sheng J, et al. Laboratory investigation of stress state and grain composition affecting internal erosion in soils containing a suspended cut - off wall [J]. KSCE Journal of Civil Engineering, 2015.

[27] Dungca J R, Galupino J G. Modelling of permeability characteristics of soil - fly ash - bentonite cut - off wall using response surface method [J]. International Journal of GEOMATE, 2016, 10 (4).

[28] Yu X, Zou D, Kong X, et al. Large - deformation finite element analysis of the interaction between concrete cut - off walls and high - plasticity clay in an earth core dam [J]. Engineering Computations, 2017, 34 (4): 1126 - 1148.

[29] Balian S. Cut - off wall construction [J]. International Water Power & Dam Construction, 2007, 59 (2): 42 - 44.

[30] Yu X, Kong X, Zou D, et al. Linear elastic and plastic - damage analyses of a concrete cut - off wall constructed in deep overburden [J]. Computers and Geotechnics, 2015, 69: 462 - 473.

[31] Li - Feng W, Jun - Rui C, Xiao W, et al. Stress and Deformation of Cut - off Wall of Concrete Faced Rockfill Dam Built on Deep Overburden Foundation [J]. Journal of Yangtze River Scientic Research Institute, 2015.

[32] Noell H, Langhagen K, Popp M, et al. Rehabilitation of the Sylvenstein Earth - Fill Dam - Design and Construction of the Cut Off Wall [J]. Wasserwirtschaft, 2013, 103 (5): 76 - 79.

[33] Qiming R, Xiaoping L, Jiang Z, et al. Arrangement of Permeable Cut - off Wall at the Upstream Approach Channel of Dayuandu Navigation - Hydropower Junction [J]. Journal of Yangtze River entific Research Institute, 2015.

[34] Banzhaf P. Rehabilitation of Embankment Dams and their Foundation by Concrete Cut - off Walls

[J]. Wasserwirtschaft, 2013, 103 (5): 108-111.

[35] Yan G X, Wu W. Analysis on Seepage Effects of Plastic Concrete Cut-Off Wall in Construction and Operation Period of Hydropower Station Tail Channel [J]. Applied Mechanics and Materials, 2014, 580-583: 1816-1822.

[36] Odenwald B, Ratz K. Prevention of Internal Erosion by Cut-Off Walls in River Embankments on the Upper Rhine [J]. La Houille Blanche, 2012, 20 (4-5): 48-53.

[37] K L Jiang, Y P Li, R M Zhang, et al. Inversion analysis of soil resistance factor of plastic concrete cut-off wall [J]. rock and soil mechanics, 2012.

[38] Jin Y U. Seepage and Seepage Stability Analysis of Dam Foundation Cut-off Wall and Grout Curtain under Cut-off Wall [J]. Water Resources & Power, 2009.

[39] Gautam P C, Tripathi L K. Construction aspects of Dhauliganga cut off wall [J]. Indian Journal of Power & River Valley Development, 2006, 56 (1/2): 36-38, 43.

[40] Zhang Bo. The Stress and Displacement Analysis of the Cut-Off Wall for the Deep Overburden Dam [J]. Advanced Materials Research, 2011, 393-395: 463-466.

[41] S L Cui, Z M Guo, Y H Gan. Application of new cut-off wall in dam foundation seepage prevention for reservoir [J]. Water Resources & Hydropower of Northeast China, 2011.

[42] Falacinski P, Garbulewski K, Kledynski Z, et al. Fluidised fly-ash cement-bentonite cut-off walls in flood protection [J]. Archives of Hydro-Engineering and Environmental Mechanics, 2005, 52 (1): 7-20.

[43] Seitz J M. Cut-Off Walls by the Single-Phased Diaphragm Wall Method [M]//Contaminated Soil' 90. Springer Netherlands, 1990.

[44] Tatone B S A, Donnelly C R, Protulipac D G, et al. Evaluation of the hydraulic efficiency of a newly constructed plastic concrete cut-off wall [C]//Proceedings of the 2009 Canadian Dam Association Conference. 2009.

[45] Jiang Zhenzhong. Construction Technology of Cut-off Wall in Cofferdam [J]. China Three Gorges Construction, 1999.

[46] King G J W, Collins P. On the Design of a Rectangular Dam with a Central Cut-Off Wall [J]. Géotechnique, 1968, 18 (4): 489-498.

[47] Singh A K, Samadhiya N K, Mishra G C. A new approach for the determination of forces on a sheet pile cut-off wall [J]. Dam Engineering, 2009, 20 (3): 255-273.

[48] Takai A, Inui T, Katsumi T, et al. Experimental Studies on Hydraulic Barrier Performance and Quality Control of SBM Cut-off Wall: Applicability of Piezocone Test [C]//Geo-congress-state of the Art & Practice in Geotechnical Engineering. 2012.

[49] 巴明芳，钱春香. 模拟隧道衬砌混凝土湿度演化规律 [J]. 东南大学学报（自然科学版），2013，3 (43)：588-593.

[50] 刘鹏，宋力，余志武. 模拟干湿环境对混凝土内水分影响深度的影响 [J]. 华南理工大学学报（自然科学版），2014，(42) 2：64-73.

[51] 黄瑜，祁锟，张君. 早龄期混凝土内部湿度发展特征 [J]. 清华大学学报（自然科学版）2007，(47) 3：309-312.

[52] 宋军伟，方坤河. 水工混凝土自生体积变形特性的研究与进展 [J]. 水力发电，2008，2 (34)：71-73.

[53] 唐腾飞，黄耀英，周宜红. 基于混凝土无应力计测值统计模型反演热膨胀系数 [J]. 水力发电，

2012，10（38）：44-50.
［54］ 张小平，包承纲，张劲松. 三峡工程二期围堰防渗墙变形规律及运行状况分析［J］. 水利学报. 2009，（9）：91-96.
［55］ 李波，肖先波，徐唐锦，等. 泥皮存在时防渗墙与复合土工膜联接型式模型试验［J］. 岩土力学，2018，39（5）：1761-1766.
［56］ 张文杰，顾晨，楼晓红. 低固结压力下土-膨润土防渗墙填料渗透和扩散系数测试［J］. 岩土工程学报，2017，39（10）：1915-1921.
［57］ 余翔，孔宪京，邹德高. 混凝土防渗墙变形与应力分布特性［J］. 浙江大学学报（工学版），2017，51（9）：1704-1711，1734.
［58］ 沈振中，田振宇，徐力群，等. 深覆盖层上土石坝心墙与防渗墙连接型式研究［J］. 岩土工程学报，2017，39（5）：939-945.
［59］ 陈晓恋，文章，胡金山，等. 解析法与数值法在水电站防渗墙效果评价中的运用［J］. 地球科学，2016，41（4）：701-710.
［60］ 宗敦峰，刘建发，肖恩尚，等. 水工建筑物防渗墙技术 60 年Ⅱ：创新技术和工程应用［J］. 水利学报，2016，47（4）：483-492.
［61］ 李炳蔚，吴吉春. 防渗墙钻孔压水试验渗流参数研究［J］. 岩石力学与工程学报，2016，35（02）：396-402.
［62］ 邵生俊，杨春鸣. 粗粒土泥浆护壁防渗墙的抗渗设计方法研究［J］. 水利学报，2015，46（S1）：46-53.
［63］ 王大宇，傅旭东，冯晴枫. 悬挂式防渗墙在管涌过程控制中的作用机制［J］. 清华大学学报（自然科学版），2015，55（2）：164-169.
［64］ 王永明，任金明，陈永红，等. 基于混凝土多轴强度的高土石围堰防渗墙安全性研究［J］. 岩石力学与工程学报，2014，33（S1）：2662-2669.
［65］ 陈缪芬，朱俊高，何顺宾，等. 不同本构模型对计算防渗墙应力的影响［J］. 重庆大学学报，2013，36（10）：120-125.
［66］ 潘家军，程展林，饶锡保. 上覆压力存在条件下防渗墙刺入土体变形的模型试验研究［J］. 岩土工程学报，2013，35（S1）：62-67.
［67］ 潘迎，何蕴龙，周小溪，等. 河谷地形对深覆盖层中防渗墙应力变形影响分析［J］. 岩土力学，2013，34（7）：2023-2030.
［68］ 丁艳辉，张其光，张丙印. 高心墙堆石坝防渗墙应力变形特性有限元分析［J］. 水力发电学报，2013，32（3）：162-167.
［69］ 刘光明，袁鸿鹄，黄卫红，等. 大宁水库防渗墙受墙侧回填施工影响的数值模拟［J］. 岩土力学，2013，34（6）：1786-1790.
［70］ 马晓华，郑敏生，梁国钱，等. 弹性模量对坝体混凝土防渗墙应力变形影响分析［J］. 水力发电学报，2013（1）：230-236.
［71］ 李波，程永辉，程展林. 围堰防渗墙与复合土工膜联接型式离心模型试验研究［J］. 岩土工程学报，2012，34（11）：2081-2086.
［72］ 刘博，李海波，冯海鹏，等. 强夯施工振动对海工防渗墙影响试验及安全监控［J］. 岩土力学，2012，33（10）：197-204.
［73］ 徐建国，王复明，钟燕辉，等. 静动力荷载下土石坝高聚物防渗墙受力特性分析［J］. 岩土工程学报，2012，34（9）：1699-1704.
［74］ 罗玉龙，吴强，詹美礼，等. 考虑应力状态的悬挂式防渗墙-砂砾石地基管涌临界坡降试验研究

[J]. 岩土力学，2012，33（S1）：73-78.
[75] 陆凡东，方向，董文，等. 强夯施工对塑性混凝土防渗墙的振动测试分析 [J]. 振动与冲击，2012，31（1）：68-71，166.
[76] 罗爱忠，邵生俊，马林. 深厚覆盖层防渗墙成槽稳定性的三维数值分析 [J]. 土木工程学报，2011，44（S2）：216-219.
[77] 夏祥，李海波，于崇. 爆炸振动对塑性混凝土防渗墙的影响 [J]. 岩石力学与工程学报，2011，30（6）：1142-1148.
[78] 钱玉林，李辉，殷宗泽. 堤防防渗墙体的破坏准则研究 [J]. 工程力学，2010，27（8）：120-124.
[79] 熊欢，王清友，高希章，等. 沙湾水电站一期围堰塑性混凝土防渗墙应力变形分析 [J]. 水力发电学报，2010，29（2）：197-203，189.
[80] 徐超，黄亮，邢皓枫. 水泥-膨润土泥浆配比对防渗墙渗透性能的影响 [J]. 岩土力学，2010，31（2）：422-426.
[81] 刘奉银，刘国栋，戚长军，等. 某水电站防渗墙深度对围堰渗流特性及地震稳定性影响的计算研究 [J]. 岩土力学，2009，30（S2）：297-301，311.
[82] 谢兴华，王国庆. 深厚覆盖层坝基防渗墙深度研究 [J]. 岩土力学，2009，30（9）：2708-2712.
[83] 介玉新，周厚德. 防渗墙的弯矩计算 [J]. 岩石力学与工程学报，2009，28（6）：1213-1219.
[84] 王晓燕，党发宁，田威，等. 大渡河某水电站围堰工程中悬挂式防渗墙深度的确定 [J]. 岩土工程学报，2008，（10）：1564-1568.
[85] 王保田，陈西安. 悬挂式防渗墙防渗效果的模拟试验研究 [J]. 岩石力学与工程学报，2008，（S1）：2766-2771.
[86] 文海家，姜命强. 防渗墙建造的高压旋喷工法及质量控制 [J]. 水力发电学报，2008，（2）：89-92.
[87] 杨令强，武甲庆，秦冰. 土石坝混凝土防渗墙的非线性分析 [J]. 岩土力学，2007，28（S1）：277-280.
[88] 郦能惠，米占宽，孙大伟. 深覆盖层上面板堆石坝防渗墙应力变形性状影响因素的研究 [J]. 岩土工程学报，2007，（1）：26-31.
[89] 李景龙，李术才，王刚，等. 土石坝加固中混凝土防渗墙的应用 [J]. 岩土力学，2006，27（S1）：75-79.
[90] 邓明基，徐千军，曹先锋. 黄河东平湖段滞洪区围坝防渗墙材料研究 [J]. 水力发电学报，2006，（4）：92-95，107.
[91] 王刚，张建民，濮家骝. 坝基混凝土防渗墙应力位移影响因素分析 [J]. 土木工程学报，2006，（4）：73-77.
[92] 张成军，陈尧隆，刘建成. 防渗墙粘土混凝土力学性能研究 [J]. 水力发电学报，2006，（1）：94-98.
[93] 蔡元奇，朱以文，周鸿汉，等. 深厚覆盖层上堆石坝采用倒悬挂式防渗墙的渗流场特性研究 [J]. 岩石力学与工程学报，2005，（S2）：5658-5663.
[94] 张成军，陈尧隆，郭亚洁，等. 黏土混凝土在土坝防渗墙中的应用 [J]. 水利学报，2005，（12）：1464-1469.
[95] 张宜虎，尹红梅，杨裕云，等. 燕山水库坝基防渗墙优化设计 [J]. 岩土力学，2005，（7）：1161-1164.
[96] 刘超英，梁国钱，孙伯永. 瞬态瑞雷波法在堤防防渗墙质量检测中的应用研究 [J]. 岩土力学，2005，（5）：809-812.

[97] 陈刚，马光文，付兴友，等. 瀑布沟大坝基础防渗墙廊道连接型式研究 [J]. 四川大学学报（工程科学版），2005，(3)：32-36.

[98] 毛昶熙，段祥宝，蔡金傍，等. 悬挂式防渗墙控制管涌发展的理论分析 [J]. 水利学报，2005，(2)：174-178.

[99] 王建华，蔡靖，张献民. 水泥搅拌土防渗墙的瞬态面波无损检测技术 [J]. 天津大学学报，2005，(2)：114-119.

[100] 李青云，张建红，包承纲. 风化花岗岩开挖弃料配制三峡二期围堰防渗墙材料 [J]. 水利学报，2004，(11)：114-118.

[101] 王建华，蔡靖，张献民，等. 水泥搅拌土防渗墙无损检测标准的试验研究 [J]. 水利学报，2004，(7)：32-39.

[102] 张漫，曹骏，李迪. 枞阳长江干堤防渗墙截渗效果分析 [J]. 岩土力学，2003，(S1)：206-210.

[103] 杨云玫，倪锦初，曾明，等. 三峡二期下游围堰混凝土防渗墙拆除爆破试验研究 [J]. 长江科学院院报，2003，(S1)：62-65.

[104] 倪锦初，刘少林，谢向荣，等. 三峡二期下游围堰砼防渗墙复杂结构拆除爆破设计 [J]. 长江科学院院报，2003，(S1)：66-68.

[105] 刘晓军，文德钧，严裕圣，等. 三峡二期下游围堰混凝土防渗墙拆除爆破震动监测与安全控制 [J]. 长江科学院院报，2003，(S1)：113-115，119.

[106] 马青春. 三峡船闸右岸山体防渗墙施工及质量控制 [J]. 人民长江，2003，(9)：2-3，10-70.

[107] 殷昆亭，张建红，李锦坤，等. 防渗墙塑性混凝土原状样渗透特性试验 [J]. 清华大学学报（自然科学版），1998，(1)：90-93.

[108] 付代光，肖国强，周黎明，等. 基于非线性贝叶斯理论和 BIC 准则的防渗墙高精度瑞雷波反演研究 [J]. 水利水电技术，2018，49 (8)：64-70.

[109] 王伟，殷殷，潘洪武，等. 基于接触力学的堰塞坝防渗墙应力变形分析 [J]. 水力发电学报，2018，37 (12)：94-101.

[110] 任翔，高大水，高全，等. 土石坝超深混凝土防渗墙变形与受力分析 [J]. 长江科学院院报，2018，35 (5)：120-124.

[111] 罗玉龙，孔祥峰，罗斌，等. 深厚覆盖层中新型扩底防渗墙对防渗效果的影响 [J]. 河海大学学报（自然科学版），2018，46 (2)：140-145.

[112] 赵叶，王瑞骏，王睿星，等. 深厚覆盖层上高土石围堰地基混凝土防渗墙应力变形的敏感性分析 [J]. 水资源与水工程学报，2017，28 (6)：177-183.

[113] 汪建，王癸清，杨邑文. 防渗墙施工技术在软岩基础中的应用 [J]. 水利水电技术，2017，48 (S1)：80-83.

[114] 梁岩，班亚云，罗小勇. 深槽地基土加固方法对防渗墙的影响研究 [J]. 水利水电技术，2017，48 (3)：46-51.

[115] 杨昕光，徐唐锦，徐晗，等. 高土石围堰复合土工膜与防渗墙联接型式研究 [J]. 长江科学院院报，2017，34 (2)：104-109.

[116] 黄勇，凌飞. 峡江水利枢纽库区同赣堤深槽段防渗墙施工 [J]. 水利水电技术，2016，47 (S1)：73-76.

[117] 万宇豪，何蕴龙. 黄金坪坝基防渗墙地震反应规律 [J]. 武汉大学学报（工学版），2016，49 (3)：378-383.

[118] 詹美礼，闫萍，尹江珊，等. 不同轴压下悬挂式防渗墙堤基渗透坡降试验 [J]. 水利水电科技进展，2016，36 (3)：36-40，46.

[119] 张飞，卢晓春，陈博夫，等. 深厚覆盖层土石围堰防渗墙结构设计研究 [J]. 长江科学院院报，2016，33 (4)：120-124.

[120] 张才夫. 楠溪江供水工程混凝土防渗墙施工质量控制 [J]. 水利水电技术，2015，46 (8)：7-10，13.

[121] 郑新海，邹春江，叶松. 楠溪江供水工程细沙地层混凝土防渗墙加固施工工艺 [J]. 水利水电技术，2015，46 (8)：52-53，55.

[122] 付于堂，郭敏敏. 塑性混凝土防渗墙在深厚覆盖层中的应用 [J]. 水利水电技术，2015，46 (7)：32-35.

[123] 温立峰，柴军瑞，王晓，等. 深覆盖层上面板堆石坝防渗墙应力变形分析 [J]. 长江科学院院报，2015，32 (2)：84-91.

[124] 朱赛. 薄壁抓斗造塑性混凝土防渗墙在田心水库大坝除险加固中的应用 [J]. 水利水电技术，2014，45 (11)：78-79，84.

[125] 郦绎文，王毅，罗小勇，等. 龙开口水电站坝基深槽施工防渗墙有限元分析 [J]. 武汉大学学报(工学版)，2014，47 (5)：599-603.

[126] 毛海涛，何华祥，邵东国，等. 无限深透水坝基上悬挂式防渗墙控渗试验研究 [J]. 水利水运工程学报，2014，(4)：44-51.

[127] 张胜强，段元辉. 某水电站围堰混凝土防渗墙施工总结与分析 [J]. 水利水电技术，2014，45 (3)：55-57.

[128] 张国宇. 钻抓法成槽在防渗墙施工中的应用 [J]. 水利水电技术，2013，44 (11)：57-60.

[129] 李煊明. 土石坝低弹模混凝土防渗墙设计关键技术 [J]. 水利水电技术，2013，44 (9)：61-63.

[130] 刘光明，张如满，刘淼，等. 大宁水库防渗墙受回填施工影响的现场监测 [J]. 水利水电技术，2013，44 (6)：68-72，76.

[131] 刘志阳，唐安生. 苗尾水电站工程中的防渗墙混凝土配合比设计 [J]. 水利水电技术，2013，44 (5)：46-48.

[132] 周小溪，何蕴龙，熊堃，等. 深厚覆盖层坝基防渗墙地震反应规律研究 [J]. 长江科学院院报，2013，30 (4)：91-97，102.

[133] 高江林. 基于渗流与应力耦合的封闭式坝体防渗墙应力研究 [J]. 水文地质工程地质，2013，40 (2)：63-69.

[134] 陈建华. 大宁水库溢流堰段防渗墙成槽施工技术分析 [J]. 水利水电技术，2012，43 (12)：59-60.

[135] 张弘，巴合提瓦尔·马苏尔. 下坂地水利枢纽工程坝基防渗墙建设综述 [J]. 水利水电技术，2012，43 (10)：85-87，91.

[136] 李少明. 防渗墙质量缺陷对土石坝渗流控制的影响 [J]. 南水北调与水利科技，2012，10 (5)：174-177，169.

[137] 王黎，李庆. 防渗墙墙体材料抗溶蚀耐久性试验研究 [J]. 水利水电技术，2012，43 (9)：30-32.

[138] 朱俊高，李飞，胡永胜，等. 不同破坏准则下防渗墙安全度比较分析 [J]. 水利水电科技进展，2012，32 (3)：19-23.

[139] 曹琳，赵正平，陈道春. 高喷灌浆在阿海水电站围堰混凝土防渗墙缺陷处理中的应用 [J]. 水利水电技术，2012，43 (2)：62-65.

[140] 孙路. 防渗墙施工钢结构导梁和入岩深度判别新工法 [J]. 水利水电科技进展，2011，31 (6)：59-61，79.

[141] 曹建华，陈建华，焦龙飞．南水北调配套大宁调蓄水库工程塑性混凝土防渗墙施工 [J]．南水北调与水利科技，2011，9 (6)：19－22.

[142] 刘光磊，王保田，李守德．河床透水层暴露深度对悬挂式防渗墙防渗效果的影响 [J]．河海大学学报（自然科学版），2011，39 (6)：682－686.

[143] 邓中俊，姚成林，贾永梅，等．超声波法在大深度基础混凝土防渗墙质量检测中的应用 [J]．水利水电技术，2011，42 (11)：69－73.

[144] 赵存厚，崔溦，马斌．超深防渗墙连接槽段接头管拔管技术数值模拟研究 [J]．水利水电技术，2011，42 (10)：87－90.

[145] 刘奉银，钟丽佳，张瑞．砂卵石地层中防渗墙槽壁稳定性影响因素研究 [J]．冰川冻土，2011，33 (4)：867－872.

[146] 孙开畅，孙志禹．环境因素对防渗墙墙体材料施工及成型的影响 [J]．水利水电技术，2011，42 (2)：33－35，41.

[147] 吴梦喜，余学明，叶发明．高心墙堆石坝坝基防渗墙与心墙连接方案研究 [J]．长江科学院院报，2010，27 (9)：59－64.

[148] 王瑞骏，李炎隆，韩艳丽．均质土坝基础混凝土防渗墙应力变形特性研究 [J]．西北农林科技大学学报（自然科学版），2010，38 (9)：222－228，234.

[149] 李永琳．辽宁红沿河核电厂塑性混凝土防渗墙施工关键技术 [J]．武汉大学学报（工学版），2010，43 (S1)：348－351.

[150] 马福恒，华伟南，刘成栋，等．水利工程低弹模混凝土防渗墙适应性评价研究 [J]．长江科学院院报，2010，27 (7)：69－72.

[151] 张文萍，童优良，黄理军．溪洛渡水电站上游围堰防渗墙施工技术研究 [J]．湖南农业大学学报（自然科学版），2010，36 (S1)：66－69.

[152] 王荣鲁，窦铁生，熊欢，等．北京大宁水库副坝防渗墙应力变形有限元分析 [J]．水利水电技术，2010，41 (3)：46－49.

[153] 王立彬，燕乔，毕明亮．病险水库除险加固中混凝土防渗墙新型接头的研究 [J]．长江科学院院报，2009，26 (S1)：66－68，72.

[154] 燕乔，毕明亮，王立彬．一种新型混凝土防渗墙接头形式的初步研究 [J]．长江科学院院报，2009，26 (7)：40－42，47.

[155] 唐儒敏，张羽．糯扎渡水电站上游围堰混凝土防渗墙施工 [J]．水利水电技术，2009，40 (6)：49－51，54.

[156] 关志诚．土石坝基础混凝土防渗墙关键技术指标选择 [J]．水利水电技术，2009，40 (5)：31－34.

[157] 王家毕．多道瞬态面波法在麻栗坝水库混凝土防渗墙质量检测中的应用 [J]．水利水电技术，2009，40 (5)：75－77.

[158] 宋玉才，焦家训，张玉莉，等．深厚覆盖层防渗墙墙体接头型式 [J]．水利水电技术，2009，40 (4)：41－43.

[159] 孙翔，窦媛，郭晓丽．水库除险加固中锯槽法建造薄混凝土防渗墙的施工工艺探讨 [J]．水资源与水工程学报，2009，20 (1)：113－115，119.

[160] 余波．水电工程河床深厚覆盖层分类 [C]//中国水力发电工程学会地质及勘探专业委员会学术交流会．2010.

[161] 仝尧，朱俊高，王荣，等．砂卵砾石地基混凝土防渗墙受力变形性态研究 [J]．水电能源科学，2017，35 (9)：61－64.

[162] 周万贺，常福远，周志远，等. 乌东德水电站大坝围堰防渗墙施工技术 [J]. 人民长江，2017，48 (17)：77-80，112.

[163] 任海军. 深厚砂砾石覆盖层混凝土防渗墙墙段连接技术研究 [J]. 水力发电，2017，43 (8)：76-79，93.

[164] 王正成，毛海涛，姜海波，等. 深厚覆盖层弱透水层对防渗墙防渗效果的影响 [J]. 人民黄河，2017，39 (2)：112-115，119.

[165] 邹晨阳，陈芳，祝小靓. 地震勘探技术在防渗墙无损检测中的应用探究 [J]. 人民长江，2016，47 (19)：62-65.

[166] 罗庆松，宋卫民，赵先锋. 黄金坪水电站大厚度超百米深防渗墙施工技术 [J]. 水力发电，2016，42 (3)：47-50.

[167] 谢庆明. 爆破堆石坝混凝土防渗墙质量无损检测技术应用 [J]. 人民长江，2015，46 (8)：79-82，86.

[168] 戴大刚，臧德记，李军，等. 地球物理方法在防渗墙质量探测中的应用 [J]. 人民长江，2014，45 (S2)：138-140，168.

[169] 邵磊，余挺，贾宇峰，等. 堆石坝心墙内增设加固防渗墙的结构特性研究 [J]. 人民长江，2014，45 (7)：48-51，65.

[170] 刘雪霞，董振锋. 刚性与塑性防渗墙组合在高土石坝中的应用 [J]. 人民长江，2013，44 (16)：29-31.

[171] 许文峰，周杨. 塑性混凝土防渗墙抗渗性能检测 [J]. 人民黄河，2013，35 (7)：89-91.

[172] 黄辰杰，王保田. 悬挂式防渗墙防渗效果数值模拟 [J]. 水电能源科学，2013，31 (5)：123-125，95.

[173] 霍苗，晏国顺，杨兴国，等. 大渡河泸定水电站深覆盖层基础防渗墙施工技术 [J]. 人民长江，2013，44 (1)：61-63.

[174] 郑重阳，彭辉，闫秦龙，等. 吊江岩水电站覆盖层地基防渗墙优化设计 [J]. 水力发电，2012，38 (12)：31-34.

[175] 林丹，李方平. 大岗山水电站围堰基础防渗墙施工 [J]. 人民长江，2012，43 (22)：57-59.

[176] 张勇，何毅. 向家坝电站廊道坝基混凝土防渗墙施工质量控制 [J]. 人民长江，2012，43 (17)：95-98.

[177] 刘道文，崔鹏飞，张林. 枕头坝二期围堰防渗墙施工工艺和质量控制 [J]. 人民长江，2012，43 (14)：53-57.

[178] 孔祥生，黄扬一. 西藏旁多水利枢纽坝基超深防渗墙施工技术 [J]. 人民长江，2012，43 (11)：34-39.

[179] 任明武. 色尔古水电站混凝土防渗墙的施工及质量控制 [J]. 水力发电，2012，38 (3)：14-17.

[180] 甘亚军，戴乐军，杨安元. 新疆下坂地水利枢纽坝基深厚覆盖层防渗墙施工 [J]. 人民长江，2012，43 (4)：39-42.

[181] 李亮，徐复兴，高建华. 广西澄碧河水库混凝土防渗墙质量检测与评价 [J]. 人民长江，2011，42 (22)：65-67.

[182] 申碧征，任朗明，吴新红. 惠州抽水蓄能电站上水库混凝土防渗墙施工 [J]. 水力发电，2010，36 (9)：49-51.

[183] 周灿，刘美智，李中林，等. 混凝土防渗墙施工质量控制要点及事故预防 [J]. 人民长江，2010，41 (11)：57-59.

[184] 张信，王俊平. 新型锯槽机在垂直防渗墙施工中的应用 [J]. 人民长江，2010，41 (11)：60-62.

[185] 薛山丹，吕江明，郭从消，等. 瀑布沟水电站大坝防渗墙施工质量控制 [J]. 水力发电，2010，36 (6)：80－83.
[186] 杨忠兴. 塑性混凝土在围堰防渗墙中的运用 [J]. 水力发电，2010，36 (2)：65－67.
[187] 李陆明，马福恒，吴东福. 燕山水库混凝土防渗墙适应性评价指标体系研究 [J]. 水电能源科学，2009，27 (6)：121－122，166.
[188] 周宏伟，杨兴国，李洪涛，等. 深覆盖层河道防渗墙关键施工技术探索 [J]. 人民长江，2009，40 (19)：27－29.
[189] 王扬，黄策，谢文峰. 锦屏一级水电站下游围堰防渗墙施工质量控制 [J]. 人民长江，2009，40 (18)：58－60.
[190] 陈钰鑫，刘娟. 狮子坪水电站坝基防渗墙设计施工 [J]. 水力发电，2009，35 (8)：37－39.
[191] 赵忠伟，赵坚，沈振中. 西藏老虎嘴水电站左岸防渗墙布置方案优化 [J]. 水力发电，2009，35 (7)：37－39.
[192] 王四巍，马英，高丹盈. 窄口水库除险加固防渗墙设计优化研究 [J]. 人民黄河，2009，31 (5)：110－111.
[193] 张伟，任旭光. 白莲河电站塑性混凝土防渗墙施工技术 [J]. 人民长江，2009，40 (6)：42－44.
[194] 晏继杰. 白莲河抽水蓄能电站塑性混凝土防渗墙施工 [J]. 人民长江，2009，40 (6)：31－33.
[195] 毛海涛，侍克斌，王晓菊，等. 土石坝防渗墙深度对透水地基渗流的影响 [J]. 人民黄河，2009，31 (2)：84－86.
[196] 李慎平. 抓斗成槽造混凝土防渗墙技术在水库除险加固中的应用 [J]. 中国水利，2008，(22)：29－30.
[197] 高一军. 锦屏一级水电站上游围堰塑性混凝土防渗墙施工 [J]. 水利水电技术，2008，39 (11)：38－40.
[198] 毛海涛，侍克斌，马铁城. 新疆透水地基上土石坝防渗墙有效深度研究 [J]. 人民长江，2008，(19)：81－84.
[199] 杨清. 砂砾石地层塑性混凝土防渗墙施工方法 [J]. 中国水利，2008，(12)：66－67.
[200] 姚朝铭，郭晓义. 西藏直孔水电站坝基防渗墙工程施工 [J]. 水力发电，2008，(5)：73－76.
[201] 李文军. 直孔水电站混凝土防渗墙施工质量控制 [J]. 水力发电，2008，(5)：81－84.
[202] 司政，陈尧隆，李守义. 土石坝坝基塑性混凝土防渗墙应力变形分析 [J]. 水力发电，2008，(2)：32－35.
[203] 张俊伟，柳新根. 拔管法在瀑布沟水电站防渗墙施工中的应用 [J]. 人民长江，2007，(10)：132－133.
[204] 荆富荣，陆晓平，许莹莹. 土石坝地基混凝土防渗墙应力分析 [J]. 人民黄河，2007，(8)：61－62.
[205] 吴著建. 浅谈搅拌桩防渗墙施工技术与质量控制 [J]. 人民长江，2007，(8)：106－107，164.
[206] 郎小燕. 混凝土防渗墙在土石坝工程中的应用与发展 [J]. 水利水电技术，2007，(8)：42－45.
[207] 刘彭江，赵明杰，董温荣，等. 水泥土防渗墙无损检测方法研究 [J]. 水利水电技术，2007，(3)：79－81.
[208] 高爱民，赵永涛，台树辉. 西霞院水电站厂房基础防渗墙施工研究 [J]. 人民黄河，2006，(9)：18－20.
[209] 曹宏亮，张鹏，李清富. 三门峡槐扒水库大坝塑性混凝土防渗墙施工 [J]. 水力发电，2006，(9)：28－30，70.
[210] 尉高洋. 低弹模混凝土防渗墙设计实例分析 [J]. 水利水电技术，2006，(5)：51－53.

[211] 李建军，邵生俊，刘奉银. 西藏直孔水电站深厚覆盖层坝基防渗墙施工 [J]. 水力发电，2006，(5)：37-39.

[212] 孙明权，常跃. 影响混凝土防渗墙内力及变形的因素分析 [J]. 人民黄河，2006，(4)：65-66，68.

[213] 丁凯，查恩来，王帮兵. 防渗墙体几何尺寸无损检测技术方法研究 [J]. 水力发电，2006，(1)：72-75.

[214] 向永忠，何开明，马家燕，等. 冶勒水电站大坝深厚覆盖层防渗墙施工 [J]. 水力发电，2005，(10)：42-44.

[215] 龚木金，刘建发. 新疆下坂地水库坝基防渗墙试验施工 [J]. 水力发电，2005，(8)：50-53，58.

[216] 李涛，张晓丽，李永鑫. 透水坝基薄防渗墙三维有限元模拟分析 [J]. 人民黄河，2005，(6)：53-54，57.

[217] 程展林. 三峡二期围堰垂直防渗墙的应变形态 [J]. 长江科学院院报，2004，(6)：34-37.

[218] 杨邦柱，梁建林，赵兴安. 河道堤防薄壁混凝土防渗墙质量检测方法的研究 [J]. 水利水电技术，2004，(9)：129-132.

[219] 王山山，任青文. 黄河大堤防渗墙质量无损检测方法研究 [J]. 河海大学学报（自然科学版），2004，(4)：405-409.

[220] 刘江平，侯卫生，许顺芳. 相邻道瑞雷波法及在防渗墙强度检测中的应用 [J]. 人民长江，2003，(2)：34-36，56.

[221] 焦会芹，武振仪. 于桥水库坝基加固工程混凝土防渗墙施工 [J]. 水利水电技术，2002，(9)：56-58.

[222] 吴定燕，方坤河，曾力，等. 固化粉煤灰混凝土防渗墙材料研究 [J]. 武汉大学学报（工学版），2002，(3)：51-54.

[223] 王迎春，李家正，朱冠美，等. 三峡工程二期围堰防渗墙塑性混凝土特性 [J]. 长江科学院院报，2001，(1)：31-34.

[224] 李超毅，朱川. 赵山渡水库工程混凝土防渗墙施工 [J]. 水利水电技术，2001，(2)：43-44.

[225] 李宏国，黄秉友. 满拉水利枢纽工程堆石坝砂砾石基础混凝土防渗墙施工 [J]. 水利水电技术，2000，(12)：22-24.

[226] 孙厚才，李青云，范一林，等. 围堰防渗墙材料施工配方验证分析 [J]. 长江科学院院报，2000，(5)：32-35.

[227] 丁晓文. 围堰基础防渗墙施工技术 [J]. 人民长江，2000，(10)：29-31.

[228] 沈安正，刘开运. 小浪底水利枢纽工程防渗墙施工技术 [J]. 水力发电，2000，(8)：39-41，72.

[229] 白俊峰，师锁青. 陕西省天生桥水库枢纽副坝防渗墙施工技术 [J]. 水利水电技术，2000，(4)：45-47.

[230] 蒋振中. 三峡工程二期围堰混凝土防渗墙的施工 [J]. 水力发电，1999，(11)：6-9，65.

[231] 肖树斌. 塑性混凝土防渗墙的抗渗性和耐久性 [J]. 水力发电，1999，(11)：24-27.

[232] 李立刚. 小浪底大坝左岸混凝土防渗墙施工的特点与经验 [J]. 岩土工程学报，1999，(5)：625-627.

[233] 陈新群，蒋为群. 二期土石围堰防渗墙槽孔质量控制 [J]. 人民长江，1998，(10)：29-30.

[234] 卢廷浩，汪荣大. 瀑布沟土石坝防渗墙应力变形分析 [J]. 河海大学学报，1998，(2)：41-44.

[235] 蒋振中，高钟璞，张良秀. 混凝土防渗墙施工及检测技术研究 [J]. 水力发电，1998，(3)：34-37，71.

[236] 黄绪通，杨宏伟，刘云霞. 塑性防渗墙混凝土性能研究 [J]. 水力发电，1998，(2)：60-63，72.

[237] 杨信国，刘艳，郭栋. 混凝土防渗墙观测仪器 [J]. 山东水利，2005，(11)：35-36.

[238] 李震宇. 一种往复式液压驱动套管拔管机 [J]. 石油机械, 2012, 40 (9): 40-44.

[239] 解同芬, 李富, 苗志斌. 旁多 ZBG100 自动拔管机研制与现场试验 [J]. 水利水电施工, 2012, (4): 78-81.

[240] 李昌华, 乔飞. ϕ1200 大型拔管机施工试验 [C]//2002 年水利水电地基与基础工程学术会议. 2002: 576-582.

[241] 奎中. YBG 系列液压拔管机的研制 [J]. 探矿工程 (岩土钻掘工程), 2008 (7): 64-67.

[242] 刘祥生, 刘学祥, 刘洪. 三峡一期土石围堰防渗墙应力应变监测 [J]. 人民长江, 1996, (10): 12-14, 49.

[243] 高钟璞, 王国民. 小浪底水利枢纽工程主坝 81.9m 深混凝土防渗墙的施工 [J]. 水力发电, 1996, (7): 24-25, 30.

[244] 佚名. 铜街子水电站 74.4m 深混凝土防渗墙的施工 [J]. 水力发电, 1994 (3): 12-14.

[245] 刘彭江, 范伟. 混凝土防渗墙观测仪器安装埋设技术 [C]// 山东水利学会第十届优秀学术论文集. 济南: 山东省科学技术协会, 2005: 295-298.

[246] 许源, 余海, 王万顺. 西藏某水利枢纽工程超深防渗墙安全监测实施 [J]. 水利科技与经济, 2013, 19 (11): 105-107.

[247] 冯霞芳. 防渗墙新型墙体材料塑性混凝土 [J]. 水利水电技术, 1993, (8): 15-20.

[248] 陈新群, 蒋为群. 二期土石围堰防渗墙槽孔质量控制 [J]. 人民长江, 1998, 29 (10): 25-26.

[249] 王扬, 黄策, 谢文峰. 锦屏一级水电站下游围堰防渗墙施工质量控制 [J]. 人民长江, 2009, 40 (18): 58-60.

[250] 任明武. 色尔古水电站混凝土防渗墙的施工及质量控制 [J]. 水力发电, 2012, 38 (3): 14-17.

[251] 李宏国, 李海忠. 西藏满拉水利枢纽堆石坝混凝土防渗墙施工 [J]. 水力发电, 1999, (4): 33-35.

[252] 江凯, 高祥泽, 谌东升, 等. 大体积混凝土热膨胀系数反演分析 [J]. 三峡大学学报 (自然科学版), 2011, 33 (6): 17-19.

[253] 王东阳, 陈淑贤. 水下不分散混凝土耐久性研究 [J]. 建筑科学与工程学报, 2006, 23 (1): 54-54.

[254] 李振亚. 我国冲击反循环桩孔钻机现状与发展 [J]. 探矿工程 (岩土钻掘工程), 2001 (1): 57-59.

[255] 赵祥. 塑性混凝土防渗墙质量无损检测技术研究 [D]. 郑州: 华北水利水电大学, 2018: 3-58.

[256] 吴永风. 土坝加固防渗墙质量检测方法研究 [D]. 南昌: 南昌大学, 2016: 1-27.

[257] 董亚. 综合物探在库坝防渗墙完整性检测中的应用研究 [D]. 淮南: 安徽理工大学, 2019: 1-52.

[258] 王成祥. 冶勒水电站大坝防渗墙施工与质量控制 [D]. 武汉: 武汉大学, 2004: 1-48.

[259] 余挺, 陈卫东. 深厚覆盖层工程勘察研究与实践 [M]. 北京: 中国电力出版社, 2019.

[260] 余挺, 谢北成, 陈卫东, 等. 覆盖层工程勘察钻探技术与实践 [M]. 北京: 中国电力出版社, 2019.

[261] 余挺, 叶发明, 陈卫东, 等. 深厚覆盖层筑坝地基处理关键技术 [M]. 北京: 中国水利水电出版社, 2020.

[262] 高钟璞. 大坝基础防渗墙 [M]. 北京: 中国电力出版社, 2000.

[263] 黄小宁, 覃新闻, 彭立新, 等. 深厚覆盖层坝基防渗设计与施工 [M]. 北京: 中国水电出版社, 2011.